国家出版基金资助项目
"十四五"时期国家重点出版物出版专项规划项目
组织修复生物材料研究著作

国家出版基金项目
NATIONAL PUBLICATION FOUNDATION

皮肤组织修复与再生材料

BIOMATERIALS FOR SKIN TISSUE REPAIR AND REGENERATION

郭保林 等著

哈尔滨工业大学出版社
HARBIN INSTITUTE OF TECHNOLOGY PRESS

内 容 简 介

　　本书结合近年来皮肤组织修复与再生的最新研究成果,紧密联系"健康中国"国家战略,全面地阐述了皮肤组织的功能和组织结构,皮肤组织修复与再生过程的生物机制,皮肤损伤修复与再生技术,皮肤损伤修复与再生材料,皮肤修复材料的结构设计、制备、构型及理化性能等;重点突出了生物活性材料在难愈合性皮肤组织损伤修复中的重要作用,包括不同类型、微结构和生物性能的修复材料,如电活性水凝胶、电活性弹性体、抗氧化水凝胶、形状记忆弹性体、可膨胀性冷冻凝胶等新型敷料;并从皮肤创伤止血、炎症反应、修复与重塑等方面探讨了皮肤组织修复与再生的最新理论,提出了止血与促修复一体化的多功能生物活性敷料的新型设计理念等。此外,对目前常用的皮肤组织修复与再生材料体内修复性能评价模型及皮肤组织修复的临床案例进行了详细的介绍,并论述了新型皮肤组织修复生物材料研发和应用的新动向。

　　本书涉及多学科领域,可为从事皮肤组织修复与再生材料相关研究人员提供较为全面的专业指导,也可作为生物医学工程专业的选修教材,还可供生命科学、临床医学、材料科学等专业师生参考使用。

图书在版编目(CIP)数据

皮肤组织修复与再生材料/郭保林等著. —哈尔滨:
哈尔滨工业大学出版社,2024.10
　(组织修复生物材料研究著作)
　ISBN 978 - 7 - 5767 - 1394 - 7

Ⅰ.①皮… Ⅱ.①郭… Ⅲ.①皮肤－人体组织学－生
物组织学－生物材料－研究 Ⅳ.①Q136②R318.08

中国国家版本馆 CIP 数据核字(2024)第 096189 号

皮肤组织修复与再生材料
PIFU ZUZHI XIUFU YU ZAISHENG CAILIAO

策划编辑	许雅莹　杨　桦
责任编辑	杨　硕　丁桂焱　陈　洁
封面设计	卞秉利　刘　乐
出版发行	哈尔滨工业大学出版社
社　　址	哈尔滨市南岗区复华四道街 10 号　邮编150006
传　　真	0451－86414749
网　　址	http://hitpress.hit.edu.cn
印　　刷	辽宁新华印务有限公司
开　　本	720 mm×1 000 mm　1/16　印张 26　字数 509 千字
版　　次	2024 年 10 月第 1 版　2024 年 10 月第 1 次印刷
书　　号	ISBN 978 - 7 - 5767 - 1394 - 7
定　　价	158.00 元

前　言

皮肤组织修复材料,顾名思义就是用来辅助封闭创面或者促进创面愈合的医用创面材料,目标是加速伤口愈合、稳定伤口、缓解伤口症状和疼痛管理以及解决患者的各种问题,或者采用组织工程化皮肤直接进行皮肤组织缺失部位的修复、维持和改善组织功能。修复材料的选择取决于伤口的解剖学和病理生理学特征。目前先进的敷料还提供了额外的功能,如抗菌和便捷舒适的创面管理等。

根据古代文明泥板手稿中的记载,对伤口的包扎可以追溯到公元前2000年。考古遗迹表明,古埃及人是最先在伤口上涂抹蜂蜜的人,并发明了黏性伤口敷料,通过这种"膏药"对伤口进行包扎处理。随着对创面愈合过程中病理生理机制的深入研究,人们对创面愈合过程的理解也越来越深刻,从而使得制备创面敷料的技术不断地改进和发展。如今,新型的创面敷料相对于早期而言,已经发生了革命性的变化,多种不同性能的敷料或组织工程化皮肤可供临床护理人员选用。据不完全统计,截至目前,世界范围内发表的有关敷料的学术论文和专利已经超过50 000篇。尤其最近10年,得益于材料科学、化学、生命科学和医学等学科的快速发展,以及研究人员在这些领域间的深度交叉合作,皮肤组织修复材料的研究获得了高速发展。我国在该领域的研究非常活跃,取得了众多先进成果。例如,智能伤口敷料已成为改善伤口护理管理的一项有前途的策略。随着社会人口老龄化的加剧,对于皮肤护理和损伤修复的高端敷料的需求在不断增加,高端敷料的快速发展与社会的重大需求密切相关。高性能皮肤组织修复材料和器械是提升皮肤损伤护理能力的基础,并不断推动着各种新型皮肤损伤护理和治疗手段的出现。

皮肤组织位于体表,是最容易受到损伤的组织之一。人类的健康事业从古至今一直深受关注,而针对皮肤损伤修复的研究一直是人们关注的热点和重点。目前借助各种生物医用材料及新型加工技术制备的多功能皮肤组织修复材料,必将在以后的新型修复材料开发中发挥重要的作用。目前器官(包括皮肤)损伤修复领域也一直被国家的相关部门充分重视,其中"四个面向"要求中,特别提到面向人民生命健康,不断向科学技术广度和深度进军。国家《"十四五"医疗装备产业发展规划》中也特别提出了发展生物活性复合材料、人工神经、仿生皮肤组织、人体组织体外培养、器官修复和补偿等重点领域。皮肤组织修复材料的未来发展必将是从简单的、功能单一的敷料构建到针对特定创伤类型修复、创面环境智能响应型,快速高质量促进组织修复型等先进材料设计、构建和功能研究,获得最佳的材料体系。另外,针对大面积皮肤组织缺失,具有更加接近人体正常皮肤功能的皮肤组织替代物也将在未来被深入研究。现如今人们在追求修复速度的同时,对于皮肤疤痕大小也非常关注,可以减少疤痕形成的修复材料也是值得重点关注的方向。

皮肤组织修复材料按照其演进历程大致可以分为被动型敷料、相互作用型敷料、生物活性型敷料和天然纳米型敷料等功能性敷料,还包括多功能生物活性敷料和人工皮肤移植物等。

被动型敷料主要是通过被动覆盖创面和吸收渗出物等,为创面提供一定的保护作用,如常规和含多种药物的纱布、油纱等。相互作用型敷料则允许材料与创面之间存在多种形式的相互作用,如吸收渗出液和有毒物质、气体交换、阻隔微生物入侵等。生物活性型敷料和天然纳米型敷料是采用高分子或纳米材料与生物活性组分经高新技术方法加工制成的组合型敷料,如生物活性水凝胶、生物因子负载敷料、纳米复合敷料等。它们在修复过程中可以通过一种或多种刺激加速创面的愈合并提高修复质量,是创伤敷料开发研究的热点。人工皮肤移植物则是直接用于临时替代皮肤组织并加速组织修复的仿生材料,是目前研究的前沿,也是最具研发难度的创面修复材料。

归纳起来,一般具备以下性能的材料,可以考虑用于皮肤组织修复。

(1)具有可降解性且本身和其降解产物呈现良好的生物相容性,或应用期间不可降解,治疗期间无生物毒性;

(2)不引起人体组织的慢性炎症反应或异物排斥反应;

(3)不会致癌、致畸和致突变;

(4)具有良好的透气性、隔绝环境的微生物入侵,也可呈现良好的抗菌性能、保湿性能;

（5）具有保护创面、减少水分丢失、减轻组织进一步损伤并缓解疼痛的性能；

（6）呈现生物惰性或呈现促进组织修复或再生的生物活性功能。

多功能生物活性敷料和人工皮肤移植物是皮肤损伤修复材料的主要发展方向。目前用于皮肤损伤修复的商用多功能生物活性敷料主要有藻酸盐敷料、泡沫敷料、水胶体敷料、银离子再生敷料、生物膜膏剂等，商用的人工皮肤移植物主要有 Apligraf、安体肤、LaserSkin、Epicel、CellSpray、Alloderm、OASIS、Integra、Biobrane 等。构建生物活性敷料的主要原材料有藻酸盐、胶原蛋白、壳聚糖、几丁质和明胶等，构建人工皮肤的材料主要是胶原蛋白、透明质酸、纤维蛋白、硅胶膜、尼龙膜、聚乳酸、细胞片、脱细胞外基质及各种皮肤组织特异性的细胞等。现在研究的多功能生物活性敷料有多功能电纺丝膜、生物活性晶胶、抗氧化水凝胶和 3D 打印敷料等；人工皮肤移植物有血管化皮肤移植物、细胞/支架类人工皮肤、微流控人工皮肤和 3D 生物打印人工皮肤等。

本书按照绪论，皮肤的功能与组织构造，皮肤组织修复与再生技术，应用于伤口敷料的皮肤组织修复材料，皮肤组织修复材料的结构设计、制备与构型，皮肤组织修复材料的理化性能，皮肤组织修复伤口模型，以及皮肤组织修复临床案例 8 章进行分类撰写。本书撰写分工如下：第 1 章由赵鑫、郭保林撰写；第 2 章由李劭、史梦婷、穆蕾撰写；第 3 章由杨雨桐、赵鑫、李振龙撰写；第 4 章由贺佳辉、梁永平、许惠茹、郭保林撰写；第 5 章由梁育晴、赵鑫、郭保林撰写；第 6 章由梁永平、李劭、乔李鹏、郭保林撰写；第 7 章由李劭、梁永平、于瑞撰写；第 8 章由黄颖、陈珏颖、赵鑫撰写。全书由郭保林统稿。

限于作者水平，书中难免存在疏漏及不足之处，敬请读者指正。

作　者
2024 年 4 月

目　录

第 1 章

绪　论

　　皮肤是人体最大的器官,且位于人体体表,容易受到外界的损伤。创伤和疾病均可造成皮肤组织的损伤,因此皮肤组织修复已经成为人类重要的医疗保健问题之一。皮肤轻度创伤自身可以修复,但是重度损伤无法自愈。大多数无法自愈的伤口与严重的损伤、感染和慢性疾病等因素密切相关(如全皮层皮肤缺失、感染创面、糖尿病足等),这些因素阻碍了皮肤组织的正常愈合进程。几十年来,慢性创面或不愈合创面一直是家庭和社会的主要经济负担之一。例如糖尿病伤口,其愈合过程在最初阶段受到阻碍,并由于愈合失败而逐渐变为慢性难愈合创伤。对于慢性伤口(如褥疮、静脉溃疡或糖尿病伤口),创伤愈合的四个阶段(止血、炎症、增殖和重塑)中任何一个阶段的受阻,都可能阻碍正常修复过程。另外,对于大面积烧伤的创面,由于皮肤组织大量损失或组织坏死,而难以形成临时的细胞外基质,皮肤组织的自然愈合也会受到严重影响[1-2]。

　　临床干预对治疗慢性难愈合性皮肤伤口至关重要。目前最成功的策略是将伤口敷料或皮肤移植物形式的人造基质,用作临时基质保护创面和提供治疗环境,从而促进创伤愈合过程。因此,多年来研究人员一直致力于开发各种类型的伤口敷料或皮肤替代物,并试图采用最先进的技术制造特定材料以模仿伤口的愈合微环境[3],从而达到快速修复创面的目标。天然伤口微环境由具有细胞黏附位点、诱导功能的生化线索、生长因子和各种类型细胞的细胞外基质组成[4],要模仿整个微环境具有非常大的挑战性,因此大多数研究人员主要将注意力集中在对创伤愈合至关重要的材料微结构设计与构建上。目前,具有生物活性和/或促再生功能的基质(敷料或组织构建物)被持续开发并不断进行着重大改进,以期使这类基质通过触发自然愈合级联反应的关键环节,促进创伤修复或具有功能的皮肤组织再生[1]。

随着技术的不断创新和进步,在过去几年美国食品药品监督管理局(FDA)批准了多种类型的皮肤生物工程支架和伤口敷料。这类材料的应用增加了烧伤和创伤患者的存活率,但是其治疗成本高仍然是一个主要问题。因为最前沿的难愈合性伤口治疗和护理的方案都非常昂贵[1]。例如,皮肤替代物的供应数量比较小,其会带来巨大的社会经济负担。仅在美国,现有需要进行重大临床干预的严重皮肤缺失就有 3 520 万例,其中包括 650 万例慢性伤口患者,每年的治疗费用超过 250 亿美元,每年烧伤患者约 100 万例,治疗费用估计为 40 亿美元。当前烧伤伤口的护理标准包括从患者的供体部位收集皮肤移植物并将其移植在烧伤伤口上,但该过程会在患者身上造成新的伤口。组织工程代表了一种可制造替代皮肤的有前途的方法,在过去 30 年,在生物工程皮肤的研究中产生了许多商业产品,但这些产品都还不符合全功能仿生皮肤的标准。工程皮肤发展的关键障碍是通过人造生物材料控制细胞行为,形成模仿天然皮肤组织细胞外基质,精确调控细胞行为,形成有皮肤功能的替代物[2]。

1.1　皮肤组织修复

皮肤具有出色的再生特性,其可以通过生理生化过程来治愈伤口。正常的伤口愈合过程包括止血、炎症、增殖和细胞外基质(ECM)重塑等一系列高度有序的生理过程。这四个愈合阶段涉及多种类型的细胞、生物活性因子和支持平台之间的相互作用,该平台通常是细胞分泌的天然细胞外基质。伤口愈合起始于止血和炎症反应,不同类型的细胞被募集到伤口,这个阶段涉及募集血小板和免疫细胞以控制血液的流失和病原体的清除[8]。最初募集的免疫细胞在分泌趋化因子和生长因子方面起主要作用,趋化因子和生长因子会进一步吸引细胞迁移,从而将愈合过程引导至下一阶段的增殖。增殖阶段包括许多生理事件,例如肉芽组织发育(临时 ECM 的形成)、血管的形成和再上皮化(表皮皮肤层的形成),从而实现伤口闭合。该特定阶段是通过各种细胞之间的相互作用来调节,这些细胞主要包括巨噬细胞、成纤维细胞、内皮细胞和角质形成细胞。愈合的最后阶段是组织重塑过程,此过程在受伤后 2~3 周开始,并且可以持续两年以上[9],先前形成的基质缓慢变形,形成功能性皮肤或半/无功能性瘢痕组织。然而,这个重塑过程在胚胎发育过程中是固有的和高度协调的,但在成年人体内失去了作用[10],通常导致形成被称为瘢痕的紊乱细胞外基质。因此,尽管恢复了皮肤的连续性,但该过程产生的瘢痕的机械强度比健康组织低 30%[11]。

目前,导致成人皮肤组织愈合成瘢痕的机制尚无定论。利用生物材料作为调节平台来产生可促进与皮肤再生有关的细胞活性刺激是一种可能的策略,且受到越来越多的关注。生物材料是调节宿主微环境的强大工具,表面化学、微形貌、机械性能和降解产物与生物信号的结合可以有效地促进皮肤组织再生。它们涉及多重作用刺激,而不仅限于生化信号。因此,上述举例的材料特性可以诱导细胞募集,并激活生长因子(GF)和细胞因子高度受控的自分泌,从而刺激 ECM 的产生和正确重塑[7]。

1.2 组织工程

组织工程是在 30 多年前被提出的,随后 Langer 和 Vacanti 发表了一篇描述组织工程的开创性文章,该工作利用生物和工程原理组装细胞、生物分子和支架来修复或再生新组织。当时,在实验室中创建生物组织的概念听起来很牵强,然而里程碑式的研究紧随其后。例如,小鼠背部人形耳朵的生长激发并引导了一种新的思考方式,即整个组织的再生。随后很快产生了新的合成材料并开发了相应的制造工艺来促进这些新组织的产生。尽管有这些激动人心的研究成果,以及大量的公共和私人投资,但组织工程的临床进展比人们预想的要慢得多。已经报道的一些成功的临床案例包括:用于治疗烧伤创面和治疗糖尿病性溃疡的工程皮肤,在气道衰竭的女性患者体内植入工程气管,在临床或临床试验中使用软骨疗法,以及在患者体内植入工程膀胱等。目前,生物材料科学家越来越意识到组织形成和愈合的潜在生物学复杂性,并正在考虑来自局部微环境(包括力学、构型和化学组成)的一系列诱导因素及其呈现顺序可能会影响细胞增殖、迁移或分化的命运。因此,可以看出组织工程支架设计的复杂性正在增加,并且随着相关研究的深入变得"更智能"。从传统来看,合成支架被设计为具有可控降解、力学稳定和生物相容的结构组件。然而,新兴的趋势是将一些生物学复杂性纳入支架,引入那些能够促进再生的机械和生化线索,并更好地了解这些特征如何产生更活跃和更有指导意义的支架。化学和制造方法的进步为支架设计提供了丰富的可调性,例如独立控制下的多种降解机制,结合了天然组织基质中不可能实现的特征。这方面的一个例子是水凝胶,它可以将细胞维持在重要的三维环境中,并且其可能呈现具有类似天然组织的特性。目前,水凝胶的发展已经从纯合成材料转变为通过先进化学合成或合成/天然杂化体系共价偶联适当生物信号分子的新型复合材料。这些新材料在再生疗法方面具有巨大潜力,并且已为了解细胞如何与其微环境相互作用以及天然组织如何形成和发挥作用提供了重要见解[6]。

皮肤修复往往形成瘢痕组织,而皮肤再生可以完全恢复原始组织[9]。瘢痕的质量比原始组织差,因为它们较弱,没有皮肤附属器件或专门的细胞(如黑素细胞),但可以起到屏障的作用。但人类皮肤的再生仅发生在妊娠早期的胎儿身上和黏膜表面[11]。对成年人来说,皮肤愈合的主要机制是修复[9]。许多研究试图揭示胎儿无瘢痕和成人瘢痕形成机制之间的区别,但效果不佳,很少有临床结果可转化为成人皮肤组织再生。原因似乎取决于 ECM 和信号通路之间的固有差异。成人的正常伤口愈合涉及多种细胞类型、生长因子、细胞因子和适量的金属离子(如钙、锌和镁)的相互作用[11]。目前作为治疗需求,一种相对简单的办法是基于组织工程制备仿人类皮肤的替代物。在过去的几十年中,人们付出了巨大的努力来创造模仿人类皮肤的替代物。目前研究人员通过采用先进的组织工程方法已经制备了皮肤替代物,并已在临床上用于促进急性和慢性伤口的愈合,以及用作基础或药物研究的人体器官样测试系统[12]。在皮肤组织工程中,已经将各种生物和合成材料与体外培养的细胞结合产生了功能性组织。但关键是获得足够数量的所需离体扩增的细胞,同时还要保留细胞的正常表型和功能,只有这样,这些细胞才能用于生成适合移植的皮肤替代物或作为体外测试系统[13]。

1.3　组织修复与再生材料

用于治疗慢性伤口的材料主要基于以下两种不同目的。

(1)可以容纳内源细胞并促进其生长和伤口闭合的支架材料。

(2)覆盖伤口区域并保持适当状态以支持愈合过程的临时敷料。

理想的临时敷料应覆盖伤口、保持伤口水分,氧气可以渗透以允许氧气进入生长中的组织,并在不影响伤口愈合的情况下防止伤口病原体的生长[14]。制备临时敷料所使用的材料应具有免疫相容性、不可降解性,并且不应支持细胞向内生长和黏附,以免在去除过程中引起并发症。敷料在输送药物和生物因子时应保持药物的活性,并应能够以所需的速率释放药物。敷料的另一个重要功能是渗出液管理,伤口渗出液含有大量的炎症细胞因子和趋化因子,适合细菌生长,因此有效去除伤口渗出液而不使组织脱水非常重要。理想的材料应保证气体和液体的良好渗透性,以允许氧气透过、吸收气味,保持潮湿状态并避免脱水和渗出物积聚[15]。

皮肤再生疗法是基于支架或水凝胶的皮肤组织工程。皮肤组织工程已在世界范围内基于各种构造设计进行了探索,如编织/非编织膜、纳米纤维膜、微孔支架、双层或三层复合结构、水凝胶、可注射水凝胶、微球和三维(3D)生物打印移植物等[15]。此外,为了使受损组织完全再生,可以对天然或合成聚合物支架进行表面改性,以提供具备生物相容性的 ECM。用于治疗慢性伤口的支架材料应促进组织再生,恢复组织功能,并加速慢性伤口的愈合过程。因此,该材料应具有与组织生长速率相匹配的降解速率。此外，降解过程中的材料和副产物均不应诱导免疫原性和体内毒性。支架材料应与周围组织黏附良好，其机械性能应与天然皮肤的机械性能相匹配，以避免在愈合过程中脱落和破裂。材料还应保持其水分含量，或应制定防止材料脱水的策略。它们应具有适当的溶胀率，并且随着时间的变化保持其形状。这些支架材料还可用作生长因子和药物的载体，将其直接递送至愈合组织部位[15]。此外，支架的特定设计还决定了其在特定类型伤口中的适用性。真皮替代物大多采用水凝胶或微孔支架，可通过一步或两步移植手术永久应用于伤口部位，微孔网络或水凝胶环境有助于诱导支架内的细胞迁移，从而有助于组织向内生长[1]。

在过去的 30 年中，人们已经在组织修复材料中探索了许多天然生物聚合物，如纤维素、胶原蛋白、壳聚糖、纤维蛋白、明胶、丝素蛋白、丝胶蛋白和透明质酸等，它们具有良好的生物相容性、生物降解性以及与 ECM 的相似性。此外，聚乙烯醇（PVA）、聚乙醇酸（PGA）、聚乳酸（PLA）、聚己内酯（PCL）、尼龙和硅酮等合成聚合物也为敷料的下一步发展做出了重要贡献[1]。纱布、水凝胶、泡沫、水胶体（羧甲基纤维素）、海藻酸盐、胶原蛋白、纤维素、棉/人造丝和透明薄膜（聚氨酯）等几种产品被推荐用作伤口和烧伤的常用敷料，因为它们会调节局部细胞反应[16]。因此，它们具有一些功能特性：保护伤口周围皮肤、在伤口水平保持合适的水分、预防和控制微生物感染、清洁受伤组织、消除/减轻疼痛、去除坏死的组织和控制创面气味等。一些具有润肤、镇痛、抗菌、抗炎和抗氧化特性的天然产品可以改善伤口愈合过程，如浸有抗菌剂（抗生素和抗真菌产品）、胶原蛋白或酶清创剂的活性伤口敷料。磺胺嘧啶银、亚甲蓝、结晶紫、蜂蜜、聚六亚甲基双胍和卡地姆碘通常被用作抗菌剂，用于预防皮肤伤口尤其是慢性伤口的局部感染。对于伤口周围皮肤保护，皮肤密封剂、水分屏障或糊剂、固体皮肤屏障和皮肤屏障粉末是最常用的。

另外，已经使用特定的生物活性分子或材料针对愈合的四个阶段进行了伤口敷料的功能化设计和构造[16]。例如，添加抗菌肽或抗生素药物以提供抗微生物特性，从而在伤口愈合的最初阶段预防和清除细菌定植。加入表皮生长因子（EGF）、碱性成纤维细胞生长因子（bFGF）、血管内皮生长因子（VEGF）或血小板衍生生长因子（PDGF）等生长因子，在愈合中期刺激各种细胞的生长、增殖和迁移，可以加速创伤愈合。在组织工程构建体中添加免疫调节分子，如白细胞介素－4（IL－4），具有在整个愈合过程中调节巨噬细胞功能以促进伤口修复和再生的潜力。在愈合的最后阶段，即愈合的重塑阶段，需要通过具有细胞功能调节作用的材料或分子调节 ECM 的正确沉积。在这种情况下，通过深入了解细胞－材料相互作用，人们已经在新型生物材料的探索过程中取得了众多新的发现。这些发现表明了通过触发伤口愈合的特定阶段或过程来加速愈合过程的多种策略是极具应用前景的。

目前,组织工程皮肤替代物的开发有多种形式,包括非细胞聚合物支架、非细胞生物支架(如猪肠黏膜下层等)、细胞外基质、自体细胞片、同种异体成纤维细胞及包含真皮和表皮细胞的双层结构等。所有这些产品都已上市并用于治疗急性或慢性皮肤伤口。此外,其他皮肤组织工程构建物已在非商业市场上被成功开发。将组织工程皮肤替代物开发成具有商业可行性的产品需要团队多方面合作,包括实验室研究、动物研究、临床试验与监管机构的协作以获得 FDA 的批准、建立复杂的质量体系和文件、扩大和优化制造流程等[17-18]。

1.4 皮肤组织修复与再生展望

伤口愈合研究领域发展迅速,许多研究小组正在研究伤口发病机理的各个方面,并不断提供有关伤口愈合过程的最新观点。皮肤再生和伤口愈合中信号的人工调节仍处于起步阶段,需要进一步的深入研究,并且需要更多有关愈合机制的基础理论知识。生物组织环境是高度复杂、动态且多方面的,应将细胞与生物材料之间的串扰视为优先考虑事项。此外,还须处理导致正常伤口愈合失败的各种伴随病理生理因素,如异常发炎、组织老化、感染、营养不良、糖尿病、压疮和肾功能不全等。这意味着需要制定策略来实现细胞和材料之间的有效界面串扰,从而生产出类似于皮肤微环境的智能生物材料,并包含能模拟天然组织 ECM 所需的复杂结构与组成设计[19]。同时,它们还应该在愈合的不同阶段对细胞行为做出适当的响应。因此就复杂性而言,现有支架系统仍然非常简单,距离智能生物材料还很远[7]。尽管皮肤组织工程是一个极具前景的领域,已经产生了显著的临床影响,但距离能提供部位匹配的全功能皮肤的常规技术和策略还有很长的路要走。实际上,皮肤附件结构难以捉摸,且组织工程皮肤的及时可用性仍然存在问题,需要在以下方面开展更多工作:利用智能材料技术的爆炸式增长,了解引导组织再生的驱动因素,了解组织和形态学背后的生物信息学,研究神经可塑性的影响及其在无瘢痕愈合中的作用,了解临床转化的障碍,为新的解决方案开发监管途径以确保安全且及时可用[1]。

生物学和制药科学的进步促使了新活性分子的产生,这些活性分子提高了组织的再生速率并加快了愈合生理过程[15]。随着这些进步,应该设计和测试更好、更可靠的药物递送系统,以提高这些治疗剂在损伤部位的生物利用度。这就需要实质性改进药物载体的设计,该载体应能解决慢性伤口发生的多因素性质,并支持适当伤口愈合中所必需的正确生理过程顺序。目前,生物工艺工程学的快速发展,可以提供更多的解决方案。另外,由于先进的基因工程技术和纯化策略,出现了 DNA 重组生产的生物材料。例如,使用重组 DNA 技术大规模生产含有细胞结合或细胞刺激肽的材料可能对开发生物活性材料很有成效。总之,对新型生物材料的探索也是皮肤组织工程应用领域中需要深入研究的。

随着医学从一种广谱的疗法走向个性化的疗法,伤口护理领域将发生根本性的变化。每种类型的伤口都有其特征,同时导致愈合周期中断的病理微环境在每种情况下都不同。许多研究忽略了一种情况,材料在成功治疗一种类型的患者时,可能对另一种类型的患者治疗无效,这中间涉及众多需要揭示的问题,需要进一步研究以评估造成这些差异的原因,以及与体内和临床试验进行对比研究。开发能够自动响应异常变化的智能材料体系可以极大地推动这一领域的发展。这个目标可以通过两种方法来实现:①开发能够对伤口环境做出反应并按需释放可修复机体障碍过程的治疗剂的先进智能材料;②设计自动化系统,该系统可以自动检测伤口环境,分析数据并自动提供治疗或与医疗专业人员协商后进行治疗[15]。

在过去的十年中,组织修复实质性的重点已转向细胞疗法,包括预先血管化的皮肤移植物或活体皮肤等效物和免疫调节支架,它们涵盖了天然皮肤或正常伤口环境的多种特征。将各种细胞和生物活性因子掺入到支架中已经实现了细胞—细胞和细胞—基质的相互作用,从而实现了完整的组织再生。了解伤口愈合过程中的主要信号通路,可能为使用干扰小 RNA(siRNA)或微 RNA(miRNA)靶向关键调节剂来治疗组织创伤提供指导。抗菌剂分子、免疫调节细胞因子、生长因子、miRNA、siRNA 和外泌体等添加剂已在伤口敷料的开发中取得显著的成效。借助尖端技术和分子信号传导途径的知识,皮肤生物工程学的逐步发展将进一步激励研究人员开发有效的伤口护理疗法。此外,基因工程来源的细胞可以解决在治疗不同伤口类型和损伤状态的伤口中的局限性,并有望进行针对患者伤口的特异性治疗。新一代的治疗方法将需要有效的细胞内递送系统,用于基因组编辑工具,如 CRISPR / Cas9 或 TALEN。这将进一步有利于支架介导的创面微环境基因工程,以实现胎儿创面愈合特性,从而使成年人的创面愈合和皮肤附件完全再生成为可能[1]。

3D 生物打印技术的进步可以在预定义的空间位置上提供精确的细胞图案,从而对皮肤的组织结构进行仿生。然而,当前用于皮肤细胞打印的生物墨水主要是海藻酸盐、胶原蛋白、纤维蛋白或其混合物,它们仍然是次优的。该领域亟待开发更多生物活性墨水,以推进用于伤口愈合的 3D 生物打印活性敷料的构建。为了对天然皮肤进行功能重现,需要将各种细胞类型(包括成纤维细胞、角质形成细胞、表皮干/祖细胞和内皮细胞等)与最佳的生物墨水结合使用,以模拟皮肤组织,构建包含微血管、毛囊和汗腺等类皮肤组织。目前,可以通过个性化生物反应器中的细胞打印方法和用于诱导小血管形成的组织培养基流,将身体部位的目标细胞引入支架中,并进行体外培养[20]。在移植时可应用红外线等外场的刺激以控制生物活性分子从"智能"支架表面的可控释放,从而确保神经再支配、组织功能的恢复等,并具有与原有组织进行整合的能力[21]。

　　大量新技术为皮肤组织修复提供了新途径和策略,可以进行伤口的特异性治疗。各种基因编辑工具、材料科学工程学和跨学科科学的共同交叉正在彻底改变当前敷料或皮肤替代物的研究现状。随着生物医学新技术的高速发展,皮肤组织再生和修复的高质量发展正在飞速进行,创新技术与常规方法的结合在将来具有巨大的潜力。再生医学及其相关临床研究的未来趋势可能会为新的治疗方法打开大门,这可能会促进能够实现伤口无痛、快速和无瘢痕愈合产品的产生[1]。

本章参考文献

[1] CHOUHAN D,DEY N,BHARDWAJ N,et al. Emerging and innovative approaches for wound healing and skin regeneration:current status and advances[J]. Biomaterials,2019,216:119267.

[2] MILLER K J,BROWN D A,IBRAHIM M M,et al. MicroRNAs in skin tissue engineering[J]. Adv Drug Deliv Rev,2015,88:16-36.

[3] BHARDWAJ N,CHOUHAN D,MANDAL B B. Tissue engineered skin and wound healing:current strategies and future directions[J]. Curr Pharm Des,2017,23(24):3455-3482.

[4] YILDIRIMER L,THANH N T K,SEIFALIAN A M. Skin regeneration scaffolds:a multimodal bottom-up approach[J]. Trends Biotechnol,2012,30(12):638-648.

[5] POURMOUSSA A,GARDNER D J,JOHNSON M B,et al. An update and review of cell-based wound dressings and their integration into clinical practice[J]. Ann Transl Med,2016,4(23):457.

[6] ALBANNA M, HOLMES Ⅳ J H. Skin tissue engineering and regenerative medicine[M]. Boston:Academic Press,2016.

[7] CASTAÑO O, PÉREZ-AMODIO S, NAVARRO-REQUENA C,et al. Instructive microenvironments in skin wound healing:biomaterials as signal releasing platforms[J]. Adv Drug Deliv Rev,2018,129:95-117.

[8] RODRIGUES M,KOSARIC N,BONHAM C A,et al. Wound healing:a cellular perspective[J]. Physiol Rev,2019,99(1):665-706.

[9] REINKE J M,SORG H. Wound repair and regeneration[J]. Eur Surg Res,2012,49(1):35-43.

[10] COLWELL A S,LONGAKER M T,LORENZ H P. Fetal wound healing [J]. Front Biosci,2003,8:s1240-s1248.

[11] SANON S, HART D A, TREDGET E E. Molecular and cellular biology of wound healing and skin regeneration[J]. Skin Tissue Engineering and Regenerative medicine,2016:19-47.

[12] PONEC M. Skin constructs for replacement of skin tissues for in vitro testing[J]. Adv Drug Deliv Rev,2002,54(Suppl 1):S19-S30.

[13] GROEBER F, HOLEITER M, HAMPEL M, et al. Skin tissue engineering:in vivo and in vitro applications[J]. Adv Drug Deliv Rev, 2011,63(4/5):352-366.

[14] VUERSTAEK J D D, VAINAS T, WUITE J, et al. State-of-the-art treatment of chronic leg ulcers: a randomized controlled trial comparing vacuum-assisted closure (V. A. C.) with modern wound dressings[J]. J Vasc Surg,2006,44(5):1029-1037.

[15] SAGHAZADEH S,RINOLDI C,SCHOT M,et al. Drug delivery systems and materials for wound healing applications[J]. Adv Drug Deliv Rev, 2018,127:138-166.

[16] GOPINATH V, KAMATH S M, PRIYADARSHINI S, et al. Multifunctional applications of natural polysaccharide starch and cellulose: an update on recent advances [J]. Biomed Pharmacother, 2022, 146:112492.

[17] WONG D J, CHANG H Y. Skin tissue engineering [J/OL]. StemBook, 2009.

[18] MANSBRIDGE J. Skin tissue engineering[J]. J Biomater Sci Polym Ed, 2008,19(8):955-968.

[19] HOLZAPFEL B M,REICHERT J C,SCHANTZ J T,et al. How smart do biomaterials need to be? A translational science and clinical point of view [J]. Adv Drug Deliv Rev,2013,65(4):581-603.

[20] KIM H S,SUN X Y,LEE J H,et al. Advanced drug delivery systems and artificial skin grafts for skin wound healing[J]. Adv Drug Deliv Rev,2019, 146:209-239.

[21] WOOD F. Tissue engineering of skin[J]. Clin Plast Surg,2012,39(1): 21-32.

第 2 章

皮肤的功能与组织构造

2.1 皮肤的结构

对于脊椎动物而言,皮肤是覆盖于身体表面的一层具有保护、调节和感觉功能的组织。对于哺乳动物而言,皮肤是由外胚层发育而来的多层次器官,按照从外到内的结构,皮肤可以划分为表皮、真皮和皮下组织。

2.1.1 表皮

表皮是皮肤最表面的一层,不同部位的皮肤,其表皮厚度有所差别,通常为 $(35\pm10)\mu m$[1]。表皮富含大量细胞,其中约有 95% 是角质形成细胞[2];在剩余的 5% 中,占主导地位的是黑素细胞、朗格汉斯细胞以及梅克尔细胞。表皮中没有血管分布,因此表皮中的各种细胞主要通过贯穿于真皮—表皮连接处的血管获取营养并进行物质交换[2]。

1. 角质形成细胞

角质形成细胞是产生角质蛋白的细胞。角质蛋白不仅是角质形成细胞骨架的主要组成部分,而且组成了中间丝。角质蛋白是一个庞大的蛋白家族,包含 30 种蛋白,并且每种蛋白被特定基因所编码。在表皮的不同层,分布着不同种类的角质蛋白,这是由于角质形成细胞的分化阶段不同,其形成的角质蛋白种类也有所差异。

角质形成细胞产生于表皮最内部的基底层,并逐渐演化成体积更大、形状更加扁平的角质细胞[3]。在演化过程中,角质形成细胞不断向外移动,导致表皮形成了 5 个不同的层,由内到外分别是:基底层、马氏层(棘层)、颗粒层、透明层(仅部分部位存在)以及角质层(图 2.1)。在一些分类中,会把前 3 层或者前两层称为生发层或马尔皮基层。

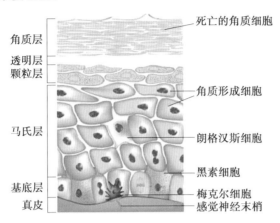

图 2.1　表皮层的结构[8]

（1）基底层。

基底层分布于表皮最内层[4]。这层细胞也是在整个表皮层中唯一可分裂的细胞。基底细胞呈现圆柱状,通常排列整齐,呈现栅栏状排布。基底细胞的细胞核呈卵圆形和暗黑色,细胞质具有深嗜碱性。细胞内存在黑色素颗粒,肤色不同,细胞内黑色素颗粒含量也不尽相同。黑色素颗粒通常位于基底层细胞的细胞核上方,但当其数量较多时,会散布在细胞质内。基底细胞之间通过桥粒相连。在基底细胞靠近真皮层的一面,则由半桥粒与其他结构形成真皮－表皮连接处。基底细胞内还含有许多张力丝,这些张力丝附着在桥粒的胞质面,排列较为疏松。

（2）马氏层。

马氏层又称棘层,通常含有 4～10 层细胞,细胞呈现多面体结构,细胞中央有卵圆形核,并且细胞质中充满了张力丝。不同于基底层细胞中的张力丝,在棘层的张力丝呈聚集排列,比较致密。此层的细胞拥有很多称为棘突的胞质突,因此,这层细胞也称为棘细胞。细胞之间通过桥粒相连。这些细胞中含有大量的细胞器,这些细胞器有助于角蛋白的形成和角质层的细胞间黏附。当棘细胞接近颗粒层时,细胞变得扁平。

（3）颗粒层。

此层细胞呈菱形,细胞胞质内充满粗大、强嗜碱性的透明角质颗粒,因此称为颗粒层。这些颗粒富含有助于角蛋白丝聚集的蛋白质,同时这些颗粒也含有可以促进角质细胞连接的蛋白质。此层细胞的层数与角质层厚度成正比,在角质层薄的部位仅有 1～3 层,在角质层厚的部位可以达到 10 层。

（4）角质层。

细胞从颗粒层上升至角质层时,发生显著转变。原本颗粒层有核的活细胞进入角质层会变为无核的死细胞。角质层的细胞大而平,呈多面体状,充满角蛋白。此层通常含有 15～25 层不等的细胞,由于角质层外层通常不断脱落,所以难以确定其具体厚度。这些细胞由坚硬的富含脂质的交联剂黏合在一起,细胞之间相互重叠,这有助于提高该层细胞的不可渗透性。脱落的角质层细胞会被基底层的细胞补充替代。细胞从基底层移动到角质层需要 26～42 d,而这之后,从角质层的底层穿过角质层到达角质层顶端,还需要 13～14 d。

除了上述 4 个层次之外,在某些部位,如手掌和脚掌部位,还存在透明层。透明层是在颗粒层和角质层之间的细胞层。透明层细胞仅存在于皮肤非常厚的部位,这层细胞具有细胞核,细胞膜不透明且细胞质紧密。

2. 树枝状细胞

除了角质形成细胞之外,在表皮中,还分布着树枝状细胞。树枝状细胞可以分为 4 种类型:黑素细胞、朗格汉斯细胞、未定型树状细胞以及梅克尔细胞。

（1）黑素细胞。

黑素细胞是合成表皮层色素的细胞,它们是由神经嵴发育而来[5]。表皮的黑素细胞位于基底层,一个黑素细胞与 30～40 个相关的角质细胞形成表皮黑色素单元,并且基底层黑素细胞和角质细胞的比例约为 1∶10。无论何种人种,每平方毫米的皮肤中约存在 1 200 个黑素细胞。分化的黑素细胞树枝状突起与角质形成细胞之间形成连接,通过这种连接实现黑色素由黑素细胞向角质形成细胞的转移,这种转移在肤色决定中起到重要作用并且参与皮肤细胞的光保护。黑色素颗粒积聚在角质形成细胞的细胞核上,并且随表皮细胞脱落而被清除。在 H&E 染色的切片中,黑素细胞呈现小而浓染色的细胞核,并且其细胞质呈现透明状。

（2）朗格汉斯细胞。

朗格汉斯细胞是高度特化的白细胞,它们与皮肤的免疫原性和耐受性相关[6]。朗格汉斯细胞位于表皮的基底层,来源于骨髓,作为免疫细胞的一种,是皮肤免疫的第一道防线。在个体发育的过程中,朗格汉斯细胞的前体细胞位于表皮中,并且在发育过程中,逐步表达免疫相关的重要分子,如 ATP 酶、Ⅱ型主要组织相容性复合体（MHCⅡ）、胰岛蛋白/CD207 以及伯贝克颗粒。在表皮中的朗格汉斯细胞具有相当长的寿命。

组织学上,在 H&E 染色切片中显示:朗格汉斯细胞位于表皮的中上部,因此可以与同样是透明细胞的黑素细胞区分开来。

（3）未定型树状细胞。

常位于表皮下层，其特点是没有黑素体及朗格汉斯细胞颗粒。此种细胞可能分化为朗格汉斯细胞，也可能是黑素细胞前身。

（4）梅克尔细胞。

梅克尔细胞同样存在于表皮的基底层，位于靠近毛囊的部位[7]。它们充当灵敏触觉的传感器，在它们的细胞质中存在神经肽颗粒，以及神经丝和角蛋白。在哺乳动物的有毛皮肤中，梅克尔细胞簇集成盘状结构。梅克尔细胞的起源并不明确，一些胚胎学研究结果和该细胞表达角蛋白的特性都证明其起源于表皮，但是它们的电生理特性和释放神经肽的能力又与神经起源相一致。梅克尔细胞无法通过标准组织染色（如 H&E）或者光学显微镜来鉴定，还可通过银浸染法来判断，银浸染后梅克尔细胞中可见颗粒状物并且其着色浅于周围角质形成细胞。

总体来说，表皮细胞分为角质形成细胞和树枝状细胞，两者具有明显区别。角质形成细胞在表皮中占主导地位，细胞间又具有细胞间桥，并且 H&E 染色可以着色；树枝状细胞呈现树枝状，H&E 染色难以着色，需要通过特殊染色或组织化学方法进行鉴定。

2.1.2　基底膜

表皮与真皮之间，通过基底膜相连。基底膜为表皮细胞提供营养物质[9]。基底膜由半桥粒（附着菌斑、细胞膜和连接板）、锚丝、基底层、锚原纤维和弹性原纤维组成。从结构上，基底膜可以分为 4 部分：细胞胞质膜、透明板、致密板和致密板下带。

其中，细胞胞质膜是由基底层角质形成细胞的细胞膜（近真皮处）及其半桥粒构成。透明板上附着有锚丝，锚丝由半桥粒发出，连接到致密板。致密板含有Ⅳ型胶原纤维，锚原纤维连接致密板与真皮上的纤维，最终将表皮与真皮连接起来。

2.1.3　真皮

真皮是皮肤中坚韧的纤维层，位于表皮和皮下组织之间，主要由结缔组织构成，皮肤的附属器官主要出现在真皮层，此外，真皮层还分布有神经和神经末梢、血管、淋巴管和肌肉等组织。真皮层含有多种细胞，包括成纤维细胞、真皮树突细胞、肥大细胞和组织细胞等。

真皮可以分为两层：上部的乳头状真皮（乳头层）和下部的网状真皮（网状层）[10]。乳头层位于表皮下方，真皮的浅层部位。乳头层由疏松结缔组织组成，因其具有乳头状的突起而得名。此乳头状的凸起由真皮向表皮延伸，并且在突起中包含毛细血管网络或触觉相关的迈斯纳氏小体。真皮的乳头状突起大大增加了真皮层与表皮层的接触面积,有利于氧气、营养物质和代谢废物在表皮层和真皮层之间的交换。同时,此种突起也加强了真皮层和表皮层之间的连接,防止真皮层和表皮层分离。

网状层位于真皮的深层,是一层厚厚的致密结缔组织,构成了真皮的主体。网状层因其中高密度的胶原纤维、弹性纤维和网状纤维相互交织形成网状结构而得名。网状层中的这些蛋白纤维赋予了网状层良好的强度、延展性和弹性。在网状层中,分布着毛发的根部、皮脂腺、汗腺和血管,这些内容将在"皮肤附属器官"一节中详细介绍,在此不再赘述。

乳头层和网状层之间没有明显的界线。乳头层中的纤维较细,它们与表皮网纹交错,而网状层中的纤维则较粗。真皮层的基质主要是由胶原纤维、弹性纤维、糖胺聚糖基质组成[11]。

(1)胶原纤维。

胶原纤维是真皮结缔组织的主要成分,它们为皮肤提供机械支撑[12]。而真皮中的胶原纤维又以Ⅰ型和Ⅲ型胶原为主[13]。胶原纤维的直径在 $2\sim15~\mu m$ 之间,胶原纤维在乳头层中呈现细小且无定向分布,在网状层中则相互交织成束,且胶原束方向几乎与皮面平行,并水平延伸。除了在表皮下、表皮附属器官和血管附近,真皮中的胶原纤维均成束存在。

(2)弹性纤维。

弹性纤维在真皮中也发挥着重要的结构支持作用[12]。弹性纤维由弹性蛋白和胶原蛋白的微纤维组成,与胶原蛋白不同,弹性蛋白的生化结构有利于纤维的滑动、伸展和收缩。网状层中的弹性纤维较粗,而真皮中的弹性纤维又主要分为两个亚型:中期弹性纤维(elaunin fiber)和耐酸水解性纤维(oxytalan fiber)。中期弹性纤维是水平排列的弹性纤维,位于乳头层和网状层交界处附近;耐酸水解性纤维则是位于乳头层中垂直分布的弹性纤维。

(3)糖胺聚糖基质。

糖胺聚糖基质为胶原纤维和弹性纤维提供支撑,它具有良好的保水性,并且有利于营养物质、激素和液体分子通过真皮。基质通常是无定型的,其成分为糖胺聚糖,包括透明质酸、蛋白多糖和糖蛋白等。在正常皮肤中,基质含量较少,仅在真皮乳头体中的皮肤附属器官和毛细血管周围可以偶见少量非硫酸盐酸性黏多糖。在创伤愈合形成的新的胶原中,其基质中除了非硫酸盐黏多糖外,还有硫酸盐黏多糖(主要为硫酸软骨素)。

2.1.4 皮下组织

皮下组织位于真皮层下方,由疏松的结缔组织和脂肪组成,在腹部其厚度可达 3 cm。皮下组织富含脂肪,它将皮肤附着在下方的肌肉、筋膜或骨膜上。贯穿于皮下组织中的结缔组织可以促进运动并为组织中的致密血管和神经网络提供支撑。皮下组织层是重要的缓冲结构,可以缓解外力对下层结构的冲击,除此之外也参与形体塑造及温度调节。同时,皮下组织中还包含了一些深层皮肤附属器官(如毛囊)、深层压力感受器(鲁菲尼小体和环层小体)以及参与控制局部血流和体温调节的皮下血管丛。

2.2 皮肤的功能

皮肤是人体最大的器官,是人体的第一道物理屏障。皮肤的功能包括:①机械保护;②抵御外界环境的侵扰;③免疫调节;④体液调节;⑤防止身体失水;⑥调节体温;⑦感知外部刺激。它通过限制水分的流失而参与维持水和电解质的平衡,是抵抗外界侵害的一道保护屏障,但这种保护作用还包括重要的免疫功能。如同表皮保护机体免受外部因素的侵害一样,皮肤的保护功能也涉及其免疫系统的激活和整合作用。皮肤的免疫系统在促炎和抗炎反应之间建立了稳定的平衡,而皮肤结构和功能的完整性是其能够履行许多职责的必要条件[14]。

2.2.1 表皮的功能

表皮是皮肤的最浅层,也是提供屏障功能的皮肤层。如前文所述,它由 5 个细胞层组成(基底层、棘细胞层、颗粒层、透明层(仅部分部位存在)以及角质层)。表皮具有 3 种屏障功能:限制机械攻击和病原体渗透的物理屏障;化学屏障(如抗菌作用);防止水和电解质流失的屏障[15]。

角质形成细胞在皮肤屏障功能的形成和维持中具有重要作用。这些细胞遍布于表皮各个细胞层,通过增殖和分化过程,在角质层中转变为角质细胞,该过程由角质形成细胞和皮肤其他驻留细胞产生的细胞因子严格控制[16]。如果细胞因子基因表达紊乱,角质形成细胞膜脂质组成发生改变或角质细胞脱皮缺陷,会引起角质形成细胞分化的生理过程发生扰动,最终导致皮肤屏障质量的改变。特应性皮炎、牛皮癣、鱼鳞病和荨麻疹,都是皮肤屏障形成发生缺陷导致的炎症性皮肤病。因此,通过让许多化学物质/微生物渗透到体内来增加该屏障的渗透性,可以起到促进和维持炎症过程并触发免疫反应的作用。

角质层的完整性对于形成不可穿透的皮肤屏障是至关重要的。角质化或角化是形成正常角质层的复杂过程,通过该过程角质形成细胞发生重要的形态和结构变化,最终转化为角质形成细胞。角质形成细胞作为皮肤中最主要的细胞类型,不仅作为结构细胞,而且发挥着重要的免疫功能,在伤口修复过程中发挥关键作用。角质形成细胞是具有永久恢复性的细胞,在基底层中发生有丝分裂和增殖。分化成熟的角质形成细胞,穿过表皮的所有细胞层,失去其细胞核和细胞器,开始分泌角蛋白,并在角质层变成角质细胞。在此过程中,形成了一层围绕着角质形成细胞的膜,该膜富含蛋白质和脂质,膜形成过程涉及与蛋白质的结合,特别是兜甲蛋白和外皮蛋白。当它们从颗粒层转移到角质层时与角质形成细胞的细丝进行结合,丝聚合蛋白的交联在稳定这些蛋白中发挥重要作用。脂质屏障位于角质膜的外部,由共价结合的神经酰胺组成。脂质屏障减少了表皮水分和电解质的损失。由角质小体(修饰的桥粒结构)结合死去的扁平角质细胞形成角质层,使得皮肤对机械刺激具有抵抗力[17]。

通过脱皮可以从表皮表面去除旧的角质细胞,角质层中钙浓度的增加触发了该过程,之后一系列降解角膜基质蛋白的特异性蛋白酶被激活,接着角质层细胞与表皮的连接变得不稳定,细胞被清除。角质化过程涉及一系列酶促反应,并依赖于结构蛋白、脂肪酸和脂质的形成,其基因表达和功能受细胞因子和细胞内信号分子的控制,而且当它们分化时,角质形成细胞会分泌一系列脂肪酸和附着在脂质膜上的抗菌肽(RNASE 7、牛皮癣素和钙卫蛋白)。角质形成细胞可响应由儿茶素基 LL-37 分泌物和防御素两种具有抗菌特性的肽诱发的皮肤屏障裂痕引起的炎症反应。

皮肤作为身体最外层的屏障,每天都受到外界环境的攻击。有效的伤口修复对生命健康至关重要,而这一过程是通过在一个时间序列中不同的细胞和分子事件的微妙协调来实现的。伤口愈合过程被认为是一系列不同但部分重叠的阶段,即止血、炎症、增殖和重塑。其中,角质形成细胞是角质形成、细胞迁移、增殖和分化,重建上皮化过程以恢复表皮屏障的执行者[18]。角质形成细胞的这些不同细胞状态的转变受到各种创伤微环境因子的调节,包括细胞因子、趋化因子和基质金属蛋白酶(MMP)。此外,角质形成细胞与成纤维细胞一起参与伤口收缩。

2.2.2 真皮的功能

真皮是夹在表皮和皮下组织之间的密集、不规则、柔软的结缔组织层,呈纤维结构,由胶原纤维、弹性纤维和其他细胞外基质成分组成,包括脉管系统、神经末梢、毛囊和腺体。真皮的作用是支持和保护皮肤及更深层的组织,有助于温度调节和感觉形成。成纤维细胞是真皮中的主要细胞,但是组织细胞、肥大细胞和脂肪细胞在维持真皮的正常结构和功能中也起着重要的作用[19]。真皮的主要作用分为以下 3 种。

1. 为皮肤提供支持与保护

真皮不仅为结实的组织框架提供了强度和柔韧性,而且为更深层解剖结构提供了保护作用。真皮中含有的透明质酸、胶原蛋白和细胞外基质等可增强皮肤功能，并通过半桥粒和其他黏附性基底膜区域（BMZ）成分促进其与表皮的锚定[20]。锚定原纤维也在与表皮的锚定中发挥作用。弹性组织还有助于支撑皮肤并提供柔韧性。真皮中的血管对于维持表皮和表皮附件至关重要，而血液中的营养物质对于表皮、毛囊和汗腺具有滋养和支持作用。血管网络还可以帮助真皮募集中性粒细胞、淋巴细胞和其他炎性细胞，继而引发炎性反应。

2. 温度调节

具有血管活性的真皮血管可以调节体温。称为球腺体的特殊结构也可以通过动静脉分流的形成参与温度调节。球腺体是由球腺、血管和平滑肌细胞构成的复合体，在手指、手掌和脚掌中占主导地位。此外，尽管内分泌汗腺通常位于真皮层内，但它们是外胚层衍生的表皮附件，并深入真皮和皮下层的较深组织中[21]。

3. 感觉

真皮中存在几种机械性感受器。真皮中的毛囊周围分布着神经末梢，这些神经末梢可以感知毛发的运动并充当机械感受器，使感觉延伸到皮肤表面以下。此外，真皮中还存在深层压力感受器，即环层小体，它是一种在深层真皮中被发现的大型、层状、卵形结构，是可传递深层压力和振动感觉的感受器。迈斯纳小体集中分布于无毛的皮肤上，位于乳头状真皮的乳头中，可以对低频刺激产生反应。

真皮的厚度很大（比表皮厚约 10 倍），在人类胚胎发育的第 6 周就可以在组织学上得以区分。真皮在胚胎发育过程中来源于 3 种胚层：①侧板中胚层，提供四肢和体壁的真皮细胞；②旁轴中胚层，提供形成背部真皮的细胞；③神经嵴细胞，可以形成面部和颈部的真皮。构成真皮的主要细胞是成纤维细胞，尽管起源不同，但成年人整个身体中真皮的组织学外观是相似的。

真皮在胚胎发育过程中具有启发性，可以确定表皮附件（如毛囊和腺体）的形态[22]。真皮中大部分的 ECM 决定了皮肤的物理特征，如皮肤柔韧性和回弹力以及瘢痕的僵硬程度。真皮主要是真皮成纤维细胞的产物，真皮成纤维细胞是组织中主要的结构支持细胞，也是细胞的异质群体，存在"局部异质性"。换言之，在单个皮肤部位存在多个在空间和功能上截然不同的成纤维细胞谱系。例如，与网状（深层）成纤维细胞相比，位于上层真皮的乳头状成纤维细胞比较不易形成瘢痕，而网状（深层）成纤维细胞则有助于创伤早期修复和瘢痕形成。此外，在培养的从人体各部位采集的成纤维细胞中也发现了"区域异质性"，细胞具有特定的 *Hox* 基因表达模式，在人体中编码它们所在的位置身份。然而，区域异质性的一个关键方面是组织的发育起源，而这一方面却常被忽视。面部真皮源自神经嵴,而身体其余部分的真皮则源自中胚层(腹部/四肢来自侧板中胚层,之后又来自体壁中胚层)。真皮的胚胎起源对于伤口愈合的过程有着一定影响,Ivy Usansky 等的研究表明:真皮在修复过程中会发生部分重新制定胚胎程序的事件[23]。

近年来,在皮肤成纤维细胞的各种谱系及其对伤口愈合的作用上有了更多报道[24]。从这些研究可以明显看出,真皮及其驻留的成纤维细胞比之前认为的具有更强的异质性。对不同成纤维细胞表型的研究可以帮助人们对于皮肤和其他器官的纤维化过程有所了解。此外,现在已经发现,成纤维细胞和表皮结构之间的交互作用对于诱导上皮细胞分化为特定表型至关重要。

迄今为止,鉴定出的真皮干细胞分布于许多不同的生态位中。最早被报道的生态位是毛囊真皮乳头(HFP)和结缔组织真皮鞘(DS)。与 HFP 和 DS 相关的细胞具有沿多个间充质以及神经元和神经胶质谱系分化的潜能。

毛囊隆起区被认为是含有真皮干细胞的传统生态位区域,最近被证明含有神经嵴起源的干细胞(例如,人类表皮神经嵴干细胞 EPI−NCSC)。尽管尚未确定这些细胞的精确定位,但据报道它们位于"表皮外根鞘"中,并且与毛囊隆起区的真皮鞘紧密相关[25]。这些细胞能够分化为所有主要的神经嵴衍生物,包括骨骼、软骨、神经元、施万细胞、肌成纤维细胞和黑色素细胞。

人们根据从无毛皮肤(如包皮)中分离出能够多系分化的细胞的经验,提出了毛囊微环境可能不是真皮干细胞的唯一来源的假说。来自人类皮肤不同解剖部位(包括包皮)的 CD146 阳性(CD146+)真皮血管周细胞已被证明可以沿着成脂、成软骨和成骨谱系分化。已经证明血管周围生态位,如脂肪组织、胎盘、骨骼肌和胰腺等组织中都含有真皮干细胞。

位于汗腺基质中的细胞最近也被划归入真皮多能干细胞范畴。这些细胞同样能够沿成脂、成软骨和成骨谱系分化。

很明显,人类真皮中存在多个干细胞生态位,每个生态位中的细胞都具有分化成不同谱系的能力,不仅增强了皮肤再生功能,而且增强了组织和器官再生功能。重要的是,确定这些不同生态位来源的细胞的特性将有助于人们了解它们的生物学功能,并为从真皮中分离和纯化这些细胞提供合适的方法。

2.2.3 皮下组织的功能

皮下组织(皮下脂肪组织)位于真皮下部和肌肉上部,是真皮下面含有丰富脂肪的组织,主要由疏松的结缔组织和脂细胞(脂肪细胞)组成,在体内发挥多种功能。它可以隔绝寒冷、缓冲深层组织免受暴力创伤、提供浮力、储存能量,也是内分泌器官。脂肪组织包含由胶原蛋白和大血管组成的纤维间隔分隔的脂肪小叶。隔膜构成的网状结构使脂肪小叶保持在适当的位置,同时为结构提供支撑作用。皮下组织胶原蛋白与真皮中的胶原蛋白相连接,丰富的微血管网络贯穿于隔膜之中,提供氧气和作为营养交换的场所。

皮下组织在腹部厚度可达 3 cm,负责与下面的肌肉、筋膜或骨膜附着。皮下组织的含量多少因个体的遗传、种族和体重的不同而有所差别[26]。在确定个体的面部,皮下组织的厚度根据面部区域而不同,在前额和上颚中,脂肪层很厚,并且与上层的皮肤紧密附着。然而,在眼睑部位,几乎不存在脂肪层,上层皮肤呈松散黏附。在面中部,皮下脂肪血管化程度高,并由各种纤维将其分隔开。

贯穿皮下的结缔组织可以促进运动,并对组织中的致密血管和神经网络起到支持作用,该层还能吸收外部对底层结构的冲击,塑造生物体的外部形态,调节温度。皮下储存的丰富的甘油三酯可以储存能量,也可以保护皮下组织免受极端温度的影响。内脏和皮下储存的脂肪在各种激素和细胞因子的分泌和靶向中也很重要。与内脏储存的脂肪相比,皮下脂肪组织可以更好地进行有效分解,且不易分泌炎性细胞因子,所以其成为治疗代谢疾病的重要靶点。

健康的带血管的脂肪组织是身体大部分区域皮下组织的主要组成部分。脂肪细胞分泌的旁分泌因子可以促进内皮细胞的生存和成熟,而内皮细胞则产生旁分泌因子反过来滋养脂肪组织。皮下脂肪组织血管系统中血管的可塑性信号(不管是增加还是减少血管体积的作用)均通过血管生成素 1(Ang−1)的参与进行调节。脉管系统的减少如辐射损伤引起的闭塞性动脉内膜炎,导致脂肪组织质量的相应减少。这种皮下组织异常通常反映在其上覆盖的真皮和表皮的功能障碍,尽管皮下组织和这些覆盖层之间的相互作用还没有在细胞水平上被完全了解。

皮下组织还包含中小口径的动脉,动脉通常以两种方式横穿皮下:垂直和纵向。垂直而交错的动脉穿过筋膜层和皮下组织到达皮肤(穿孔动脉)。纵向动脉(长动脉)可以沿着浅筋膜以非常倾斜的角度横穿皮下组织,并延伸至很长的长度。在皮下组织中,血管沿着支持带从更深的平面进入皮肤。支持带为这些血管提供保护,并在皮肤被牵引时防止血管移位。在支持带周围,血管沿着曲折的路径分布。因此,当皮肤被提起时,血管可以舒展开而避免受伤。此外,皮肤支持带的较大弹性能够代替血管的较小弹性。Li 和 Ahn 提出血管和表皮支持层的黏结性网络可能间接介导血液流动[27]。

长动脉通常由长吻合口相连,长吻合口在皮下层 DAT 中形成整齐的弓形。脂肪小叶的所有毛细血管都来自这些动脉。Schaverien 等已证明皮下组织被排列在解剖单位或隔室中,并且每个解剖隔室都与可识别的动脉和静脉相关[28]。假设这些隔室可以对应于象限,且浅筋膜和皮肤角质层的特定组织定义了皮下隔室和血管分布。

所有的皮下动脉都参与了两个皮下神经丛的形成:位于乳头真皮下方的乳头下丛和位于浅筋膜内部的深丛[29]。两个神经丛自由交流,但仅有五分之一的毛细血管对于皮肤血管形成是必需的,其他所有的毛细血管的功能则是温度调节。深丛神经动脉包含许多动静脉连接的结构,这些连接形成了分流器,可以控制血液流向皮肤并进而调节体温。皮下动脉的扩张和变窄决定了浅肤色种族的皮肤温度和肤色。急性休克时,真皮下动脉丛血管收缩使皮肤呈明显的苍白色。纤维化的浅筋膜会阻塞其内部的动脉,从而引起皮肤颜色的变化,甚至导致皮肤慢性缺血。根据 Distler 等(2007)的研究,慢性缺血会增加皮下组织的纤维化,形成恶性循环[30]。如果动静脉分流不完全,则温度调节会发生改变,从而导致皮肤产生过热或过冷的感觉。

2.3　皮肤附属器官

皮肤附属器官主要包括皮脂腺、毛囊和汗腺。

2.3.1　皮脂腺

皮脂腺在皮肤内分布广泛,是存在于皮肤所有区域(手掌和脚掌除外(仅稀疏地分布在手和脚的背侧))的一种分泌多种腺激素的分泌组织,其发育与皮脂腺细胞的分化密切相关。其主要功能如下:产生皮脂、调节皮肤类固醇生成、调节局部雄激素合成、与神经肽相互作用、合成具有抗微生物活性的特定脂质和产生抗炎特性等[31]。在胎儿发育的 13~15 周之前,皮脂腺可以明显地区别于头尾部序列和毛囊。在第 17 周,脂滴在腺体的中央可见。进一步形成的总排泄管(皮脂腺的腺结附在周围)起始于实心的脐带,组成脐带的细胞充满了皮脂。最终,它们失去了完整性,破裂并形成了一条通道,该通道则成为第一条皮脂腺管。新的腺泡产生于周围皮脂管壁,新生儿皮脂腺腺泡的细胞组织由未分化、分化和成熟的皮脂腺细胞组成。

1.皮脂腺结构

皮脂腺有一个腺泡结构,是毛囊皮脂腺单位的组成部分,由表皮内陷产生。毛囊皮脂腺单位最集中的部位是面部、背部上部、头皮和胸部,在手掌、脚底、脚背和下唇上完全不存在。共有三种类型的毛囊皮脂腺单位:第一类是绒毛毛囊,含有一个小的皮脂腺和短毛;第二类是皮脂腺毛囊,含有一个大的多小叶皮脂腺和中等大小的毛发;第三类是末端的毛囊,含有一个大的皮脂腺和浓密的毛发。立毛肌围绕着毛囊皮脂腺单位组成的皮脂腺,正是这些肌肉的收缩导致了毛囊勃起(图 2.2)。

皮脂腺的结构又分为 4 部分:毛发、皮脂腺、皮脂管和角化的毛囊漏斗。远

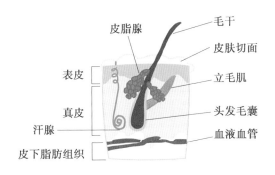

图 2.2 包括皮脂腺在内的皮肤结构[32]

端漏斗(或顶漏斗),显示角质化的颗粒层和脱落的角细胞进入管腔,下漏斗显示毛膜角化[33]。皮脂腺毛囊中还存在大量的细菌(如痤疮丙酸杆菌和表皮葡萄球菌)、真菌和蠕形螨。皮脂腺呈分层结构,分为 3 个不同的区域:外周区(PZ)、成熟区(MZ)和坏死区(NZ)。PZ 是指最外层,由增殖和未分化的皮脂细胞组成,而MZ 比较靠近内部,包含正在积极分化的皮脂细胞。组织学上,这两个区域的区别在于 MZ 中皮脂细胞增大和脂滴含量增加。最终分化的皮脂细胞将在 NZ 经历全分泌,之后分泌皮脂进入皮脂腺管,皮脂细胞平均需要 7~14 d 才能生长为完全分化的细胞。

自 18 世纪开始,皮脂腺一直被广泛研究,这些腺体的名称源于拉丁语的"油脂"或"转化脂肪",其产生一种黏的、蜡状的分泌物,称为皮脂。大多数皮脂腺与毛囊有关,是毛囊皮脂腺单位的组成部分,但在无毛皮肤上也有少量皮脂腺分布。游离皮脂腺,如睑板腺或跗骨腺,它们与眼睑有关,会将睑板分泌到眼泪中,以减缓泪液的蒸发,并保护眼表。在嘴唇和口腔黏膜上发现的福代斯颗粒、乳晕的蒙哥马利小管,以及与包皮和小阴唇有关的泰森腺,也都是游离皮脂腺。皮脂腺主要参与雄激素调节、毛囊漏斗部的皮脂分泌、皮肤类固醇生成、毛囊皮脂腺单位和表皮角化细胞的局部雄激素合成,它们在胎儿的产皮脂层中也起关键作用。皮脂层是一种富含脂质的物质,由脱落的周表皮细胞和皮脂分泌组成,在妊娠 21 周左右形成,可以合成抗菌肽、神经肽和细胞因子,还能将抗氧化剂输送到皮肤。皮脂腺活动异常会引发许多疾病,包括单纯性和多发性皮脂腺增生、皮脂腺瘤、皮脂腺癌、皮脂腺痣、毛囊性皮脂腺囊性错构瘤、寻常痤疮、脂溢性皮炎和雄激素性脱发。

皮脂腺的数量在整个生命过程中几乎保持恒定,而皮脂腺的大小则会随着年龄的增长而增加。在任何一个腺体单位中,腺泡的分化和成熟程度都不同,尽管腺体较小,但肛门前和性腺功能减退男性的皮脂细胞在质量上与正常成年男性相似。皮脂细胞中脂质的合成和释放需要超过 1 周的时间,其中老年人皮脂腺的周转代谢速度比年轻人慢。

2. 皮脂的产生

皮脂是相对非极性的脂质混合物,其中大部分是由皮脂腺重新合成的,用于覆盖表皮,且作为哺乳动物体表的疏水保护,防止过湿和隔热。皮脂的组成具有明显的种类特异性,皮脂排泄增加是痤疮病理生理的主要因素。

皮脂是一种淡黄色、黏稠的全分泌液。随着皮脂细胞的分解,它们在向中央腺和皮脂管迁移的过程中释放皮脂。皮脂主要由甘油三酯、蜡酯、游离脂肪酸、角鲨烯、胆固醇、胆固醇酯和双甘酯组成,皮脂到达皮肤表面之前,这种神经酰胺混合物就在顶漏斗中积累[34]。皮脂细胞每 14 d 更替一次,成人的平均皮脂生成率为 0.033 0 mg/(cm² · h)。皮脂的半速生成率(0.016 5 mg/(cm² · h))与皮脂沉积或干燥症有关。皮脂分泌过量,生成率达到 0.049 5~0.132 0 mg/(cm² · h),则可能导致油性皮肤。

皮脂分泌的显著增加发生在出生后几小时,并在第一周达到峰值。产妇和新生儿的皮脂排泄率与此直接相关,但是这种相关性会在接下来的几周内消失,并且与母乳喂养无关。此时,每单位皮肤表面的皮脂水平与年轻人的相同,皮脂转化的顺序在出生后都是相同的。这些事件表明母体激素环境在新生儿皮脂腺发育中起着重要作用,并表明在出生前通过胎盘雄性激素刺激可引发皮脂分泌,之后产生皮脂排泄,然后逐渐消退。皮脂分泌的一个新的上升期发生在大约 9 岁,并伴有肾上腺功能初现,并会持续到 17 岁,此时基本达到成人水平。新生儿的内分泌环境可能与青春期皮脂腺的发育有关,并可能影响皮脂腺的发育。

3. 皮脂的功能

皮脂的一个主要功能是润滑皮肤和头发,使它们不透水。皮脂也起着动态的体温调节作用,为了隔热,皮脂可以乳化小汗腺的分泌液,这有助于减少汗水的蒸发,从而保持身体凉爽。必要时,皮脂腺也通过增加皮脂的脂质成分来温暖身体。

皮脂腺也在免疫中发挥作用。皮脂中的脂肪酸在皮肤表面形成一层酸性膜(pH 为 4.5~6.2),可以防止碱性污染物的扩散。皮脂腺在受到痤疮、防御素或抗生素的刺激时,会产生各种促炎或抗炎细胞因子、趋化因子、白细胞介素、信息素和游离脂肪酸,也可合成和释放游离脂肪酸,而不受外源性刺激影响。

皮脂腺已被证明具有转录雄激素代谢的必需基因的能力。皮脂腺中发现的17B-羟基类固醇脱氢酶 2 型(17B-HSD)参与皮脂腺单位和表皮角质细胞中的雄激素代谢。17B-HSD 有多种亚型,皮脂腺具有转换还原性和氧化性亚型的能力,分别允许雄激素的激活和失活。已证明多种临床疾病都依赖于神经内分泌激素对皮脂腺功能的调节,激素状态改变的患者,如帕金森病患者或怀孕女性,皮脂产生水平升高,而生长激素缺乏的患者皮脂产生减少。

虽然皮脂腺表达一系列激素受体,但它们也发挥着产生激素的作用,并在下丘脑－垂体－肾上腺样轴(HPA)中发挥重要作用。促肾上腺皮质激素释放激素可以由皮脂腺远程或局部产生,在这种激素的存在下,皮脂细胞被刺激后可以产生脂质、雄激素、IL－6 和 IL－8。此外,如同情绪、身体原因和/或心理压力导致的结果一样,HPA 轴的机能亢进导致皮脂产生的增加,进而会引发脂溢性皮炎和寻常痤疮的恶化。此外,下丘脑－垂体－甲状腺(HPT)轴会影响皮脂腺的皮脂产生水平。甲状腺功能减退患者或接受甲状腺切除术的患者皮脂分泌水平降低,经 l－甲状腺素治疗后,皮脂分泌水平可以恢复到正常。

　　皮脂腺从形成起即开始行使其功能,胎脂是胎儿皮脂的主要成分,它是人体第一个可见的腺产物,在妊娠的最后 3 个月逐步覆盖胎儿。胎儿期和新生儿期的发育和功能似乎受到母体雄激素和内源性类固醇合成的调节,以及其他"形态激素"的调节,包括生长因子、细胞黏附分子、细胞外基质蛋白、细胞内信号分子(β－catenin 和 LEF－1)等细胞因子、酶和类维生素 a。

4. 皮脂腺发育的信号通路和分子

　　多年来,皮脂腺的形成一直是一个技术难题。研究表明,3 种主要信号通路和调节分子对皮脂腺的发育具有重要作用,即 Wnt 信号通路、Sonic hedgehog (Shh)信号通路[35]和 c－Myc 信号通路。在哺乳动物皮肤的干细胞和祖细胞中抑制 Wnt/β－catenin 信号可以增加皮脂细胞的规格和促进皮脂腺的形成。前期研究表明,β－catenin 突变(通过直接结合 Wnt 并募集 Smurf2 而降低 Wnt 活性)会导致小鼠皮脂腺增殖。相反,小鼠表皮中 Wnt/β－catenin 信号介质 T 细胞因子 3(TCF3)的表达会抑制皮脂腺细胞转录调节因子,导致体内皮脂腺形成不足。Hedgehog(Hh)通路的激活会导致皮脂腺的大小和数量均显著增加。根据 Allen 等的报道,皮脂细胞的命运受多能祖细胞刺激(Hh)和抑制信号(Wnt)的相对水平控制。myc 基因编码 c－Myc 蛋白,是 β－catenin/T 细胞因子转录因子的下游靶点。c－Myc 蛋白的过表达会导致皮脂腺的大小和数量增加。尽管已在分子和细胞水平证实了部分皮脂腺的形成,但仍需进一步研究以确定皮脂腺形成背后的精确信号通路。

2.3.2　毛囊

　　毛囊是存在于大部分人体表面的小器官。它们存在于真皮中,并与附着的皮脂腺和立毛肌一起,形成一种称为毛囊皮脂腺单位的表皮结构。毛囊源于外胚层,是主要的皮肤附属物。作为干细胞储存库和毛干工厂,毛囊有助于重塑包括皮肤神经分布和脉管系统在内的皮肤微环境。毛囊具有多种功能,主要包括物理保护、保温、伪装、皮脂分散、感官感知和社交互动。毛囊可分为胎毛毛囊、绒毛毛囊和终末毛囊,它们的区别在于不同的毛囊直径、长度和色素沉着,即同一个毛囊在胎儿时期可以产生胎毛,在儿童时期可以产生绒毛,在成年时期可以产生终末毛。

在毛囊的底部是真皮乳头,它决定了毛发的厚度和长度。包围毛囊管的内根鞘具有与决定毛发形状相关的重要功能,而外根鞘通过与抗原呈递细胞和黑素细胞接触发挥调节功能。在外根鞘的隆突区,在立毛肌的插入位置和皮脂腺的正下方,含有毛囊干细胞。

毛囊的典型特征是周期性生长,其在每个毛囊中单独发生,可以分为不同的生长期,在头皮毛囊周期中持续数年,之后经历分解期,几周的过渡期,最后是休止期或静止期,平均持续几个月,在此期间死亡的毛发脱落[36]。毛发周期的调节与毛囊干细胞以及上皮细胞和间充质细胞之间的相互作用紧密相关。

1. 毛囊漏斗

毛囊漏斗即漏斗,位于毛囊的上段,作为一个储库,为与毛囊相关细胞群的相互作用提供了一个界面。漏斗由上部和下部组成,在称为顶漏斗的上部,上皮与角质化表皮连续,被完整且不可渗透的角质层覆盖。随着分化模式从表皮分化转变为毛外膜分化,该屏障在下滤泡漏斗下中断,仅残留少量分化的角膜细胞[37],漏斗的表皮内陷具有高通透性。滤泡上皮渗透性的增加会使得上皮细胞和相关的细胞群如抗原呈递细胞、肥大细胞和其他细胞群比较易于接触到在局部施用的化合物即"滤泡靶向"(图 2.3)。

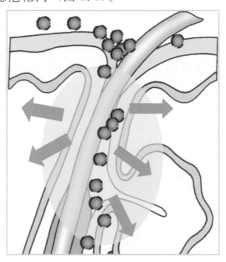

图 2.3　滤泡靶向[38]

毛囊上部由毛囊周毛细血管网供血,下部由真皮深层血管和皮下组织供血。局部应用的物质在到达皮肤血管时会渗透到中枢循环中。

有证据表明,尽管绒毡层毛囊在结构上与末端毛囊相似,但在组织形态学和组织化学方面存在差异。绒毛毛囊产生更细、丝状的毛发,一般无髓质、无色素、直径较小。虽然绒毛毛囊的尺寸明显更小,但在开发新的局部治疗策略中起着重要的作用。

2. 毛囊的尺寸

　　头皮毛囊的直径在末端毛囊((3 864±605) μm)和绒毛毛囊((580±84) μm)中存在显著差异(图 2.4)。此外,皮肤表面末端毛囊开口的直径是绒毛毛囊开口的两倍。绒毛毛囊的上皮内膜厚度((45±14) μm,皮肤表面厚度 100 μm)明显低于终端毛囊((65±20) μm,皮肤表面厚度 150 μm)。毛囊间表皮的厚度也取决于毛囊的类型,一般的毛囊为(64±12)μm～(99±18)μm,毛囊末端为(72±16)μm～(136±37)μm。研究发现,在特定的身体区域的毛囊类型似乎可以代表同类的群体,这支持了基于颗粒的药物递送的可行性。

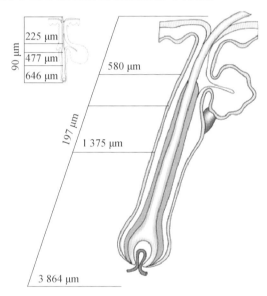

图 2.4　毛囊形态计量学[39]

(毛囊开口直径及隆突区长度)

3. 毛囊移植与伤口修复

　　毛囊是能够再生的最小的人体器官,其最广为人知的功能是产生毛发。它们由多种上皮细胞和间充质细胞组成,在结构上被分为最上部漏斗、峡部和下部毛囊等不同区域,还包括隆起区域和真皮乳头。毛囊隆起区域的毛囊细胞负责毛囊的不间断更新。首先,它们分化为高度增殖的基质细胞,之后这些细胞进一步分化为毛干细胞或内根鞘细胞。毛囊按照独特的生长周期调节毛发的生长,包括毛囊的活跃生长期(生长期)、短暂的过渡期(退化期)和毛囊静止期(休止期)。

几十年来,人们利用收集和移植毛囊来治疗脱发。在这个过程中,通常从头部的枕部区域采集包含一个或多个毛囊的小移植物,并移植到脱发区域。几个月内,移植的毛囊开始长出新的头发,新长出的头发对导致脱发的激素(二氢睾酮)有抵抗力,因此被认为是永久性治疗脱发的方法。收获的毛发移植物包含围绕毛囊的表皮和几乎所有真皮。

此外,伤口护理专业人员已经注意到,毛囊密度高的区域比毛发少或没有毛发的区域愈合更快。1942年,布朗和麦克道尔第一个提出,毛囊除了能够形成毛发,还能够在伤口愈合中发挥作用。在他们的文章《上皮愈合和皮肤移植》中提到,在伤口修复过程中,毛囊细胞可以去分化为有助于伤口愈合的细胞。他们还指出,这一定是没有毛囊的身体部位(如脚底和手掌)的伤口愈合速度比有毛发生长的区域慢的原因。1945年,毕晓普在自己的前臂上制造不同深度的伤口,研究了毛囊在伤口愈合中的作用。他的临床和组织学观察表明,毛囊保持完整的浅伤口愈合得更快。他还证明,在这种伤口中,毛囊周围开始发生再上皮化,而在更深的伤口中,再上皮化仅发生在伤口边缘,因此需要更长的愈合时间。

在皮肤中,表皮干细胞位于表皮最里面的基底层和毛囊中。在正常的皮肤稳态过程中,基底层的干细胞通过不断分裂形成新的表皮,进行终末分化,并向皮肤表面迁移。毛囊干细胞分化为高度增殖的基质细胞,基质细胞进一步分化为毛干细胞或内根鞘细胞。毛囊干细胞分布于毛囊隆突区和峡部。在未受损的皮肤中,隆起处的干细胞可再生新的毛发,峡部的细胞可再生毛囊的非毛发部分。然而,一旦伤口发生,两种干细胞群都会对损伤做出反应,它们开始分化为表皮细胞,并迁移到伤口部位,以帮助替换失去的表皮。在隆突区和峡部发现的干细胞具有不同的特征。位于毛囊隆突区的干细胞可以用多种标记物进行定位,最常用的标记物是分化簇(CD34)和角蛋白15(CK15)。在峡部,CD34和CK15为阴性,但可以表达如富含亮氨酸的重复序列,含有G蛋白偶联受体6(LGR6)和富含亮氨酸的α-2-糖蛋白1(LRG1)的标记物[40]。毛囊干细胞促进伤口愈合的分子机制仍不完全清楚。有人认为Wnt信号通路参与调节这一过程。Wnt信号通路可以指导细胞增殖、分化和迁移,是器官发育的主要调节因子。它在伤口愈合和毛囊再生中也起着关键作用。Wnt信号在伤口发生时被激活,并已被证明通过控制炎症、编程性细胞死亡和在伤口内募集干细胞库而在愈合过程的每个阶段做出贡献。在毛囊中,体内平衡期间,它控制毛囊的再生并促进毛发生长。

4. 毛囊发育的信号通路和分子

迄今为止,至少有3种主要信号通路被证实参与毛囊发育,即 Wnt、Shh 和骨形态发生蛋白(BMP)信号通路[41]。毛囊的形成需要激活 Wnt 信号通路,对 Wnt 信号传导进行抑制会完全消除卵泡的发生,而 Wnt 配体的过度表达会增加再生毛囊的数量。Wnt3a、Wnt4、Wnt5a、Wnt7a 和 Wnt10b 这几种 Wnt 的表达可以介导毛囊的维持,其中,Wnt3a 和 Wnt10b 在毛囊基底细胞中表达。Wnt10b 是在基板上表达最早、最突出的分子信号。用 Wnt10b 处理的表皮细胞表现出细胞分化,以产生毛干和内根鞘。Wnt3a 异常会导致毛发变短。Wnt4 可以影响间充质—上皮的相互作用,Wnt5a 调节真皮的形成,Wnt7a 调节细胞的极性。据报道,Wnt 抑制剂 DKK 可激活 β-catenin,并在卵泡发育中发挥作用。Shh 信号是另一条必不可少的信号通路。Gli2 是参与皮肤毛囊发育的 Shh 反应的关键介质,控制细胞周期调节因子的转录,促进增殖。第 3 条重要的信号通路是 BMP 信号通路。BMP 通过调节毛囊形态发生过程中的毛基质前体细胞的分化和增殖来调节毛发生长周期[42]。BMP4 的异位表达或 BMP 拮抗剂 Noggin(可增强 BMP 信号)的特异性缺失会导致延迟性和更严重的毛囊丧失。Noggin 的过表达会诱导毛囊向生长期过渡,破坏毛干分化。此外,当真皮乳头细胞不能接收 BMP 信号时,它们在体外会失去特征性,在体内植入上皮干细胞时无法生成毛囊。然而,在另一份报告中显示,BMP 信号对头发隆起干细胞具有负调控作用,TGF-β 信号平衡 BMP 介导的 HFSC 激活和抑制。尽管已有许多因素与毛囊发育相关,但细胞间相互作用的机制尚不清楚。

2.3.3 汗腺

汗腺是皮肤的附属腺体之一,其主要分为 3 种类型:小汗腺、大汗腺和无外泌腺[43],如图 2.5 所示。小汗腺数量最多,几乎分布在整个身体表面,排汗量最高。相比之下,大汗腺和无外泌腺在整体排汗中的作用较小,因为它们仅存在于身体的特定区域。然而,大汗腺和无外泌腺也很重要,因为它们的分泌物也会影响皮肤表面收集的汗液成分。

小汗腺是最早发现的汗腺类型,在 1833 年由浦肯野和温德以及在 1834 年由布雷切特和罗塞尔·德·沃泽姆描述过,但直到近 100 年才由希弗德克命名为小汗腺。小汗腺虽然通常被称为小腺体,却是最普遍的汗腺类型。人体总共有 200 万～400 万个汗腺,分布在无毛(手掌、脚底)或多毛皮肤上。腺体密度在整个身体表面区域呈不均匀分布。最高的腺体密度在手掌和脚底(250～550 个腺体/cm²),它们会对情绪和热刺激做出反应。非无毛皮肤如面部、躯干和四肢上的小汗腺密度是无毛皮肤区域的 $1/5$～$1/2$,但其分布表面积更大,主要负责体温调节。

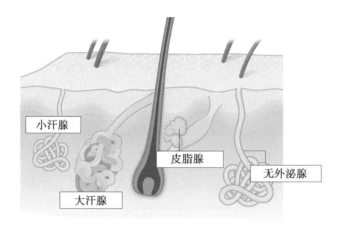

图 2.5 腋窝部位小汗腺、大汗腺和无外泌腺的比较[44]

1. 小汗腺

小汗腺在生命早期,即 2～3 岁就开始行使其功能,其总数在人的一生中是固定的。从婴儿期开始,汗腺密度随着皮肤的扩张而降低,并且通常与身体表面积成反比。因此,儿童的汗腺密度比成人高,体型较大或较肥胖的人的汗腺密度比体型较小或较瘦的人低。然而,更高的汗腺密度并不一定意味着更高的出汗率。事实上,个体内部和个体之间的大部分区域和全身出汗率的可变性是源于每个腺体的汗液分泌率的差异,而不是活动汗腺的总数。汗液主要成分是水和氯化钠,但也含有许多其他化学物质,这些化学物质来自于间质液和小汗腺[45]。

小汗腺的解剖结构显示其由分泌线圈和简单管状上皮构成的导管组成。分泌小管与近端导管相连并紧密盘绕。导管的远端相对较直,并与表皮中的顶端汗管相连。分泌线圈包含 3 种类型的细胞:透明细胞、暗细胞和肌上皮细胞。透明细胞负责原发性汗液的分泌,这种汗液与血浆基本是等渗的。透明细胞包含细胞间小管系统、糖原和大量线粒体以及具有 Na－K－ATP 酶活性[46]。暗细胞可以通过细胞质中丰富的暗细胞颗粒来区分,人们对它们的功能知之甚少,但认为它们可能是透明细胞和导管细胞功能调节中涉及的各种生物活性物质的储存库。肌上皮细胞的功能是为腺体提供结构支持,抵抗汗液产生过程中带来的流体静压。导管有两个细胞层:基底细胞和管腔细胞。它的主要功能是在汗液流经导管时重新吸收钠离子和氯离子。大多数氯化钠在近端导管被重吸收,因为这些细胞比小汗腺导管的远端含有更多的线粒体和 Na－K－ATP 酶活性。最终低渗的汗液被排出到皮肤表面。

小汗腺主要对热刺激做出反应,尤其是身体核心温度的升高。此外,皮肤温度和相关的皮肤血流量增加也会对其产生刺激。体温的升高是由中枢和皮肤温度感受器感知的,这些信息经由下丘脑视前区处理,从而触发发汗反应。最近的研究表明,腹部和肌肉的热感受器也在控制出汗方面发挥作用。热汗主要由交感胆碱能刺激介导。汗液的产生是通过非髓鞘 C 类交感节后纤维释放乙酰胆碱来刺激的,乙酰胆碱与汗腺上的毒蕈碱(3 亚型)受体结合。小汗腺也会在肾上腺素能刺激下分泌汗液,但程度比被胆碱能刺激小得多。儿茶酚胺以及其他神经调节剂,如血管活性肠肽、降钙素基因相关肽和一氧化氮,也在小汗腺出汗的过程中起到次要的神经刺激作用[47]。此外,小汗腺还对与运动相关的非热刺激有反应,并被认为是由与中枢命令、运动加压反射(肌肉代谢和机械感受器)、渗透感受器和可能的压力感受器相关的前馈机制介导的。

2. 大汗腺

大汗腺是第 2 种类型的汗腺,1844 年被克劳斯首次发现,1922 年被希弗德克命名。大汗腺主要位于腋窝、乳房、面部、头皮和会阴。如图 2.5 所示,这些腺体不同于小汗腺,因为它们更大,并向毛囊开放,而不是向皮肤表面开放。此外,尽管从出生就存在,但大汗腺直到青春期才开始具有分泌功能。大汗腺产生黏稠、富含脂质的汗液,汗液主要由蛋白质、糖和氨组成[48]。在许多物种中,大汗腺通常被认为是产生信息素(狐臭)的气味腺,尽管这种信息素的社会/性功能在人类中是初级的。目前对于大汗腺的神经支配知之甚少,但已发现孤立的汗腺对肾上腺素能和胆碱能的刺激能够做出相同反应。

3. 无外泌腺

无外泌腺是第 3 种类型的汗腺,直到 1987 年才由 Sato 等报道出来。无外分泌腺在 8～14 岁由外分泌腺发育而来,到 16～18 岁时增加至占腋窝总腺体的 45%[45]。它们的大小适中,并与外分泌腺和大汗腺具有相同的特性。无外泌腺仅分布在腋窝区域[49]。无外泌腺与小汗腺更相似,因为远侧导管连接汗液并将汗液直接排到皮肤表面。此外,无外泌腺能够产生大量类似于小汗腺汗液的盐水分泌物。这种分泌的功能尚不清楚,但不太可能在体温调节中发挥重要作用,因为腋窝区域的蒸发效率很低。对无外泌腺的神经支配仍知之甚少,但体外模型表明无外泌腺对胆碱能刺激比对肾上腺素能刺激更敏感。

4. 汗腺代谢

Na^+ 跨细胞膜转运是一个活跃的过程,因此透明细胞中的汗液分泌和导管中的 Na 重吸收都需要 ATP。为汗腺活动提供能量的主要途径是血浆葡萄糖的氧化磷酸化。在汗液分泌过程中,细胞糖原也在小汗腺中被动员,但其绝对量太有限,无法维持汗液分泌。因此,汗腺几乎完全依赖外源性底物,特别是葡萄糖作为其能量来源。尽管汗腺也能够利用乳酸和丙酮酸作为能量来源,但这些中间体的效率低于葡萄糖。研究表明前臂的动脉闭塞以及从孤立汗腺的介质中除去葡萄糖和氧气可抑制出汗,由此会导致汗液中的乳酸盐(作为糖酵解的终产物)和 NaCl 浓度急剧升高[44]。总之,这些结果表明,向汗腺供氧对维持汗液分泌和离子重吸收很重要。

5.汗腺发育的信号通路和分子

多种细胞因子和信号转导通路参与汗腺再生过程,在汗腺形态发生和发育过程中发挥重要的调控作用。胞外信号调节激酶(ERK)是广泛表达的蛋白激酶,在细胞生长、发育、分裂和死亡等多种生理过程的调节中起到信号分子的作用。ERK 途径的核心是由 3 种上游蛋白激酶(Raf、MEK、ERK)组成的反应链。活化的 ERK 进入细胞核,激活下游基因,如原癌基因 $c-Fos$、$c-Myc$、$c-Jun$、$Egr-1$ 等,进而调节细胞的生长和功能。与汗腺发育相关的细胞因子如 EGF、FGF-10、肝细胞生长因子(HGF)等可激活 ERK 信号通路。EGF 激活 ERK 信号通路,引起级联反应。在一项涉及间充质干细胞(MSC)重编程为汗腺样细胞的研究中,EGF 显著提高了重编程效率,而 ERK 通路阻断剂 PD98059 部分阻断了 MSC 重编程为汗腺样细胞。证明 EGF 是汗腺发育和再生不可缺少的因子。ERK 途径在这种重编程过程中起重要作用。

以汗腺、毛发和牙齿发育缺陷为特征的少汗性外胚层发育不良(HED)是由外胚层发育不良蛋白-A(EDA)基因突变引起的,表明 EDA 信号在汗腺的发育中起着不可或缺的作用[50]。EDA-A1 和 EDA-A2 是由 EDA 基因编码的两种功能分子。这些分子的受体分别是 EDAR 和 XEDAR。EDA-A1 与 HED 直接相关,可通过水解释放功能域。该功能域与 EDAR 连接,激活一系列下游信号,如受体接头 EDARADD(EDAR 相关死亡域)和活化 B 细胞的核因子 κ 轻链增强子(NF-κB),从而促进皮肤附属物的发生与发展。NF-κB 二聚体(p50/p65)是一种转录因子,其失活状态为 IκB(p50-p60-IκB 组成的三聚体)。刺激因子可以磷酸化 IκB 激酶(IKK),导致 IκB 降解,p50/p60 从三聚体中以活性形式释放出来。EDA 途径由 EDA、EDAR 和 EDARADD 介导,可通过 IKK 途径激活 NF-κB 转录因子,并参与皮肤附属器官的发育。活化的 NF-κB 进入细胞核内,促进 Shh、cyclin D1、DKK 4、fox 基因家族、角蛋白 79 等基因的表达,在汗腺发育的各个阶段发挥作用。

此外,Lei 等报道,促进人汗腺上皮细胞增殖的过程也涉及 β-catenin。β-catenin 是 Wnt 信号通路中的关键分子,在细胞增殖和分化中发挥重要作用。当 Wnt 信号通路被细胞因子激活时,细胞质中游离 β-角蛋白表达水平升高;此外,它经历向细胞核的易位以驱动下游信号通路。汗腺再生是一个涉及多个基因和信号通路的复杂过程,有待进一步深入研究以确定干细胞重编程为汗腺样细胞的调控机制,这可能涉及信号通路与下游基因之间的联系。

2.4 皮肤愈合机制

皮肤是人体最大的器官,如前文所述,皮肤在人体中发挥重要的功能。皮肤由多种组织组成,这些组织协同发挥作用,以保护机体免受日常磨损、有害微生物和其他来自外部环境的侵害。然而作为人体与外界的屏障,皮肤常因受到外力伤害和其他因素伤害而导致损伤[51]。尽管由于意外割伤和烧伤等原因造成的较小的急性伤口比较常见且可以自愈,但是至今仍有数以百万计的人们因为严重和大型的伤口无法自愈而承受痛苦。这些伤口可能是由于严重外伤、外科手术以及战争所导致的,需要较长的时间来愈合,而且很可能会发生感染。然而比这些伤口更加棘手的是慢性创伤,如老年人的溃疡和糖尿病患者的伤口,对于这些伤口需要反复进行医疗干预,以防止并发症[52]。

伤口愈合是指生物体新生组织代替受损组织的过程。本节将重点阐述人体的皮肤伤口愈合过程。皮肤伤口愈合是恢复皮肤完整性的生物过程,其目的是修复受损的皮肤组织。在皮肤被破坏后,机体将启动一系列生化反应来修复损伤部位。皮肤伤口愈合的过程是一个多因素协同的过程,其中细胞和细胞因子的相互作用最终促成皮肤伤口的闭合[53]。皮肤伤口愈合的整个过程十分复杂,并且容易受到多种因素影响而中断并导致形成慢性伤口。其中,糖尿病、动脉或静脉病变、感染和老年代谢缺陷都有可能导致慢性伤口的形成。伤口愈合过程可以人为地分为三到五个阶段,这些阶段在时间和空间上有重叠[54-55]。本书将皮肤伤口愈合过程分为四个阶段:止血、炎症反应、增殖和重塑(也有分类中将止血过程归入炎症反应阶段)。本书作者将从伤口愈合的各个阶段介绍皮肤伤口愈合的机制,并将对影响伤口愈合的因素以及参与伤口愈合的各种细胞因子进行讨论。

2.4.1 伤口愈合的阶段

皮肤伤口愈合是一个细胞、体液和各种分子共同参与的高度协调的动态过程。皮肤伤口的愈合可以通过再生或修复来实现。再生主要发生在特定的皮肤部位,如最外层的表皮、黏膜或胎儿皮肤。皮肤修复则是一种常见的伤口愈合形式,伤口通过纤维化和瘢痕组织形成进行愈合。成年人的皮肤愈合主要是通过修复的形式。在各种因素的协同作用下,伤口愈合的过程包含了四个主要阶段:止血、炎症反应、增殖和重塑(图 2.6)。

1. 止血

生理性或急性伤口愈合的第一阶段,是止血和形成暂时的伤口基质,这个过

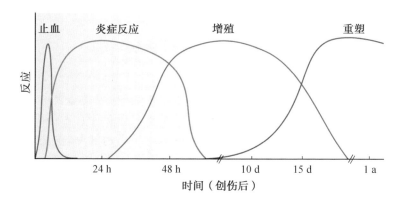

图 2.6　伤口愈合进程中各阶段及其相应时间[56]

程在伤口产生后立即发生,并在几小时内完成[57]。皮肤损伤发生后,血液和淋巴
管受到损伤,血液和淋巴液流出会冲洗伤口以除去微生物和抗原[58]。不同的凝
血级联反应被受损皮肤的凝血因子所激活,且暴露在外的胶原蛋白会激活血小
板并使其聚集。受损的血管在血小板的作用下将进行 5～10 min 的收缩,降低
血流量。血液中的血小板附着于创伤部位,它们转变为更有利于凝血的无定形
态,同时血小板也释放一些化学信号,激活纤维蛋白[59]。纤维蛋白形成网络结构
并将血小板连接在一起形成凝块,可以封堵住血管的破损处,减轻或阻止进一步
失血。除了纤维蛋白和血小板外,血凝块中还含有纤连蛋白、玻连蛋白以及凝血
栓素。这些血凝块作为基质支架,为白细胞、角质形成细胞、成纤维细胞和内皮
细胞的迁移提供基质,也为生长因子提供储存空间。血小板通过释放趋化因子
影响白细胞的浸润。血小板和白细胞释放细胞因子激活炎症过程(IL－1α、IL－
1β、IL－6、TNF－α)、促进胶原合成(FGF－2、IGF－1、TGF－β)、激活成纤维细
胞向肌成纤维细胞转化(TGF－β)、启动血管生成(FGF－2、VEGF－A、HIF－
1α、TGF－β)并促进再上皮化过程(EGF、FGF－2、IGF－1、TGF－α)[60]。

2. 炎症反应

伤口愈合级联反应的炎症反应阶段在止血阶段被激活,炎症反应旨在建立
对抗侵入性微生物的免疫屏障。炎症反应阶段又可以分为两个时期:早期炎症
反应和晚期炎症反应[61]。

(1)早期炎症反应阶段。

早期炎症反应开始于止血阶段的后期,此阶段补体级联被激活,并与脱颗粒
的血小板及细菌降解副产物协同作用,引发中性粒细胞在创伤发生后的 24～
36 h 内在皮肤损伤部位聚集。在未发生感染的情况下,中性粒细胞将在创伤部
位存在 2～5 d。中性粒细胞能够释放炎症介质,如 TNF－α、IL－1β 和 IL－6,增
强炎症反应,并刺激 VEGF 和 IL－8 产生以激活适当的修复反应。此外,其还可

以通过释放高活性抗菌物质(阳离子肽和二十烷类)和蛋白酶(弹性蛋白酶、组织蛋白酶 g、蛋白酶 3 和尿激酶类纤维蛋白溶酶原激活物)来杀死伤口部位的细菌并促进坏死组织的降解,中性粒细胞也通过吞噬作用参与此过程[62]。当微生物被清除后,中性粒细胞必须在伤口进入下一个愈合阶段之前从伤口中被清除。这些细胞将通过被挤出到伤口表面及凋亡的方式被清理,从而实现在不造成组织损伤或引起炎症反应的情况下清除所有中性粒细胞。细胞的残余物和凋亡小体将被巨噬细胞吞噬。

(2)晚期炎症反应阶段。

创伤发生后的 48～72 h,巨噬细胞开始出现在创伤部位[63],并通过对病原体和细胞碎片进行吞噬,以及趋化因子和细胞因子的分泌来继续炎症反应过程。巨噬细胞来源于血液中的单核细胞,在到达伤口部位后,这些单核细胞发生形态变化成为巨噬细胞。被各种化学因子(包括凝血因子、补体成分、细胞因子以及弹性蛋白和胶原蛋白分解产物)吸引到伤口部位后,巨噬细胞在较低的 pH 下开始工作[64]。巨噬细胞是晚期炎症反应中的重要因素,行使关键的调控作用,并能够提供丰富的组织生长因子及其他调控因子。这些分子除了对伤口愈合有直接的促进作用外,还有利于维持整个愈合过程的顺利进行,其中一些分子还能够激活伤口愈合的下一阶段(增殖阶段)。有证据表明,炎症反应的程度决定了瘢痕形成的程度[58]。同时,巨噬细胞还可以活化角质形成细胞、成纤维细胞和内皮细胞,促进其增殖并有利于其合成细胞外基质[65-67]。

在晚期炎症反应阶段后期,淋巴细胞在损伤后 72 h 内被白介素 1(IL-1)、补体成分和免疫球蛋白 G(IgG)分解产物所诱导,向伤口部位聚集[61]。

3. 增殖

当伤口完成止血并结束炎症反应时,伤口开始进入修复阶段,修复始于细胞增殖。增殖通常发生在伤口产生的第 3 天,并且可以持续 2 周之久。这一阶段的特征是成纤维细胞的迁移和细胞外基质的形成。成纤维细胞沿着前期形成的纤维蛋白网络迁移,并开始分泌细胞外基质,以替代前期形成的基于纤维蛋白和纤连蛋白的临时网络结构[68]。从宏观角度来看,此阶段是新生肉芽组织产生的过程。此阶段包括多个时间交叠的过程,如血管化、成纤维细胞的迁移与增殖、肉芽组织形成、胶原沉积、上皮形成以及伤口收缩。

(1)血管化。

皮肤血管系统的修复与成纤维细胞的增殖是同时发生的。血管化是在一系列细胞、体液和分子的级联反应下进行的。因为成纤维细胞和上皮细胞的活动需要氧气和营养物质,血管生成对于伤口愈合的其他步骤(如成纤维细胞迁移)都是必要的。新血管形成的第一步是生长因子与现存血管内皮细胞表面的受体结合,这将激活细胞内的信号通路级联反应。活化的内皮细胞会分泌蛋白水解酶,溶解基底层,于是内皮细胞可以增殖并迁移到伤口部位(此过程称为血管出芽)[58]。伤口部位的低氧和酸性环境有利于血管出芽,因为低氧可以刺激低氧诱导因子(HIF)激活血管生成相关基因[56]。同时,在增殖的细胞前端会释放金属蛋白酶以溶解周围的组织,为内皮细胞的增殖提供空间。新生的血管出芽会形成小的管状通道,并与其他血管出芽相连形成环状连接的空腔。之后,这些新生成的空腔分化形成动脉和静脉,并通过补充周细胞和平滑肌细胞进一步形成稳定成熟的血管壁。随着血液的流入,血管形成过程完成。全皮层损伤后的血管修复和新血管生成的过程则在时间和形状上遵循不同的模式。首先,血管在伤口边缘形成环形排列的内层环状血管,随后在其外圈形成径向排列的外周血管来为内圈血管供应所需物质。随着伤口闭合,内圈的血管逐渐收缩,最终环状血管完全消失。此时,径向排列的血管则互相连接,形成新的真皮层血管网络。

(2)成纤维细胞的迁移与增殖。

伤口产生后 3 d 内,伤口周围组织中的成纤维细胞和肌成纤维细胞会受到刺激而进行增殖。之后,这些细胞会因接收到伤口部位免疫细胞和血小板所释放的生长因子(如 TGF−β 和 PDGF)而向伤口部位迁移[69]。成纤维细胞到达伤口部位后,会大量增殖并产生细胞外基质(如透明质酸、纤连蛋白、蛋白聚糖以及Ⅰ型和Ⅲ型前胶原)[64]。在第一周末期,大量细胞外基质开始沉积,这能进一步促进细胞迁移并且是修复所必须经历的过程。此时,成纤维细胞转变为肌成纤维细胞的形态。肌成纤维细胞的细胞膜下存在大量粗的肌动蛋白束,细胞伪足伸展活跃,这些伪足可以帮助细胞附着在细胞外基质中的纤连蛋白和胶原上。在创伤后 2～4 周内,纤维组织形成完成。

(3)肉芽组织形成。

在此阶段中,占主导地位的细胞是成纤维细胞,随着成纤维细胞的增殖及其产生胶原和其他细胞外基质成分,肉芽组织逐渐形成。肉芽组织是一种未成熟的组织,由新生血管、成纤维细胞、免疫细胞、内皮细胞、肌成纤维细胞以及临时的细胞外基质共同组成。由于其含有大量的细胞成分,因此被称为肉芽组织。作为过渡组织,肉芽组织取代了以纤维蛋白和纤连蛋白为主的临时伤口基质,并且可以随着其成熟而形成瘢痕[70-71]。由于肉芽组织中血管生成还没有完全结束,组织中具有高密度的血管,因此肉芽组织看起来呈红色,且易受到创伤。在肉芽组织形成结束时,成纤维细胞会因肌成纤维细胞的分化而减少,并且会通过细胞凋亡的方式最终结束其使命。

(4)胶原沉积。

胶原对于伤口愈合的各个阶段都十分重要。它们由成纤维细胞产生,并且胶原对于组织的完整性和机械强度的建立有十分重要的作用[72]。在胶原未在伤口处沉积之前,伤口的闭合是依靠纤维蛋白—纤连蛋白凝块来实现的,但是这种凝块强度很低,不足以抵御外界对伤口造成的二次创伤。胶原的沉积,为伤口部位提供了具有强度的覆盖作用,并且参与炎症反应、血管化和新生组织建立的细胞都需要在胶原形成的基质上生长及分化。伤口早期形成的胶原主要是Ⅲ型胶原,随着伤口的愈合及组织的成熟,Ⅲ型胶原逐渐被Ⅰ型胶原所替代。在非伤口区域正常皮肤的真皮层中,Ⅲ型胶原仅占有 25%,但是在伤口部位的肉芽组织中,Ⅲ型胶原可以占到 40%之多[73]。

（5）上皮形成。

肉芽组织形成为上皮形成提供了条件,上皮细胞可以在新生的上皮组织上迁移并逐渐相连,在伤口与外界环境之间形成一道屏障[66 67]。来自于伤口边缘和皮肤附属器官（如毛囊、汗腺和皮脂腺）的基底角质细胞是负责伤口愈合过程中上皮形成的主要细胞。这些细胞从伤口边缘开始向伤口中央迁移,随着细胞活跃的有丝分裂,首先在缺损部位形成一层单层的细胞层。当迁移前端的上皮细胞相接时,迁移停止。在形成瘢痕时,汗腺、毛囊和神经不再形成,因此,瘢痕组织中没有这些皮肤附属器官,这也导致了机体体温调节的障碍。

（6）伤口收缩。

伤口收缩是伤口修复中的重要一环。收缩的时间也十分重要,如果收缩持续时间太长,会导致修复后的皮肤畸形并丧失功能。收缩通常发生在受伤后的一周,此时成纤维细胞分化成为肌成纤维细胞。在全皮层损伤中,伤后第 5～15 天收缩最严重。收缩通常沿一个“收缩轴”发生,在此轴上细胞与胶原可以更好地排列。最初的收缩没有肌成纤维细胞的参与,成纤维细胞在生长因子的诱导下分化成为肌成纤维细胞,并在纤连蛋白和生长因子的诱导下沿细胞外基质中的纤连蛋白移动到伤口边缘。肌成纤维细胞附着在伤口边缘的细胞外基质上,并且通过桥粒彼此相连,也与伤口边缘相连。同时,肌成纤维细胞中的肌动蛋白可以穿过细胞膜与细胞外基质中的分子（如纤连蛋白和胶原蛋白等）相连[74]。由于肌成纤维细胞具有多处附着点,当它们收缩时,可以有效牵动细胞外基质,减小伤口区域面积。伤口在肌成纤维细胞的作用下,可以更快地闭合。

4. 重塑

重塑是伤口愈合的最后阶段,其发生在伤后 21 d 到 1 a 之间,可以持续一到两年甚至更长的时间。重塑阶段中,新生表皮及瘢痕组织形成。急性伤口的重塑过程是在严格的调控下进行的,物质的合成与分解之间维持着微妙的平衡,以实现正常的愈合。在创伤成熟的过程中,细胞外基质的成分也发生了变化:增殖期产生的Ⅲ型胶原在伤口成熟过程中,被强度更高的Ⅰ型胶原所取代。原本无序排列的胶原纤维重新排列,交联并沿着张力线排布[75]。胶原纤维的直径增粗,透明质酸和纤连蛋白逐渐降解[72]。随着胶原的沉积,伤口的拉伸强度逐渐增大。胶原纤维的强度可以恢复到未受伤时期的80%,并且其最终强度恢复程度根据伤口修复状态而异,但一般无法恢复到未受伤时的强度。在重塑阶段,血管生成过程减弱,创面血流量减少,伤口处不再呈现红色,并且急性伤口的代谢活动减慢,最终停止。

2.4.2 影响伤口愈合的因素

伤口愈合是一个多种因素共同参与的多阶段过程,每一个阶段都必须及时且有序进行才能保证伤口成功愈合。任何干扰创面愈合中某一环节的因素,都有可能导致伤口无法得到充分且正常的修复。影响伤口愈合的因素可以分为局部因素和系统因素。

1.影响伤口愈合的局部因素

(1)氧含量。

伤口护理的一个关键目标是优化伤口部位的血流量,以最大限度地向伤口部位组织输送氧气。氧气是伤口愈合所必需的,它可以促进成纤维细胞合成细胞外基质,有利于角质形成细胞成熟,并且可以促进上皮组织和新生血管的形成。有研究表明,上皮细胞在氧气体积分数为10%~50%环境下生长得最好[76]。但是低氧环境中,细胞内多种生化途径也会被激活并触发各种转录因子(如低氧诱导转录因子)的产生。同时,充足的氧气供应还可以一定程度上防止感染的发生。缺氧性创伤对于抗生素不敏感,这一现象也可归因于氧灌注不足。但值得注意的是,在创面形成初期,缺氧刺激能促进创面愈合,但是长期暴露于缺氧环境下,创面愈合过程会变得迟缓,创伤也可能转变为慢性伤口。

(2)湿度。

伤口的湿润程度也对伤口愈合至关重要。创伤后,皮肤屏障被破坏,导致表面液体流失加快。伤口脱水会导致细胞脱水死亡,最终导致结痂和伤口愈合障碍。溃疡和烧伤的创面液体流失速度可达正常皮肤的10倍,因此其发生脱水的可能性大。湿润的伤口愈合更快,而且相较于干燥的创面,其疼痛感也有所减轻[77]。高水分的环境更有利于促进血管生成和胶原蛋白的合成,并且角质形成细胞产生和再上皮化的效率也明显提高。同时,合适的湿度也能抑制生长因子和蛋白酶的降解,减少瘢痕组织的形成。有研究表明,与干燥的伤口相比,潮湿的伤口并不会增加感染的风险[78]。

(3)温度。

伤口部位的温度也影响伤口愈合。环境温度和伤口处的血液供应水平都会影响到伤口的温度。而同时,伤口的温度又会影响血管的收缩程度,从而反馈调节伤口的血液供应。最理想的伤口温度为 37 ℃,此温度下伤口可以最大限度地愈合。值得注意的是,感染也有可能导致伤口温度的升高。

（4）感染。

伤口部位存在过多的细菌对伤口愈合十分不利。伤口中的细菌会增加代谢负担,因为它们会与巨噬细胞和成纤维细胞竞争营养物质,干扰正常的愈合过程。因此,必须减少伤口细菌的存在。如果微生物清除不充分,会导致炎症阶段变长,以清除微生物所造成的负担。但如果细菌水平过高,则会导致伤口转变为慢性伤口,愈合过程遭到破坏。延长的炎症阶段将会导致两个弊端:一方面会促进基质金属蛋白酶的产生,降解细胞外基质,影响伤口愈合;另一方面会抑制蛋白酶抑制剂的产生。综上,慢性伤口中的蛋白酶功能失控,将会导致细胞因子的降解,影响伤口愈合[79]。

（5）pH。

整个伤口愈合的过程中,其 pH 是不同的。在未损伤的皮肤中,表皮的角质形成细胞可以分泌酸性物质以抵御细菌和真菌。这种屏障作用在损伤发生后会被破坏,同时损伤部位的血管也被破坏,这会导致创伤表面的 pH 从 5 左右升至 7.4[80]。伤口部位的 pH 通常呈梯度分布,伤口最深处的 pH 最高[81]。研究表明,酸性环境有利于伤口愈合,而碱性环境则会抑制伤口愈合并导致慢性伤口的形成。酸性环境通过促进成纤维细胞和角质形成细胞的增殖以及肉芽组织的形成来促进伤口的愈合[82]。同时,酸性环境也可以抑制细菌的生长,减少感染风险。

2. 影响伤口愈合的系统因素

（1）缺乏营养。

伤口愈合过程会导致新陈代谢增加。在此过程中,除了上述因素中所提到的氧气之外,还需要营养成分来支持细胞代谢。在伤口愈合过程中,需求量最大的是蛋白质和糖类。蛋白质对于伤口愈合来说至关重要,成纤维细胞生长、胶原蛋白合成以及毛细血管形成都需要蛋白质。同时,蛋白质在免疫系统发挥作用及防止感染的过程中也起到非常重要的作用。缺乏蛋白质会造成胶原蛋白和其他伤口愈合过程所需要的蛋白质不足,且增加伤口开裂的概率,从而导致伤口愈合过程中的炎症反应阶段延长,不利于伤口有效愈合。同时,伤口愈合也需要消耗大量能量。而人体的能量主要由糖类代谢来提供。当葡萄糖短缺时,身体将通过糖异生来提供能量,这可能会消耗氨基酸并可能造成本应用于伤口愈合的蛋白质合成受限,导致伤口愈合困难。然而,高糖环境在伤口愈合过程中,也会引起严重的并发症。

在微量元素中,也有一些与伤口愈合密切相关。如锌元素,被认为在伤口愈合过程中发挥重要作用,因为锌是合成基质金属蛋白酶所必需的,而基质金属蛋白酶又是伤口愈合所必需的。同时,其他元素,如铁和镁,也是合成胶原蛋白过程所需的元素。

此外,还有一些维生素也被认为在伤口愈合过程中起到重要作用,如维生素A、维生素C和维生素E。

（2）糖尿病。

糖尿病患者的急性伤口愈合能力较正常人明显下降。同时,糖尿病患者更容易产生慢性伤口,如糖尿病足溃疡。全身性高血糖导致微血管糖基化,血流量减少,红细胞的通透性降低,也将导致缺氧和伤口部位营养缺乏。此外,糖尿病患者的成纤维细胞和上皮细胞常存在功能障碍、血管形成功能不完全、基质金属蛋白酶水平高且自身免疫力低下,这都不利于伤口愈合。

（3）肥胖。

感染、坏死、开裂、皮下积液以及溃疡是常见的伤口并发症,而这些并发症产生的潜在机制是皮下脂肪组织中营养物质和氧气不足。肥胖会导致脂肪细胞肥大和增生,并会进一步导致代谢功能障碍并引发轻度的慢性炎症反应。在此情况下,具有再生和组织保护作用的 M2 巨噬细胞被具有促炎作用的 M1 巨噬细胞所取代。此外,脂肪细胞肥大的速度与血管生成速度不匹配,使血管生成无法满足血供需求。而且,肥胖患者的脂肪组织会释放诱导纤维化和抑制血管生成的因子,这会进一步减少缺氧区域的血供。而血供不足会造成该部位更容易受到微生物感染,并且也会阻碍抗生素的输送。除了低血供,肥胖者的伤口会处在更高的压力之下,这不仅增加了伤口开裂的风险,还会进一步降低血供。另外,肥胖也会对免疫系统产生不利影响,脂肪组织中的脂肪细胞和巨噬细胞释放脂肪因子（如瘦素和脂联素）,这些脂肪因子会对免疫系统产生抑制作用。

（4）不良生活习惯（吸烟、饮酒）。

吸烟会导致伤口愈合延迟,并且增加并发症的风险。与不吸烟者相比,吸烟者拥有更高的伤口感染率和坏死率。虽然这背后的机制尚不明确,但是学者们倾向于认为,这与吸烟导致的血管收缩和组织缺血有密切联系。吸烟后,外周血流明显减少,而烟草中的尼古丁也被证明是一种血管收缩剂,尼古丁还可以通过增加血小板黏附性而导致组织缺血,组织缺血对创面愈合不利。

急性和慢性酒精暴露也会对伤口愈合产生负面影响。酒精会对前炎症细胞因子、中性粒细胞和吞噬细胞产生抑制,并且会抑制伤口愈合过程中的细胞增殖。具体来说,急性酒精暴露会导致血管生成水平下降一半以上,并且会抑制胶原蛋白的产生,损害单核细胞的功能。

（5）年龄。

年龄大（超过 60 岁）是导致伤口愈合能力下降的一个因素。在其他方面健康状况良好的人群中,衰老会导致伤口愈合的时间延迟,但对愈合质量没有重大影响。年长患者的伤口愈合延迟与炎症反应的改变相关,例如,T 细胞在伤口的浸润延迟、趋化因子的产生发生改变,以及巨噬细胞的吞噬能力下降。

2.4.3　参与伤口愈合过程的生长因子

1. 表皮生长因子家族

表皮生长因子家族包括表皮生长因子(EGF)、转化生长因子-α(TGF-α)、肝素结合表皮生长因子(HB-EGF)、表皮调节蛋白、双向调节蛋白、β 细胞素、神经调节蛋白-1(NRG-1)、神经调节蛋白-2(NRG-2)、神经调节蛋白-3(NRG-3)、神经调节蛋白-4(NRG-4)、神经调节蛋白-5(NRG-5)和神经调节蛋白-6(NRG-6)。其中,参与伤口愈合的主要包括 EGF、TGF-α 以及HB-EGF。这些因子可以与 EGF 受体(EGFR)结合,导致 EGFR 的二聚化以及其下游蛋白的自体磷酸化和酪氨酸磷酸化[83]。试验表明,EGFR 的激活可以通过促进角质形成细胞增殖和细胞迁移来促进急性创伤中的再上皮化过程。

(1)表皮生长因子(EGF)。

表皮生长因子主要由血小板、巨噬细胞和成纤维细胞分泌,并以旁分泌的方式作用于角质形成细胞[84-85]。EGF 可以提高角蛋白 K6 和 K16 的表达[86],参与增殖相关信号通路的调控。其主要作用是促进角质形成细胞和成纤维细胞的有丝分裂,诱导角质形成细胞的迁移,并促进肉芽组织的形成。

(2)转化生长因子-α(TGF-α)。

转化生长因子也是表皮生长因子家族的一员,它主要来源于血小板、巨噬细胞、T-淋巴细胞、角质形成细胞和成纤维细胞。TGF-α 可以促进角质形成细胞的增殖与迁移[87-88],并能提高 K6 和 K16 角蛋白的表达[86]。另外,它还可以促进上皮细胞的增殖,促进再上皮化过程的发生。TGF-α 有利于抗菌肽的表达,且可以促进趋化因子的表达。

(3)肝素结合表皮生长因子(HB-EGF)。

HB-EGF 是由角质形成细胞分泌的,并以自分泌的方式与 EGFR 的亚型HER1 和 HER4 结合,以促进再上皮化的过程[89]。HB-EGF 在急性伤口中的表达会上调,它们可以促进角质形成细胞的迁移,在再上皮化过程的前期发挥重要作用[90]。同时,有研究表明,HB-EGF 也参与了血管化过程[91]。

2. 成纤维细胞生长因子(FGF)家族

成纤维细胞生长因子家族共有 23 种生长因子,其中在皮肤修复中发挥重要作用的有 FGF-2,FGF-7 以及 FGF-10。可以分泌 FGF 的细胞包括角质形成细胞、成纤维细胞、内皮细胞、平滑肌细胞、软骨细胞以及巨噬细胞[92-93]。

（1）FGF-2。

FGF-2 在肉芽组织形成、再上皮化和组织重塑过程中扮演重要角色[94]。体外研究表明，FGF-2 可以调节细胞外基质中多种成分的合成与降解，并且可以提高角质形成细胞再上皮化过程中的运动性[95-96]。同时，FGF-2 可以促进成纤维细胞的移动并促进其产生胶原酶。FGF-2 在急性伤口中表达量升高，而在慢性伤口中表达量下降。

（2）FGF-7 与 FGF-10。

FGF-7 和 FGF-10 都可以促进角质形成细胞的迁移，有助于再上皮化过程的进行。此外，FGF-7 和 FGF-10 还可以增加参与降低活性氧毒性的相关因子的转录，帮助降低活性氧造成的伤口处角质形成细胞的凋亡[97]。体外试验结果还表明，FGF-7 在血管内腔和基底层形成后的血管再生后期阶段中具有重要作用。它还可以有效促进血管内皮细胞有丝分裂并有助于 VEGF 表达[98]。FGF-7 可以刺激内皮细胞产生尿激酶型纤溶酶原激活剂，促进新生血管的生成。

3.转化生长因子-β(TGF-β)家族

TGF-β 家族包括 TGF-β1～TGF-β3、骨形态发生蛋白(BMP)以及激活素。它们由巨噬细胞、成纤维细胞、角质形成细胞和血小板产生。

（1）TGF-β1～TGF-β3。

①TGF-β1。TGF-β1 可以促进炎症细胞的募集并增强巨噬细胞介导的组织清创。同时，它可以促进细胞外基质形成相关基因的表达，增强纤维连接蛋白、纤维连接蛋白受体、胶原蛋白和蛋白酶抑制剂的产生，有助于肉芽组织的形成[99]。其在伤口愈合的炎症反应阶段、血管形成、再上皮化和连接组织形成过程中都发挥重要作用。

②TGF-β2。TGF-β2 也参与创面愈合的各个阶段，与 TGF-β1 的效应类似。另外，TGF-β2 还可以通过促进细胞向伤口部位募集以及蛋白质、胶原和DNA 的合成，来增加体内胶原的沉积和瘢痕的形成。

③TGF-β3。体内研究表明，TGF-β3 促进伤口愈合的机制是通过向伤口部位招募炎症细胞和成纤维细胞以及促进角质形成细胞的迁移。此外，TGF-β3 可以有效促进新血管生成和血管重排。TGF-β3 可以抑制人角质形成细胞的 DNA 合成。TGF-β3 与 TGF-β1 和 TGF-β2 不同，它不仅不会促进瘢痕的形成，还会促进胶原更好地排列[100]。

（2）骨形态发生蛋白(BMP)。

BMP 也是一个庞大的家族。BMP-2、BMP-4、BMP-6 和 BMP-7 在创伤组织中表达。而其中，BMP-6 在创伤修复过程中发挥重要作用。BMP-6 已被证明在角质形成细胞分化过程中起到关键作用,并且体内过表达 BMP－6 能显著延迟伤口部位的再上皮化过程。在慢性伤口中,BMP－6 的表达水平显著提升,这可能与溃疡形成有关。

(3)激活素。

激活素由成纤维细胞和角质形成细胞产生。激活素可以通过诱导真皮成纤维细胞生长因子的表达,间接影响角质形成细胞的增殖。激活素本身可以抑制角质形成细胞的增殖,并诱导角质形成细胞的终末分化。

4. 血小板衍生生长因子(PDGF)

PDGF 由血小板、巨噬细胞、血管内皮细胞、成纤维细胞和角质形成细胞产生。PDGF 包含一系列同源或异源生长因子。PDGF 也在创面愈合的各个阶段发挥作用。在炎症反应阶段,PDGF 可以刺激中性粒细胞、巨噬细胞、成纤维细胞和平滑肌细胞向伤口部位迁移并增殖。PDGF 还可以促进肉芽组织的形成并增强巨噬细胞介导的组织清创。在增殖阶段,PDGF 通过上调胰岛素样生长因子－1(IGF－1)和血小板反应蛋白－1(thrombospondin－1)的表达参与上皮再生。IGF－1 被证实可以提高角质形成细胞的运动性,而血小板反应蛋白－1 则可以延缓蛋白质降解,对伤口愈合中的增殖阶段起到促进作用。在重塑阶段,PDGF 能够促进成纤维细胞增殖和细胞外基质的产生,也有助于成纤维细胞向肌成纤维细胞的转变,并能够通过提高基质金属蛋白酶的表达而加速旧胶原的降解。

5. 血管内皮生长因子(VEGF)

VEGF 家族包括 VEGF－A、VEGF－B、VEGF－C、VEGF－D、VEGF－E以及胎盘生长因子(PLGF)等。

(1)VEGF－A。

VEGF－A 在伤口愈合过程中发挥重要作用。内皮细胞、角质形成细胞、成纤维细胞、血小板、中性粒细胞以及巨噬细胞都可以产生 VEGF－A。它促进血管生成的早期各项进程的进行,尤其是可以促进内皮细胞的迁移和增殖。此外,VEGF－A 还参与伤口愈合过程中淋巴管的生成。

(2)VEGF－C。

VEGF－C 也被证实在伤口愈合的炎症阶段发挥重要作用。

(3)PLGF。

PLGF 由角质形成细胞和内皮细胞产生,也是在伤口愈合的炎症阶段发挥作用。PLGF 可以促进单核细胞趋化和骨髓来源的前体细胞的移动。此外,PLGF 还参与促进肉芽组织的形成、成熟和血管化。

6.其他生长因子

除了上述生长因子外,创伤愈合过程中还受到很多其他生长因子的调控,包括结缔组织生长因子(CTGF)、粒细胞-巨噬细胞集落刺激因子(GM-CSF)、促炎细胞因子、趋化因子、肝细胞生长因子(HGF)、角质形成细胞生长因子等。

本章参考文献

[1] BLAIR M J,JONES J D,WOESSNER A E,et al. Skin structure-function relationships and the wound healing response to intrinsic aging[J]. Adv Wound Care (New Rochelle),2020,9(3):127-143.

[2] MENON G K. New insights into skin structure:scratching the surface[J]. Advanced Drug Delivery Reviews, 2002, 54: S3-S17.

[3] TER HORST B,CHOUHAN G,MOIEMEN N S,et al. Advances in keratinocyte delivery in burn wound care[J]. Adv Drug Deliv Rev,2018, 123:18-32.

[4] MENON G K,CLEARY G W,LANE M E. The structure and function of the stratum corneum[J]. Int J Pharm,2012,435(1):3-9.

[5] CICHOREK M,WACHULSKA M,STASIEWICZ A,et al. Skin melanocytes:biology and development[J]. Postepy Dermatol Alergol,2013, 30(1):30-41.

[6] ROMANI N,HOLZMANN S,TRIPP C H,et al. Langerhans cells - dendritic cells of the epidermis[J]. APMIS,2003,111(7/8):725-740.

[7] BOULAIS N,MISERY L. Merkel cells[J]. J Am Acad Dermatol,2007,57 (1):147-165.

[8] SHUKLA A K,DEY N,NANDI P,et al. Acellular dermis as a dermal matrix of tissue engineered skin substitute for burns treatment[J]. Annals of Public Health and Research,2015,2(3):1023.

[9] HUTTUNEN M J,HRISTU R,DUMITRU A,et al. Multiphoton microscopy of the dermoepidermal junction and automated identification of dysplastic tissues with deep learning[J]. Biomed Opt Express,2020,11(1): 186-199.

[10] PISSARENKO A,RUESTES C J,MEYERS M A. Constitutive description of skin dermis:through analytical continuum and coarse-grained approaches for multi-scale understanding[J]. Acta Biomater,2020,106: 208-224.

［11］ SHILO S, ROTH S, AMZEL T, et al. Cutaneous wound healing after treatment with plant-derived human recombinant collagen flowable gel ［J］. Tissue Eng Part A, 2013, 19(13/14): 1519-1526.

［12］ SHIN J W, KWON S H, CHOI J Y, et al. Molecular mechanisms of dermal aging and antiaging approaches［J］. Int J Mol Sci, 2019, 20(9): 2126.

［13］ BLAIR M J, JONES J D, WOESSNER A E, et al. Skin structure-function relationships and the wound healing response to intrinsic aging［J］. Adv Wound Care (New Rochelle), 2020, 9(3): 127-143.

［14］ FORE J. A review of skin and the effects of aging on skin structure and function［J］. Ostomy Wound Manage, 2006, 52(9): 24-35.

［15］ BARONI A, BUOMMINO E, DE GREGORIO V, et al. Structure and function of the epidermis related to barrier properties［J］. Clin Dermatol, 2012, 30(3): 257-262.

［16］ HÄNEL K H, CORNELISSEN C, LÜSCHER B, et al. Cytokines and the skin barrier［J］. Int J Mol Sci, 2013, 14(4): 6720-6745.

［17］ BOUWSTRA J A, PONEC M. The skin barrier in healthy and diseased state［J］. Biochim Biophys Acta, 2006, 1758(12): 2080-2095.

［18］ NORLÉN L, NICANDER I, ROZELL B L, et al. Inter- and intra-individual differences in human stratum corneum lipid content related to physical parameters of skin barrier function in vivo［J］. J Invest Dermatol, 1999, 112 (1): 72-77.

［19］ MCGRATH J A, EADY R A J, POPE F M. Anatomy and organization of human skin［J］. Rook's Textbook of Dermatology, 2004, 1: 3.2-3.8.

［20］ BROWN T M, KRISHNAMURTHY K. Histology, dermis［M］. New York: StatPearls Publishing, 2022.

［21］ CHEN S X, ZHANG L J, GALLO R L. Dermal white adipose tissue: a newly recognized layer of skin innate defense［J］. J Invest Dermatol, 2019, 139(5): 1002-1009.

［22］ SMITH L T, HOLBROOK K A. Embryogenesis of the dermis in human skin［J］. Pediatr Dermatol, 1986, 3(4): 271-280.

［23］ USANSKY I, JAWORSKA P, ASTI L, et al. A developmental basis for the anatomical diversity of dermis in homeostasis and wound repair［J］. J Pathol, 2021, 253(3): 315-325.

［24］ NANNEY L B. Epidermal and dermal effects of epidermal growth factor during wound repair［J］. J Invest Dermatol, 1990, 94(5): 624-629.

[25] SIEBER-BLUM M，HU Y F. Epidermal neural crest stem cells（EPI-NCSC）and pluripotency[J]. Stem Cell Rev,2008,4(4):256-260.

[26] RASKIN R E，MEYER D J. Canine and feline cytology：a color atlas and interpretation guide[M]. 3rd ed. Amsterdam：Elsevier，2016.

[27] CARLA S，WARREN H，ANDRY V，et al. Subcutaneous tissue and superficial fascia [M]. London：Churchill Livingstone,2015:21-29.

[28] SAINT-CYR M，WONG C，SCHAVERIEN M，et al. The perforasome theory：vascular anatomy and clinical implications [J]. Plast Reconstr Surg,2009,124(5):1529-1544.

[29] WANG Z X，WANG S G，MAROIS Y，et al. Evaluation of biodegradable synthetic scaffold coated on arterial prostheses implanted in rat subcutaneous tissue[J]. Biomaterials,2005,26(35):7387-7401.

[30] DISTLER J H W，JÜNGEL A，HUBER L C，et al. Imatinib mesylate reduces production of extracellular matrix and prevents development of experimental dermal fibrosis[J]. Arthritis Rheum,2007,56(1):311-322.

[31] ZOUBOULIS C C. Acne and sebaceous gland function[J]. Clin Dermatol,2004,22(5):360-366.

[32] SHAMLOUL G，KHACHEMOUNE A. An updated review of the sebaceous gland and its role in health and diseases Part 1：embryology，evolution,structure,and function of sebaceous glands[J]. Dermatol Ther,2021,34(1):e14695.

[33] THODY A J，SHUSTER S. Control and function of sebaceous glands[J]. Physiol Rev,1989,69(2):383-416.

[34] BERARDESCA E，ELSNER P，WILHELM K-P，et al. Bioengineering of the skin：Methods and instrumentation，Volume Ⅲ[M]. Boca Raton：CRC Press，2020.

[35] ALLEN M，GRACHTCHOUK M，SHENG H，et al. Hedgehog signaling regulates sebaceous gland development[J]. Am J Pathol,2003,163(6):2173-2178.

[36] SCHNEIDER M R，SCHMIDT-ULLRICH R，PAUS R. The hair follicle as a dynamic miniorgan[J]. Curr Biol,2009,19(3):R132-R142.

[37] SCHNEIDER M R，PAUS R. Deciphering the functions of the hair follicle infundibulum in skin physiology and disease[J]. Cell Tissue Res,2014,358(3):697-704.

[38] VOGT A，MANDT N，LADEMANN J，et al. Follicular targeting：a

promising tool in selective dermatotherapy[J]. J Investig Dermatol Symp Proc,2005,10(3):252-255.

[39] VOGT A,HADAM S,HEIDERHOFF M,et al. Morphometry of human terminal and vellus hair follicles[J]. Exp Dermatol,2007,16(11):946-950.

[40] NUUTILA K. Hair follicle transplantation for wound repair[J]. Adv Wound Care (New Rochelle),2021,10(3):153-163.

[41] WANG X S,TREDGET E E,WU Y J. Dynamic signals for hair follicle development and regeneration[J]. Stem Cells Dev,2012,21(1):7-18.

[42] MILLAR S E. Molecular mechanisms regulating hair follicle development [J]. J Invest Dermatol,2002,118(2):216-225.

[43] SATO K,KANG W H,SAGA K,et al. Biology of sweat glands and their disorders. I. Normal sweat gland function[J]. J Am Acad Dermatol,1989, 20(4):537-563.

[44] BAKER L B. Physiology of sweat gland function:the roles of sweating and sweat composition in human health[J]. Temperature (Austin),2019,6 (3):211-259.

[45] SATO K,LEIDAL R,SATO F. Morphology and development of an apoeccrine sweat gland in human axillae[J]. Am J Physiol,1987,252(1 Pt 2):R166-R180.

[46] CUI C Y,SCHLESSINGER D. Eccrine sweat gland development and sweat secretion[J]. Exp Dermatol,2015,24(9):644-650.

[47] BOVELL D L,CLUNES M T,ELDER H Y,et al. Ultrastructure of the hyperhidrotic eccrine sweat gland[J]. Br J Dermatol, 2001, 145 (2): 298-301.

[48] PORTER A M. Why do we have apocrine and sebaceous glands? [J]. J R Soc Med,2001,94(5):236-237.

[49] SATO K,SATO F. Sweat secretion by human axillary apoeccrine sweat gland in vitro[J]. Am J Physiol,1987,252(1 pt 2):R181-R187.

[50] CUI C Y,YIN M Z,JIAN S M,et al. Involvement of Wnt,Eda and Shh at defined stages of sweat gland development[J]. Development, 2014, 141 (19):3752-3760.

[51] PAZYAR N,YAGHOOBI R,RAFIEE E,et al. Skin wound healing and phytomedicine:a review [J]. Skin Pharmacol Physiol, 2014, 27 (6): 303-310.

[52] GONZALES K A U,FUCHS E. Skin and its regenerative powers:an

alliance between stem cells and their niche[J]. Dev Cell,2017,43(4):387-401.

[53] KRAFTS K P. Tissue repair: the hidden drama[J]. Organogenesis,2010,6(4):225-233.

[54] VELNAR T,BAILEY T,SMRKOLJ V. The wound healing process: an overview of the cellular and molecular mechanisms[J]. J Int Med Res,2009,37(5):1528-1542.

[55] ARAÚJO L U,GRABE-GUIMARÃES A,MOSQUEIRA V C F,et al. Profile of wound healing process induced by allantoin[J]. Acta Cir Bras,2010,25(5):460-466.

[56] OGAWA R. Total scar management: from lasers to surgery for scars, keloids, and scar contractures[M]. Springer Nature,2019.

[57] BROUGHTON G,JANIS J E,ATTINGER C E. The basic science of wound healing[J]. Plast Reconstr Surg,2006,117(7 suppl):12S-34S.

[58] REINKE J M,SORG H. Wound repair and regeneration[J]. Eur Surg Res,2012,49(1):35-43.

[59] MARTIN P. Wound healing: aiming for perfect skin regeneration[J]. Science,1997,276(5309):75-81.

[60] WERNER S,GROSE R. Regulation of wound healing by growth factors and cytokines[J]. Physiol Rev,2003,83(3):835-870.

[61] HART J. Inflammation. 1: its role in the healing of acute wounds[J]. J Wound Care,2002,11(6):205-209.

[62] DALEY J M,REICHNER J S,MAHONEY E J,et al. Modulation of macrophage phenotype by soluble product(s) released from neutrophils[J]. J Immunol,2005,174(4):2265-2272.

[63] TZIOTZIOS C,PROFYRIS C,STERLING J. Cutaneous scarring: pathophysiology, molecular mechanisms, and scar reduction therapeutics Part II. Strategies to reduce scar formation after dermatologic procedures[J]. J Am Acad Dermatol,2012,66(1):13-24.

[64] RAMASASTRY S S. Acute wounds[J]. Clin Plast Surg,2005,32(2):195-208.

[65] BROUGHTON G,JANIS J E,ATTINGER C E. Wound healing: an overview[J]. Plast Reconstr Surg,2006,117(7 suppl):1e-S-32e-S.

[66] HUNT T K,HOPF H,HUSSAIN Z. Physiology of wound healing[J]. Adv Skin Wound Care,2000,13(2 Suppl):6-11.

[67] DIEGELMANN R F,EVANS M C. Wound healing:an overview of acute, fibrotic and delayed healing[J]. Front Biosci,2004,9:283-289.

[68] ROBSON M C, STEED D L, FRANZ M G. Wound healing: biologic features and approaches to maximize healing trajectories[J]. Curr Probl Surg,2001,38(2):72-140.

[69] GOLDMAN R. Growth factors and chronic wound healing:past,present, and future[J]. Adv Skin Wound Care,2004,17(1):24-35.

[70] KRAFTS K P. Tissue repair:the hidden drama[J]. Organogenesis,2010,6 (4):225-233.

[71] GURTNER G C,WERNER S,BARRANDON Y,et al. Wound repair and regeneration[J]. Nature,2008,453(7193):314-321.

[72] BAUM C L, ARPEY C J. Normal cutaneous wound healing: clinical correlation with cellular and molecular events[J]. Dermatol Surg,2005,31 (6):674-686.

[73] ROBSON M C, STEED D L, FRANZ M G. Wound healing: biologic features and approaches to maximize healing trajectories[J]. Curr Probl Surg,2001,38(2):72-140.

[74] LI S, HUANG N F, HSU S. Mechanotransduction in endothelial cell migration[J]. J Cell Biochem,2005,96(6):1110-1126.

[75] GURTNER G C,EVANS G R. Advances in head and neck reconstruction [J]. Plast Reconstr Surg,2000,106(3):672-682.

[76] JÖNSSON K,HUNT T K,MATHES S J. Oxygen as an isolated variable influences resistance to infection[J]. Ann Surg,1988,208(6):783-787.

[77] JUNKER J P E, KAMEL R A, CATERSON E J,et al. Clinical impact upon wound healing and inflammation in moist,wet,and dry environments [J]. Adv Wound Care (New Rochelle),2013,2(7):348-356.

[78] FIELD F K,KERSTEIN M D. Overview of wound healing in a moist environment[J]. Am J Surg,1994,167(1a):2S-6S.

[79] EDWARDS R,HARDING K G. Bacteria and wound healing[J]. Curr Opin Infect Dis,2004,17(2):91-96.

[80] LAMBERS H,PIESSENS S,BLOEM A,et al. Natural skin surface pH is on average below 5,which is beneficial for its resident flora[J]. Int J Cosmet Sci,2006,28(5):359-370.

[81] SCHREML S,SZEIMIES R M,KARRER S,et al. The impact of the pH value on skin integrity and cutaneous wound healing[J]. J Eur Acad

Dermatol Venereol,2010,24(4):373-378.

[82] LENGHEDEN A,JANSSON L. pH effects on experimental wound healing of human fibroblasts in vitro[J]. Eur J Oral Sci,1995,103(3): 148-155.

[83] ODA K,MATSUOKA Y,FUNAHASHI A,et al. A comprehensive pathway map of epidermal growth factor receptor signaling[J]. Mol Syst Biol,2005,1:2005.0010.

[84] SHIRAHA H,GLADING A,GUPTA K,et al. IP-10 inhibits epidermal growth factor-induced motility by decreasing epidermal growth factor receptor-mediated calpain activity[J]. J Cell Biol,1999,146(1):243-254.

[85] SCHULTZ G,ROTATORI D S,CLARK W. EGF and TGF-alpha in wound healing and repair[J]. J Cell Biochem,1991,45(4):346-352.

[86] JIANG C K,MAGNALDO T,OHTSUKI M,et al. Epidermal growth factor and transforming growth factor alpha specifically induce the activation- and hyperproliferation-associated keratins 6 and 16[J]. Proc Natl Acad Sci USA,1993,90(14):6786-6790.

[87] LI Y,FAN J H,CHEN M,et al. Transforming growth factor-alpha: a major human serum factor that promotes human keratinocyte migration [J]. J Invest Dermatol,2006,126(9):2096-2105.

[88] CHA D,O'BRIEN P,O'TOOLE E A,et al. Enhanced modulation of keratinocyte motility by transforming growth factor-alpha (TGF-alpha) relative to epidermal growth factor (EGF)[J]. J Invest Dermatol,1996, 106(4):590-597.

[89] RAAB G,KLAGSBRUN M. Heparin-binding EGF-like growth factor[J]. Biochim Biophys Acta,1997,1333(3):F179-F199.

[90] SHIRAKATA Y,KIMURA R,NANBA D,et al. Heparin-binding EGF-like growth factor accelerates keratinocyte migration and skin wound healing[J]. J Cell Sci,2005,118(Pt 11):2363-2370.

[91] MEHTA V B,BESNER G E. HB-EGF promotes angiogenesis in endothelial cells via PI_3 kinase and MAPK signaling pathways[J]. Growth Factors,2007,25(4):253-263.

[92] BENNETT S P,GRIFFITHS G D,SCHOR A M,et al. Growth factors in the treatment of diabetic foot ulcers[J]. Br J Surg,2003,90(2):133-146.

[93] CECCARELLI S,CARDINALI G,ASPITE N,et al. Cortactin involvement in the keratinocyte growth factor and fibroblast growth factor 10

promotion of migration and cortical actin assembly in human keratinocytes [J]. Exp Cell Res,2007,313(9):1758-1777.

[94] POWERS C J,MCLESKEY S W,WELLSTEIN A. Fibroblast growth factors,their receptors and signaling[J]. Endocr Relat Cancer,2000,7(3): 165-197.

[95] SOGABE Y,ABE M,YOKOYAMA Y,et al. Basic fibroblast growth factor stimulates human keratinocyte motility by Rac activation [J]. Wound Repair Regen,2006,14(4):457-462.

[96] DI VITA G,PATTI R,D'AGOSTINO P,et al. Cytokines and growth factors in wound drainage fluid from patients undergoing incisional hernia repair[J]. Wound Repair Regen,2006,14(3):259-264.

[97] BARRIENTOS S,STOJADINOVIC O,GOLINKO M S,et al. Growth factors and cytokines in wound healing[J]. Wound Repair Regen,2008,16 (5):585-601.

[98] NIU J G,CHANG Z,PENG B L,et al. Keratinocyte growth factor/ fibroblast growth factor-7-regulated cell migration and invasion through activation of NF-kappaB transcription factors[J]. J Biol Chem,2007,282 (9):6001-6011.

[99] WHITE L A,MITCHELL T I,BRINCKERHOFF C E. Transforming growth factor beta inhibitory element in the rabbit matrix metalloproteinase-1 (collagenase-1) gene functions as a repressor of constitutive transcription [J]. Biochim Biophys Acta, 2000, 1490 (3): 259-268.

[100] SHAH M,FOREMAN D M,FERGUSON M W. Neutralisation of TGF-beta 1 and TGF-beta 2 or exogenous addition of TGF-beta 3 to cutaneous rat wounds reduces scarring[J]. J Cell Sci,1995,108 (Pt 3):985-1002.

第 3 章

皮肤组织修复与再生技术

3.1　皮肤组织修复概述

皮肤是人体最大的器官,它的主要作用是保护身体免受环境中毒素和微生物的侵害,并防止机体脱水。由于受伤或疾病而破坏皮肤完整性可能会导致机体严重的生理失衡,最终导致残疾甚至死亡[1]。皮肤损伤最常见的原因包括急性创伤、慢性创伤、感染、手术干预和遗传疾病[2]。根据损伤的类型,使用不同的伤口愈合方法有助于皮肤功能的恢复。

3.1.1　临床治疗与护理方法

1. 低温手术

外科手术用于机体异常情况的诊断或治疗。这些手术程序包括活组织检查,即通过外科手术切除一小块皮肤进行检查。低温手术也称为冷冻手术或冷冻疗法[3],其使用装有液氮(约−196 ℃)的特殊仪器快速降低局部温度来破坏疾病组织而对周围正常组织无损伤。在医学上,低温手术通常用于破坏异常组织,如疣、痣和肿瘤。

2. 清创术

在烧伤和一些溃疡区域,坏死组织阻止新的健康组织生长。在这种情况下,一种被称为清创术的外科手术可以用来清除坏死组织[3],即清除开放伤口内的异物,切除坏死、失活或严重污染的组织并缝合伤口,使之尽量减少污染同时清洁伤口,以便新的健康组织可以自由生长,达到一期愈合的状态,这是有利受伤部位的功能和形态恢复的手术方法。清创术是处理创面的最佳方法,但在某些情况下不建议使用(如免疫抑制的患者)。一旦确定使用清创术,则应选择最合适的清创术方法。常见的清创术类型有自溶、外科手术、机械法、生物体法以及酶清创术[4]。

(1)自溶。

自溶是人体利用内源的酶和水分梯度去除失活的坏死组织的一个漫长的过程,适合处理轻度伤口。伤口护理产品(如水凝胶、薄膜和水胶体)可用于支持这一自然过程,并在潮湿的环境中促使伤口愈合。

(2)外科手术。

外科手术是使用无菌器械去除失活或坏死的组织,能够确定伤口的整体状况。外科手术中通常伴随一些重要机体组织损失,但外科手术具有快速、安全的优点,能将感染和慢性伤口并发症的风险降到最低。

(3)机械法。

机械法是一种有效且经济的清创方法。该方法的缺点是缺乏选择性和增加患者痛苦。机械法可以通过水疗法应用,使用喷水器冲洗伤口表面的残留物;也可以通过干湿疗法应用,即先将湿纱布敷在伤口上,然后使其干燥,干燥后,将束缚坏死组织或失活组织的纱布从创面移除。

(4)生物体法。

生物体法是利用无菌幼虫分泌酶来液化坏死组织,含有细菌的液化组织随后被幼虫肠吸收并中和,使得创面新生组织生长速率增加并且使皮肤 pH 发生有利变化。该过程提供了一种安全、选择性的清创方法。常见的生物清创法有水蛭疗法和蛆清创疗法,但目前这种方法并没有为患者和医生所接受。

(5)酶清创术。

酶清创术是一种主动的清创方法,该方法是将酶施用于创面中,酶对坏死组织具有蛋白水解作用,能有效地清除坏死组织。但酶是 pH 依赖性的,蛋白水解酶需要通过特定试剂去激活。最常见的酶包括胶原酶、木瓜蛋白酶和纤维蛋白酶。

3. 潮湿伤口愈合策略

潮湿的伤口愈合环境能加速急性伤口的再上皮化[5],这种现象促进了保湿敷料的开发。对于慢性伤口,潮湿的伤口愈合环境没有显示出显著改善的表皮愈合能力,然而,潮湿伤口愈合环境有助于肉芽组织的形成和减轻疼痛。潮湿伤口愈合的优点包括细胞因子在伤口中的滞留、促进角质细胞迁移和防止细菌进入[1]。通过猪局部厚度伤口模型研究了湿(生理盐水敷料)、湿润(水胶体敷料)和干燥(无菌纱布敷料)环境对伤口修复的影响。伤口在湿、湿润和干燥环境中分别在第 6、7 和 8 天完全上皮化,表皮的厚度分别为(204 ± 23) μm、(141 ± 12) μm 和(129 ± 18)μm。在形成再生表皮的过程中,与干燥环境的伤口相比,湿润或湿愈合环境会导致更少的组织坏死和更好的愈合效果[6]。

4. 负压伤口治疗

负压伤口治疗(NPWT)是通过贴薄膜敷料封闭开放的创面,并将贴膜敷料通过引流管与负压装置连接后产生负压来治疗各种创面的疗法。负压伤口治疗包括液体清除和伤口收缩[1]。这些治疗能够降低伤口周围的压力、增加创面血管内的血流、促进肉芽组织形成、充分引流渗出物、减轻水肿、抗感染以及通过剪切应力机制刺激伤口愈合。

慢性伤口(如糖尿病足溃疡)的渗出液中蛋白酶和促炎细胞因子含量较高。高水平的蛋白水解酶会损坏创面,抑制伤口愈合,降解细胞外基质并破坏皮肤完整性。高水平的促炎细胞因子会延长慢性炎症阶段的周期。此外,过多的渗出液会伤害伤口周围的皮肤,少量的渗出液会抑制细胞活动并导致瘢痕组织的形成。渗出液管理不当还可能导致生物膜形成。用于渗出液管理的最常见治疗方法是使用吸收性敷料和负压伤口治疗。吸收性敷料包括薄膜、水凝胶、水胶体、亲水性纤维和泡沫等,其中水凝胶是一种新型伤口敷料,水凝胶制剂的组成物包含能够结合水分子的不溶性共聚物,这就使得存在于敷料中的水可以转移到伤口,而水凝胶本身能够吸收伤口的渗出物,从而使伤口保持最佳的水分含量。传统的敷料不能渗透水蒸气,难以去除且液体吸收能力差,新型的敷料克服了这些缺点。这种新型敷料的另一个例子是亲水性纤维,其是由具有高吸收能力和简单去除程序的羧甲基纤维素片组成的敷料。有研究表明,在负压伤口疗法治疗糖尿病足溃疡方面,溃疡完全愈合比例高且患者二次截肢率低[7]。

5. 高压氧疗法

高压氧疗法(HBOT)是在不低于 1 atm(1 atm=101 325 Pa)的绝对压力下,通过气密容器向伤口施用 100% 的氧气[8]。历史上,HBOT 是一种用于治疗坏疽、中风后心脏骤停和一氧化碳中毒的方法。临床和试验经验表明,在严重缺血或缺氧的伤口中增加氧气浓度会以增加血管生长的形式加速愈合。这可能是因为氧气暴露导致血小板产生的生长因子受体上调。氧化剂如过氧化氢会刺激内皮细胞和角质形成细胞释放血管内皮生长因子(VEGF),此外,暴露于高氧的巨噬细胞和内皮细胞也会上调白介素-8(IL-8)、转化生长因子-β(TGF-β)和 VEGF 的 mRNA 的表达。这些都使得伤口处的 VEGF 含量大大增加,加速血管形成,最终促进伤口愈合。

6. 皮肤移植

正常皮肤具有通过皮肤基底层中存在的具有自我更新特性的高增殖干细胞群来再生表皮损伤的能力[9]。然而,严重深度创伤中皮肤的有限自我更新能力需要使用不同的皮肤移植方法,如由整个表皮和部分真皮组成的中厚皮片(STSG)移植和包括整个真皮和表皮的全厚皮片(FTSG)移植,这些方法通常只能用于小面积的受伤皮肤。STSG 移植被认为是覆盖切除的烧伤创面的首选策略,但 STSG 移植会导致增生性瘢痕的形成。与 STSG 移植相比,FTSG 移植通常形成较少的瘢痕,并且可以在全身表面内进行,然而供体短缺导致烧伤患者自体皮肤移植覆盖率不足,手术过程和瘢痕相关的并发症是这种传统伤口愈合方法的局限性。此外,由于伤口愈合过程失调,更严重和更深的伤口无法实现适当伤口护理从而导致慢性伤口形成。从临床角度来看,各种慢性伤口是截肢和死亡的主要原因之一。尽管缺乏供体的有效解决方案是同种异体或异种皮肤移植,但这种方法有其自身的缺点,包括受体的免疫反应、免疫排斥和传染病传播的风险,其安全性和短期存活的不确定性限制了其临床应用[10]。不同的方法被用于伤口治疗,包括自体皮肤移植、同种异体皮肤移植和异种皮肤移植。

(1)自体皮肤移植。

自 19 世纪以来,自体皮肤移植作为一种治疗方法,可用于深度真皮和皮下组织损伤患者的治疗,特别是需要角质细胞来愈合伤口的烧伤患者。合格的移植物必须包括完整的表皮层和浅层真皮作为自体缺损敷料。通过使用电子皮刀(一种保持剃刀刀片平行于皮肤表面的外科器械)从患者身体的正常皮肤区域采集皮肤并移植到损伤处来实现皮肤移植。自体皮肤移植出现以来,这一领域取得了长足的发展,其中包括自体移植器械和移植处理的进步,例如使用电子皮刀采集供体部位并保留切除的皮肤,以便将其拉伸以覆盖更大的身体区域。体外培养的自体上皮移植是一种治疗严重烧伤患者的新方法[10]。癌胚抗原可以由从小面积正常皮肤活检获得的角质细胞组成,这些角质细胞在实验室中进行增殖以制备癌胚抗原片。癌胚抗原和皮肤样替代物的组合提高了愈合过程的疗效,减少了延迟的伤口闭合。尽管自体皮肤移植是首选的治疗方法,但仍有需要更换大面积表皮或正常皮肤再生不足的情况。延伸到真皮深处的伤口往往愈合得很差,而且很慢,是因为没有剩余角质细胞来改造上皮。在没有真皮的情况下形成的瘢痕组织缺乏正常真皮的弹性、柔韧性和强度。因此,瘢痕组织会限制运动,引起疼痛。自体皮肤移植是一种非常成熟的技术。外科医生从供体部位(最常见的是不明显的区域,如大腿内侧和臀部)用电子皮刀刮一层薄的皮肤,包括完整的表皮和部分真皮;然后将皮肤移植物放置在伤口部位。自体皮肤移植避免了免疫原性的问题,但它们有显著的局限性:供体部位会产生另一个伤口,在

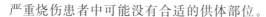

严重烧伤患者中可能没有合适的供体部位。

（2）同种异体皮肤移植。

与自体皮肤移植方法不同，从皮肤库中冷冻尸体或活体供体获得的同种异体皮肤移植物不受供体可用性限制的影响。这种替代策略的使用可以追溯到1503年[11]。同种异体皮肤移植物可以建立功能屏障，刺激生长因子和细胞因子的产生，增加血管生成。由于宿主免疫系统诱导的排斥反应，同种异体移植物会加剧病变部位的炎症。同种异体皮肤移植可作为备选的移植手段[10]，当自体皮肤移植不可行时，使用同种异体的人体皮肤。与所有同种异体移植一样的问题包括免疫排斥反应、感染，以及移植物质量和可变性问题。

（3）异种皮肤移植。

从其他物种获得的临时皮肤移植物称为异种皮肤移植物，它们可以通过将动物来源的胶原沉积到人的受伤部位来促进皮肤再生。异种皮肤移植物的应用可以追溯到公元前15世纪。与同种异体皮肤移植物一样，这些异种皮肤移植物为人体损伤提供了一个临时的覆盖物。猪和牛的皮肤脱细胞外基质被认为是最普遍的异种皮肤移植物[11]。

自体皮肤移植没有免疫反应和排斥的风险，因为供体和受体是相同的。这种方法克服了供体可获得性和立即需要足够量皮肤移植的限制。但是它有以下缺点：需要长期住院治疗、令人难以忍受的疼痛、大面积损伤时供体部位的可用性以及增加的感染风险。同种异体皮肤移植和异种皮肤移植解决了供体有限的问题，而伤口部位的炎症、免疫排斥和病毒传播的风险仍然是这些策略的最大缺点。同种异体皮肤移植物和异种皮肤移植物作为临时屏障是一个很好的选择，但由于宿主免疫排斥，它们不能持久。此外，提供临床批准的同种异体皮肤移植物的组织库存数量有限。虽然癌胚抗原似乎是一种更有益的策略，但它也有一些缺点，如准备时间长、脆弱和成功率低，阻碍了它在广泛临床应用中的进展。综上所述，开发一种可被成功移植且能够克服移植障碍的皮肤移植物至关重要[10]。

3.1.2　皮肤替代物

组织损伤仍然是医疗保健中最具挑战性的问题之一。对皮肤组织进行有效的扩张，以再现皮肤屏障功能，对于患有大面积全层烧伤、慢性伤口或遗传疾病（如大疱性疾病）的患者来说至关重要。人体皮肤替代物经常作为临床皮肤替代物在体内应用。有三种主要类型的商业皮肤替代物，包括表皮、真皮和表皮真皮。它们中的每一个都可以由支架、所需的细胞类型或生长因子组成。这些替代物可以是自体的、同种异体的或异种的。此外，它们可能是细胞性的，也可能是非细胞性的。它们用于加速伤口愈合，恢复正常的皮肤功能，缓解疼痛。虽然市面上有各种各样的皮肤替代物,但几乎没有一种被认为是伤口愈合所需的理想替代物。本节将介绍组织工程广泛领域中最重要的最新进展,并介绍已经批准的、可在临床上使用的商业皮肤替代物。

皮肤替代物的主要成分包括支架、生长因子和细胞。基于皮肤替代物的性质对皮肤替代物进行了不同的分类[10]。按照其物质来源,皮肤替代物可分为天然的(自体的、同种异体的或异种的)和合成的(可生物降解的或不可生物降解的)[12]。按照其解剖结构,皮肤替代物则可以分为表皮替代物、真皮替代物和表皮真皮复合替代物[13]。而按照解剖结构分类的方式是现在更为流行的方式。20世纪 70 年代人类角质形成细胞成功培养后,第一个被称为 CEAs 的生物工程皮肤替代物开始投入使用[14]。自 20 世纪 80 年代以来,作为用于更严重伤口的伤口敷料的真皮替代物得到了发展。随后,表皮和真皮替代物的各种组合促进了复合替代物工程的发展。到目前为止,组织工程领域的创新使得广泛的可商购的组织工程皮肤替代物适用于临床应用。例如常用的表皮替代物商品有Bioseed−S®、MySkin™、Epicel®[15] 等,Integra™ 和 Biobrane® 则是常用的真皮替代物,还有一些商用复合皮肤替代物,如 Apligraf™[15]、Tiscover™、PolyActive 等。

3.1.3　物理治疗

1. 电刺激

众所周知,上皮层的破坏在横向平面中产生内源性电场,该电场被认为是角质形成细胞响应体外单层细胞损伤时的重要定向提示。该过程的受体和信号传导分子包括 EGFR、$\alpha_6\beta_4$−整合蛋白、磷脂酰肌醇−3−OH 激酶−γ 和磷酸酶PTEN。使用电刺激治疗伤口愈合可以将外源电信号传递到伤口组织中,从而模仿潜在的自然生物电损伤反应。在伤口边缘 1 mm 内,存在稳定的直流电场梯度,可以通过治疗性电刺激来操纵该梯度以加速伤口愈合过程,产生的电场导致生物分子信号通路的刺激和细胞迁移。电刺激已经用于疼痛处理、神经康复和骨折愈合[16]。

2. 低频超声

超声波是一种用于抵抗感染的方法,它通过空化机理将失活的组织与健康的组织分离开,这种处理改变了细菌膜结构,增加了抗菌物质对它的渗透性。在伤口护理中,非接触式低频超声的主要目标是减少伤口表面的微生物负荷、清创和刺激坏死组织的局部自溶,并增强肉芽组织的形成。研究表明,非接触式低频超声在治疗慢性伤口方面具有重要作用。超声治疗具有多种有据可查的细胞作用,这些作用直接影响伤口的愈合。体外研究表明,白细胞黏附、生长因子产生、胶原沉积、血管生成增加、巨噬细胞反应性增加、纤维蛋白溶解增加和一氧化氮增加是超声诱导的细胞作用的结果[17]。最近,人们开始转向使用几千赫兹范围的低频超声来实现血管舒张、骨骼愈合,并通过使用作为声敏剂的细胞毒性化学物质来杀死恶性细胞。

3. 电磁疗法

电磁疗法(EMT)包含短期能量发射,具有保护组织免受连续发射所产生的损害和热量的优点。许多试验验证了电磁疗法能够增加血液循环、减轻炎症,从而加速伤口愈合。然而关于其具体机理的解释很简单,且试验证据不足。磁场对人体组织的影响是复杂的,并且似乎随组织的不同以及所施加磁场的强度和持续时间的不同而不同。磁性设备的性质使它们易于进行随机、受控、双盲研究,而这方面的报道目前还存在空白。尽管这些疗法似乎无害,但这并不意味着它们是有用的[18]。

4. 激光疗法

激光疗法通过调节细胞行为,促进血管形成以及增加胶原蛋白沉积、成纤维细胞和上皮组织的产生来加速组织修复过程。针对不同的案例,照射方案、激光器的激活介质、动力和剂量的类型以及应用的模式和数量不同。然而,相关文献中发现了许多不同的辐射方案,激活材料和激活波长的选择表现出多样化,这就阻碍了治疗参数的选择和结果的比较。最常用的激光器有 HeNe(氦氖)和二极管(AsGa、GaAlAs 和 InGaAlP)[19]。

3.1.4 药物治疗

非手术治疗包括应用于皮肤表面的药物治疗,药物治疗一般用于局部皮肤伤口。外用药物的分类如下:抗生素用于预防细菌感染,抗真菌剂用于杀死真菌,止痒消毒剂用于杀死或抑制细菌,疥疮药用于杀死疥疮螨。其他治疗可能包括口服或注射药物。口服药物的一个例子是类固醇,如泼尼松,用于治疗许多炎症性皮肤病。一些药物可以以透皮方式给药,这是一种通过贴剂或软膏穿过未破损皮肤给药的方法[3]。

1. 天然药物

在没有药物产品和实验室研究的情况下,人类的祖先使用天然化合物来帮助治疗疾病。某些天然化合物的伤口愈合能力是不可否认的。天然化合物包含各种各样的化学物质,每种物质都有其特殊的性质和在伤口愈合过程中的特殊位置[20]。

(1)植物来源产品。

①芦荟。芦荟(AV)是伤口愈合中最受欢迎的草药。AV 凝胶是治疗皮肤病

变的最有价值的产品,其由水部分(99%～99.5%)和固体部分(0.5%～1.0%)组成,其中包含几种生物活性化合物,如可溶性糖、非淀粉多糖、木质素、脂质、维生素(B_1、B_2、B_6 和 C)、酶(酸性磷酸酶、碱性磷酸酶、淀粉酶和脂肪酶)、水杨酸、蛋白质和矿物质(钠、钙、镁和钾)。除了具有抗炎、防腐和抗微生物的作用,AV 凝胶还具有刺激成纤维细胞增殖、胶原合成和血管生成的能力。这些性质主要来自于植物成分之间的协同作用,多糖(如丙氨酸、甘露糖－6－磷酸盐、果胶、半乳糖和葡糖胺)和糖蛋白的生物活性(如存在于叶片纸浆中的凝集素)在伤口愈合过程中起主要作用,负责抗炎、抗真菌或细胞刺激等。AV 在治疗疾病中通常用作口服溶液、局部制剂、乳膏、黏液、凝胶和敷料。

有学者研究了 AV 凝胶、甲状腺激素霜和磺胺嘧啶银(SSD)乳膏对大鼠缝合切口伤口愈合过程的影响。随机对照临床试验表明,AV 凝胶显著促进了成纤维细胞增殖、血管生成、再上皮化和伤口闭合。表明 AV 的渗透刺激了整个修复过程中涉及愈合的生物学活动。

虽然局部和口服 AV 被认为是安全的,没有严重的副作用如中毒和死亡,但是一些患者已经遇到了不良反应。局部制剂通常与皮肤瘙痒、刺激、接触皮炎、红斑和光学膜炎有关,而口腔给药可以导致腹泻和呕吐。虽然关于 AV 治疗的临床证据证明了其促进康复过程,但多数的研究是基于少数患者的、不具备参考意义的研究。因此,需要更多的大型随机对照试验,以支持使用 AV 衍生产品作为局部试剂或在敷料中纳入用于治疗皮肤病变的敷料。

②金盏花。金盏花(*Calendula officinalis*)是来自地中海的草药,在皮肤护理中主要作为伤口愈合的抗炎剂。除此之外,金盏花还具有抗菌、抗氧化和刺激血管生成的能力。金盏花的化学成分包括酚类化合物(黄酮类化合物和香豆素)、类固醇、三萜类化合物、碳水化合物、脂质、生育酚、醌、雌激素、精油、脂肪酸和矿物质。目前关于金盏花促进伤口愈合的具体原理尚未研究清楚,但仍然有一些报道指出可能是金盏花能够减少上皮化时间并增加伤口收缩、胶原含量和血管形成来促进创伤修复。另外,金盏花中的三萜类还能刺激成纤维细胞迁移和增殖。

Binic 等进行了一项涉及 32 名患者的试验以研究草药治疗在无感染静脉腿部溃疡的愈合过程中的作用。试验中将患者随机分为两组:第一组(15 名患者)用局部抗生素作为对照,而第二组(17 名患者)用 Plantoderm® 软膏(含有金盏花的酒精提取物)和 FITOVES® 凝胶(植物疗法治疗组)处理。治疗 7 周后,局部施用草药使得溃疡表面积百分比降低和细菌定植减少,而在对照组中这两项并没有显著变化。量化结果表明,草药产品处理的溃疡表面积降低了 42.68%,对照组降低了 35.65%,证明了金盏花在伤口愈合过程中的积极作用。

然而对金盏花的研究不足限制了其临床应用,关于其副作用尚不清楚。虽然临床试验表明无副作用,但有研究表明,高浓度的金盏花提取物在大鼠肝癌模型中产生了遗传毒性作用。

③橄榄油。橄榄油除了其营养价值和在地中海饮食中的重要作用之外,它在历史上一直用于治疗皮肤病,如银屑病、小面积烧伤、创伤和日晒后的损伤,或用于改善怀孕后的妊娠纹。这是因为橄榄油具有显著的抗炎特性,它含有高水平的脂肪酸和多酚,这些是蜂蜜、橄榄油和其他传统伤口愈合药物中常见的化学成分。酚类化合物激活了受损内皮细胞的抗炎途径,如 ICAM－1 的表达、一氧化氮的释放和核因子－κB 的激活,还可以通过刺激一氧化氮和活性氧的合成来促进伤口愈合(活性氧是参与伤口愈合过程的免疫细胞的第二信使)[21]。

(2)动物来源产品。

自古以来,人类就受益于蜂蜜的治疗作用。除了在治疗感染、疼痛或胃肠道疾病方面的作用外,蜂蜜一直是伤口愈合中最重要的天然化合物之一。蜂蜜显示出抗菌特性和治愈伤口而不留下瘢痕的能力,提供营养和化学物质,加速伤口愈合,减少脓液、气味和疼痛[22]。蜂蜜的抗菌性以其对于金黄色葡萄球菌的抑制性而出名。除此之外,蜂蜜还可以对抗和抑制一些常见微生物,如绿脓杆菌、大肠杆菌和化脓性链球菌。全世界所有蜂蜜都具有不同程度的防腐特性,有些种类甚至达到了磺胺类抗生素的效果(伊朗蜂蜜)。研究表明,一些蜂蜜甚至对真菌也有活性,如麦卢卡蜂蜜被用于皮疹和皮肤真菌病的治疗试剂。蜂蜜的一些活性物质已经被分离出来,如甲基乙二醛(玛努卡蜂蜜中的主要抗菌剂)。

蜂蜜不仅是一种强有力的抗菌剂,也是伤口免疫调节和再上皮化的试剂。这种免疫调节活性是复杂的,因为蜂蜜内含的许多化合物可能有几个潜在的免疫调节靶点。一些体外研究表明,当暴露于蜂蜜或其成分时,人类巨噬细胞和单核细胞根据伤口阶段和状况激活或抑制细胞因子(如肿瘤坏死因子－α、白细胞介素－1β、白细胞介素－6)的释放。中性粒细胞、成纤维细胞和内皮细胞也有类似的现象,它们都是由蜂蜜或其衍生物激活的[23],因为这些细胞类型涉及趋化性、细胞迁移和胶原基质的再生,所以可以观察到蜂蜜在再上皮化中也起着重要作用。

蜂胶是另一种具有伤口愈合能力的蜂产品。蜂胶的作用是密封蜂巢的开放空间,它是植物树脂和蜜蜂蜡质分泌物的混合物。除了它的机械用途之外,蜂胶中由蜜蜂生产的部分赋予了它抵抗蜂巢微生物威胁的化学功能,使它成为一种强有力的防腐剂。这一因素有助于为再上皮化创造有利的微环境[22]。和蜂蜜一样,蜂胶可以激活受伤大鼠的角质形成细胞,促进上皮的形成。关于其机理尚未研究清楚,猜测蜂胶也有激活或抑制伤口阶段相关细胞因子产生的活性。

人类能够产生自己的天然伤口愈合剂,如骨化三醇(或 1,25－二羟基胆钙化醇)和维生素 D。虽然人体产生维生素 D 是非活性形式,但阳光是皮肤中维生素

D 的激活及其在肝脏和肾脏中的进一步代谢所必需的。骨化三醇在治疗与钙失衡相关的疾病,如骨质疏松症、骨软化症或低钙血症中具有强大的治疗作用[24]。此外,骨化三醇已被用作治疗糖尿病腿部溃疡和其他伤口的防腐剂。研究表明,骨化三醇在伤口愈合过程中具有积极作用,骨化三醇可以调节生长因子的表达并促进血管生成。骨化三醇可以使Ⅱ型糖尿病相关伤口中角质细胞的血管生成因子如血管内皮生长因子、缺氧诱导因子－1α 和血管生成素的异常表达恢复正常水平[22]。

2. 抗生素类

抗生素是指由微生物(包括细菌、真菌、放线菌属)或高等动植物在生活过程中所产生的具有抗病原体或其他活性的一类次级代谢产物,是一种能干扰其他细胞发育功能的化学物质。临床常用的抗生素有微生物培养液中的提取物以及用化学方法合成或半合成的化合物。已知有成千上万种抗生素,但由于毒性相关问题或宿主细胞摄取不足,目前临床上仅使用不到 1% 的抗生素。到目前为止,仅氨基糖苷类、β－内酰胺类、糖肽类、喹诺酮类、磺酰胺类和四环素已被用于生产具有抗菌活性的伤口敷料[25]。

抗生素主要通过以下四种机制来抑制微生物生长(图 3.1)。

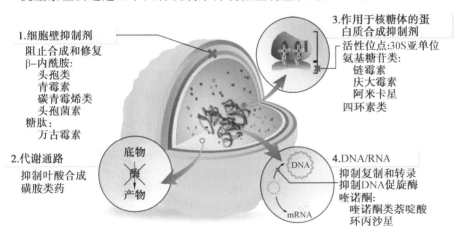

图 3.1　抗生素的四种抗菌机制

(1)抑制细菌细胞壁合成。

β－内酰胺和糖肽是能特异性干扰细胞壁生物合成的抗生素类别。例如,β－内酰胺(包括头孢类、青霉素、碳青霉烯类和头孢菌素)通过抑制青霉素结合蛋白(PBP)催化肽键的形成反应来阻止肽聚糖单元的交联。相反,糖肽抗生素(即万古霉素)通过结合肽聚糖单元并阻断转糖基酶和 PBP 的活性来抑制肽聚糖的合成。由于造成细菌细胞高的内部渗透压,此类变化将影响细菌的形状并最终导致其裂解。

（2）阻断关键代谢途径。

许多病原微生物中叶酸途径的存在以及哺乳动物中叶酸途径的缺失使该途径成为抗菌药物的靶标。一些抗生素具有类似叶酸的结构（如磺胺甲恶唑），与细菌酶竞争结合，进而干扰 DNA、RNA 和蛋白质的产生，从而导致细菌增殖受到破坏。

（3）干扰蛋白质合成。

干扰蛋白质合成的抗生素可分为两个亚类：50S 和 30S 抑制剂。仅 30S 抑制剂已用于治疗皮肤感染。氨基糖苷类（即链霉素）和四环素类抗生素都是 30S 核糖体抑制剂，阻塞细菌的氨酰 tRNA 进入核糖体。

（4）抑制核酸合成。

某些抗生素具有通过抑制复制或转录过程来干扰核酸合成的能力。抑制核酸合成的抗生素通常靶向细菌的拓扑异构酶Ⅱ和拓扑异构酶Ⅳ以及 RNA 聚合酶，从而阻止了 mRNA 的产生。合成抗菌药物中的喹诺酮类通过将其靶标（DNA 促旋酶和拓扑异构酶Ⅳ）转化为能使细菌染色体断裂的酶来发挥作用。

尽管有几种抗生素可用于治疗皮肤感染，但它们的反复使用可引发细菌耐药性，不当使用抗生素会导致细菌产生新的抗药性，产生超级细菌，从而导致其在全球的传播。

3.1.5　纳米颗粒

纳米颗粒（NP）被认为是常规抗生素的有前途的替代物，因为它们显示出对多种菌株的杀菌活性，能够将药物的不良副作用降至最低，并且不会触发微生物耐药性（图 3.2）。

NP 本身可以通过直接与细菌细胞壁接触，释放有毒金属离子或产生活性氧（ROS）来发挥杀菌作用。当 NP 与细菌细胞壁接触时，带正电荷的 NP 被细菌表面带负电荷的基团所吸引（革兰氏阴性菌的脂多糖和革兰氏阳性菌的硫磷酸/肽聚糖）。然后，建立范德瓦耳斯力，受体－配体和疏水相互作用，并通过在细菌表面形成"孔"来改变细胞壁的通透性，从而导致其破坏并造成细胞内组分的损失。同时，NP 也可以穿过细胞壁并影响代谢途径，它可以靶向线粒体并引起其破坏，从而诱导 ROS 的产生。NP 还可以影响质子泵，从而导致 pH 严重失调以及膜表面电荷的变化。此外，NP 同样可以与 DNA、溶酶体、核糖体和酶相互作用，造成细胞氧化应激、电解质失衡、酶抑制、蛋白质失活和基因表达变化等。在可用的 NP 中，银纳米颗粒（Ag NP）由于具有广谱抗菌活性而得到广泛应用，除此之外，还有四氧化三铁（Fe_3O_4）、二氧化钛（TiO_2）、氧化锌（ZnO）纳米颗粒等[26]。

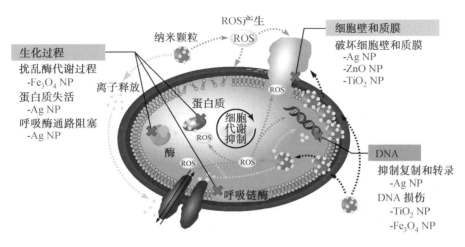

图 3.2　纳米颗粒抗菌途径

3.1.6　生物治疗

1. 肽生长因子疗法

目前已经应用了一种或多种促进细胞附着和迁移的因子来加速伤口愈合（图 3.3），但大多数以细胞因子为基础的方法收效甚微。用于此目的的生长因子种类有转化生长因子－β（TGF－β）、表皮生长因子（EGF）、肝细胞生长因子（HGF）、血管内皮生长因子（VEGF）和血小板衍生生长因子（PDGF）。只有 PDGF 在临床试验中显示出疗效，并被批准用于临床使用（Regranex®）[1]。在皮肤组织严重或大量损失的情况下，仅使用因子是不够的，通常将细胞因子与其他方法混合使用[27]。

2. 激素

除了肽生长因子外，几种低分子量介质也是伤口重新上皮化的调节因子。例如，激素乙酰胆碱及其受体由角蛋白细胞产生，形成既能正性调节迁移（通过 M4 亚型的毒蕈碱乙酰胆碱受体）又能负性调节迁移（通过 M3 受体）的自分泌环。角质形成细胞能产生儿茶酚胺激素（包括肾上腺素）及其受体，可以抑制这种自分泌方式的重新上皮化。还发现了激活过氧化物酶增殖体激活受体（PPAR）的多不饱和脂肪酸和脂肪酸衍生物是重新上皮化的重要调节因素。在皮肤损伤后，角质形成细胞中 PPAR－α 和 PPAR－β 的表达（也称为 PPAR－δ）增加。编码 PPAR－β 的基因和尚未识别配体的基因表达的上调是通过促炎细胞因子实现的，通过应力活化的蛋白激酶信号级联激活了 AP1 蛋白，这在功能上很重要，因为敲除了编码 PPAR－β 的基因的小鼠显示出显著降低的重新上皮化速率，这种缺失导致迁移减少和角质形成细胞的凋亡增加。PPAR－β 增加了细

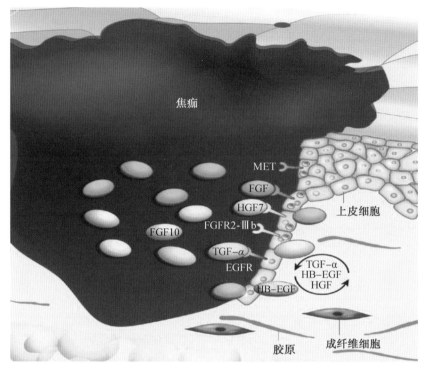

图 3.3　皮肤组织修复过程中相关生长因子

胞存活,是通过上调编码整联蛋白连接的激酶和 3—磷酸阳性依赖性蛋白激酶 1 的基因表达,最终磷酸化并激活抗凋亡蛋白 AKT。

3. 基因治疗

组织工程是一种多方面技术,其目的是再生复杂组织和器官。传统的组织工程致力于开发通过生长因子和其他生物分子对细胞进行持续刺激的策略以促进细胞分化。虽然重要的研究致力于开发直接提供生长因子的控制释放系统,但解决这种困境的更简单方法是通过基因递送使细胞或为蛋白质的生产工厂。随着基因治疗的发展,人们认识到细胞可以被基因转染,以时间调节和局部限制的方式合成特定的生长因子。因此,研究人员转向用 DNA 代替生长因子,使接种或浸润的细胞转录和翻译传递的 DNA 来产生所需的生长因子。简而言之,基因治疗的基本概念是人类疾病可以通过将遗传物质转移到患者的特定细胞中来治疗,以增强基因表达或抑制靶蛋白的产生。为了实现基因疗法,智能载体必须满足高转染活性和低细胞毒性的要求,目前载体包括病毒载体和非病毒载体,理论上,病毒载体可以提供高转染率和插入病毒基因组中异物的快速转录。然而,许多临床试验中断了病毒载体的使用,是因为这些载体的应用诱导了不利影响,如免疫原性和致癌性。非病毒载体具有若干优点,如易于合成、细胞/组织靶向、低免疫应答和不受限制的质粒大小。在非病毒载体的临床使用中的瓶颈是其低转染活性,故需要改善其转染活性。到目前为止,已经开发了各种非病毒递送方法,包括磷酸钙、阳离子化脂质体和组织工程支架等[28]。

在转染系统中,核酸,即 DNA、RNA 和 siRNA,可以单独引入或使用病毒/非病毒载体包装,以增加治疗基因的表达或敲除特定基因的表达,从而促进组织的形成。

3.1.7　敷料(单一敷料、复合敷料)

通常,敷料是用于补救由伤害性刺激引起的损害,为伤口提供外部保护、促进愈合并降低感染风险的材料。不同类型的敷料都有特定的用途。根据用途,这些敷料可分为以下四类。

①预防。防止在受压区域可能发生伤害的敷料,例如,供被迫长时间不动的患者使用的敷料。

②涂层。涂层称为第二敷料,例如软膏、乳霜等。

③保护。用于保护创面免受外部污染或机械损伤的敷料,以避免创面在愈合过程中发生不利变化,如用于手术伤口的敷料。

④治愈。旨在促进愈合的敷料,并防止外源性物质和创伤。

1. 传统敷料

传统敷料如纱布,棉、羊毛和天然或合成绷带是伤口护理应用中最常用的产品。当施加到伤口部位时,这些产品吸收大量的渗出物,形成干燥的创面,最终导致细胞死亡和治疗过程的抑制。此外,由于创面是干燥的,传统敷料可能会黏附在创面上,这就可能导致新形成表皮的创伤和移除带来的二次伤害。为了克服这些限制,传统敷料通常用作次级敷料或组合其他产品(如水胶体和海藻酸盐敷料),保护伤口免受病原体入侵和吸收渗出物。还有一些敷料常作为抗菌剂使用,如银和碘[29]。

①纱布敷料。纱布敷料由棉、人造丝、聚酯的编织纤维和非编织纤维制成,可以为伤口提供一定程度的保护,防止细菌感染。一些无菌纱布垫可借助纤维吸收开放性伤口中的渗出液和液体。纱布敷料的优势在于其成本效益较低,然而在伤口使用时纱布敷料需要频繁地改变,以防止健康组织的浸渍[30]。Xeroform™(非阻塞性敷料)是一种凡士林纱布,含 3% 的三溴苯甲酸铋,用于非渗出至轻度渗出的伤口。

②天然或合成绷带。由天然棉绒和纤维素制成的绷带或由聚酰胺材料制成的合成绷带具有不同的功能。例如,棉绷带用于保留较轻的敷料,高压绷带和短弹力绷带在静脉溃疡的情况下可提供持续的压强。

③薄纱敷料。Bactigras、Jelonet、Paratulle是薄纱敷料的一些产品,这些薄纱敷料可作为含石蜡的浸渍敷料商购获得,并且适合于表面清洁伤口。

④银。银多年来一直用于治疗慢性伤口和烧伤的伤口敷料中以控制感染[1],1%的磺胺嘧啶银会引起细菌膜的超微结构变化,并不可逆破坏细菌DNA,从而抑制细菌细胞的呼吸作用并改变电解质的运输和叶酸的产生。1%磺胺嘧啶银在伤口处理中是一种有效的治疗方法并在市场上以聚氨酯泡沫的形式出现,它通过堵塞创面并保证其蒸腾作用而发挥疗效。该泡沫可以吸收过量的渗出液,并产生不利于细菌繁殖的微环境,同时释放银抗菌。此外还有具有活性炭(AC)和银芯(SC)的吸收性纱布,其结合了AC的吸收特性和银的抑菌作用。

⑤碘。碘制剂多年来在伤口治疗中用作辅助剂,是用于慢性渗出性伤口的有效清创和防腐剂。当直接在伤口上使用时,可清除脓液、组织碎片和伤口渗出液,并产生不利于细菌繁殖的环境,有效减少细菌数量。Cadexomer iodine(一种碘制剂)已被证明可用于治疗静脉性溃疡、糖尿病足溃疡、褥疮和感染伤口。据报道,该药物可调节人类巨噬细胞中的细胞因子诱导,促进动物伤口中的上皮形成,并对鼠成纤维细胞具有抗氧化作用。然而,尚无研究涉及人皮肤细胞上Cadexomer iodine的安全浓度范围,并没有从组织学角度检查Cadexomer iodine对人慢性渗出性伤口的影响。历史上就有由于担心抑制伤口愈合和产生局部毒性而停止使用碘制剂的行为,因此临床中使用的碘制剂如果浓度过高可能会有细胞毒性的风险。

2. 新型敷料

伤口敷料发展到现在已经以不同的原料(合成或天然)和各种物理形式(海绵、水凝胶、水胶体、薄膜、多孔膜)出现。这些不同的配方具有不同的性质,使它们适合于治疗特定类型的伤口。

(1)新型敷料原料。

①丝素蛋白。丝绸是一种长期以来被用于缝合的材料。构成丝绸的天然蚕丝聚合物的改性具有附加的性质,如电荷或酸碱度的变化。Scheibel的团队已经生产出了带有氨基酸取代或翻译后修饰改变的修饰重组丝蛋白,以改善其在组织生物工程中的功能。丝蛋白的单体也用于水凝胶的配方中,例如,Shi等配制了一种用于骨再生的水凝胶,其结合了生物矿化功能[31]。在伤口再生的案例中,已经证明改性丝素蛋白增加了真皮成纤维细胞和角质细胞的黏附和增殖。当在糖尿病兔模型中测试时,改性丝素蛋白与聚乙烯醇聚合物的组合显示出巨大的潜力。在这项研究中,丝素基敷料加快伤口愈合,更有组织地沉积细胞外基质[32]。

②弹性蛋白。弹性蛋白以重组人原弹性蛋白的形式外源性添加,通过成纤

维细胞促进弹性蛋白的沉积,为愈合的伤口提供弹性,进一步的临床前研究证实了这一体外数据,外源性刺激患者体内弹性蛋白与批准的皮肤替代物相结合是可行的[22]。

③明胶、海藻酸盐和丙烯酸酯基材料。明胶、海藻酸盐和丙烯酸酯基材料组合用于3D生物打印。明胶与氧化的海藻酸盐形成交联,这导致3D生物打印的材料具有合适的稠度。基于海藻酸盐的材料也被考虑用于关节炎的组织再生,因为海藻酸盐具有已知的抗氧化和抗炎特性。一些研究者建议使用交联丙烯酸酯基材料,其可以提高力学性能[22]。

④细菌纤维素。细菌纤维素也被提议作为伤口敷料的材料,因为它们能比其他来源的纤维素更好地吸收液体,并且显示出低毒性。尽管细菌纤维素昂贵且难以大规模获得,但它们可能非常适合敷料的应用。

⑤壳聚糖。壳聚糖(CS)是甲壳质的生物聚合物衍生物,由于其具有仿生特性并可以加速伤口愈合,因此被用于各种组织再生模型[33]。CS及其衍生物对真菌、细菌、藻类和病毒显示出很高的抑制活性。对于CS的抗菌活性,学者们至少提出了三种途径(图3.4)。被普遍接受的机制是壳聚糖的正电荷基团(氨基)与细菌细胞壁上的负电荷基团之间发生了静电相互作用,这种静电相互作用会影响细菌细胞壁的通透性,导致内部渗透失衡;另外,静电相互作用可以诱导微生物细胞壁的肽聚糖水解,从而促使细胞内电解质泄漏,最终抑制微生物的生长。第二种机制是CS可以在细菌周围形成聚合物包膜,从而抑制细菌细胞物质交换和养分吸收。最后一种机制是指CS对细菌生长必不可少的微量金属和寡聚元素的螯合,即CS的氨基可能与必需的微量金属相互作用,从而抑制细菌和微生物生长。市场上一些基于CS的商品敷料有HidroKi®、Patch®、Chitopack®、Tegasorb®和KytoCel®等。

(2)新型敷料类型。

①泡沫敷料。泡沫敷料由疏水性和亲水性的泡沫制成,有时带有黏合边界。外层的疏水特性可防止液体进入,但允许气体和水蒸气交换。不同伤口渗出液的量不同,而泡沫的吸收能力能够随渗出液的变化而变化。泡沫敷料适用于具有中度至高度渗出液的伤口。因其对渗出液具有吸收能力,通常用作初级敷料。此外,由于泡沫具有高吸收性和透湿性,因此不需要辅助敷料。泡沫敷料的缺点是需要频繁更换,不适合低渗出伤口和干燥伤口,原因是它们依赖于其愈合过程的渗出物维持湿润环境。Lyofoam™、Allevyn™和Tielle™是一些常见的商品泡沫敷料。

②水凝胶。水凝胶是由聚合物制成的不溶性亲水材料。水凝胶敷料无刺激性,对生物组织无反应性且对代谢产物具有渗透性。水凝胶的高水分含量(70%~90%)在潮湿的环境中有助于肉芽组织和上皮形成,水凝胶柔软的特性使其在伤

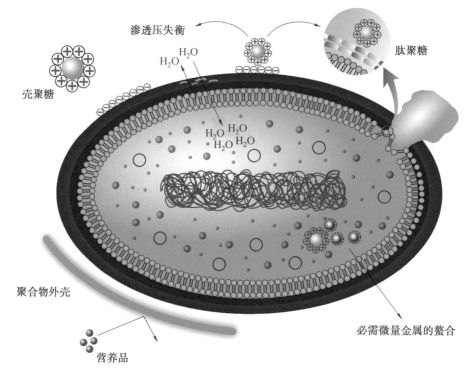

渗透压失衡

H_2O H_2O

肽聚糖

壳聚糖

H_2O H_2O H_2O H_2O

聚合物外壳

必需微量金属的螯合

营养品

图 3.4　壳聚糖的三种抗菌途径

口愈合后易于施用和去除,而不会造成二次损伤。水凝胶提供的舒缓和凉爽作用还可以降低皮肤伤口的温度。水凝胶可用于干燥的慢性伤口、坏死性伤口、压疮和烧伤伤口。除了感染的伤口和引流严重的伤口外,水凝胶敷料适用于伤口愈合的所有四个阶段。水凝胶敷料的缺点是积聚的伤口渗出液会导致浸渍效应和细菌扩散,从而在伤口上产生难闻的气味。常见的水凝胶有 Intrasite™、Nu－gel™、Aquaform™等。

②水胶体敷料。水胶体敷料是使用最广泛的交互式敷料之一,它由两层组成:内胶体层和外不透水层。这两层由凝胶形成剂(羧甲基纤维素、明胶和果胶)与其他材料(如弹性体和黏合剂)组合而成。水胶体对水蒸气具有渗透性,对细菌不渗透,还具有清创和吸收伤口渗出液的特性。水胶体常用于轻度至中等渗出的伤口,如褥疮、轻度烧伤和外伤性伤口。因为它们在移除时不会引起疼痛,还可以将这些敷料用于儿科伤口护理管理。当这种水胶体与伤口渗出液接触时,其会形成凝胶并提供潮湿的环境,通过吸收和保留渗出液来保护肉芽组织。Granuflex™、Comfeel™、Tegasorb™水胶体以片状或薄膜的形式存在。水胶体的缺点是它们不适用于神经性溃疡或高度渗出的伤口,也经常用作辅助敷料。

④薄膜敷料。薄膜敷料由透明且具有黏性的聚氨酯组成,可以从伤口中传

输水蒸气、O_2 和 CO_2，还可以提供焦痂的自溶性清创效果，并且不渗透细菌。最初，薄膜是由尼龙衍生物制成的，带有黏合性聚乙烯框架作为支撑物，从而使其具有封闭性。尼龙衍生的薄膜敷料由于其有限的吸收能力而不能用于高度渗出的伤口，否则会导致伤口及伤口周围的健康组织浸渍。但是薄膜敷料具有很高的弹性和柔韧性，可以适应任何形状，并且不需要额外的手段干预。透明薄膜可以在不移除伤口敷料的情况下监测伤口闭合。因此，建议将这些敷料用于上皮伤口、浅表伤口和渗出液较少的浅伤口。Opsite™、Tegaderm™ 和 Biooclusive™ 是一些常见的商品薄膜。市售的薄膜敷料在透气性、黏合特性、适形性和可延展性方面存在差异。

⑤静电纺丝纳米纤维膜。静电纺丝纳米纤维膜具有固有的特性，如高表面积体积比、大的孔隙率、连续纳米级纤维、种类繁多的聚合物组成、相似皮肤细胞外基质的结构、静电纺丝工艺的灵活性和多功能性，被认为在伤口敷料应用中非常有前途(图 3.5)。另外，这些膜中可用的纳米纤维可以充当药物输送系统，这促使生物分子掺入其结构内，从而防止皮肤感染并改善愈合过程。Wang 等报道了在可生物降解膜中包裹多种药物，其中两种生物活性药物已成功地掺入该双层膜中，并且可以从纳米纤维支架中独立释放，而不会失去膜的结构完整性和功能性。

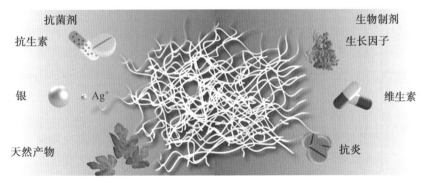

图 3.5 静电纺丝纳米纤维膜结构及功能示意图

3.1.8 智能敷料

1. 与药物结合的材料或组合的药物输送可调系统

生物工程学家寻求在体内各种组织中的最佳可调释放治疗剂。可调系统和可定制系统都必须将最佳材料与药物释放的适当药代动力学相结合。最近，科研工作者对具有提供不连续药物释放能力的材料进行了研究。Zhang 等提出了一种负载超氧化物歧化酶的水凝胶，为创面提供抗氧化性能。此外，约翰霍普金斯大学的一个小组配制了缬沙坦，一种用于治疗高血压的血管紧张素Ⅰ型受体阻滞剂,以治疗影响一些糖尿病患者慢性伤口的肾素—血管紧张素系统的调节障碍[22]。在小鼠和猪模型中的研究结果都表明其应用于人类伤口愈合的潜力。其他研究者报道了用于伤口修复的负载成纤维细胞和胰岛素的改性壳聚糖聚合物制备的水凝胶,其提供了由伤口中的pH或葡萄糖变化诱导的药物或细胞释放功能。

2. 与抗菌剂结合的材料

细菌生物膜是一种主要的伤口并发症,因为生物膜结构提供了细菌抗生素抗性并导致伤口组织的破坏。无线医用敷料中的离子会产生微弱的电场,破坏细菌生物膜的形成。这有助于防止感染,抵抗抗生素耐药性,并在感染的烧伤伤口中使伤口愈合。

在其他慢性病的治疗中,当不需要单独的抗生素治疗时,通过将传统的草药疗法与抗菌方法相结合,可以帮助处理感染的伤口。为此,CSIR—喜马拉雅生物资源技术研究所的实验室一直在从各种天然植物中筛选纤维素,并公布了纤维素纳米晶体与银纳米颗粒组合的复合材料在糖尿病小鼠中表现出良好的伤口愈合性能和感染控制能力。

3. 外科传感器

外科植入物等材料需要是可生物降解的,并且能够依靠植入物的信息或通过皮肤贴片进行局部药物递送。目前,市场正在开发用于监测外科植入物的传感器,其中包括可通过蓝牙操作的生物降解电子设备。生产传感器的重点是找到既能为再生细胞提供归巢信号,又能让这些细胞自然迁移到伤口部位的材料[34]。

生物学和制药科学的进步促进了大量的新活性分子的研发,这些活性分子可以用于提高皮肤组织的再生速率并加快不同愈合阶段的进程。为了利用这些活性分子,需要进一步开发更可靠和智能的药物输送系统,以提高这些治疗剂在损伤部位的生物利用度。通过有序地控制载体中药物的释放规律,有望解决慢性伤口愈合慢的问题,并支持适当伤口愈合所必需的生理过程。同时还可以开发能够自动响应组织异常变化的智能系统,进而极大地推动这一领域的发展。这个目标可以通过两种方法来实现:①开发能够对伤口环境做出反应并释放可修复的治疗剂的先进智能材料;②设计自动化系统,该系统可以自动检测伤口环境,分析数据并自动提供治疗或与医疗专业人员协商后进行治疗。

另外,皮肤再生和伤口愈合中信号的人工调节仍处于起步阶段。它需要进一步的研究,并且需要更多有关康复机制的知识。生物环境是高度复杂、动态且多方面的,应将细胞与材料之间的串扰视为优先事项,还必须处理导致正常伤口愈合失败伴随的各种病理生理因素,如异常发炎、组织老化、感染、营养不良、糖尿病、压疮和肾功能不全。总之,这些敷料技术的转化对生物材料研究人员和生物医学工程师提出了艰巨的挑战。

3.2　皮肤组织再生技术概述

皮肤覆盖了人体的整个外表,占据了人体总重量的 8% 左右,是人体最大的器官。皮肤在人体的最外层,是人体的第一道防御屏障,容易受到微生物、机械、化学等的损伤,从而导致皮肤缺损。当皮肤受到大面积损伤如大面积烧伤时,伤口无法依靠自身愈合,临床上,治疗这种大面积皮肤缺损的主要途径是皮肤移植。根据皮肤的来源可分为自体皮肤移植、同种异体皮肤移植、异种皮肤移植或者其他皮肤替代物移植。自体皮肤移植方法简单,不存在免疫排斥,并且效率高。但是自体皮肤移植需要自身提供等量的皮肤,替代物数量受到限制且会造成二次伤害。异种皮肤移植可满足移植皮肤供体的数量,但是存在修复效果差、免疫排斥等缺点。由于上述方案存在缺陷,因此寻找新的皮肤移植替代物极为重要。组织工程技术可以通过在体外构建类组织,解决供体不足的问题。因此皮肤组织工程技术生产的人工皮肤是替代皮肤供体的有效方案。

皮肤组织工程的基本技术原理是将种子细胞与 3D 生物支架相结合,并且在体外培养一定的时间,从而作为植入物用于治疗皮肤缺损。理想的人工皮肤替代物应该满足以下要求:①起到屏障保护作用;②具有低的炎症反应;③良好的生物安全性;④允许水蒸气透过;⑤无菌性;⑥迅速黏附在伤口表面;⑦适宜的机械性能;⑧适合的降解性能;⑨能够长期保存;⑩易加工,可塑性强。

1975 年,美国 Rheinwald 等首次报道了体外培养人表皮角质形成细胞的成功[35]。1981 年,美国 O'Connor 等首次应用移植培养自体表皮细胞膜片修复烧伤患者创面获得成功[36]。紧接着动物源、双层结构的人工皮肤出现,以牛胶原蛋白支架为主、不含细胞的人工皮肤 Integra 研发成功,Integra 作为皮肤替代物能促进受损组织形态和功能的修复[37]。20 世纪 80 年代后半期,将尸体皮肤去除免疫原性后应用于创伤修复,人源性脱细胞真皮产品 AlloDerm 研发成功[38]。1995 年,美国 Organogenesis 公司研制出人工皮肤 Apligraf,它有表皮层和真皮层结构,并含有活细胞,是与人体皮肤组织最为相似的人工皮肤。2007 年,我国的组织工程皮肤技术也发展成熟,国内相关产品完成注册。至今,已有各种类型组织工程皮肤产品面市,如 Apligraf、安体肤、Epicel、EpiDex、Liserskin、Bioead－S. TransCyte、Dermugrat、Hyalograft 3D、Cell－Spray、Alloderm、GrafUacket、OASIS、E Z Derm、Integra 和 Biobrane 等,还有十几种皮肤替代物产品处于在研阶段。

3.2.1 种子细胞

种子细胞是皮肤组织工程中的核心。因此,在皮肤组织构建中的一个关键因素就是选择合适的种子细胞来源。用于皮肤组织工程的理想种子细胞需满足以下要求:①与构成皮肤的细胞生物学功能相同;②获取简单;③具有强的增殖能力,不易变异;④不存在免疫排斥。根据细胞来源不同,皮肤组织工程中常用的种子细胞可以分为皮肤来源的种子细胞(如角质细胞、成纤维细胞、脂肪细胞、黑色素细胞、毛囊相关细胞等)和非皮肤来源的种子细胞(如胚胎干细胞、诱导性多能干细胞、间充质干细胞等)。除上述细胞外,一些炎症细胞(如巨噬细胞、中性粒细胞等)也参与了皮肤修复的过程,它们分泌的生物活性因子对于体外皮肤的构建也具有重要的作用。

1. 角质形成细胞

角质形成细胞占表皮的 $95\%\sim97\%$,位于皮肤表面,使其成为最容易获得的皮肤来源细胞之一。20 世纪 80 年代,体外扩增技术的发展揭示了角质形成细胞的无限增殖能力,它们能够传代数百代而不会衰老[35]。因此,角质形成细胞在皮肤组织工程中具有广泛的应用,成为制备人工皮肤的重要种子细胞。由于角质形成细胞独特的优势,角质形成细胞成为当时替代植皮治疗大面积烧伤的理想治疗方法[39]。临床上可以将角质形成细胞培养成片状或者制成悬浮液[40],从而用于皮肤伤口愈合。临床试验表明,该方法对伤口愈合有一定的效果,但是由于缺少真皮结构,角质形成细胞片较为脆弱。在后续的研究中,人们通过将角质形成细胞与各种材料结合,如胶原、明胶、纤维蛋白等,从而制备能用于皮肤组织工程的皮肤替代物。

人角质形成细胞的分离培养步骤如下。

材料:新生儿包皮、正常皮肤组织。

(1)PBS(磷酸盐缓冲液)—P/G/F:将青霉素、庆大霉素和两性霉素 B 添加至 1 倍 PBS(1×PBS)中,从而制备 PBS—P/G/F。

(2)将获取的皮肤样品转移至 PBS—P/G/F 中,剧烈搅拌,对皮肤进行清洗。共清洗 10 次,每次均换新的 PBS—P/G/F。

(3)使用无菌镊子将清洗后的皮肤样品平铺在培养皿中。使用手术刀将皮肤样品切至 3 mm×10 mm 的样条。

(4)将 3 mm×10 mm 的皮肤样条加入含有嗜热蛋白酶的 PBS 中,4 ℃ 消化 20 h。

(5)使用镊子将表皮和真皮分离。

(6)使用胰蛋白酶对分离后的表皮在 37 ℃ 下消化 20 min。然后加入含有

10％胎牛血清的培养基,终止消化。

(7)室温下,1 500 r/min 离心 5 min,吸出上清液,然后加入含有 10％胎牛血清的培养基进行重悬。使用细胞计数板对提取的细胞进行计数。

(8)将提取的细胞以 4 000 个/cm² 接种至培养皿中,在 37 ℃、5％CO_2 的培养箱中进行培养。

(9)每 2~3 d 更换一次培养基,当细胞达到 80％左右的密度时,进行传代培养。

2. 皮肤成纤维细胞

作为真皮中主要的细胞类型,成纤维细胞通过产生胶原蛋白等细胞外基质(ECM)和细胞因子在伤口愈合过程中发挥重要作用。研究表明,在三维(3D)结构中存在成纤维细胞可以显著提高角质形成细胞的存活率和增殖率。在双层模型中,除了可以促进角质形成细胞增殖外,成纤维细胞还促进角质形成细胞层成为基底层、颗粒层和角质层。胶原蛋白和其他 ECM 成分的合成和沉积形成了肉芽组织的基础,这是伤口愈合的关键过程。针对特定部位的微环境,未受损组织的成纤维细胞能够迁移到伤口并分化为具有收缩表型的肌成纤维细胞。这些特征使成纤维细胞具有制备皮肤替代物的潜力。

人皮肤成纤维细胞的分离培养步骤如下。

材料:正常皮肤组织。

(1)将获取的皮肤样品转移至 PBS－P/G/F 中,剧烈搅拌,对皮肤进行清洗。共清洗 10 次,每次均换新的 PBS－P/G/F。

(2)将皮肤组织放入培养皿中,加入胰蛋白酶,室温下孵育 30 min。

(3)孵育后使用无菌镊子将真皮与表皮分离。随后将真皮切成小块,再加入胰蛋白酶进行消化,室温,孵育 3 h。

(4)消化完成后,通过振荡将组织分离。

(5)将制成的细胞悬液通过尼龙网进行过滤,去除组织碎片。

(6)室温下,1 350 r/min 进行离心。

(7)吸出上清液,将沉淀用完全培养基重悬,然后在 37 ℃、5％CO_2 的培养箱中进行培养。24 h 后,进行换液,除去未黏附的细胞。

3. 黑色素细胞

黑色素细胞位于真皮和表皮的边界,能够产生黑色素。黑色素能防止因阳光辐射导致的人体皮肤细胞染色体破坏。在正常人体表皮中,一个黑色素细胞大约可以保护 40 个角质形成细胞染色体。黑色素除了能保护细胞外,也是参与构成皮肤颜色的重要成分。去表皮化的人真皮角质形成细胞与黑色素细胞的体外重建可产生与天然表皮相当的颜色。黑色素细胞通过分泌的因子与上层的角质形成细胞和下层的成纤维细胞沟通。目前,通过将黑色素细胞与角质形成细胞悬浮在一起成功制备了表皮替代产品。

4. 羊膜上皮细胞

羊膜上皮细胞是指包裹羊水的羊膜(简称羊膜)上的细胞,一张成熟的羊膜面积可以达到 2 m²,大概有 3 亿个羊膜上皮细胞。羊膜细胞免疫原性极低。最近的研究表明,在皮肤组织工程中,羊膜细胞数量大、免疫原性低且可以替代成纤维细胞构建人工皮肤。同时羊膜富含胶原蛋白和多种生长因子,可支持愈合过程,从而促进伤口闭合和减少瘢痕形成,因此是皮肤组织工程中种子细胞的良好来源。

羊膜上皮细胞分离培养步骤如下。

材料:离胎盘羊膜组织。

(1)使用 D-Hank's 液对羊膜组织进行反复清洗。

(2)将清洗后的羊膜组织用剪刀剪成小块。

(3)使用胰蛋白酶对小块羊膜组织进行消化。37 ℃消化 10 min。

(4)使用不锈钢网进行过滤,除去多余组织。

(5)将上述未消化组织再次进行消化,收集细胞悬液。

(6)将细胞悬液进行离心,1 500 r/min 离心 10 min。

(7)吸出上清,使用 LG-DMEM 培养基进行重悬。

(8)将重悬后的细胞在 37 ℃、5%CO_2的湿润环境下进行培养。

5. 内皮细胞

内皮细胞是构成血管的重要细胞。目前,将内皮细胞作为种子细胞仍是提高组织工程皮肤血管生成的重要方法。此外,不同的种子细胞与内皮细胞之间的相互作用可有助于血管在组织工程皮肤中生成。Kunz-Schughart 等通过将成纤维细胞与内皮细胞共培养,证实成纤维细胞可以促进内皮细胞的迁移,提高内皮细胞的生存能力,并使其更易形成网络[41]。后续有研究表明,角质形成细胞与内皮细胞相互作用,也会影响血管的形成。

6. 表皮干细胞

表皮干细胞(ESC)是位于表皮基底细胞层中的成年体干细胞群。表皮干细胞具有无限增殖能力,可增殖分化为表皮中各种功能的细胞。研究表明,表皮干细胞可以诱导分化形成表皮并具有附属物如汗腺、毛囊、皮脂腺滤泡等。但是表皮干细胞在正常皮肤中的含量极少,并且缺乏表面特异性抗原,因此无法被很好地分离及富集。尽管目前表皮干细胞的获取存在一定挑战,但是其可以产生具有附属物的功能性皮肤替代物,这对于体外模拟皮肤结构具有重要意义。

7. 脂肪干细胞

脂肪干细胞(ASC)来源广泛,且具有低的免疫原性。脂肪干细胞作为多能干细胞,能够分化成为多种细胞如肌肉细胞、脂肪细胞、成纤维细胞、角质形成细胞和内皮细胞等。脂肪干细胞通过分化为内皮细胞和释放 VEGF 的能力,可以促进伤口愈合并触发新血管形成。另外,有研究表明,脂肪干细胞能够促进皮肤成纤维细胞增殖,并且促进胶原蛋白的合成,从而对伤口愈合产生积极作用。

脂肪干细胞的分离培养步骤如下。

(1)用磷酸盐缓冲液(PBS)＋2％青霉素/链霉素洗涤脂肪组织。

(2)脂肪组织用剪刀和手术刀切碎,并去除大量结缔组织和血管。

(3)将切碎的脂肪组织加入试管中,再加入胶原酶溶液中。

(4)在 37 ℃水浴中振荡孵育 1 h。

(5)使用纱布将溶解的脂肪组织(包括胶原酶)过滤。

(6)在 4 ℃下以 380g 离心 10 min 。

(7)小心吸出包括脂肪细胞在内的上层。

(8)用 2 mL 红细胞裂解缓冲液重悬沉淀,并在冰上孵育 8 min。

(9)加入冷培养基,并通过 70 μm 的细胞过滤器过滤细胞。

(10)在 4 ℃下以 380g 离心 7 min。

(11)用 ASC 增殖培养基重悬沉淀。在 37 ℃、5％CO_2 的培养箱中进行培养。

8. 胚胎干细胞

胚胎干细胞(ESC)是来源于囊胚内细胞团的多能干细胞。ESC 具有很强的分化能力,能够分化成神经细胞、血细胞、脂肪细胞、软骨细胞、肌肉细胞和皮肤细胞等。在一项研究中,胚胎干细胞在一定的培养条件下形成了多层次的表皮,将形成的表皮在植入体内后最终再生出功能齐全的成熟皮肤样结构。由于它们具有自我更新的能力,并且可以无限供应分化的皮肤细胞来治疗皮肤损伤,因此这些细胞可能是最适合用于皮肤组织再生的细胞。但是胚胎干细胞可能具有免疫原性、致瘤性,并且受到道德和伦理约束的限制,因此胚胎干细胞在皮肤组织工程的应用中受到了一定的限制。

9. 间充质干细胞

间充质干细胞(MSC)是一种多能干细胞,它主要存在于功能组织中(如骨髓、脂肪、血液和脐带)。与胚胎干细胞不同,间充质干细胞的增殖和分化潜能受到更多限制,并且不能在体外自发产生复杂的组织。在正常的伤口愈合过程中,间充质干细胞会分泌各种促血管生成因子(如 VEGF)以促进内皮细胞增殖并形成新血管。除此之外,间充质干细胞还能分泌一些因子,从而加速伤口闭合以及上皮的形成。一项案例研究报告证明,当在伤口处添加间充质干细胞后,皮肤成纤维细胞和角质细胞迁移会加速,伤口闭合速度增加。同时,研究表明间充质干细胞能分泌可溶性因子,从而诱导皮肤成纤维细胞增殖、迁移和趋化。虽然许多研究表明间充质干细胞是皮肤组织工程种子细胞最合适的候选者,但在间充质干细胞的利用方面仍存在许多局限性。在治疗中,间充质干细胞在植入生物体后的生存能力较差,存活率低。并且间充质干细胞的自我更新能力及其分子机制尚不清楚,同时间充质干细胞如何改变细胞的组成和功能机制也尚不清楚。

10. 诱导性多能干细胞

诱导性多能干细胞(iPSC)是最新的一类多能干细胞,它潜在地结合了 MSC 和 ESC 的优势,开创了再生医学的新时代。2006 年,Yamanaka 及其同事首次发现了诱导性多能干细胞,并于 2012 年获得了诺贝尔生理学或医学奖。Yamanaka 通过将 Oct3/4、Sox2、c−Myc 和 Klf4 这四种转录因子基因克隆入病毒载体,引入小鼠成纤维细胞,发现可诱导其发生转化[42]。产生的 iPSC 在形态、增殖潜能、基因表达模式、多能性和端粒酶活性方面与 ESC 非常相似。并且 iPSC 可以分化成为从皮肤到神经和肌肉的所有类型的细胞。这项技术的出现规避了 ESC 的主要局限性,包括道德方面的考虑和免疫排斥的可能性。随后 Bilousova 等通过使用 iPSC 衍生的角质形成细胞谱系细胞,成功地再生了无胸腺裸鼠皮肤中的表皮、毛囊和皮脂腺。尽管已经取得了显著的进展,但转基因技术可能导致 iPSC 在应用中发生癌变和形成肿瘤。随着与 iPSC 相关的新技术的迅速发展,iPSC 在皮肤组织工程和再生医学中的治疗应用最终将成为现实。

3.2.2 生物支架

在组织工程或再生医学的最新技术中,各种类型的 3D 支架是关键组成部分。支架除了能提供机械支撑外,还能给细胞提供合适的环境,对细胞的生存、增殖和分化具有重要影响。

按照构成支架材料的来源,可以将材料分为天然材料和合成材料。常见的构成支架的天然材料有胶原、明胶、糖胺聚糖、纤维连接蛋白等。常见的合成材料有聚乳酸、聚己内酯、聚氨酯等。理想的支架材料应具有以下特点:①具有良好的生物相容性;②具有适宜的降解能力,与组织生成周期相匹配;③可塑性好,能轻易被加工成所需形状;④有助于细胞的黏附。

根据支架的结构特点,可以将组织工程支架材料分为以下几种。

1. 脱细胞支架

脱细胞支架是通过将组织中的细胞成分去除,所剩下的富含胶原的基质。脱去细胞后的组织材料可以作为多孔支架,从而接种各种种子细胞。常用的脱细胞方法有化学、物理或酶促降解等。与其他支架相比,脱细胞支架保留了完整的细胞外基质结构,具有优秀的细胞黏附的能力。同时,脱细胞支架的生物安全性高、力学性能适宜。但是制备脱细胞支架时,要保证细胞完全脱去,这样才能避免免疫反应。

2. 多孔支架

多孔支架有多种存在方式,如海绵、泡沫和纳米纤维等。多孔支架通过适当的细胞浸润、增殖和分化,可以模仿皮肤生长的自然环境。理想的多孔支架应该具备良好的透气性、可降解性,并且具有良好的水分以及养分交换能力。目前,常见的多孔支架的制备方式可以分为以下三种:①使用致孔剂来制备;②通过静电纺丝技术制造;③3D 生物打印。用于皮肤组织工程的支架大多以胶原为基础,然后将角质形成细胞或成纤维细胞接种到支架中。多孔材料的高孔隙率为细胞外基质(ECM)的分泌以及细胞的营养供给提供了合适的环境。一些孔洞可以防止特定的细胞聚集,从而避免坏死中心形成。当然,多孔材料也存在一定的缺点,如在多孔材料中接种细胞时,很难控制细胞的均匀接种,并且对于不同特定类型的细胞需要制备不同的孔径等。由于其独特的优势,市场上已经有成熟的商品,如 OrCel™。OrCel™ 是一种具有双层细胞的组织工程皮肤,它的三维支架是由多孔胶原海绵组成,同时胶原海绵包含共培养的同种异体表皮角质形成细胞和来自人类新生儿包皮组织的真皮成纤维细胞。试验表明,胶原海绵和 OrCel™ 中增生的角质形成细胞和成纤维细胞能产生多种细胞因子和生长因子,并且 OrCel™ 能加速皮肤再生和伤口愈合[43]。

3. 纳米纤维支架

如上所述,纳米纤维支架可以归类为多孔支架。它是利用自组装、相分离、静电纺丝等技术制备的。纳米纤维支架提供了与 ECM 类似的结构,从而增强了细胞黏附、增殖、迁移和新组织的形成。同时在纤维支架制作过程中,将黏附蛋白、生长因子、药物等与纤维支架简单地混合、涂覆或者表面接枝,便可以实现纤维支架的功能化。

在皮肤组织工程中,静电纺丝是应用最多的制备纤维支架的技术。Cui 等分别通过包封和化学偶联技术将表皮生长因子(EGF)和碱性成纤维细胞生长因子(bFGF)添加至聚己内酯-聚乙二醇(PCL-PEG)静电纺丝纳米纤维基质中。bFGF/EGF 的添加使纳米纤维支架对人类的原代角质形成细胞和成纤维细胞的增殖起到促进作用[44]。

4. 基于水凝胶的支架

水凝胶是由一些水溶性或者亲水性的高分子通过一定的化学交联或者物理相互作用形成的三维网络凝胶。应用于组织工程的水凝胶应该具备:生物安全性、适宜的力学强度和可降解性等。水凝胶具有独特的制备过程,可以将细胞混合在单体溶液中,然后将单体溶液与其他溶液混合,并通过共价或非共价相互作用形成交联网络。大部分水凝胶具有可注射性,因此包裹细胞的水凝胶可以直接注射使用。同时,水凝胶中还可以包裹生物活性因子或者药物,从而更好地用于皮肤伤口的愈合。

Zhao 等制备了明胶甲基丙烯酰胺水凝胶,该水凝胶具有高度可控的力学性能、适宜的降解速度以及良好的生物相容性。试验结果表明,明胶甲基丙烯酰胺水凝胶能够有效促进人类角质形成细胞的增殖。

5. 微球支架

近年来在组织工程中,微球支架主要用于有效递送药物(如抗生素)或用于基因治疗。微球支架具有多种优势,如易于制造、形态和理化特性可控性强等,从而广泛应用于被包封分子的药代动力学研究。

在皮肤组织工程中,已经报道了基于微球支架的组织工程支架。以聚(乳酸—乙醇酸)(PLGA)作为微球支架,通过掺入生长因子和庆大霉素,使得 PLGA 支架具备抗菌作用并且能促进成纤维细胞的增殖。

3.2.3 生长因子

在伤口愈合的过程中,生物活性因子如生长因子等参与了皮肤修复的过程,是促进皮肤再生所必需的物质。在伤口部位,生长因子对平滑肌细胞、成纤维细胞、角质形成细胞等均有一定的影响。因此,生长因子在伤口愈合中发挥着重要的作用。

1. 血小板衍生的生长因子(PDGF)

PDGF 是伤口愈合过程中重要的生物活性因子,对伤口愈合的所有阶段均起到促进作用。PDGF 能促进细胞增殖并加快细胞外基质的分泌,还能促进血管生成。PDGF 是由两条多肽链形成的同型或异型的二聚体结构,主要包括 DGF—AA、PDGF—AB、PDGF—BB、PDGF—CC 和 PDGF—DD。皮肤成纤维细胞是 PDGF 在皮肤组织修复的起始和传播中的主要靶细胞之一。其分泌 PDGF—BB 并表达 PDGFRB 受体。PDGF—BB 刺激 Wnt2 和 Wnt4 相关 mRNA 的表达。PDGF—BB 能够促进细胞分化,促进有丝分裂,并促进血管生成。Mehrdad Piran 等将 PDGF—BB 负载在聚己内酯静电纺丝纳米纤维中,并使用成纤维细胞对其进行细胞增殖和迁移试验,结果表明 PDGF—BB 能够诱导原代成纤维细胞迁移和增殖[45]。

2. 转化生长因子—β(TGF—β)

TGF—β 超家族由 33 个成员组成。在哺乳动物中,主要发现 TGF—β1、TGF—β2 和 TGF—β3 亚型,TGF—β1、TGF—β2 参与瘢痕形成,而 TGF—β3 抑制瘢痕形成。临床前研究表明,成年大鼠皮内注射阿伏特丁(TGF－β3)后瘢痕形成明显减少,皮肤结构明显改善[46]。在成年哺乳动物中,高水平的 TGF－β1、TGF－β2 和低水平的 TGF－β3 促进瘢痕形成的愈合;而在胎儿哺乳动物中,高水平的 TGF－β3 和低水平的 TGF－β1、TGF－β2 有利于无瘢痕的愈合[47]。

3. 成纤维细胞生长因子(FGF)

成纤维细胞生长因子(FGF)是一个庞大的生长因子蛋白质家族。根据氨基酸序列,FGF 家族分为七个亚家族。其中 FGF1、FGF2、FGF5、FGF7、FGF10 在成年人皮肤伤口愈合中起着正调节的作用。FGF2 已被广泛用于无瘢痕伤口愈合和皮肤伤口治疗。

FGF7 和 FGF10 由成纤维细胞分泌,作用于表皮角质形成细胞,促使其迁移及增殖。此外,研究发现,FGF 是受伤皮肤中角质形成细胞迁移的关键调节剂,因为角质形成细胞中 FGFR1 和 FGFR2 的缺失会导致伤口愈合缺陷。

4. 血管内皮生长因子(VEGF)

VEGF 是血管生成中最重要的生长因子。VEGF 参与伤口愈合,并由血小板、巨噬细胞、成纤维细胞和角质形成细胞分泌。VEGF 家族包括 VEGF－A、VEGF－B、VEGF－C、VEGF－D 和 VEGF－E 以及胎盘生长因子。VEGF－A 是皮肤中最有效的促血管生成分子之一。VEGF 诱导成纤维细胞和内皮细胞增殖以及新血管形成,而充当血管生成的重要调节剂。

5. 表皮生长因子(EGF)

EGF 主要由血小板、巨噬细胞、成纤维细胞分泌。EGF 通过影响上皮细胞增殖、生长和迁移,从而在伤口愈合中起到重要的作用。Pienimaki 等在人的皮肤创面局部应用 EGF 后,明显加速了伤口的愈合,并能促进角质形成细胞产生透明质酸。Hong 等在猪背部皮肤的局部缺损创面添加外源性 EGF 后,可观察到周边表皮基底细胞活力提高,表明有效地促进了表皮再生。

3.2.4　组织工程的构建

根据皮肤的解剖特征,目前市面上常见的组织工程皮肤可分为三类:表皮替代物、真皮替代物和双层皮肤替代物。此外还有一些更复杂的替代物。

1. 表皮替代物

19 世纪 70 年代,由于体外培养人角质细胞技术的成熟,人们能在体外连续培养人角质形成细胞,并能迅速增加角质形成细胞的数量,因此该技术迅速在临床得到应用。截止到目前,表皮替代物已经得到了很大的发展,表皮替代物的种类也有很多。

根据利用表皮替代物治疗患者的方式可以大致将其分为以下几种。

（1）角质形成细胞片层结构。

分层培养的表皮替代物是通过体外培养角质细胞，使其分层形成角质形成细胞片层，然后通过酶将片层分离出来，再将片层铺在伤口上，从而用于治疗皮肤损伤。这种体外培养角质形成细胞片层的技术可以快速获得大面积的片层结构。3 cm^2 的角质形成细胞培养 3～4 周即可产生能覆盖整个身体表面的片层结构[39]。

由于角质形成细胞层状结构具有能够大量快速培养的优势，目前市场上已经有多个厂家基于该技术制作出商品，如 Epicel、EPIBASE 和 EpiDex。HerveÂ Carsin 等从严重烧伤的患者的头皮、腋下或者腹股沟分离出具有活性的 2～4 cm^2 的皮肤组织，并空运至生产 Epicel 的 Genzyme Corp－Tissue Repair 公司。18～24 d 后，该公司成功制备了 25～30 cm^2 且厚度为 2～8 层细胞层的分层薄片。Hervé Carsin 等将得到的角质形成细胞片层移植到患者损伤皮肤处进行皮肤损伤治疗。临床结果表明其能为严重皮肤损伤的患者提供永久覆盖，是治疗大面积皮肤损伤的重要辅助手段[48]。

虽然片层结构具有很多优势，但是其也有很多缺点，如培养时间长、片层结构脆弱、接种复杂等。

（2）其他形式的表皮替代物。

为解决片层结构的缺点，人们制备了基于细胞培养基或纤维蛋白胶的亚融合的角质形成细胞悬浮液，然后通过喷洒的方式移植至患者的伤口处。这种制备技术与片层结构相比，操作简单，并且能够促进移植处表皮与真皮的连接。

Philippa Johnstone 等从皮肤损伤患者体内提取血液，并分离出纤维蛋白，然后从 Vivostat 公司购买角质形成细胞悬液，通过喷头将纤维细胞和角质细胞悬浮液共同喷至伤口表面。试验结果表明，纤维蛋白的加入不仅可以辅助角质形成细胞在伤口处锚定，还具有止血作用，降低了术后出血和血肿形成的风险[49]。

除了上述喷洒的方式，人们还将亚融合的角质形成细胞在基质膜上培养，然后将复合物直接应用至皮肤损伤处，从而促进皮肤愈合。常见的基质膜材料有聚氨酯、胶原蛋白、纤维蛋白胶、脱细胞的真皮等。这种移植替代物与片层结构相比没有经过酶处理，能够促进表皮与真皮的连接。除此之外，这种基于基质膜的复合结构制作时间要少于片层结构，能够更早地应用于临床治疗[50]。

2. 真皮替代物

真皮位于表皮下方，通过基底膜与表皮基底层细胞相嵌合，对表皮起支撑作用。真皮中含有神经、毛细血管、汗腺及皮脂腺、淋巴管及毛根等组织，是皮肤结构中一个重要组成部分。在大面积皮肤损伤中，真皮层也会遭到损坏，因此真皮替代物也是皮肤组织工程中重要的组成部分。真皮替代物主要是由生物支架和成纤维细胞构成。根据组成替代物的支架材料，可以将真皮替代物分为以下几种。

（1）同种异体脱细胞基质。

同种异体脱细胞基质是一种冻干的人类细胞真皮基质，具有保留的基底膜，其作用与同种异体移植物一样，易于整合到伤口中而不会被排斥，并且由于缺乏细胞成分而不会引起免疫原性应答。

Alloderm 是一种基于人体尸体皮肤制备的无细胞的真皮组织替代物商品。目前，Alloderm 已成功应用于全层烧伤创面，并且对创面的愈合具有促进作用[38,51]。除了在烧伤创面的应用外，Alloderm 也已经成功用于其他软组织的修复，如皮下乳房切除术、牙周手术、阴道脱垂的修复等。

（2）异种脱细胞基质。

异种脱细胞基质制作与同种异体脱细胞基质一致，但是其皮肤是来源于动物体。由于异种脱细胞基质来源于动物，因此降低了传播人类部分疾病的风险。除此之外，异种脱细胞基质的原材料数量大、来源广泛、生产更容易且价格更便宜。

OASIS Matrix 是一种源自猪小肠黏膜下层的完整 3D 脱细胞基质。OASIS Matrix 具有与天然真皮细胞外基质相似的结构，并且生物学功能也与天然真皮组织相似。试验表明，OASIS Matrix 能够促进伤口部位周围的表皮角质形成细胞和成纤维细胞的迁移、黏附和增殖，并逐渐转化成为自身的真皮组织[52]。除了应用于皮肤修复外，临床上 OASIS Matrix 还被应用于裸露肌腱伤口的修复[53]。

（3）人造脱细胞基质。

人造脱细胞基质是由天然聚合物、合成聚合物或两者的组合制成的。天然聚合物是天然存在的材料，如胶原蛋白、弹性蛋白、纤连蛋白、壳聚糖、纤维蛋白和海藻酸盐。虽然天然聚合物具有低毒性和低炎症反应的优点，但是天然聚合物的生物稳定性差并且机械强度低，在植入体内后很难长时间维持作用。为改善天然聚合物的缺点，基于天然聚合物进行化学交联，或者联合合成聚合物如聚氨酯、聚己内酯等成为有效的方法[54]。

如图 3.6 所示，Chen 等基于聚（乳酸－乙醇酸）共聚物（PLGA）与胶原蛋白制备了可生物降解的聚合物。将人成纤维细胞接种至聚合物支架上，从而构建了组织工程皮肤。试验结果表明，聚合物支架能为成纤维细胞提供黏附位点，并且能促进细胞增殖以及细胞外基质沉积[55]，从而在皮肤组织工程中具有一定的应用潜力。

3. 双层皮肤替代物

理想的皮肤移植替代物要具有与皮肤组织相似的结构以及生物学功能。但

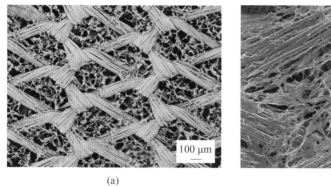

(a)　　　　　　　　　　　　　(b)

图 3.6　PLGA－胶原蛋白混合网(a)和人成纤维细胞在 PLGA－胶原蛋白混合网中
培养 5 d 后(b)的 SEM 显微照片

是,表皮替代物和真皮替代物只能模仿皮肤组织的真皮层或者表皮层,并不能模仿完整的皮肤结构。1981 年,Bell 等首次报道了在大鼠模型中将角质形成细胞和成纤维细胞以及胶原蛋白基质构建的双层皮肤替代物移植成功。随后,大量双层皮肤替代物被报道出来。结果表明,双层皮肤替代物能够模拟正常皮肤组织,并具有与正常皮肤组织相似的功能。根据双层皮肤替代物中细胞的来源,可将其分为自体细胞双层皮肤替代物和同种异体细胞双层皮肤替代物。

（1）自体细胞双层皮肤替代物。

自体细胞双层皮肤替代物是指构建组织工程皮肤的细胞来自自身,一般为自体角质细胞和自体成纤维细胞。下面介绍几种市场上常见的基于自体细胞的双层皮肤替代物产品。

PermaDerm 是一种由胶原蛋白和糖胺聚糖,以及自体成纤维细胞和自体角质细胞所构成的支架[56]。自取得自体细胞开始计时,9 d 后,可培养出用于皮肤修复的双层皮肤替代物。临床试验表明,在全厚度烧伤大于 50% 的总体表面积的情况下,PermaDerm 能有效减少对供体皮肤的需求,并且移植结果在皮肤红斑、起泡和柔软度等方面与自体皮肤移植结果相似。因此,PermaDerm 对深度烧伤具有良好的治疗效果[57]。

TissueTech Autograft System 是通过连续使用两种皮肤替代物来完成皮肤修复的。首先移植真皮替代物 Hyalograft 3D(一种基于自体成纤维细胞和透明质酸支架构成的真皮替代物),然后移植 Laserskin(一种在激光微穿孔的透明质酸膜上培养的自体角质形成细胞组成的表皮替代物),从而达到治疗皮肤缺损的目的。临床结果表明,TissueTech Autograft System 在治疗糖尿病足溃疡等严重的皮肤损伤中具有明显的作用。用 TissueTech Autograft System 治疗的 401 例糖尿病溃疡中有 70.3% 在不到 1 a 的时间内治愈[58]。

（2）同种异体细胞双层皮肤替代物。

同种异体细胞双层皮肤替代物是指使用同种异体的细胞构成皮肤替代物，一般为新生儿成纤维细胞和新生儿角质形成细胞。下面介绍几种市场上常见的基于同种异体细胞的双层皮肤替代物产品。

Apligraf 也称 Graftskin，是一种基于 Bell 等的研究制作的双层皮肤替代物产品[59]。他们通过将新生儿成纤维细胞接种到牛 I 型胶原凝胶上构建真皮层，然后将新生儿角质形成细胞在此真皮层的顶部培养。该产品于 2001 年获得许可，可用于治疗烧伤和隐性营养不良性大疱性表皮松解症。据报道，这种双层产品可产生一系列细胞因子和生长因子，如成纤维细胞生长因子－1、角质形成细胞生长因子－1、血小板衍生生长因子、血管内皮生长因子和转化生长因子－α，它们都对宿主细胞迁移和伤口愈合具有促进作用，从而有助于皮肤移植的治疗[43]。在慢性糖尿病足溃疡治疗中，Apligraf 组的患者中有 56% 的患者在 12 周内已经完全康复，而采用湿润纱布包扎的对照组中只有 38% 的患者得以完全治愈。这表明 Apligraf 在慢性糖尿病足溃疡治疗中具有明显的作用[60]。但是该产品由于是同种异体细胞构建，在体内只能存活 1～2 个月便会死亡，因此该产品需要重复使用，一般 4～6 周使用一次。并且在室温下，该产品的保质期只有 5 d，难以保存。除此之外还具有成本昂贵和存在疾病转移的风险的缺点。

Orcel 的生物支架是双层胶原蛋白海绵，包括上层不溶性牛胶原蛋白和下层多孔交联的 I 型牛胶原蛋白。上层接种新生儿角质形成细胞，下层接种新生儿成纤维细胞[61]。Orcel 中含有细胞因子和生长因子，有助于调节成纤维细胞和角质形成细胞的行为，从而进一步促进皮肤愈合。在低温条件下，Orcel 可以保存 9 个月，大大延长了保质期。但是 Orcel 也需要重复更换，并且存在疾病转移的风险。

如图 3.7 所示，Wonhye 等制备了多层组织工程复合材料[62]，该复合材料由模拟皮肤层的人皮肤成纤维细胞、角质形成细胞以及胶原蛋白组成。该复合材料制备过程中利用了 3D 自由成型制造技术，因此可以根据需要打印出不同形状的复合材料。同时由于该复合材料是由不同层构成，因此可以自由调控细胞层所在位置。体外伤口模型试验证明了该复合材料在皮肤再生和个性化皮肤组织工程产品中具有巨大的应用潜力。

4. 更复杂的替代物

目前市场上的成熟商品主要是基于角质形成细胞和成纤维细胞构建的皮肤替代物，它们虽然能在结构和生物学功能上部分模拟天然皮肤，但是无法使皮肤替代物具备皮肤的附属物如毛囊、皮脂腺、神经等的属性。因此，人们开始探究具有皮肤附属物的皮肤替代物。使用的种子细胞的种类也发生了变化，增加了

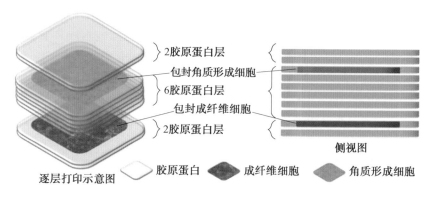

图 3.7　多层皮肤细胞和胶原蛋白的逐层打印示意图与侧视图

内皮细胞、表皮干细胞、脂肪干细胞、胚胎干细胞、间充质干细胞、诱导性多能干细胞等。

　　Kober 基于血纤维蛋白原和凝血酶等量混合制备了纤维蛋白水凝胶。通过将脂肪干细胞、成熟的脂肪细胞、成纤维细胞和角质形成细胞混合在纤维蛋白水凝胶中，构建了三层皮肤替代物[63]。其中，脂肪干细胞和成熟的脂肪细胞被植入纤维蛋白水凝胶充当皮下层，位于最下层；成纤维细胞种植至纤维蛋白凝块中充当真皮层，位于中间层；角质形成细胞直接接种至顶层，充当表皮层。

3.2.5　展望

　　目前，用于严重皮肤损伤的皮肤组织工程替代物已经取得了很大的进展，已经出现了大量皮肤替代物的产品。表皮替代物、真皮替代物和双层皮肤替代物通过细胞与生物材料的结合，能够模拟皮肤结构，更好地促进皮肤损伤的愈合。但是，目前已有的皮肤替代物只能部分模拟皮肤结构，并不能完全模拟皮肤的结构和生理功能组成，如血管、黑色素细胞、汗腺等。因此，现有的组织工程皮肤有待改善，未来通过引入更多种类的细胞如黑色素细胞、上皮细胞等以及生长因子，有望构建出能够完全模仿皮肤结构及功能的皮肤替代物。

本章参考文献

[1] MAVER T, MAVER U, KLEINSCHEK K S, et al. Advanced therapies of skin injuries[J]. Wien Klin Wochenschr, 2015, 127(Suppl 5): S187-S198.

[2] ZANGER P. Staphylococcus aureus positive skin infections and international travel[J]. Wien Klin Wochenschr, 2010, 122(1): 31-33.

[3] NATH J L, LINDSLEY K P. A short course in medical terminology[M]. Burlington: Jones & Bartlett Learning, 2020.

[4] STEED D L. Debridement[J]. Am J Surg, 2004, 187(5a): 71S-74S.

［5］ HACKL F，KIWANUKA E，PHILIP J，et al. Moist dressing coverage supports proliferation and migration of transplanted skin micrografts in full-thickness porcine wounds［J］. Burns，2014，40（2）：274-280.

［6］ DYSON M，YOUNG S R，HART J，et al. Comparison of the effects of moist and dry conditions on the process of angiogenesis during dermal repair［J］. J Invest Dermatol，1992，99（6）：729-733.

［7］ BLUME P A，WALTERS J，PAYNE W，et al. Comparison of negative pressure wound therapy using vacuum-assisted closure with advanced moist wound therapy in the treatment of diabetic foot ulcers：a multicenter randomized controlled trial［J］. Diabetes Care，2008，31（4）：631-636.

［8］ GRIM P S，GOTTLIEB L J，BODDIE A，et al. Hyperbaric-oxygen therapy［J］. Jama-Journal of the American Medical Association，1990，263（16）：2216-2220.

［9］ CATALANO E，COCHIS A，VARONI E，et al. Tissue-engineered skin substitutes：an overview［J］. J Artif Organs，2013，16（4）：397-403.

［10］ GOODARZI P，FALAHZADEH K，NEMATIZADEH M，et al. Tissue engineered skin substitutes［J］. Cell Biology and Translational Medicine，Volume 3：Stem Cells，Bio-Materials and Tissue Engineering，2018，1107：143-188.

［11］ VIG K，CHAUDHARI A，TRIPATHI S，et al. Advances in skin regeneration using tissue engineering［J］. Int J Mol Sci，2017，18（4）：789.

［12］ VARKEY M，DING J，TREDGET E E. Advances in skin substitutes-potential of tissue engineered skin for facilitating anti-fibrotic healing［J］. J Funct Biomater，2015，6（3）：547-563.

［13］ BIEDERMANN T，BOETTCHER-HABERZETH S，REICHMANN E. Tissue engineering of skin for wound coverage［J］. Eur J Pediatr Surg，2013，23（5）：375-382.

［14］ SOOD R，ROGGY D，ZIEGER M，et al. Cultured epithelial autografts for coverage of large burn wounds in eighty-eight patients：the Indiana University experience［J］. J Burn Care Res，2010，31（4）：559-568.

［15］ CHOCARRO-WRONA C，LÓPEZ-RUIZ E，PERÁN M，et al. Therapeutic strategies for skin regeneration based on biomedical substitutes［J］. J Eur Acad Dermatol Venereol，2019，33（3）：484-496.

［16］ MEYER V，GORGE T. Electrical stimulation to accelerate wound healing in wegener's disease［J］. Journal Der Deutschen Dermatologischen Gesellschaft，2011，9：250.

[17] MAAN Z N,JANUSZYK M,RENNERT R C,et al. Noncontact,low-frequency ultrasound therapy enhances neovascularization and wound healing in diabetic mice[J]. Plast Reconstr Surg,2014,134(3):402e-411e.

[18] AZIZ Z,CULLUM N. Electromagnetic therapy for treating venous leg ulcers[J]. Cochrane Database Syst Rev,2015,2015(7):CD002933.

[19] POSTEN W,WRONE D A,DOVER J S,et al. Low-level laser therapy for wound healing:mechanism and efficacy[J]. Dermatol Surg,2005,31(3):334-340.

[20] PEREIRA R F,BÁRTOLO P J. Traditional therapies for skin wound healing[J]. Adv Wound Care (New Rochelle),2016,5(5):208-229.

[21] VERGANI L,VECCHIONE G,BALDINI F,et al. Polyphenolic extract attenuates fatty acid-induced steatosis and oxidative stress in hepatic and endothelial cells[J]. Eur J Nutr,2018,57(5):1793-1805.

[22] VIRADOR G M,DE MARCOS L,VIRADOR V M. Skin wound healing:refractory wounds and novel solutions[J]. Methods Mol Biol,2019,1879:221-241.

[23] MAJTAN J. Honey:an immunomodulator in wound healing[J]. Wound Repair Regen,2014,22(2):187-192.

[24] PEPPONE L J,HEBL S,PURNELL J Q,et al. The efficacy of calcitriol therapy in the management of bone loss and fractures:a qualitative review [J]. Osteoporos Int,2010,21(7):1133-1149.

[25] CALDWELL M D. Bacteria and antibiotics in wound healing[J]. Surg Clin North Am,2020,100(4):757-776.

[26] OYARZUN-AMPUERO F,VIDAL A,CONCHA M,et al. Nanoparticles for the treatment of wounds [J]. Curr Pharm Des,2015,21(29):4329-4341.

[27] REED S,WU B. Sustained growth factor delivery in tissue engineering applications[J]. Ann Biomed Eng,2014,42(7):1528-1536.

[28] WANG C F,MA L,GAO C Y. Design of gene-activated matrix for the repair of skin and cartilage[J]. Polym J,2014,46(8):476-482.

[29] DHIVYA S,PADMA V V,SANTHINI E. Wound dressings-a review[J]. Biomedicine,2015,5(4):22.

[30] GAINZA G,VILLULLAS S,PEDRAZ J L,et al. Advances in drug delivery systems (DDSs) to release growth factors for wound healing and skin regeneration[J]. Nanomedicine,2015,11(6):1551-1573.

[31] SHI L Y,WANG F L,ZHU W,et al. Self-healing silk fibroin-based

hydrogel for bone regeneration: dynamic metal-ligand self-assembly approach[J]. Advanced Functional Materials, 2017, 27(37): 1700591.

[32] CHOUHAN D, JANANI G, CHAKRABORTY B, et al. Functionalized PVA-silk blended nanofibrous mats promote diabetic wound healing via regulation of extracellular matrix and tissue remodelling[J]. J Tissue Eng Regen Med, 2018, 12(3): e1559-e1570.

[33] GNAVI S, BARWIG C, FREIER T, et al. The use of chitosan-based scaffolds to enhance regeneration in the nervous system[J]. Int Rev Neurobiol, 2013, 109: 1-62.

[34] LOW Z W K, LI Z B, OWH C, et al. Using artificial skin devices as skin replacements: insights into superficial treatment[J]. Small, 2019, 15(9): e1805453.

[35] RHEINWALD J G, GREEN H. Serial cultivation of strains of human epidermal keratinocytes: the formation of keratinizing colonies from single cells[J]. Cell, 1975, 6(3): 331-343.

[36] O'CONNOR N, MULLIKEN J, BANKS-SCHLEGEL S, et al. Grafting of burns with cultured epithelium prepared from autologous epidermal cells[J]. The Lancet, 1981, 317(8211): 75-78.

[37] BURKE J F, YANNAS I V, QUINBY W C, Jr. , et al. Successful use of a physiologically acceptable artificial skin in the treatment of extensive burn injury[J]. Ann Surg, 1981, 194(4): 413-428.

[38] WAINWRIGHT D J. Use of an acellular allograft dermal matrix (AlloDerm) in the management of full-thickness burns[J]. Burns, 1995, 21(4): 243-248.

[39] CHESTER D L, BALDERSON D S, PAPINI R P G. A review of keratinocyte delivery to the wound bed[J]. J Burn Care Rehabil, 2004, 25(3): 266-275.

[40] FREDRIKSSON C, KRATZ G, HUSS F. Transplantation of cultured human keratinocytes in single cell suspension: a comparative in vitro study of different application techniques[J]. Burns, 2008, 34(2): 212-219.

[41] KUNZ-SCHUGHART L A, SCHROEDER J A, WONDRAK M, et al. Potential of fibroblasts to regulate the formation of three-dimensional vessel-like structures from endothelial cells in vitro[J]. American Journal of Physiology-Cell Physiology, 2006, 290(5): C1385-C1398.

[42] OKITA K, ICHISAKA T, YAMANAKA S. Generation of germline-competent induced pluripotent stem cells[J]. nature, 2007, 448(7151):

313-317.

[43] STILL J,GLAT P,SILVERSTEIN P,et al. The use of a collagen sponge/ living cell composite material to treat donor sites in burn patients[J]. Burns,2003,29(8):837-841.

[44] CHOI J S,CHOI S H,YOO H S. Coaxial electrospun nanofibers for treatment of diabetic ulcers with binary release of multiple growth factors [J]. J Mater Chem,2011,21(14):5258-5267.

[45] PIRAN M,VAKILIAN S,PIRAN M,et al. In vitro fibroblast migration by sustained release of PDGF-BB loaded in chitosan nanoparticles incorporated in electrospun nanofibers for wound dressing applications[J]. Artif Cells Nanomed Biotechnol,2018,46(sup1):511-520.

[46] RAMADASS S K,PERUMAL S,GOPINATH A,et al. Sol-gel assisted fabrication of collagen hydrolysate composite scaffold:a novel therapeutic alternative to the traditional collagen scaffold [J]. ACS Appl Mater Interfaces,2014,6(17):15015-15025.

[47] CHEN J, ALTMAN G H, KARAGEORGIOU V, et al. Human bone marrow stromal cell and ligament fibroblast responses on rgd-modified silk fibers[J]. Journal of Biomedical Materials Research , 2003, 67(2): 559-570.

[48] CARSIN H, AINAUD P, LE BEVER H, et al. Cultured epithelial autografts in extensive burn coverage of severely traumatized patients:a five year single-center experience with 30 patients[J]. Burns,2000,26(4): 379-387.

[49] JOHNSTONE P,KWEI J S S,FILOBBOS G,et al. Successful application of keratinocyte suspension using autologous fibrin spray[J]. Burns,2017, 43(3):e27-e30.

[50] RONFARD V,RIVES J M,NEVEUX Y,et al. Long-term regeneration of human epidermis on third degree burns transplanted with autologous cultured epithelium grown on a fibrin matrix[J]. Transplantation,2000,70 (11):1588-1598.

[51] MUNSTER A M,SMITH-MEEK M,SHALOM A. Acellular allograft dermal matrix:immediate or delayed epidermal coverage? [J]. Burns, 2001,27(2):150-153.

[52] NIHSEN E S,JOHNSON C E,HILES M C. Bioactivity of small intestinal submucosa and oxidized regenerated cellulose/collagen [J]. Adv Skin Wound Care,2008,21(10):479-486.

[53] NOBUYMA A,AYABE S,KANG S S,et al. The simultaneous application of OASIS and skin grafting in the treatment of tendon-exposed wound[J]. Plast Reconstr Surg Glob Open,2019,7(7):e2330.

[54] ZHONG S P,ZHANG Y Z,LIM C T. Tissue scaffolds for skin wound healing and dermal reconstruction[J]. Wiley Interdiscip Rev Nanomed Nanobiotechnol,2010,2(5):510-525.

[55] CHEN G P,SATO T,OHGUSHI H,et al. Culturing of skin fibroblasts in a thin PLGA-collagen hybrid mesh[J]. Biomaterials, 2005, 26 (15): 2559-2566.

[56] HANSBROUGH J F,BOYCE S T,COOPER M L,et al. Burn wound closure with cultured autologous keratinocytes and fibroblasts attached to a collagen-glycosaminoglycan substrate [J]. JAMA, 1989, 262 (15): 2125-2130.

[57] BOYCE S T,GORETSKY M J,GREENHALGH D G,et al. Comparative assessment of cultured skin substitutes and native skin autograft for treatment of full-thickness burns[J]. Ann Surg,1995,222(6):743-752.

[58] UCCIOLI L. A clinical investigation on the characteristics and outcomes of treating chronic lower extremity wounds using the tissuetech autograft system[J]. Int J Low Extrem Wounds,2003,2(3):140-151.

[59] WILKINS L M,WATSON S R,PROSKY S J,et al. Development of a bilayered living skin construct for clinical applications [J]. Biotechnol Bioeng,1994,43(8):747-756.

[60] VEVES A,FALANGA V,ARMSTRONG D G,et al. Graftskin,a human skin equivalent,is effective in the management of noninfected neuropathic diabetic foot ulcers:a prospective randomized multicenter clinical trial[J]. Diabetes Care,2001,24(2):290-295.

[61] SHEVCHENKO R V,JAMES S L,JAMES S E. A review of tissue-engineered skin bioconstructs available for skin reconstruction[J]. J R Soc Interface,2010,7(43):229-258.

[62] LEE W,DEBASITIS J C,LEE V K,et al. Multi-layered culture of human skin fibroblasts and keratinocytes through three-dimensional freeform fabrication[J]. Biomaterials,2009,30(8):1587-1595.

[63] KOBER J,GUGERELL A,SCHMID M,et al. Generation of a fibrin based three-layered skin substitute[J]. Biomed Res Int,2015(1):170427.

第 4 章

应用于伤口敷料的皮肤组织修复材料

4.1 应用于伤口敷料的天然聚合物

4.1.1 壳聚糖

壳聚糖(CS)是甲壳素脱乙酰衍生的阳离子多糖,由 $\beta-1,4-N-$乙酰$-D-$氨基葡萄糖(葡萄糖胺)和 $\beta-1,4-D-$氨基葡萄糖(GlcN)组成(图 4.1)。壳聚糖具有生物相容性、生物可降解性、低毒性和止血特性,是应用最广泛的天然生物聚合物之一[1-2]。此外,壳聚糖最引人注目的是其固有的抗菌特性。这主要归因于其结构中的氨基在酸性环境中被质子化带正电荷,与带负电的微生物膜之间相互作用,导致细胞蛋白和其他细胞内组分泄漏,壳聚糖与微生物 DNA 的结合进一步抑制微生物 mRNA 和蛋白质的合成以协同抗菌。

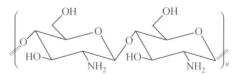

图 4.1　壳聚糖分子结构式

目前,基于壳聚糖的商用伤口敷料主要发挥止血和抗菌作用。例如,具有止血效果的 PatchPro 绷带(HemCon)、ChitoGauze XR Pro(HemCon)、Rapid Gauze(Celox)等伤口敷料。PatchPro 绷带是一种非侵入性止血贴片,不仅能够快速控制严重出血,还能对多种微生物(耐甲氧西林金黄色葡萄球菌(MRSA)、抗万古霉素肠球菌(VRE)和鲍曼不动杆菌(*A. baumannii*))表现出抗菌效果。ChitoGauze XR Pro 是用于严重出血伤口的外部临时控制的止血伤口敷料,由聚酯/人造丝混合无纺布医用纱布制成,其表面有壳聚糖涂层以提高敷料的止血性能。ChitoGauze XR Pro 对多种细菌表现出良好的抗菌活性,可起到一定预防感染作用。Rapid Gauze 止血纱布仅需按压 60 s 即可停止严重的动脉出血,其内所含的壳聚糖可形成胶黏剂以密封伤口从而快速止血。

除了上述的市售伤口敷料外,基于壳聚糖开发的创面敷料仍是目前研究的热点。Guo 等报道了基于 N－羧乙基壳聚糖(CEC)可注射导电自愈合水凝胶[3-4],羧基团的引入,增强了壳聚糖的水溶性和细胞相容性。此外,Guo 等通过将带正电荷的季铵基团引入壳聚糖骨架中制备了具有良好水溶性和抗菌活性的壳聚糖衍生物[5]。进一步优化季铵基团的接枝率并引入电活性聚苯胺,在提高季铵化壳聚糖(QCS)生物相容性的同时,协同增强 QCS 的抗菌活性。QCS 具有正电荷的季铵盐基团和氨基基团,可以通过静电相互作用对细胞的形态和增殖造成影响,甚至导致细胞膜破裂[5-6]。将聚苯胺接枝到 QCS 骨架上后,苯环与季铵基团的阳离子－π 相互作用可能会屏蔽 QCS 中的部分电荷,以提高壳聚糖衍生物的生物相容性[7]。

壳聚糖及其衍生物除被用于制备水凝胶伤口敷料外,也被广泛应用于 3D 生物打印。例如,Intini 等使用挤压 3D 生物打印技术,将含有棉子糖的壳聚糖溶液通过 3D 生物打印过程,制备壳聚糖－棉子糖 3D 生物打印支架。该支架可以支持人皮肤成纤维细胞和人永生化角质形成细胞的附着、生长和繁殖[8]。此外,基于壳聚糖制备的 3D 支架作为药物递送的载体也被报道。例如,Long 等通过壳聚糖(CS)和果胶(PEC)之间多糖物理交联制备 CS－PEC 水凝胶支架。在凝胶化过程中,盐酸利多卡因(LDC)被封装到 CS－PEC 水凝胶系统中,随后通过 3D 生物打印技术获得基于壳聚糖－果胶的负载盐酸利多卡因的 3D 支架,可在 5 h 内快速释放 LDC[9]。

多孔材料中也有很多以壳聚糖及其衍生物为原料的伤口敷料。例如,Deng 等通过冷冻干燥技术,制备了壳聚糖－明胶海绵伤口敷料,对大肠杆菌和链球菌具有明显的抗菌效果,且对新西兰兔背部皮肤创面也表现出良好的促愈合效果[10]。Takei 等通过低温冷冻技术,以壳聚糖接枝葡萄糖酸(CG)为原料,通过冻融技术,在葡糖胺和 GlcN 间形成刚性壳聚糖微晶,制备多孔壳聚糖基晶胶。由于该壳聚糖晶胶缺乏细胞黏附肽,因此可防止新组织与敷料结合,当敷料从伤口上移除时,非黏附的伤口敷料对组织造成极小的二次损伤[11]。此外,基于壳聚糖的多孔材料作为药物载体也显示出广阔的应用前景。例如,Moura 等通过冷冻干燥技术制备了 5－甲基吡咯烷酮壳聚糖衍生物(MPC)泡沫,其有良好的流体吸收能力和神经降压素药物递送效果,且在糖尿病小鼠的伤口愈合早期阶段降低了炎症反应,促进成纤维细胞的迁移及胶原蛋白的表达和沉积[12]。

纳米纤维具有高表面积-体积比和微孔结构,可以促进细胞迁移、黏附、生长、分化和血管生成。开发多功能纳米纤维,并整合合适的机械特性、电活性、抗氧化性和固有的抗菌活性,有望显著加速创面愈合进程。Guo 等通过静电纺丝聚(ε-己内酯)(PCL)和季铵化壳聚糖接枝聚苯胺(QCSP)聚合物溶液,开发了一系列抗菌抗氧化电活性纳米纤维膜。使用 PCL/QCSP15(样品中 QCSP 质量分数为 15%)样品处理的伤口表现出较少的炎症细胞浸润、较高的成纤维细胞密度、较厚的肉芽组织和较高的胶原蛋白沉积[13]。

基于壳聚糖的膜材料也被证实能够用于伤口敷料应用。Mi 等通过浸没沉淀相转化法制备了不对称壳聚糖膜,该膜由顶层和亚层两部分构成。顶层包含与皮肤表面相互连接的微孔,旨在防止细菌渗透和伤口表面脱水,并允许伤口渗出液排出。海绵状亚层旨在通过毛细作用和增强组织再生来实现对伤口渗出液的吸收。不对称的壳聚糖膜具有可控的水分蒸发率、优异的透气性和吸水能力以及壳聚糖固有的抗菌性能,该材料能够抑制外源微生物的入侵。覆盖有不对称壳聚糖膜的伤口部位能够快速止血并促进愈合[14]。为了创造湿润的环境以加速伤口愈合,Pei 等利用流延/溶剂蒸发技术制备壳聚糖-PVA-海藻酸盐膜。该膜由壳聚糖顶层和海藻酸钠层组成,这两层由掺有奥硝唑(OD)的 PVA 层隔开。该三层膜具有较高的透光率、可控的水蒸气透过率和促进排液能力。

虽然基于壳聚糖的伤口敷料在伤口愈合应用中显示出良好的应用前景,但壳聚糖结构中大量带正电荷的氨基可以与带负电荷的细胞膜发生静电相互作用,进而影响细胞的形态和增殖,甚至导致细胞膜破裂。因此,需要更加关注如何调整阳离子型壳聚糖,以获得具有良好的抗菌性且兼备相容性的壳聚糖基伤口敷料。

4.1.2　明胶

明胶(主要由甘氨酸、脯氨酸和 4-羟基脯氨酸组成)是一种通过酸或碱水解胶原蛋白而衍生的聚合物,在动物的皮肤(44%)、结缔组织或器官(28%)和骨骼(27%)中广泛存在,是一种廉价的蛋白基生物材料,具有良好的止血性能、生物相容性、生物降解性、透气性,被广泛用于血管密封剂和药物载体等生物医学领域[15-16]。

目前市售的很多伤口敷料是以明胶为主要原料加工生产的,如 Surgifoam®、Hemosponge 和 Hydrocoll 等。Surgifoam® 是一种无菌、不溶于水且可延展的猪明胶海绵,其可以吸收高达自身 40 倍的重量,通过施加到出血表面用于止血。Hemosponge 是一种可吸收明胶海绵伤口敷料,能够在其基质中容纳自身重量

35～40 倍的血液/体液,可以有效阻止各种渗血(毛细血管、实质性血管或动静脉),而且其 pH 呈中性,可以用多种药物/生物制剂浸渍。Hydrocoll 是一种自黏性及吸水性胶体敷料,当与伤口渗出液接触时,其会变成一种胶状,保持伤口环境湿润,从而刺激肉芽及上皮细胞的迁移增殖等,其半透气性表层能有效防水并预防微生物感染。

明胶的止血特性可以阻止伤口的早期出血,且有利于促进细胞黏附和增殖,以协同加速伤口愈合过程[17]。但明胶较差的机械性能和较差的热稳定性限制了其进一步使用。因此,需要额外的交联步骤以改善明胶的稳定性。用于交联明胶网络的常见交联剂包括 1－(3－二甲氨基丙基)－3－乙基碳二亚胺盐酸盐、氧化葡聚糖、戊二醛、氧化海藻酸盐、氧化硫酸软骨素和二醛羧甲基纤维素等。使用交联剂可以显著改善明胶基水凝胶的机械性能,但交联剂潜在的细胞毒性限制了其进一步应用,如从敷料中释放出微量的戊二醛会诱发细胞毒性[18]。明胶的优点使其成为生产伤口敷料的理想候选者,但是如何提高明胶基伤口敷料的稳定性仍然是迫切需要解决的问题。生物酶交联提供了解决这一问题的新策略,但这也增加了制造成本,会限制明胶基材料的广泛应用。总之,开发新的交联方法以获得具有高稳定性和良好的生物相容性的明胶基伤口敷料仍然是当前的研究重点。

目前最常用的方法是制备甲基丙烯酸酐功能化明胶(GelMA)。通过甲基丙烯酰胺基团中碳碳双键的自由基聚合以保持明胶的独特性能,且可以将明胶从液体永久固化为固体,从而显著提高水凝胶的稳定性[19-21]。此外,酶促交联也是一种有效且无毒的交联方法。例如,Jiang 等通过添加谷氨酰胺转氨酶[22],催化酰基转移反应,使分子间和分子内形成 ε－(γ－谷氨酰胺基)－赖氨酸共价键,从而提高伤口敷料的稳定性[23]。此外,辐射交联是一种绿色便捷的制备水凝胶伤口敷料的方法,水凝胶网络可通过 γ 辐射产生的自由基分子间重组形成[24]。但由于聚合物链在电离辐射下的降解,明胶的天然结构将受到破坏。

明胶是制备 3D 支架的原料之一,Chhabra 等以淀粉和明胶为原料制备 3D支架,该支架可实现出色的人皮肤成纤维细胞和人表皮角质形成细胞浸润[25],且明胶成分可以帮助支架重塑,能够使其更好地整合到宿主皮肤组织中。除此之外,Xiong 等则通过 3D 生物打印制备了表面涂覆磺化丝素的明胶支架,该复合支架可以用作"多孔磁体",以螯合并浓缩碱性成纤维细胞生长因子从而促进全层皮肤缺损的愈合[26]。

以明胶为原料的多孔材料也经常被用作伤口敷料促进愈合进程。Dainiak等使用冷冻凝胶技术制备大孔海绵状明胶－纤维蛋白原(Gl－Fg)支架[27],具有均匀的相互连接的开放式多孔结构,在交联程度相对较低的晶胶上观察到支架内细胞的高效迁移。Zou 等将魔芋葡甘聚糖(KGM)和明胶混合并加入金纳米颗粒(Au NP)和硫酸庆大霉素(GS)制备了海绵多孔材料(KGM/Gelatin@Au NP/GS)[28],具有良好的机械性能和抗菌性能。良好的吸水和保水性确保了伤口洁净,并保持潮湿的环境,从而促进伤口愈合。Au NP 的添加增强了 GS 的抗菌能力,能够有效清除创面细菌。

Türe 等将海藻酸盐(A)和明胶(G)溶液混合,然后与氯化钙交联,通过溶液流延法制备了含羟基磷灰石(HA)的海藻酸盐-明胶薄膜[29]。该薄膜的保水能力随着薄膜中海藻酸盐和羟基磷灰石含量的增加而降低,但其在水中的稳定性随之提高。随着膜中 HA 含量的增加,膜的表面变得更粗糙,热稳定性更强。而含盐酸四环素(TH)的薄膜对革兰氏阳性菌和革兰氏阴性菌均具有抑制效果。

微球长效缓释的特点可以大大提升患者用药的方便性,是一种极具潜力的剂型。Ulubayram 等以明胶作为底层[30],通过冷冻干燥制备明胶基海绵状多孔材料,并将含 EGF 的明胶微球负载到其上,以促进表皮细胞的增殖。外层将黏性聚氨酯覆盖到海绵上,使其形成弹性聚氨酯膜,可保护伤口并用作人造表皮。Kawai 等将碱性成纤维细胞生长因子(bFGF)浸渍的明胶微球掺入人造真皮中[31],以实现 bFGF 的持续释放。含有 bFGF 的明胶微球可以加速成纤维细胞增殖和毛细血管形成[32]。

4.1.3　海藻酸盐

海藻酸盐是衍生自褐藻的一类聚阴离子共聚物,由 β-D-甘露糖醛酸(M)和 α-L-古洛糖醛酸(G)残基的嵌段组成(图 4.2)。G 嵌段可与二价阳离子(如 Ca^{2+}、Cu^{2+} 和 Zn^{2+})通过配位作用形成水凝胶网络,与不同的二价阳离子交联所形成的海藻酸盐基水凝胶通常表现出不同的性能。例如,通过 Ca^{2+} 交联的海藻酸盐基水凝胶显示出良好的止血性能[33],而 Zn^{2+} 交联的水凝胶则显示出良好的抗菌性能[34]。海藻酸盐具有良好的生物相容性、生物可降解性和非免疫原性,被广泛用于组织工程和生物医学领域,如药物输送、伤口敷料和仿生支架等[35]。

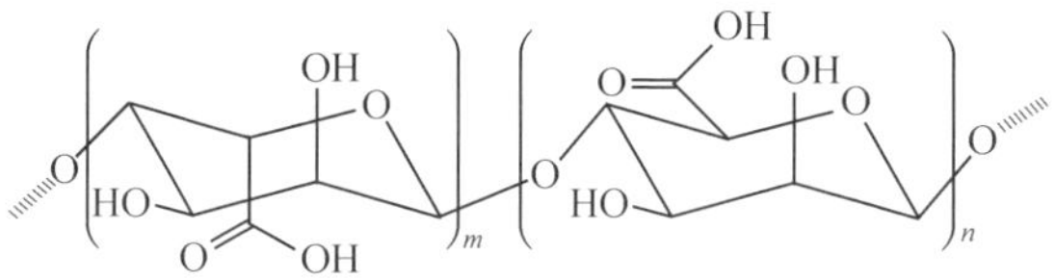

图 4.2　海藻酸盐分子结构式

很多商用的伤口敷料也是以海藻酸盐为原料制备的,如 AQUACEL Extra Dressing、3M Tegaderm 以及 Algicell Ag 等。

AQUACEL Extra Dressing 能够保持湿润的伤口环境,根据需要提供快速和持续的抗菌活性(银离子敷料),减少伤口愈合过程中的交叉感染。3M

Tegaderm 海藻酸钠银敷料是一种无纺布无菌敷料,由海藻酸钙、羧甲基纤维素(CMC)和磷酸氢钠银锆组成,具有高吸收性,吸收渗出液时会形成凝胶。该敷料中的银离子抵御各种微生物的作用可持续多达 14 d,为创面提供持久的保护。Algicell Ag 主要是由含 1.4% 银的海藻酸钙制成的伤口敷料,有助于维持湿润的环境。释放的银离子可保护敷料免受细菌定植,提供长达 7 d 的抗菌效果。

由于海藻酸钠(SA)具有良好的生物相容性和黏附特性,因此其可作为细胞培养 3D 支架的原料。Wang 等将丝素蛋白和海藻酸钠共混,制备了海藻酸钠/丝素蛋白互穿的 3D 支架[36],显示出相互连接的多孔结构,为新组织和 ECM 的形成提供了足够的空间,以指导体外细胞的空间组织和增殖。Wang 等将人脐带间充质干细胞(hUCMSCs)负载到海藻酸钠和氯化钙交联的 3D 支架中,hUCMSCs 在该支架中能够增殖,并且可以持久地分泌和表达伤口愈合所必需的VEGF 从而促进小鼠皮肤伤口愈合[37]。Khalil 等则将内皮细胞负载到 3D 生物打印的海藻酸盐支架中,内皮细胞可在该支架中稳定增殖[38]。

多孔材料由于具有优异的吸附性能,因此也常被用作皮肤修复敷料以促进伤口愈合。Dai 等通过冷冻干燥壳聚糖和海藻酸钠混合溶液,制备了可生物降解的海绵材料[39]。通过控制海绵的交联密度,进而控制姜黄素从海绵中的释放,使其能够在长达 20 d 的时间里从海绵中持续释放。Hegge 等将姜黄素加载到海藻酸盐泡沫中以治疗感染伤口[40]。在水合作用下,泡沫中姜黄素的释放量充足,从而在体外对粪肠球菌活细胞产生由姜黄素介导的光毒性。

Dantas 等报道了基于海藻酸钠-壳聚糖的薄膜并结合激光疗法应用在烧伤模型中[41]。研究发现,在雄性大鼠烧伤伤口模型中,使用激光治疗和薄膜相结合的策略,增强了Ⅲ型对Ⅰ型胶原蛋白的快速替代,促进了血管形成、上皮化、胶原蛋白化和新形成的胶原蛋白纤维的良好排列。Li 等开发出锶包裹的丝素蛋白海藻酸钠薄膜,可用于伤口包扎[42],锶可以持续从薄膜中释放 72 h,在用掺有5 mg/mL 锶的薄膜在体外培养 L929 成纤维细胞 4 d 期间可诱导大量的 bFGF(碱性成纤维细胞生长因子)和 VEGF(血管内皮生长因子)表达。

4.1.4　透明质酸

透明质酸(HA)是一种天然多糖,由 β-1,4-D-葡萄糖醛酸和 β-1,3-N-乙酰基-D-葡萄糖胺的交替单元组成(图 4.3)。其广泛存在于人体多种组织如皮肤、结缔组织和神经组织的细胞外基质(ECM)中。HA 可以特异性结合细胞表面受体或细胞内蛋白,从而调节细胞黏附、迁移、增殖和分化。HA 还在维持ECM 的结构和组织中起着至关重要的作用。

目前基于 HA 开发的市售伤口敷料有 MPM RadiaPlex Rx、Hyalomatrix® 和 Medline 等。

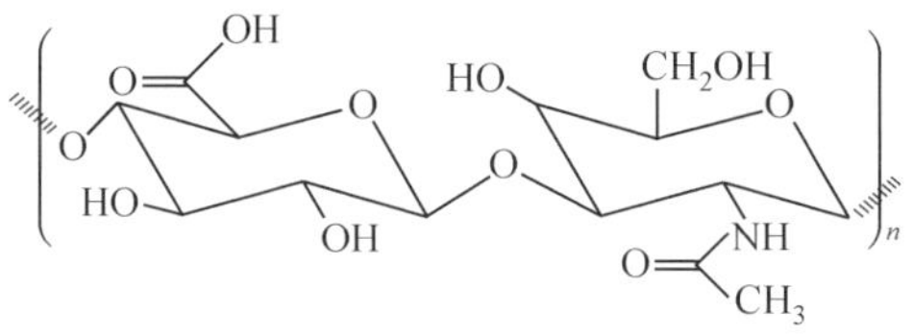

图 4.3　透明质酸分子结构式

MPM RadiaPlex Rx 透明质酸凝胶敷料中的透明质酸可附着在组织上以防止损伤,同时为细胞提供水分,可用于一度和二度烧伤、割伤和擦伤等伤口的修复。Hyalomatrix® 是透明质酸酯基质敷料,适用于多种伤口护理。Medline 非黏附透明质酸创面装置是具有两层的无菌柔性伤口器械,由半透性硅胶膜和由 HYAFF(酯化透明质酸)制成的无纺垫组成,适用于处理各种伤口,包括部分和全层伤口、二度烧伤、压疮、慢性血管溃疡、糖尿病溃疡、手术伤口、外伤伤口和流脓的伤口。

成纤维细胞可以在伤口愈合进程的增殖阶段分泌 HA[43],这可以进一步影响成纤维细胞和内皮细胞的行为[44]。此外,HA 在血管生成和减少炎症中也起着重要作用。Guo 等通过将多巴胺接枝到 HA 的骨架上,制备了具有良好黏附力和止血特性的 HA 水凝胶。该水凝胶在抑制伤口愈合早期的炎症反应,促进创面成纤维细胞的迁移、增殖和分化以及通过调节 CD31 的表达增强血管生成方面均表现出显著优势[45]。此外,Guo 等还开发了基于氧化透明质酸接枝苯胺四聚体(OHA−AT)的水凝胶敷料。该水凝胶表现出稳定的流变性能、高溶胀率、体外生物可降解性、电活性和自由基清除能力。加入抗生素阿莫西林后显示出良好的抗菌性能,可有效防止伤口感染[194]。

基于 HA 的 3D 支架对于创面愈合显示出积极的促进作用。Liang 等通过静电纺丝和后处理制备了新型抗菌纤维素二乙酸酯/聚(乙烯亚胺)/透明质酸(CDA/PEI/HA)复合 3D 支架[46]。首先通过静电纺丝制备 CDA/PEI 2D 复合纳米纤维膜,然后通过对 CDA/PEI 膜进行后处理和冷冻干燥,将膜剪成短纤维加入到 HA 溶液进行酰胺化反应以交联 HA,继而冷冻干燥制备 CDA/PEI/HA 3D 复合支架,添加的 HA 可以改善复合支架的生物相容性。支架对金黄色葡萄球菌和大肠杆菌具有出色的抗菌活性,可以保护伤口免受细菌感染。此外,Perng 等制备了胶原蛋白/透明质酸 3D 支架[47],可诱导内皮细胞从邻近组织迁移并增殖,以加速血管再生。Galassi 等将自体成纤维细胞负载到基于 HA 的 3D 支架上,应用于人多发性上皮瘤的皮肤切除(模型 1)和慢性深褥疮性溃疡(模型 2)的皮肤损伤模型[48]。在模型 1 中,材料在 3 周后与周围组织完全融合,显示出良好的使用效果。12 个月时,皮肤具有正常的弹性,且无过度瘢痕迹象。模型 2 中,材料植入皮肤 2~3 周后创面有肉芽组织浸润,继发愈合。8 周后,溃疡愈合,生物材料完全吸收,真皮样组织完全再上皮化。

基于 HA 的多孔材料也十分常见。Matsumoto 等将 HA 多孔海绵浸入含精氨酸(Arg)和表皮生长因子(EGF)的溶液中。在大鼠皮肤全层损伤模型中,用含 Arg 和 EGF 的海绵处理的动物伤口面积明显减小[49]。Anisha 等将银纳米颗粒(Ag NP)掺入壳聚糖/HA 海绵中,以提高抗菌活性[50]。Cheng 等利用甲基丙烯酸改性的透明质酸制成了可注射的形状记忆晶胶(MA-HA)[51]。MA-HA 晶胶在体外和体内至少能够维持 30 d 的预定形状,在 MA-HA/皮肤界面以及整个 MA-HA 处均保持大孔结构,具有明显的促进血管生成作用。

纳米纤维形态的 HA 可以模拟皮肤组织,在构建伤口敷料方面具有很大潜力。Uppal 等通过静电纺丝技术制备了透明质酸纳米纤维[52],有助于细胞迁移、细胞增殖和血管生成。在原有 HA 的基础上,可以加入其他原料来进行静电纺丝,以赋予 HA 纳米纤维更多有利于伤口修复的特性。Séon-Lutz 等采用静电纺丝法制备了不溶性 HA 基纳米纤维[53]。聚乙烯醇(PVA)和羟丙基-β 环糊精(HP-βCD)的加入稳定了静电纺丝过程,并能有效地形成均匀的 HA-PVA-βCDs 纳米纤维支架。由于 HP-βCD 与多种分子之间可能存在宿主-客体超分子相互作用,因此可以考虑将具有药物封装和释放特性的支架用于皮肤伤口修复。

当前市面上基于 HA 的面膜及修复类膜产品众多,相关的研究更是组织工程领域的热点。Eskandarinia 等使用浇铸技术制备了玉米淀粉(CSH)/HA 膜,其中掺入了蜂胶乙醇提取物(EEP)[54]。EEP 可持续释放 48 h,为伤口部位提供无菌环境。该膜对金黄色葡萄球菌、大肠杆菌和表皮葡萄球菌均具有优异的抗菌活性。载有 EEP 的 CSH/HA 膜具有增强伤口愈合过程及抑制伤口表面微生物生长的潜力。Abou-Okeil 等通过浇铸技术生产了与 Ca^{2+}、Zn^{2+} 和 Cu^{2+} 金属阳离子交联的 HA/SA 膜[55],为了进一步提高 HA/SA 薄膜的抗菌活性,将 Ag NP 和磺胺嘧啶(SD)掺入这些薄膜中。将此膜用于白化病大鼠皮肤伤口模型,能够明显促进伤口愈合。

4.1.5　葡聚糖

葡聚糖是细菌来源的天然多糖。它主要通过 1,6-糖苷键或 1,3-糖苷键连接,以耦合成长支链(图 4.4)。其具有良好的生物相容性和生物可降解性,被广泛用于生物医学领域。

由于葡聚糖骨架中的邻二羟基结构很容易被 $NaIO_4$ 氧化成醛,氧化葡聚糖常被用作交联剂来交联含氨基的聚合物。研究表明氧化葡聚糖具有一定程度的抗菌活性,这可能与醛基和细胞膜蛋白中氨基的反应有关,但抗菌机理尚不清楚[56-57]。通常将葡聚糖基水凝胶与具有不同生物活性的大分子混合,以制备具有不同特性的敷料,包括止血、抗菌活性以及促进血管生成和伤口愈合等[2,58-59]。

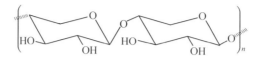

图 4.4 葡聚糖分子结构式

Sun 等的研究指出,含有高比例葡聚糖的水凝胶通过促进嗜中性粒细胞浸润,加速内皮细胞向伤口区域的募集以及促进血管生成等方式促进伤口愈合[60]。此外,Du 等将疏水性脂肪族侧链引入到葡聚糖基水凝胶体系中,由于脂肪族侧链与细胞膜的相互作用可以增加水凝胶的止血性能,因此水凝胶具有增强的止血活性[2]。Hoque 等通过在生理条件下将氧化葡聚糖与 N-(2-羟丙基)-3-三甲基铵壳聚糖氯化物(HTCC)混合,制备了具有良好抗菌性能的新型水凝胶伤口敷料。当水凝胶与病原体接触时,可通过破坏病原体膜的完整性来实现敷料的抗菌性能[61]。此外,Tang 等报道了一种负载 bFGF 的葡聚糖基水凝胶,并证实从水凝胶中释放的 bFGF 可以通过刺激血管生成来上调 VEGF 的表达并加速伤口愈合[58]。

除水凝胶外,基于葡聚糖的 3D 支架也十分常见。Jiang 等通过 3D 生物打印制造了纤维素纳米晶体/氧化葡聚糖/明胶(CNC/OD/GEL)支架[62],其可促进小鼠成纤维细胞 NIH3T3 细胞增殖。Cai 等制备了聚乳酸-葡聚糖共混物的新型多孔细胞支架[63],具有较高的孔隙率和多孔结构,可增强成纤维细胞附着。Purnama 等以支链淀粉、葡聚糖和岩藻聚糖为原料,制备了负载 VEGF165(血管内皮生长因子)的 3D 支架[64],可以通过局部释放 VEGF165 来指导成熟血管系统的形成。

伤口敷料的止血性能也被看作是一个重要指标。Meena 等在亲水性刺槐豆胶(LBG)的存在下,通过氧化葡聚糖和硫醇化壳聚糖的席夫碱交联制备了半互穿聚合物网络(SIPN)晶胶[65],用于止血。Liu 等则开发了具有适当吸收和黏附特性的乙醛葡聚糖(PDA)海绵用于控制出血[66]。通过冻干制造的 PDA 海绵,不仅可以迅速吸收血液,还表现出 PDA 增强的组织黏附能力,通过创面阻塞、细胞聚集以及提高凝血因子浓度以加速凝血。

4.1.6 其他天然聚合物

除了上述用于制备伤口敷料的天然聚合物以外,基于其他天然聚合物如淀粉、纤维素、琼脂糖和肝素的敷料在伤口愈合中也显示出良好的治疗效果。例如,Eskandarinia 等基于 HA、淀粉和蜂胶之间的物理相互作用开发伤口敷料,该敷料具有源自蜂胶的良好抗菌活性,并由于 HA 的存在而促进了伤口愈合[67]。Mao 等报道了一种新型的纤维素基水凝胶,由于纤维素的羧酸基团在酸性介质中的质子化作用,该水凝胶显示出可逆的溶胀—收缩行为[68],这使得水凝胶能够实现可控且持续释放 Ag[+] 和 Zn[2+] 抗菌剂。在此基础上,添加可见光触发的 Ag/Ag@AgCl 纳米结构的光催化剂活性体系可以通过产生 ROS 来提高光催化性能,从而增强抗菌性能,这种协同的离子/光动力抗菌特性使水凝胶在伤口修复过程中表现出显著的抗菌活性。Ninan 等开发了一种新型的热固性和 pH 敏感水凝胶,该水凝胶由羧化琼脂糖和单宁酸(TA)组成,并与 Zn[2+] 交联。其可以通过 pH 依赖的方式溶胀和释放 TA,在伤口治疗方面显示出很大的潜力[69]。Zhang 等报道了通过聚阳离子 CS 与聚阴离子肝素和 γ—PGA 之间的静电相互作用制备的复合水凝胶。引入肝素后,水凝胶显示出降低的孔隙率和改善的机械性能。通过静电相互作用制备的水凝胶可以避免由于添加交联剂而引起的潜在细胞毒性。体内伤口愈合试验证实,水凝胶具有持续的超氧化物歧化酶释放能力,可通过加速上皮再生和胶原沉积促进糖尿病伤口的早期愈合[70]。

4.2　应用于伤口敷料的合成聚合物

4.2.1　聚乙烯醇

聚乙烯醇(PVA)是一种合成的半结晶生物相容性聚合物,具有生物相容性、高极性、良好的机械性能、可加工性和热稳定性,被广泛用于生物和医学领域,如软骨植入物、药物输送系统、伤口敷料和人造器官等[71-75]。

PVA 经受反复的冻融循环后会形成微晶,可作为水凝胶网络中的物理交联位点。例如,Hwang 等通过冻融的方法用 PVA 和葡聚糖制备的水凝胶敷料表现出良好的吸水率、水汽透过性和机械性能,可以显著促进伤口的愈合[76]。此外,通过将 PVA、木质素和壳聚糖混合,制备了一系列具有良好抗氧化活性的PVA—木质素—壳聚糖复合水凝胶,其对抑制金黄色葡萄球菌的生长有积极作用[164]。通过物理交联制备的 PVA 基水凝胶具有避免交联剂残留在水凝胶基质中的优点。但通过物理交联制备的 PVA 基水凝胶表现出较差的黏附性,具有与细胞的相互作用弱和生物活性不足等缺点。因此,通常实施额外的表面修饰步骤以进一步提高 PVA 基伤口敷料的生物活性。通过将明胶修饰到 PVA 水凝胶表面,其黏附性能得到改善,脂肪干细胞(ASC)的分化得以促进,并且与敷料共培养后,小鼠成纤维细胞 NIH—3T3 生长良好[74]。

基于化学路线制备的 PVA 水凝胶可大致分为两种主要方式,包括使用交联剂或辐射交联。例如,Yasasvini 等以浓盐酸为催化剂,戊二醛为交联剂,通过羟醛缩合反应制备了一系列 PVA 基水凝胶[77]。Zhang 等将可生物降解的琥珀酸接枝到 PVA 骨架上以获得羧基改性的 PVA(PVA—COOH),然后将其与壳聚糖混合,通过酰胺化反应制备 PVA 基水凝胶[78]。通过辐射交联制备的 PVA 基水凝胶也显示出巨大的应用前景。Nguyen 等通过辐射交联制备了负载有银纳米颗粒(Ag NP)的壳聚糖/PVA 水凝胶,在辐射交联过程中,以 PVA 为还原剂,可以还原 Ag^+ 产生 Ag NP。由于引入了 Ag NP,水凝胶对金黄色葡萄球菌和铜绿假单胞菌的生长显示出显著的抑制作用[79]。此外,将其他一些聚合物引入水凝胶体系中也可以增加交联密度,从而改善通过辐射交联制备的敷料的机械性能。例如,将壳聚糖引入 PVA/明胶体系中,通过辐射交联制备的 PVA/壳聚糖/明胶水凝胶显示出增强的拉伸强度,壳聚糖的引入还可以使红细胞附着在水凝胶上并刺激血小板释放凝血因子,从而促进和加速血液凝结[80]。

基于 PVA 的多孔材料也十分常见。Ma 等通过冻融循环过程和冻干成型来制备具有适当机械、物理和生物学特性的海藻酸钠/氧化石墨烯(GO)/聚乙烯醇纳米复合海绵[81]。结果表明,所制备海绵均表现出相互连通的孔结构,具有合适的孔隙率以促进细胞生长,GO 的存在可促进细胞增殖。负载诺氟沙星可以有效预防上皮组织的炎症,加速伤口愈合并防止瘢痕的形成。此外,Chen 等以壳聚糖和 PVA 为原料,通过 CO_2 气泡模板冷冻干燥法制备了壳聚糖—PVA 复合海绵[82]。复合海绵的吸水能力比使用传统自由干燥法制备的微孔海绵更高,显示出较高的止血活性和较强的抗菌能力。

Ahmadi 等通过静电纺丝制备了 PVA/壳聚糖纳米纤维(PCNWD)[83],可以加速糖尿病大鼠伤口愈合。Adeli 等利用静电纺丝制备了 PVA/壳聚糖/淀粉纳米纤维垫用作伤口敷料[84],可提供出色的细胞生长和增殖能力。为了增强 PVA 纤维的抗菌性能,Alavarse 等则将盐酸四环素负载于材料上[85],实现了药物在纳米纤维中的均匀掺入,前 2 h 内盐酸四环素的爆发释放可以清除创面细菌以促进伤口愈合。此外,He 等利用反复冻融混合溶液的方法制备了丝胶(SS)/聚乙烯醇(PVA)混合膜[86]。进一步将该膜浸入 $AgNO_3$ 溶液中,通过紫外线辅助绿色合成法在其表面原位合成了银纳米颗粒(Ag NP),负载 Ag NP 的敷料对大肠杆菌和金黄色葡萄球菌具有良好的抗菌活性。

4.2.2 聚乙二醇

聚乙二醇(PEG)是一种高度亲水的生物相容性聚合物,具有极低的毒性和免疫原性。PEG 基伤口敷料可避免网状内皮系统吸收,并通过稳定作用改善药物动力学。

因此,通常基于 PEG 开发用于伤口愈合应用的水凝胶药物载体,尤其是 PEG 及其衍生物,如双键 PEG、N—羟基琥珀酰亚胺(NHS)酯封端的 PEG、PEG 二酸、醛封端的 PEG、胺反应性 PEG 和硫醇化 PEG 等。双键 PEG 通常可以在引发剂的参与下，通过自由基聚合或迈克尔加成形成水凝胶网络。例如，Zhu 等通过自由基聚合，开发了一系列基于甲基丙烯酸甲氧基 PEG（mPEG－MA）/甲基丙烯酸氨基乙酯透明质酸（HA－AEMA）杂化水凝胶[87]。负载洗必泰后，可实现 10 d 的抗菌性。Song 等通过将含氨基的多肽与 NHS 酯封端的多臂 PEG 进行酰胺化反应，开发了一种新型 PEG 基水凝胶。由于 PEG 保持的肽段具有抗菌活性，因此其对金黄色葡萄球菌和大肠杆菌具有良好的抑制作用[88]。

Chu 等以羧基氧化石墨烯（GO－COOH）、PEG 和槲皮素（Que）为原料合成 GO－PEG/Que，随后负载到人工脱细胞真皮基质（ADM）支架的表面上构建胶原－纳米材料－药物混合支架[89]。ADM－GO－PEG/Que 复合支架在体外具有可控的药物释放能力，且可促进胶原蛋白沉积和血管生成，从而促进糖尿病伤口的愈合。

关于 PEG 基多孔伤口敷料的研究也十分常见。Kweon 等通过 PEG 单体在丝素蛋白存在下的光聚合反应，制备丝素蛋白和 PEG 组成的半互穿聚合物网络，以改善丝素海绵作为伤口敷料的力学性能[90]。Sharma 等通过冷冻凝胶技术，将 PEG 和明胶混合制备多孔晶胶[91]。该晶胶具有相互连通的多孔结构，为不同类型细胞的生长和增殖提供了微环境。

以 PCL 和 PEG 为主要原料，Bui 等通过静电纺丝技术制备了负载姜黄素（Cur）的 PCL－PEG 纳米纤维垫[92]。小鼠成肌细胞系 C2C12 在负载 Cur 的 PCL－PEG 纳米纤维垫上能够附着，生长和增殖，并对金黄色葡萄球菌具有良好的抗菌活性。白杨素（Chrysin，简称 Chr）是一种天然的黄酮，具有广泛的生物学功能，包括抗癌、抗炎和抗氧化等。但 Chr 在治疗水平上的生物利用度和体内稳定性较低，所以 Deldar 等通过优化静电纺丝参数成功制备了 Chr 负载的 PCL/PEG 纳米纤维垫[93]。人包皮成纤维细胞（HFF－1）在 Chr－PCL/PEG 纳米纤维垫上的存活率可以超过 80%，且该敷料在氧化应激条件下仍具有维持 HFF－1 细胞活性的能力。

4.2.3　PF127

FDA 批准的典型两亲三嵌段共聚物（Pluronic F－127，简称 PF127）由聚环氧乙烷－聚环氧丙烷－聚环氧乙烷（PEO－PPO－PEO）组成（图 4.5）。PF127 的 PPO 片段可用作疏水核心，为掺入亲脂性药物提供微环境，而其 PEO 片段则阻止了所掺入蛋白质的吸附和聚集。PF127 最显著的特征是其热可逆特性。PF127 在低温下是稳定的液态胶束相，具有良好的可注射性，可以填充任何不规则的伤口，随着温度的升高，它们通过自组装形成胶束并以凝胶的形式保留在伤口上[94-95]。

Li 等通过动态共价键和胶束化作用将苯甲醛改性的 PF127 与酰胺改性的

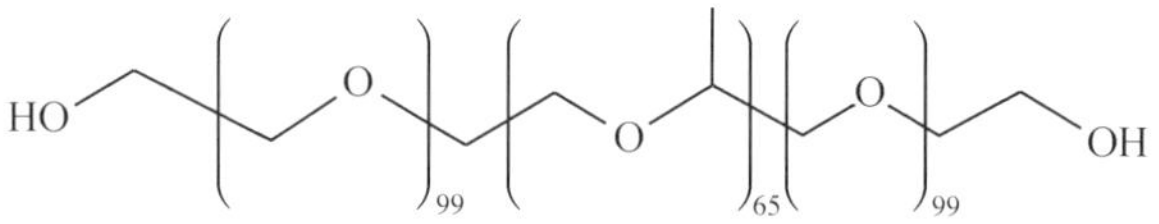

图 4.5　PF127 分子结构式

HA 混合以产生可注射的水凝胶,从而促进烧伤创面愈合[96]。Guo 等基于苯甲醛封端的 PF127(PF127－CHO),通过将动态席夫碱和共聚物胶束交联在一个体系中,制备了一系列具有优异机械性能的自愈合水凝胶。水凝胶体系中的 PF127 胶束可以充当动态微交联剂。在加载时,水凝胶可以通过胶束断裂来耗散能量,在卸载过程中,它们可以快速恢复到原始形状,并使水凝胶因变形而发生重组。总体而言,基于 PF127 的水凝胶在作为关节皮肤伤口敷料方面具有巨大潜力[97]。此外,作为一种典型的两亲性三嵌段共聚物,PF127 已被证实可以通过强疏水相互作用防止碳纳米材料如碳纳米管(CNT)的再聚集[98-101]以稳定分散[4, 98]。

4.2.4　聚丙烯酰胺和聚(N－异丙基丙烯酰胺)

聚丙烯酰胺(PAm)是通过丙烯酰胺(Am)单体的自由基聚合反应合成的。基于 PAm 的水凝胶的优异机械性能,其被作为制备水凝胶伤口敷料最常用的原材料之一。

Hou 等报道了一种 PAm 基水凝胶,其具有显著膨胀特性和高度多孔结构,可提供理想的潮湿/无菌和透气环境,从而促进伤口愈合[102]。Chen 等通过席夫碱反应将 Am 连接到多巴胺接枝的氧化海藻酸钠(OSA－DA)链上,然后在引发剂过硫酸铵存在下通过 Am 聚合形成水凝胶网络。水凝胶显示出细胞亲和力和组织黏附性,有利于伤口愈合过程中细胞的黏附和迁移[103]。

N－异丙基丙烯酰胺(NIPAm)单体通常用于赋予水凝胶热响应性,主要与 NIPAm 结构中的酰胺(—CONH—)和异丙基((CH_3)$_2$)基团有关。酰胺的亲水性基团与水分子之间的氢键使聚合物在低温下表现溶液状态,当温度升高时,氢键减弱,疏水基团($CH(CH_3)_2$)之间疏水相互作用增强,导致水从水凝胶骨架中释放出来而发生体积相变[104]。由于聚(N－异丙基丙烯酰胺)(PNIPAm)基水凝胶的液体释放在接近人体温度下进行,因此在药物控制释放领域有着广阔的应用前景,特别是在促进伤口愈合方面。

PNIPAm 基水凝胶还可与其他聚合物共聚,赋予水凝胶多种功能,可进一步满足伤口愈合过程的需求。Zhu 等报道了一种基于聚(聚乙二醇柠檬酸酯－co－NIPAm)的水凝胶,由于 NIPAm 的热敏特性,基质细胞衍生因子 1 可以被原位包裹[105]。此外,研究表明,将热敏 PNIPAm 刷以化学方法生长在 CNT－Fe_3O_4

（$Fe_3O_4-CNT-PNIPAm$）的表面,当温度高于最低临界共溶温度（LCST）时,所制备的光热温度敏感材料会从亲水性变为疏水性,然后迅速牢固地黏附在细菌或生物膜的表面,从而形成纳米剂－细菌聚集体以实现细菌捕获并通过 CNT 的光热效应,增强细菌杀灭能力,且该系统可在磁场作用下被移除[106]。

4.2.5 多肽

多肽基本上由短链氨基酸组成,这些氨基酸可以根据其高度有序的组装结构执行特定的生物学功能。Zhu 制备了一种 pH 响应型混合水凝胶,该凝胶是通过添加多肽作为交联剂而制备的。由于引入了多肽,其表现出生物相容性和酶促生物降解的优势[107]。具有固有抗菌活性的肽在伤口愈合中也显示出巨大的应用。例如,Wang 等设计了八肽（Ac－Leu－Lys－Phe－Gln－Phe－His－Phe－$Asp-NH_2$,IKFQFHFD）水凝胶,其在酸性环境中活化而显示出广谱抗菌活性[108]。此外,通过修饰多肽的结构来提高其生物活性同时改善水凝胶的机械性能也是研究热点之一。Wei 等通过漆酶介导的交联反应将阿魏酰修饰的肽（阿魏酰官能化的 L－三肽）与乙二醇 CS 结合,漆酶可以氧化阿魏酸中的酚基以实现水凝胶网络的共价交联,从而增强水凝胶的机械性能[109]。

4.2.6 其他合成聚合物

聚乳酸（PLA）、聚乳酸－乙醇酸共聚物（PLGA）和聚氨酯（PU）等合成聚合物在伤口愈合应用中也显示出良好的治疗效果。例如,Li 等报道了一种 PLA 纳米颗粒/水凝胶系统。首先通过开环共聚法将单体 L－乳酸（L－LA）和反向普郎尼克 10R5（10R5）合成了 PLA－10R5－PLA 嵌段共聚物。该共聚物水溶液在室温下为自由流动的溶胶,当温度升至 37 ℃时,无须任何交联剂或 UV 照射即可形成固体凝胶。将表皮生长因子（EGF）和姜黄素分散到具有热敏性和生物相容性的 PLA－10R5－PLA 水凝胶中,所制备的纳米颗粒/水凝胶通过促进肉芽组织形成、胶原蛋白沉积和血管生成而协同促进伤口愈合过程[110]。此外,研究表明外源乳酸的应用可以促进血管生成和伤口愈合[111-112]。Li 等制备了 PU 基水凝胶,通过原位合成技术引入了银纳米颗粒,这赋予了水凝胶对大肠杆菌和金黄色葡萄球菌良好的抗菌性能[113]。

4.3 应用于伤口敷料的脱细胞外基质

自体组织移植被认为是处理严重的创面或组织损伤的黄金标准,但其固有的局限性,如供体部位的发病率、低可用性和较高的失败率突出了替代策略的需求[114]。

细胞外基质(ECM)存在于所有组织和器官,主要由胶原蛋白、蛋白聚糖等基质大分子组成,由细胞和非细胞成分的混合物形成的组织良好的网络,其不仅为嵌入细胞提供物理支架,还调节包括生长、迁移、分化、存活、体内稳态和形态发生等诸多细胞过程[115],如图 4.6 所示,细胞外基质由在多个组织和不同物种之间共享的多个功能分子组成。在大多数情况下,ECM 由 I 型胶原蛋白以及非胶原分子(包括纤连蛋白、层粘连蛋白和糖胺醇)组成[118]。此外,细胞外基质不具有免疫原性,且生物学特性优于其他类型的敷料,可作为伤口敷料为创面修复提供良好的再生微环境。现有的策略难以获得与体内 ECM 相同结构的伤口敷料,因此,生物组织的脱细胞策略被报道用于开发 ECM 基质伤口敷料。

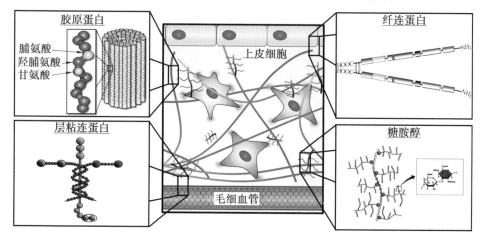

图 4.6　细胞外基质结构

脱细胞外基质(DECM)是将生物组织经过脱细胞处理后,除去引起宿主免疫排斥反应抗原,保留细胞外基质的三维空间结构,保留天然 ECM 胶原蛋白、蛋白聚糖等生物活性物质的一类生物材料[116]。DECM 是在去除细胞组分后保持细胞外基质(ECM)的结构和生化特性的生物支架,极大程度保留了包含在自然ECM 中的糖胺聚糖(GAG)、糖蛋白、生物活性因子和结构蛋白质的复合物,为伤口区域提供了适合细胞生长的结构支持和生物环境,改善和加速了伤口愈合进程[117]。

目前,已建立脱细胞后残留 DNA 可接受量的最低标准,具体如下:①50 ng dsDNA 每毫克干重;②DNA 片段长度<200 个碱基对。此外,在脱细胞过程中对 ECM 的损害应减至最小,以便保留天然 ECM 固有的分子[116]。

在过去的数年,研究人员经过大量的研究,报道了多种源自同种异体(主要源自尸体供体)或异种来源(猪、鱼、鼠、牛)的脱细胞细胞外基质材料。这些材料主要源自同种异体/异种的皮肤、腹膜、肠组织、羊膜/绒毛膜和真皮皮瓣组织等[114, 119]。本节将现有的脱细胞基质材料按照基于供体部位的不同分类,大致介绍不同来源的脱细胞基质创面敷料。

4.3.1　脱细胞真皮基质

真皮是位于皮肤中表皮下层,由胶原蛋白、弹性蛋白、原纤维蛋白和糖胺聚糖组成的一厚层致密纤维和弹力组织,提供了半刚性但又有弹性的支撑系统,可防止外伤造成的伤害,并为上方的表皮提供结构和营养支持。此外,真皮包含的丰富神经末梢使其在体温调节以及本体感觉中起主要作用[120]。因此,尽管真皮中充满了伤口愈合所必需的元素,但该层中的细胞(如汗腺、神经末梢)富含抗原物质,因此无法进行常规的同种异体移植或异种移植。研究人员通过大量的努力,已经设计出多种专有方法,从供体来源中获取去除细胞成分后能够维持ECM 的结构和生化特性的脱细胞真皮基质(ADM),用于改善伤口愈合和减少挛缩和瘢痕组织形成[117]。需要指出的是,当供体是人类的情况下,需要进行组织筛查,主要检测诸如艾滋病和肝炎等传染性疾病[120]。总体来说,ADM 的开发与使用规避了由于细胞成分引起的免疫排斥,有效降低了伤口区域瘢痕组织填充,为缺失真皮空白区域的生物替代物提供了新的思路和材料。

目前,市售的 ADM 的伤口敷料主要供体来源是人类捐献,基于人类供体开发的 ADM 产品主要有 AlloDerm™ Regenerative Tissue Matrix(RTM)、FlowerDerm™ Acellular Dermal Allograft(ADA)等。

AlloDerm™ RTM 是美国 FDA 批准的首批脱细胞基质材料之一,是市场上最普及的产品之一,使用前在抗生素盐水溶液中进行水合,随后用同种异体角质形成细胞、脂肪干细胞、成纤维细胞和脐静脉内皮细胞对 AlloDerm™进行体外再细胞化,以生产生物皮肤替代物[114]。在将其施用于伤口部位后,AlloDerm™ RTM 表现出细胞浸润和新血管形成,对于烧伤创面具有良好的治疗效果[121-122]。FlowerDerm™ ADA 是一种脱细胞的同种异体皮肤移植物,是由蛋白聚糖、透明质酸、胶原蛋白、纤连蛋白和弹性蛋白组成的 ECM,通常被用作伤口覆盖物的皮肤替代物。

基于人类供体开发的 ADM 伤口敷料在软组织开放性伤口的覆盖方面变得越来越流行。但通过尸体捐赠的皮肤移植物通常是老化且不健康的,并且其使用存在道德问题[123-125]。此外,人体组织来源的缺乏仍然是一个挑战[126]。

因此,目前除了源自人类供体开发的市售 ADM 的伤口敷料以外,研究人员还开发了一些基于异种的 ADM。目前依赖的动物来源主要有猪、牛和鱼的皮肤,目前基于猪皮获得的商品敷料主要有 Strattice™、Permacol™、Bard CollaMend™ Implant;基于胎牛皮获得的商品敷料主要有 PriMatrix™ 和

SurgiMend™ PRS；基于鱼皮获得的商品敷料主要有 Kerecis™ Omega3 Wound[114]。上述的 ADM 伤口敷料同样也表现出良好的治疗效果。Strattice® 是一种非交联的猪真皮脱细胞基质，被广泛用于乳房重建和腹壁修复。与市售合成的可吸收的聚乳酸（Vicryl®）相比，在接受感染性切口疝治疗的患者中，Strattice® 处理后的术后创面修复率升高和手术部位感染率显著降低，使用 Strattice® 的患者 2～3 年间无复发率均为 82%[127]。

除了上述市售的 ADM 伤口敷料外，研究人员也投入了大量的精力研发来源更为广泛、更具成本竞争力的新型异种来源 ADM 伤口敷料。例如，Xie 等通过用 $CaCl_2$－乙醇－H_2O（三元）溶液处理猪真皮，获得了一种透明、均质且多孔的猪脱细胞真皮基质[125]。猪脱细胞真皮基质保留了 ECM 完整性，并表现出具有合适的弹性和天然的连通孔，为细胞迁移和生长提供 3D 微环境（图 4.7）。进一步的伤口愈合试验表明，通过上述策略制备的猪脱细胞真皮基质处理组的伤口闭合率为 92.2%，高于商业产品（85.1%）和空白组（82.2%）。进一步的组织学分析表明，猪脱细胞真皮基质对于伤口区域早期炎症的抑制、肉芽组织的填充、成纤维细胞向伤口部位的迁移，以及胶原的代谢均有促进功能。

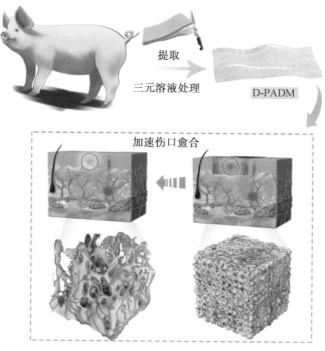

图 4.7　猪脱细胞真皮基质的制备及创面修复[125]

除了直接使用 ADM 作为伤口敷料外，研究人员将 ADM 支架作为增强细胞分布和存活的载体，以促进伤口愈合。例如，研究人员将脂肪干细胞（ASC）接种在经超临界二氧化碳($scCO_2$)处理的 ADM 中,改善了在组织再生过程中直接注射 ASC 导致细胞分布不均、迁移和增殖的存活率较低等弊端。使用 $scCO_2$ 的脱细胞技术具有无溶剂残留、无异味且完全溶解和去除了包括脂质在内的碳氢化合物等优势[128]。在经 $scCO_2$ 处理的 ADM 支架上,观察到增强的 ASC 细胞增殖、生长和分化。研究表明,在伤口组织周围注射 ASC 可通过促进细胞分化和血管生成增强愈合能力。因此,ASC 在外周动脉疾病下肢慢性溃疡的治疗中可加速伤口愈合[129]。

但是,使用脱细胞牛皮、猪皮可能会增加例如牛海绵状脑病、蓝耳病(猪)、猪流感和口蹄疫病例等畜共患病毒传播[130]。因此,国家药品监督管理局已将基于脱细胞猪皮、牛皮开发的 ADM 伤口敷料列入最高风险等级的产品予以监管[131]。近年来起源于鱼类的生物材料由于其出色的生物学特性、丰富的可再生供应、低人畜共患病风险逐渐引起了人们的关注。在鱼类工业中,一条鱼总重量的 75% 左右都是视为不用的,其中大部分是皮肤、骨骼和鳞片[132]。因此,制造鱼类来源的生物材料是一种有前途的方式,可以利用这些尚未开发的资源并扩展用于组织再生的新疗法[126]。脱细胞鱼皮组织继承了鱼胶原蛋白生物材料的优点,保留了其天然结构,并且具有与人类皮肤相似的显著优势[126]。美国食品药品监督管理局(FDA)于 2013 年批准了首例脱细胞鱼皮产品($Kerecis^{TM}$)用于创伤修复/创面护理[131]。

相关的科学研究也在同步展开,以进一步开发脱细胞鱼皮伤口敷料。例如,新加坡国立大学的 Swee-Hin Teoh 教授及其合作者通过对罗非鱼皮肤经过一系列化学和酶处理去除细胞物质以获得脱细胞鱼皮支架,为组织工程应用中鱼源脱细胞材料提供了新的思路和材料[195]。在对罗非鱼鱼皮进行脱细胞处理后,罗非鱼鱼皮显示出明显的黑色素流失。脱细胞处理后,天然罗非鱼鱼皮表面交叉模式被保留在脱细胞的皮肤中(图 4.8)。脱细胞罗非鱼皮肤的矢状切面 SEM 图片显示,与天然罗非鱼皮肤的矢状切面相比,脱细胞后胶原纤维变得更松散。这意味着脱细胞过程对皮肤表面影响较小,且能够保持天然罗非鱼层状结构,但是内层变得更松散和多孔。在该项研究中,基于脱细胞罗非鱼皮开发的支架对于大鼠颅骨的骨诱导与再生。

目前除了研究广泛的罗非鱼用作异种供体外,研究人员使用青鱼鱼皮作为脱细胞支架来源,开发了脱细胞青鱼皮用于创面修复。青鱼作为我国"四大著名家养鱼"之一具有很高的年产量,且分布广泛。与罗非鱼相比,青鱼具有生长速度快且尺寸大等优势,因而可提供更多的皮肤,从而具有极大的开发与应用前景。Wei 等通过去除了免疫原性的细胞组织,获得了保留天然 ECM 结构的青鱼鱼皮脱细胞基质(acellular fish skin,AFS)[196]。对所获得的 AFS 进行组织学染色,可以看到 AFS 具有无细胞的多孔结构,主要由胶原纤维构成(图 4.9)。SEM

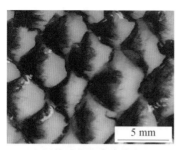

(a) 天然罗非鱼皮肤外表面

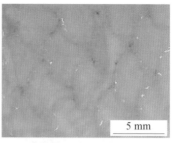

(b) 脱细胞罗非鱼皮肤外表面

(c) 天然罗非鱼皮肤表面的SEM图像

(d) 脱细胞罗非鱼矢状切面的SEM图像

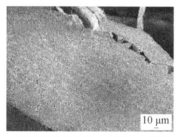

(e) 天然罗非鱼皮肤表面的SEM图像

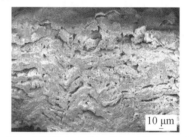

(f) 脱细胞罗非鱼皮肤矢状切面的SEM图像

图 4.8　罗非鱼皮肤脱细胞前后的图像

图像证实了青鱼鱼皮皮肤的天然三维结构被保留,具有致密的表皮层、叠层中间层和松散的基底层。在叠层中间层中,厚胶原蛋白纤维排列合理,由相互连接的微孔结构组成。表皮层的 SEM 图像显示出紧密排列的胶原纤维。AFS 具有高水平的多孔微结构、吸水率、亲水性、渗透性、机械强度和生物相容性。此外,使用大鼠全层皮肤缺损模型来证明 AFS 通过促进血管生成、胶原蛋白合成和减少炎症反应作为伤口愈合的局部治疗材料的可行性和功效。

可以发现,ADM 提供了具有天然组织组成和结构的支架材料,能够通过包括趋化特性、生长因子释放和免疫应答调节在内的多种机制促进创面建设性重塑。因此,直接使用基于 ADM 开发的伤口敷料对于创面具有良好的治疗效果。此外,ADM 协同其他类型的生物材料,对于创面同样表现出良好的治疗效果[133-134]。

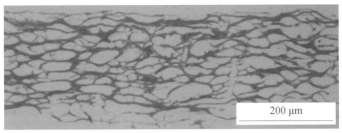

(a) AFS的组织学染色照片

(b) 处于不同放大倍数AFS横截面的SEM图像

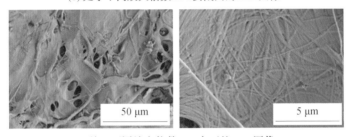

(c) 处于不同放大倍数AFS表面的SEM图像

图 4.9　AFS 的组织学照片

　　例如,Dhara 等将大鼠皮肤脱细胞基质与壳聚糖衍生物复合,开发了一种由壳聚糖和 ADM 组成的水凝胶生物活性伤口敷料[134]。研究人员首先将具有抗氧化性能的洋葱皮衍生的纳米点(Nanodot,ND)加入到含有壳聚糖和 ADM 的预凝胶溶液中,随后调节 pH 至 7.4,此时胶原蛋白原纤维达到等电点,并且纤维彼此靠近,形成物理凝胶(图 4.10)。胶原蛋白是 ADM 的主要成分,可在生理 pH 和温度(即中性 pH 和 37 ℃)下保持其三维结构。

　　ROS 在炎症阶段由巨噬细胞/中性粒细胞产生,是伤口愈合级联反应的重要参与者,能调节入侵病原体的裂解。非吞噬细胞(如成纤维细胞)在受到炎性细胞因子(如 PDGF、TNF－α、EGF 和白介素－1)刺激时也会产生 ROS。但是,伤口部位存在过量的 ROS 将导致伤口区域氧化应激失衡,这些过度水平的自由基将诱导细胞氧化剂/抗氧化剂平衡的破坏,并导致酶失活、DNA 破裂和脂质过氧化的发生,这进一步导致伤口部位皮肤组织的损伤并延长了伤口愈合过程。因

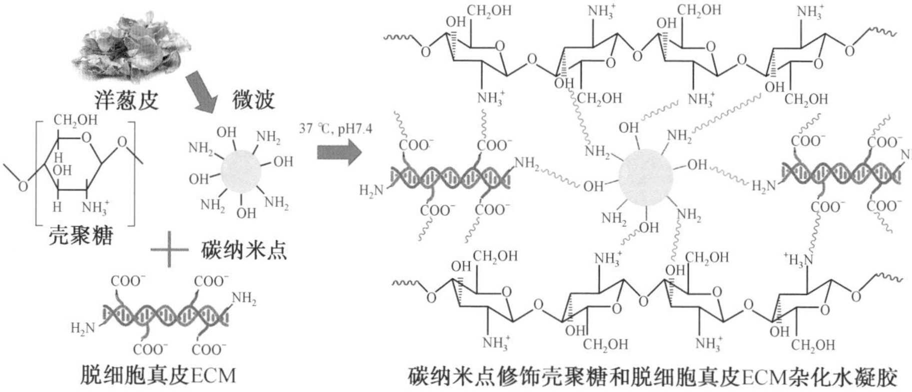

洋葱皮 → 微波

壳聚糖

＋ 碳纳米点

脱细胞真皮ECM

37 ℃, pH7.4

碳纳米点修饰壳聚糖和脱细胞真皮ECM杂化水凝胶

图 4.10　水凝胶制备流程

此，在该项研究中，通过引入具有 ROS 清除能力的 ND 有望减少或清除伤口区域 ROS，从而保护细胞或组织免受损伤，以加速伤口愈合过程。此外，干细胞递送的主要限制是由于伤口区域中的高氧化应激，其对免疫排斥的敏感性和低保留率导致细胞在体内的存活率低。在该项研究中，得益于 ND 良好的抗氧化能力以及生理条件下的凝胶化行为，抗氧化复合水凝胶为干细胞提供了基质，不仅可以增强不利条件下干细胞的存活率，还可以降低宿主的免疫反应，以协同加速伤口愈合。

　　然而，部分报道指出，ADM 致密的超微结构表现出与创面区域延迟整合，最终导致缓慢的组织重塑，且部分临床数据表明经由 ADM 治疗的患者中出现了包括伤口裂开、皮肤坏死和感染等并发症[118, 135]。因此，促进 ADM 与周围组织的整合，改善细胞繁殖，可能会减少并发症并改善实际治疗效果。尽管研究人员已经尝试多种自上而下的方法，例如将材料粉碎成粉末、将其溶解成凝胶或选择性去除 ECM 成分以制备工程化的伤口敷料以改善 ADM 的主要局限性，但是实现天然来源的脱细胞材料结构和构型的可控性依旧是目前亟待解决的问题[136]。Kyriakides 等在 2018 年的一项研究中提出对源细胞进行基因操作，以实现工程细胞衍生基质（CDM）中进行自下而上控制的新思路。在这项研究中，研究人员选择血小板反应蛋白 2 缺失（TSP－2 KO）的小鼠作为 ADM 的来源。TSP－2 是一种抗血管生成的基质细胞蛋白，在 ECM 的产生和重塑及受伤后都高度表达，可调节 ECM 组装和胶原纤维形成。TSP－2 的缺乏可能会导致不规则胶原蛋白原纤维的产生，且 TSP－2 KO 的小鼠脱细胞基质中结构和力学性能发生了变化，并显示出增强的细胞重塑和整合。这意味着与传统 ADM 相比，通过对源细胞进行基因操作获得的 ADM 对伤口的愈合能力得到了改善。组织化学染色结果显示出与野生型小鼠 ADM 相比，TSP－2 KO 小鼠 ADM 结构松散，且机械强度明显下降,具体表现为在破坏时具有降低的弹性模量和极限抗拉强度(图 4.11)。

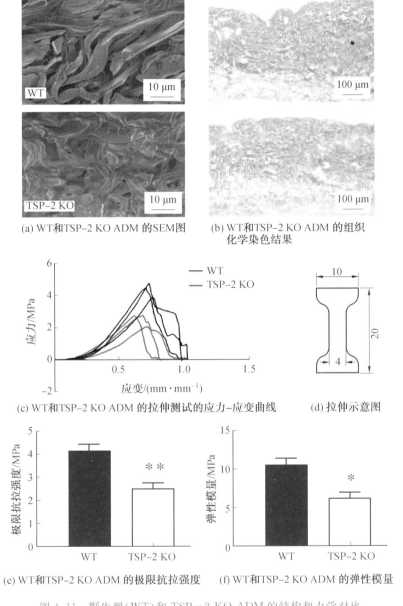

(a) WT和TSP-2 KO ADM 的SEM图

(b) WT和TSP-2 KO ADM 的组织
化学染色结果

(c) WT和TSP-2 KO ADM 的拉伸测试的应力-应变曲线

(d) 拉伸示意图

(e) WT和TSP-2 KO ADM 的极限抗拉强度

(f) WT和TSP-2 KO ADM 的弹性模量

图 4.11　野生型(WT)和 TSP-2 KO ADM 的结构和力学对比

4.3.2　脱细胞间皮

间皮是位于大腔(腹膜、心包和胸膜)壁上的简单鳞状上皮,有一层坚固且薄的 ECM,可支持间皮细胞的快速愈合。目前还尚未有关于脱细胞胸膜的皮肤应用的报道,因此本节将大致介绍基于心包和腹膜制备的市售脱细胞基质,并结合现有的研究进展大致介绍脱细胞间皮发展趋势[137-138]。目前市场上可获得的脱细胞间皮基质主要来源于猪、牛、马等,常用于包括皮肤、血管组织和瓣膜置换在内的软组织再生。

(1)猪来源脱细胞间皮基质。

已市售的猪来源脱细胞间皮基质产品主要有 Zmatrix™、Neomem® FlexPlus、Meso BioMatrix Surgical Mesh 等。Zmatrix™是一种市售的猪腹膜脱细胞支架,保存胶原蛋白以及包括层粘连蛋白、纤连蛋白、弹性蛋白和糖胺聚糖在内的细胞外成分。Neomem® FlexPlus 是衍生自猪腹膜的脱细胞单层胶原膜,在兼具生物力学性能基础上的评估结果表明该膜具有适应手术部位轮廓的能力。Meso BioMatrix Surgical Mesh 是源自猪腹膜的无细胞外科手术基质,经过加工可以保留天然的细胞外基质成分,包括胶原蛋白、蛋白质和生长因子。具有可缝性,且支持宿主细胞整合和血运重建等优势。

(2)牛来源脱细胞间皮基质。

牛来源脱细胞间皮基质产品也相对比较多,常见的有 Veritas®、Lyoplant® 和 Perimount 等。Veritas®是一种非交联的牛心包组成胶原蛋白基质,是可植入的多用途生物材料。Lyoplant® 是一种冻干的牛心包纯胶原蛋白植入物,具有高抗张强度可防止缝线拔出、高液密性可防止脑脊液漏出以及适应解剖结构等优势,被指定为神经外科手术中硬脑膜修复的硬脑膜替代物。Perimount 是一种牛心包瓣膜产品,该生物瓣膜由瓣叶、瓣架、瓣座和缝合环构成。瓣叶材料为牛心包膜,瓣架由外包聚酯布的 Elgiloy 合金构成,缝合环由外包聚四氟乙烯布的硅橡胶构成,缝线材料为聚丙烯。该生物瓣膜适用于进行天然或人工二尖瓣/主动脉瓣置换术的患者。

(3)马来源脱细胞间皮基质。

马来源脱细胞间皮基质产品主要有 Unite™ Biomatrix、DurADAPT™ 等。Unite™ Biomatrix 是一种新型胶原蛋白伤口敷料,在保留天然胶原型架构的基础上,具有良好的力学强度,可支持自然愈合环境,具有柔韧但耐用、安全且生物相容等优势。DurADAPT™是一种马心包的脱细胞生物植入物,用于修复硬脑膜并防止脑脊液(CSF)泄漏,具有与天然硬脑膜相似的触感,也可以防止粘连。

事实上,基于脱细胞外基质制备的伤口护理敷料产品均面临伤口环境中存在的过量基质金属蛋白酶和其他蛋白酶会使其迅速降解的挑战。因此,现有的研究关注对富含基质金属蛋白酶和其他蛋白酶的伤口部位的酶促降解具有抵抗力,且兼具良好的生物力学和生物相容性的柔性伤口护理敷料。心包密集的组织结构由许多与血管组织相同的蛋白质和聚糖组成,包括胶原蛋白、弹性蛋白、原纤维蛋白和纤连蛋白等。因此,大多数稳定的胶原蛋白基质敷料是基于心包生物基质制备，以保证其在使用过程中不被生物体快速降解，这点从市售的产品中也不难发现。

在近期的一项研究中，Sen 等系统地评估了交联的脱细胞马心包胶原蛋白基质（sPCM）的理化性能[197]。sPCM 是一种脱细胞的稳定化（交联）马心包胶原蛋白基质，具有胶原蛋白的天然结构。该基质对蛋白水解酶的降解具有抵抗力。水合后的 sPCM 还显示出与正常健康的皮肤类似表面形貌。因此，sPCM 展现出与健康皮肤更加吻合的特性，很可能有利于支架与创面整合，以促进伤口愈合。此外，研究发现，sPCM 还能够激活内源性抗菌防御系统，减少生物膜形成。

4.3.3　脱细胞肠

在各种生物医学和组织工程应用中研究最多的脱细胞基质之一来自肠。由于细胞因子和生长因子在脱细胞后得以保存，肠支架的使用已得到广泛评估[138]。

目前市售的脱细胞肠基质制备的伤口敷料主要有 OASIS® Burn Matrix、OASIS® MICRO 和 OASIS® Ultra Tri－Layer Matrix 等。OASIS® Burn Matrix 是一种源于两层猪小肠黏膜下层（SIS）天然的脱细胞外基质（ECM），提供完整的三维细胞外基质结构，允许宿主细胞迁移，具有适宜的厚度易于固定和保留缝线。OASIS® MICRO 是由猪小肠黏膜下层的微粉化脱细胞外基质组成，保留了基质分子的天然组成，为细胞迁移和毛细血管生长提供了支架，并为伤口处理提供了维持和支持的愈合环境。OASIS® Ultra Tri－Layer Matrix 是一种源于三层猪小肠黏膜下层的天然脱细胞外基质，可用于宿主细胞迁移。

目前可获得的市售脱细胞肠基质伤口敷料基本源自脱细胞小肠黏膜下层。脱细胞小肠黏膜下层是以小肠黏膜下层为原料，通过脱细胞、成型和灭菌等工艺制备而成的膜状材料，主要成分为Ⅰ、Ⅲ型胶原和少量的其他类型胶原，还包含少量的纤维连接蛋白、层粘连蛋白和生长因子等生物活性成分（如血管内皮生长因子、转化生长因子、碱性成纤维细胞生长因子和表皮生长因子等），具有生物相容性高、生物可降解和可吸收等优点，在组织重建与创面修复方面具有很大优势[140]。目前，脱细胞小肠黏膜下层基质已被用于肌腱、硬脑膜、腹壁和皮肤等组织的修复或重建。临床研究表明，在接受脱细胞小肠黏膜下层基质治疗的慢性腿部溃疡患者中，有 55% 的患者实现了完全的伤口闭合。脱细胞小肠黏膜下层基质处理后可以提升治愈率并减少溃疡复发的发生率[138]。除了直接使用脱细胞小肠黏膜下层基质外，在多种组织缺损动物模型中，干细胞与脱细胞基质联合使用可提高再生效果。这主要是归因于间充质干细胞分泌多种营养因子，具有多种生物学功能，包括免疫调节、抗炎、促细胞增殖和抗凋亡、促血管生成和抗纤维化功能，其还具有多向分化能力。因此，脱细胞支架与干细胞的结合有望提高复合支架组织再生的性能[141]。

除了小肠黏膜下层被广泛研究外,通过结合猪空肠去细胞部分制备生物血管支架(BioVaSc)和定制的生物反应器系统,将人成纤维细胞、角质形成细胞和人微血管内皮细胞接种到脱细胞的 BioVaSc 后,观察到人真皮和表皮的特定组织学结构,包括真皮－表皮交界处的乳头状结构的生成。这意味着基于脱细胞的猪空肠支架制备的血管化的皮肤等效物有利于皮肤屏障的产生,在治疗深层皮肤伤口方面具有应用前景[142]。

4.3.4　脱细胞膀胱

猪脱细胞膀胱基质(urinary bladder matrix,UBM)来源于膀胱内壁。与其他生物衍生材料相比,UBM 采用较温和的加工工艺制造,而无须使用刺激性的去污剂或其他化学试剂,在经分层、脱细胞、消毒及冻干等处理后更易保留完整的基底层,如上皮基底膜,以促进上皮和内皮细胞的增殖[143]。

目前市售的 UBM 产品主要有 Cytal® Burn Matrix、Cytal® Wound Matrix 和 MicroMatrix®。Cytal® Wound Matrix 是由天然存在的脱细胞膀胱基质组成,是适用于急性伤口和慢性伤口的一类非交联生物支架,为创面区域细胞浸润和新血管化提供支架。MicroMatrix® 适用于急性伤口和慢性伤口,其以粉末形式存在,可与 Cytal® Wound Matrix 同时使用,可以与伤口充分接触。

UBM 已在临床前和临床应用中进行了广泛的研究,并显示出人体适当部位组织沉积的特征性反应。临床前证据显示,应用后细胞迅速渗入 UBM,随后产生强烈的血管生成反应和新的宿主组织沉积[119, 144]。此外,UBM 可以促进 M2 表型巨噬细胞生成,从而促进正常的愈合进程。在使用 UBM 治疗之前和之后的糖尿病患者和非糖尿病患者的伤口中测量了与 M1 和 M2 巨噬细胞相关的 mRNA。与非糖尿病患者相比,糖尿病患者的伤口组织显示出 M1 与 M2 比例升高,表明治疗前的促炎状态更高。使用 UBM 治疗后,糖尿病患者个体 M1 与 M2 比例明显降低[145]。UBM 促进伤口炎症调节的机制可能是多方面的。UBM 分为可溶部分和结构部分,其中,可溶部分有助于抑制炎症介质以及增加吞噬作用[146];结构部分降低了巨噬细胞吞噬活性并促进 M2 表型转化。此外,通过激活过氧化物酶体增殖物激活受体 γ 信号传导,巨噬细胞接种到 UBM 上后会诱导其向 M2 极化[145]。

4.3.5　脱细胞羊膜

羊膜是胎膜最里层厚 0.02～0.05 mm 的薄膜,环绕子宫中的胎儿,从顶部到底部主要由上皮层、基底膜、致密的 ECM 层、成纤维细胞层和海绵层组成,具有一定韧性、无血管、神经和淋巴管的半透明组织。羊膜具有低抗原性、抗纤维化、抗炎、抗新生血管生成作用,作为一种生物材料已广泛应用于临床[147]。

1910 年,戴维斯(Davis)率先报道了在皮肤移植中使用胎膜作为外科手术材料。从那时起,已经证明羊膜具有抗炎、抗成纤维细胞和抗微生物的特性,并且还具有较低的免疫原性。此后,将羊膜用于外科手术中其他多种用途,包括将其用作生物敷料来治疗皮肤伤口、烧伤和慢性腿溃疡,以及在手术过程中预防组织黏附。羊膜移植在 20 世纪 40 年代被引入眼科领域,用于治疗眼灼伤。从那时起,羊膜被广泛应用于眼表重建。例如,在治疗角膜糜烂时,被用作促进正常角膜或结膜上皮发育的基质[148]。

研究表明,脱细胞羊膜在保留了羊膜基底膜与致密层的同时,不含羊膜上皮细胞,是一种特殊的细胞外基质。脱细胞羊膜在满足上述需求的同时,作为移植的基底膜对于组织修复显示出良好的促进效果。临床上主要使用新鲜羊膜、深冷保存羊膜、脱细胞羊膜(也称羊膜细胞外基质)。其中,源自胎盘新鲜剥离的羊膜的不足主要在于胎盘难以及时获取、供体检测费时等,可能会耽误临床急诊患者的治疗,且因一次性使用,浪费极大。通过深冷保存的含有上皮细胞的羊膜受限于制备技艺复杂、保存成本高,因此使用也受到限制[149]。所以,优化储存过程中羊膜移植物的稳定性和现成的可利用性,保持羊膜移植物天然结构的同时努力保持其生物学活性和临床有效性,以提供安全有效的羊膜移植物仍是目前研究的热点之一[150]。

目前市售的脱细胞羊膜伤口敷料主要是基于人羊膜制备的,人羊膜由厚的基底膜和无血管基质组成,新鲜的人羊膜含有胶原蛋白、纤连蛋白、透明质酸,以及生长因子、细胞因子和抗炎蛋白等,具有重要的抗炎和抗瘢痕形成作用,可以减轻疼痛并防止伤口脱水,促进上皮形成[151]。常用的市售脱羊膜产品有 AmnioExcel®、EpiFix® 和 BIOVANCE® 等。

AmnioExcel® 是具有完整细胞外基质的脱水人羊膜来源组织同种异体移植物,可提供结构组织以促进软组织修复、置换和重建。具有维持必要的伤口愈合生长因子水平、完全可吸收等优势,用于治疗急性和慢性伤口。EpiFix® 同种异体移植物是一种基于胎盘的组织产品,可作为屏障并提供保护性环境以促进愈合。其含多种因子:包含血小板衍生的生长因子 A 和 B,可促进结缔组织中的细胞增殖并促进愈合;包含表皮生长因子,可促进上皮细胞增殖;包含转化生长因子,可促进正常伤口愈合;包含成纤维细胞生长因子,可促进细胞增殖。此外,其具有充当屏障、调节炎症并减少瘢痕组织形成的功效。该产品广泛用于治疗急性和慢性伤口。BIOVANCE® 同种异体移植物是一种脱细胞、脱水的人羊膜脱细胞组织产品,具有保留的天然上皮基底膜和完整的细胞外基质结构及其生化成分。上皮基底膜和细胞外基质提供了一种天然支架,可以使细胞附着或浸润以及储存生长因子。

此外,除了直接使用脱细胞羊膜作为创面敷料外,复合材料的制备也是目前研究的热点之一。研究人员开发了一种基于生物脱细胞的人羊膜的 3D 双层支架,支架顶部通过静电纺丝技术引入黏弹性纳米纤维丝素蛋白。所获得 3D 双层支架与单独的人羊膜相比,机械性能得到显著改善。在双层支架上培养 7 d 时,脂肪干细胞(ASC)显示血管内皮生长因子和碱性成纤维细胞生长因子的表达增加。结果表明,具有 AT—MSC 的双层支架具有优异的细胞黏附和增殖以及生长因子的产生性能,这对于皮肤再生非常有利[152]。

4.3.6 脱细胞皮瓣

脱细胞真皮的局限性是缺乏表皮和皮下组织结构。皮瓣由健康的皮肤、脂肪和皮肤、脂肪和肌肉组成。临床上,皮瓣用于覆盖严重伤口。在细胞培养试验中,脱细胞皮瓣可支持成纤维细胞和脂肪干细胞的存活和增殖。在重建手术中,通常使用患者组织的转移(自体皮瓣)来修复由手术、外伤、慢性疾病或畸形引起的大型软组织缺损[153]。然而,这种策略并非总是可行的,并且经常在组织的供体部位产生继发性缺陷。工程化的软组织皮瓣移植物可以为自体皮瓣组织提供临床相关的替代方法。在一项近期的研究中,研究人员通过灌注设备将来源于尸体捐赠者的大型(>800 mL)同种异体皮瓣人源性脂肪皮瓣进行脱细胞,所获得的脱细胞皮瓣去除了所有免疫原性细胞成分,是一种通用的、现成的无细胞异体瓣,该异体瓣可以与受体患者的细胞进行再细胞化,从而为重组大体积软组织缺损提供组织工程化的替代物,并保留了组织的结构成分和血管网络,以用于软组织重建和修复[153]。

但是,前文已介绍,源自尸体捐赠者的同种异体皮瓣仍存在一些问题,例如通过尸体捐赠的皮肤移植物通常是老化且不健康的,并且其使用存在道德问题等。对此,需开展相关的研究以提供工程化的软组织皮瓣移植物作为自体皮瓣或同种异体皮瓣组织临床相关物。研究人员使用灌注脱细胞方案,对大鼠腹股沟皮肤/脂肪组织皮瓣进行处理,制备了包含 ECM 和完整脉管系统的脱细胞皮肤/脂肪组织皮瓣(DSAF)[154]。DSAF 由胶原蛋白和层粘连蛋白以及保存完好的生长因子(血管内皮生长因子、碱性成纤维细胞生长因子等)组成,有显著的血管蒂、微循环血管和感觉神经网络,并且很好地保留了 3D 纳米纤维结构,可成功地被人类脂肪干细胞(hASC)和人脐静脉内皮细胞(HUVEC)重新填充。

4.3.7 其他脱细胞外基质产品

目前脱细胞产品主要源自同种异体/异种的皮肤、腹膜、肠组织、羊膜、绒毛膜和真皮皮瓣组织等,且大量的产品已经被开发并显示出良好的治疗效果与组织再生能力。除了上述来源的脱细胞产品外,市售的产品还有来源于肝脏组织的脱细胞产品,如 MiroDerm®。MiroDerm® 是一种非交联的无细胞伤口基质,源自高度血管化的猪肝,旨在处理急慢性伤口和手术伤口等。

相关科学研究也在逐步展开,以探究不同组织的脱细胞基质对组织再生的促进。例如,Chen 等报道一项关于猪胸主动脉无细胞内膜作为一种新型异种移植物的潜在应用。通过对猪源主动脉内膜进行脱细胞处理,制备了基于主动脉内膜的无细胞内膜异种移植物[155]。主动脉动脉壁由外膜、中膜和内膜组成。外膜是血管的坚固外层,中膜是中间层,内膜是内层,由一层平滑的内皮和基底膜组成。基底膜富含 ECM 分子,包括胶原蛋白、糖胺聚糖(如硫酸乙酰肝素)、蛋白聚糖和糖蛋白等,这些成分都有利于加速伤口愈合。使用无细胞内膜异种移植物后发现,异种移植物的较大孔径有利于气体交换,有助于清除多余的渗出液,可能进一步促进伤口愈合。移植物还允许细胞穿透、附着和在支架的内表面增殖。此外,较松散的胶原纤维也增加了生物活性物质的暴露且在移植物处理的创面愈合过程中显示出促进血管生成的功能。相似的研究通过对绵羊主动脉内膜进行脱细胞处理,获得的纯天然、均匀且高度组织化的脱细胞支架[156],进一步实现了移植物内部的有效体外再细胞化,并保持了自体间充质干细胞的生存能力。该支架在引导和支持间充质干细胞排列和增殖方面具有良好的效果,指导了间充质干细胞在兔模型腹股沟疝修复中的生长、分布和功能化。

4.4　应用于伤口敷料的纳米材料

4.4.1　贵金属纳米颗粒

银纳米颗粒具有良好的抗菌、抗癌、促血管生成和生物传感特性而长期用于各种生物医学应用[157]。自公元前 5 世纪,已有基于银的创面敷料使用的报道。自 19 世纪以来,银的抗菌活性机理被建立,且表现出广谱的抗菌特性,可以有效对抗多种需氧、厌氧、革兰氏阳性和革兰氏阴性细菌。此外,银纳米颗粒可以通过促进抗炎作用而具有促伤口愈合的潜力、银纳米颗粒对再上皮形成过程和成纤维细胞向肌成纤维细胞的分化有积极作用,从而可在愈合过程中加快伤口收缩[158-160]。银纳米颗粒在临床上已广泛用作针对多种微生物的抗菌剂,尤其是烧伤创面的治疗。目前市售的银基伤口敷料有 Silver－Sept® 和 AQUACEL® Ag Advantage 等。

Silver－Sept® 是一种透明的无定形水凝胶,具有持久的抗菌屏障特性。每克水凝胶含有 1 μg 银,其主要用于糖尿病足、腿和压疮以及浅层(一级)和局部厚度(二级)烧伤等。AQUACEL® Ag Advantage 是一种含银伤口敷料,其负载的

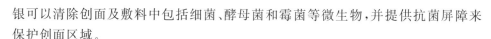

银可以清除创面及敷料中包括细菌、酵母菌和霉菌等微生物,并提供抗菌屏障来保护创面区域。

除了上述市售材料外,研究人员将银纳米颗粒组装到通过冷冻干燥制备的壳聚糖海绵中,然后用硬脂酸薄层修饰海绵的一侧,制备了具有不对称润湿性的海绵状银纳米颗粒/壳聚糖复合敷料[161]。掺入的 Ag NP 可以提高对耐药性病原菌的抗菌活性。通过硬脂酸改性使敷料的上表面疏水,而相反的表面亲水。疏水性表面表现出抗细菌渗透性和抗黏附性,而亲水性表面可广泛吸收伤口的渗出物并有效抑制细菌的生长。非对称可湿性 Ag NP/壳聚糖敷料可以促进伤口愈合。

此外,得益于银纳米颗粒自身的局部表面等离子共振(LSPR)效应,其具有作为光热剂介导近红外触发的光热治疗的潜力。基于没食子酸(GA)良好的抗氧化性、抗菌和生物相容性,研究人员使用其作为还原剂和改性剂,在剧烈搅拌下将饱和的 GA 溶液与 $AgNO_3$ 溶液混合以获得没食子酸功能化的银纳米颗粒(GA−Ag NP)。得益于 GA−Ag NP 优异的光热转化效率和从 GA−Ag NP 释放的 Ag^+ 固有的杀菌特性,水凝胶对大肠杆菌和金黄色葡萄球菌的杀菌率均高于 94%。GA−Ag NP 水凝胶结合近红外(NIR)辐射处理后,伤口周围炎症细胞的浸润减弱,伤口愈合加速[162]。

金纳米颗粒由于其化学稳定性、生物相容性,一直被用于各种生物医学应用,包括药物递送、基因递送、抗癌、血管生成和生物传感[163]。目前,关于金纳米颗粒的抗菌机理,解释如下:Au NP 可能会改变膜电位并减少三磷酸腺苷合酶的作用,从而减少代谢过程。此外,Au NP 导致核糖体的亚单位减少与转运 RNA 的结合,从而破坏其生物学功能。Au NP 的高比表面积导致了一些可用于增强纳米颗粒的表面反应性的电子效应,且相对较高的表面积可增强与细菌的接触。此外,研究发现,Au NP 可以与酶的硫醇基团(如烟酰胺腺嘌呤二核苷酸(NADH)脱氢酶)结合而破坏细菌呼吸链,从而导致氧化应激并使细菌细胞结构发生明显的破坏[164-165]。因此,负载 Au NP 的伤口敷料对于烧伤的局部抗菌治疗非常有效[164]。此外,在糖尿病伤口中局部使用 Au NP 处理,在伤口边缘处观察到明显的由角质形成细胞从周围组织迁移到创面而形成的上皮组织,并促进新血管向成熟的无渗漏血管的转变[166]。

在愈合过程中,过量的 ROS 与生物分子相互作用会破坏 DNA、RNA、蛋白质和细胞功能并抑制生长。高水平的 ROS 会导致氧化应激,从而损害愈合过程。球形金纳米颗粒高的比表面积使其很容易接受电子并与 ROS 相互作用以清除或使其失活,因此表现出良好的抗氧化行为[167]。使用球形 Au NP 能够通过缩短炎症期、促进血管生成和胶原蛋白生成来促进伤口愈合[168]。

与银纳米颗粒相似,Au NP 显示出独特且可调节的 LSPR 效应。因此,除用于基因和药物递送外,还可作为光热剂应用于光热治疗中。使用典型的种子介导的生长方法合成近红外响应的金纳米棒(Au NR),然后在碱性溶液中通过多巴胺的原位聚合制备具有聚多巴胺壳的 Au NR。通过热诱导含有 Au NR 的单体N-丙烯酰基甘氨酰胺(NAGA)溶液的自由基聚合(称为 PNAGA-Au@PDA 水凝胶),制备了具有多孔结构和相对光滑表面的负载 Au NR 的水凝胶。涂有预处理的巨噬细胞膜的水凝胶具有特异性识别和捕获目标大肠杆菌或金黄色葡萄球菌的能力,可以改善与细菌的靶向结合,显著提高了对特定细菌的抗菌效率[169]。

4.4.2　过渡族金属纳米颗粒

1. CuS

CuS 纳米颗粒(CuS NP)是具有固有近红外(NIR)区域吸收的 n 型半导体颗粒,具有高的光热转换效率和低成本。载有 CuS NP 的光热水凝胶对金黄色葡萄球菌和大肠杆菌具有明显的杀伤作用,并且释放的 Cu^{2+} 可以有效刺激成纤维细胞增殖和血管生成。Tian 等报道了一种新型的结合了 CuS 的透明质酸(HA)基水凝胶(CuS/HA)。水凝胶是由过氧化氢氧化巯基化 HA 主链上的巯基基团引发二硫键的交联形成的[170]。基于 CuS 和 HA 的良好生物学活性,以及 CuS 光热性能,接受 NIR 治疗的 CuS/HA 水凝胶组可产生更小的瘢痕,具有更少的色素沉积并能够得到更好的恢复效果。组织学和免疫组化染色显示,该组中上皮完全被覆盖,新血管的形成更多,胶原蛋白沉积增加。

通过简单的物理混合将 CuS NP 掺入水凝胶的策略难以实现 Cu^{2+} 的可控释放,并且局部 Cu^{2+} 的过量积累可能对伤口愈合产生负面影响,最终导致愈合过程延迟。因此,表面涂覆的 CuS NP 有望改善敷料中 Cu^{2+} 的稳定性,并实现 Cu^{2+} 的可控释放以发挥所需的生物学活性。在一项研究中,研究人员将甲基丙烯酸-3-(三甲氧基甲硅烷基)丙酯(MPS,97%)和介孔二氧化硅(mSiO_2)改性的 CuS NP(CuS/mSiO_2-MPS)掺入 N-异丙基丙烯酰胺(NIPAm)和丙烯酰胺(Am)基水凝胶(聚(NIPAm-co-Am)水凝胶)中,通过自由基聚合将功能性杂化 $CuS/mSiO_2-MPS$ 负载到水凝胶中,从而提高了 $CuS/mSiO_2-MPS$ 的稳定性并实现了 Cu^{2+} 的可控释放[171]。首先制备介孔二氧化硅(mSiO_2)官能化的 CuS NP,以获得分散良好的颗粒体系(图 4.12(a))。随后通过 MPS 对 CuS/mSiO_2 进行改性,以获得用碳碳双键改性的 $CuS/mSiO_2$ 杂化纳米颗粒(CuS/mSiO_2-MPS),$CuS/mSiO_2-MPS$ 通过自由基聚合反应紧密且均匀地结合到水凝胶中。基于 NIPAm 的水凝胶具有快速的热响应性,可以通过温度变化而发生体积构象变化,从而导致 Cu^{2+} 从水凝胶中加速释放(图 4.12(b)、(c))以刺激细胞的增殖和血管生成,加速伤口愈合。

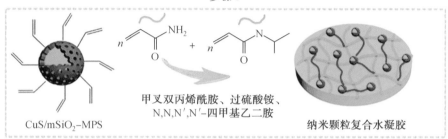

步骤1

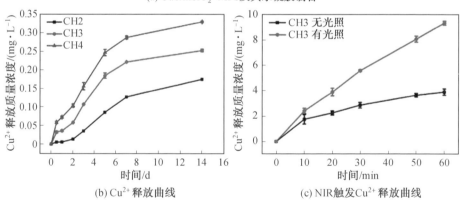

步骤2

(a) CuS/mSiO$_2$-MPS及其水凝胶制备

(b) Cu^{2+}释放曲线

(c) NIR触发Cu^{2+}释放曲线

图4.12　CuS/mSiO$_2$－MPS及其水凝胶的制备与Cu^{2+}释放曲线

CH2—0.5 mg/mL 的 CuS/mSiO$_2$－MPS；CH3—1.0 mg/mL 的 CuS/mSiO$_2$－MPS；CH4—1.5 mg/mL 的 CuS/mSiO$_2$－MPS

　　研究人员通过将具有表面氨基的聚乙二醇（PEG）－官能化的 CuS NP 掺入氧化葡聚糖（ODex）和氨基封端的 PEG 的 3D 网络中，开发了可注射的多功能系统[172]。原位形成的 CuS 水凝胶的网络是通过席夫碱和半缩醛的双重可逆共价交联而构建的。CuS 水凝胶在 36 h 内持续释放 Cu^{2+}，并且随着 CuS 含量的增加，Cu^{2+} 的累积释放量明显增加以促进细胞的增殖和迁移，尤其是可以增强伤口愈合过程中的血管生成。

2. ZnS

ZnS 是一种半导体材料,在光电子学和生物医学领域具有广泛应用。此外,Zn 和 S 是人体所必需的元素,其中,锌是人体必需的微量元素,也是许多转录因子和酶的辅助因子,这些转录因子和酶在生长、代谢、免疫功能以及伤口愈合中起着至关重要的作用[173]。在伤口愈合进程中,锌金属蛋白参与不同的皮肤生理过程,包括在伤口修复过程中增加角质形成细胞的迁移,刺激伤口的重新上皮形成以及促进内皮祖细胞的增殖以增强血管生成等[173-174]。硫是人体必需的氨基酸中的元素,通过促进正常的角质化而有助于伤口愈合[175]。因此,被研究用于抗菌和抗氧化剂等多种生物医学应用。使用 ZnS 纳米颗粒处理创面后,减少了胶原蛋白的收缩和致密结构,从而减少了瘢痕的形成。另外,在伤口区域还出现了毛囊等皮肤形成和脂肪细胞[176]。此外,ZnS 的半导体纳米结构使其在被光激发时会产生羟基自由基、超氧化物和单线态氧。因此,其可作为光动力剂,在被适当激发源激发时产生 ROS,从而杀死病原微生物,在伤口愈合过程中充当抵抗病原微生物入侵的防御机制[176]。

4.4.3　石墨烯/碳纳米管

石墨烯是由碳原子组成的二维单层材料,以 sp^2 杂化连接的碳原子紧密堆积成单层二维蜂窝状晶格结构。石墨烯的独特性质,如热、电子、机械和光学性质,使其被广泛应用[177-178]。现有研究表明,石墨烯可能比其他碳纳米材料(如 CNT)更好,因为石墨烯的金属杂质含量较低。因此,它在生物医学领域中得到了更广泛的应用。石墨烯基纳米材料包括石墨烯的结构或化学衍生物,如多层石墨烯、片状石墨烯层、氧化石墨烯和还原氧化石墨烯(rGO)等。石墨烯纳米材料的横向尺寸在 10 nm 至 20 μm 的范围内,具有优异的导电性、生物相容性、高表面积和机械强度等优势,可促进细胞黏附和增殖[45]。

目前已经开发了一系列基于石墨烯的伤口敷料。例如,Guo 等报道了一种新型负载氧化石墨烯(GO)水凝胶伤口敷料[179]。在这项工作中,首先合成了碳碳双键改性的甲基丙烯酸缩水甘油酯官能化的季铵化壳聚糖(QCSG)和甲基丙烯酸化的明胶(GM),然后通过 GM 和 QCSG 聚合物骨架上双键之间的自由基聚合反应制备水凝胶。GO 通过静电相互作用掺入水凝胶伤口敷料中。每种成分的优异性能可以协同赋予水凝胶多种功能,如光热性能(GO)、固有抗菌性能(QCSG)等,并在体内试验中证实,其导电成分和水凝胶的抗菌特性促进了血管生成,且对于感染皮肤修复具有良好的治疗效果。

尽管 GO 由于其亲水基团(如羟基、环氧基和羧基)而显示出更好的水分散性,但其导电性远低于石墨烯。为了解决这个问题,开发了具有增强电导率的基于 rGO 的水凝胶[45]。例如,使用多巴胺作为 GO 的还原剂以形成 rGO,提高其在弱碱性 pH 下的电导率。多巴胺同时在碱性环境下发生自聚,在 rGO 的表面形成亲水性聚多巴胺(PDA)涂层,以增强 rGO 的分散性。同时,通过多巴胺氨基与透明质酸羧基之间的酰胺化反应制备透明质酸接枝多巴胺(HA—DA)聚合物。随后,将 rGO 装入 HA—DA 的系统中,并使用 H_2O_2/HPR(辣根过氧化物酶)作为催化系统来诱导邻苯二酚基团的氧化偶合,制备了一系列黏性止血导电的可注射复合水凝胶。加入 rGO@PDA 后,水凝胶支架电导率显著提高,有利于活生物体组织的电信号传输,并促进了伤口的愈合过程。

此外,基于 GO 的物理结构,研究人员将氧化石墨烯纳米片和 BNN6(N,N′—二仲丁基—N,N′—二亚硝基—1,4—苯二胺,是常用的 NO 供体,并且具有良好的热稳定性)通过 π—π 堆叠发生自组装,构建了一种新型的近红外响应纳米药物(GO—BNN6)[180]。其中,GO 可以吸收 NIR 光并将光子转换为活性电子,然后进入笼状 BNN6,再引发 BNN6 分解并有效释放 NO。所释放的 NO 对血管生成和免疫反应具有重要意义。但是,相邻的 GO 纳米片可能通过 π—π 相互作用而积聚,从而减小了有效表面积,降低了对 BNN6 的负载能力。为了提高 GO 对于 BNN6 的负载量,研究人员将 GO 纳米片分散在 β—环糊精(β—CD)的水溶液中,制备 GO—βCD 复合物,β—CD 具有疏水腔和亲水性外表面,可以增加载体材料的吸附能力并增加疏水性药物的溶解度。得益于 GO—βCD 的有效表面积高于 GO,GO—βCD 的 BNN6 负载率高于 GO,在 NIR 照射下表现出 NO 的释放行为,光热效应和 NO 释放增强了体内和体外的抗菌性能。

碳纳米管(CNT)是碳的一种同素异形形式,由碳原子相互结合,形成包裹在圆柱管中的六元碳原子环片,其尺寸在纳米级,长度在微米级,形成具有大表面积的针状结构,与生物分子、细胞甚至自然组织均表现出独特的相互作用模式,从而增强了伤口敷料的生物活性[181]。根据石墨层的数量,CNT 可以分为单壁碳纳米管(SWCNT)和多壁碳纳米管(MWCNT)[181]。但是,碳纳米管之间的强疏水相互作用导致其在水溶液中聚集和沉淀,而难以分散在水中。对此,研究人员使用聚合物或表面活性剂等,通过其与碳纳米管之间的 π—π 堆积,非共价疏水相互作用,将聚合物或表面活性剂修饰到碳纳米管表面,提高其在水溶液中的分散。Guo 等研究报道了一种基于碳纳米管的水凝胶伤口敷料。为了避免碳纳米管在强疏水作用下在水中的聚集,使用苯甲醛封端的 PF127(PF127—CHO,一种典型的两亲三嵌段表面活性剂)作为辅助剂分散 CNT[4]。通过将 N—羧乙基壳聚糖(CEC)和 PF127—CHO/CNT 分散液(CEC/PF/CNT)混合,以及动态芳族席夫碱反应和 PF127—CHO 的自组装,形成水凝胶的双重网络。随着碳纳米管的引入,水凝胶的机械性能、导电性、光热特性等都得到显著提高,且体内试验表明,该负载碳纳米管的水凝胶可实现光热治疗,显示出与使用抗生素治疗相似的治疗效果。

4.4.4　MXenes

MXenes 是一类具有类石墨烯结构的过渡金属碳化物和碳酸盐二维纳米材料。2011 年,Gogotsi 团队首次提出并成功制备 $Ti_3C_2T_x$ MXene,源自其表面官能团(如羟基、氧或氟)的亲水性,优异的导电性、机械柔韧性、易于功能化以及在近红外(NIR)区域的强吸收等,在近年来掀起了研究热潮[182-183]。通常,MXenes 的化学式为 $M_{n+1}X_nT_x$($n=1\sim4$),其中 M 代表前过渡金属(Ti、V、Nb 等)、X 代表碳或氮、T_x 表示不同的表面终端基团(—OH、—O、—F 等)[184],上述元素构成的 MXenes 对生物机体有惰性,可以通过体内降解清除[185]。MXenes 及其复合材料已被用于治疗诊断应用,包括典型的光热疗法(PTT)、光热/光动力/化学协同疗法、诊断成像、抗菌和生物传感[186]。Zhou 等报道了一种自愈合导电和组织黏附的二维 $Ti_3C_2T_x$ MXene 支架[182],可以通过刺激细胞增殖,促进血管生成,促进肉芽组织形成、胶原沉积等来促进伤口愈合。在另一项研究中,研究人员开发了可生物降解和电活性再生细菌纤维素/MXene($Ti_3C_2T_x$)复合水凝胶(rBC/MXene)作为伤口敷料,用于在电刺激下加速皮肤伤口愈合[187]。rBC/MXene 水凝胶组协同电刺激处理创面组上皮和结缔组织更规则,成纤维细胞密度更高,形成的新血管更多,中性粒细胞更少,这很可能归因于外源性电刺激可模仿自然伤口愈合机制的内源性电刺激以加速皮肤再生。此外,电刺激还可以通过刺激角质形成细胞、成纤维细胞和上皮细胞的增殖和迁移来诱导皮肤伤口的再上皮化以促进伤口愈合[188]。

4.4.5　金属有机骨架

金属有机骨架(MOF)是一类配位晶体材料,由金属离子与多齿有机配体桥接的簇组成,具有超高表面积、可调节且均一的孔径和良好的热稳定性等优势。MOF 已被广泛用于包括化学、环境、能源和生物医学在内的多个领域[189]。由于 MOF 的化学和物理性质可根据金属节点和有机连接基的选择进行调整,因此可适用于不同金属离子的存储和释放。根据金属中心的不同,现有的 MOF 材料可以分为铜基 MOF 材料(Cu—MOF)、银基 MOF 材料(Ag—MOF)和锌基 MOF 材料(Zn—MOF)等。不同 MOF 的金属中心在使用过程中释放出不同的金属离子,以发挥不同的生物活性功能。通过使用叶酸作为蛋白质溶液中 Cu—MOF 的稳定剂,改善了含有生理蛋白的溶液中 Cu—MOF 的稳定性,实现了持续的 Cu^{2+} 释放[190]。Cu^{2+} 的缓慢释放对于糖尿病中新血管的生成以及真皮组织的再生发挥积极作用。使用水溶性和生物相容性 γ - 环糊精金属有机框架(CD—MOF)作为模板,可引导合成超细 Ag NP[191]。有研究指出,纳米颗粒抗菌性的强弱取决于其具体尺寸,且超细颗粒才具有抗菌性。直径为 1～10 nm 的纳米颗粒优先与细菌相互作用[192]。但是,超细纳米颗粒的高表面能、高反应性和强内聚性等导致其本质上不稳定,使其在热机械应力下聚集/聚结[193]。在这项工作中,将 Ag NP 嵌入 CD－MOF 后,Ag NP 的稳定性有了大幅提高。CD－MOF 的亲水性促进了 Ag NP 的分散,并且 Ag@CD－MOF 释放的 Ag NP 可在 CD－MOF 模板溶解后立即与细菌表面接触,从而增加其杀菌活性。

本章参考文献

[1] CHEN H,LI B Y,FENG B,et al. Tetracycline hydrochloride loaded citric acid functionalized chitosan hydrogel for wound healing[J]. RSC Adv,2019, 9(34):19523-19530.

[2] DU X C,LIU Y J,WANG X,et al. Injectable hydrogel composed of hydrophobically modified chitosan/oxidized-dextran for wound healing[J]. Mater Sci Eng C Mater Biol Appl,2019,104:109930.

[3] QU J,ZHAO X,MA P X,et al. pH-responsive self-healing injectable hydrogel based on N-carboxyethyl chitosan for hepatocellular carcinoma therapy[J]. Acta Biomater,2017,58:168-180.

[4] HE J,SHI M,LIANG Y,et al. Conductive adhesive self-healing nanocomposite hydrogel wound dressing for photothermal therapy of infected full-thickness skin wounds[J]. Chemical Engineering Journal, 2020:124888.

[5] ZHAO X,LI P,GUO B L,et al. Antibacterial and conductive injectable hydrogels based on quaternized chitosan-graft-polyaniline/oxidized dextran for tissue engineering[J]. Acta Biomater,2015,26:236-248.

[6] WEN J Y,WEINHART M,LAI B,et al. Reversible hemostatic properties of sulfabetaine/quaternary ammonium modified hyperbranched polyglycerol [J]. Biomaterials,2016,86:42-55.

[7] SHI L X,ZHANG W,YANG K,et al. Antibacterial and osteoinductive capability of orthopedic materials via cation-π interaction mediated positive charge[J]. J Mater Chem B,2015,3(5):733-737.

[8] INTINI C,ELVIRI L,CABRAL J,et al. 3D-printed chitosan-based scaffolds:an in vitro study of human skin cell growth and an in-vivo wound healing evaluation in experimental diabetes in rats[J]. Carbohydr Polym, 2018,199:593-602.

[9] LONG J,ETXEBERRIA A E,NAND A V,et al. A 3D printed chitosan-

pectin hydrogel wound dressing for lidocaine hydrochloride delivery[J].
Mater Sci Eng C Mater Biol Appl,2019,104:109873.

[10] DENG C M、HE L Z、ZHAO M、et al. Biological properties of the chitosan-gelatin sponge wound dressing[J]. Carbohydrate Polymers, 2007,69(3):583-589.

[11] TAKEI T、NAKAHARA H、IJIMA H,et al. Synthesis of a chitosan derivative soluble at neutral pH and gellable by freeze-thawing,and its application in wound care[J]. Acta Biomater,2012,8(2):686-693.

[12] MOURA L I F,DIAS A M A,LEAL E C,et al. Chitosan-based dressings loaded with neurotensin:an efficient strategy to improve early diabetic wound healing[J]. Acta Biomater,2014,10(2):843-857.

[13] HE J、LIANG Y、SHI M、et al. Anti-oxidant electroactive and antibacterial nanofibrous wound dressings based on poly(ε-caprolactone)/ quaternized chitosan-graft-polyaniline for full-thickness skin wound healing[J]. Chemical Engineering Journal, 2020, 385: 123464.

[14] MI F L,SHYU S S,WU Y B,et al. Fabrication and characterization of a sponge-like asymmetric chitosan membrane as a wound dressing[J]. Biomaterials,2001,22(2):165-173.

[15] RATTANARUENGSRIKUL V、PIMPHA N、SUPAPHOL P. Development of gelatin hydrogel pads as antibacterial wound dressings [J]. Macromol Biosci,2009,9(10):1004-1015.

[16]RATTANARUENGSRIKUL V、PIMPHA N、SUPAPHOL P. In vitro efficacy and toxicology evaluation of silver nanoparticle-loaded gelatin hydrogel pads as antibacterial wound dressings[J]. Journal of Applied Polymer Science, 2012, 124(2): 1668-1682.

[17] BALAKRISHNAN B、MOHANTY M、UMASHANKAR P R,et al. Evaluation of an in situ forming hydrogel wound dressing based on oxidized alginate and gelatin[J]. Biomaterials,2005,26(32):6335-6342.

[18] LU G Z,LING K,ZHAO P,et al. A novel in situ-formed hydrogel wound dressing by the photocross-linking of a chitosan derivative[J]. Wound Repair Regen,2010,18(1):70-79.

[19] TAO B L、LIN C C、DENG Y M,et al. Copper-nanoparticle-embedded hydrogel for killing bacteria and promoting wound healing with photothermal therapy[J]. J Mater Chem B,2019,7(15):2534-2548.

[20] ANNABI N,RANA D,SHIRZAEI SANI E,et al. Engineering a sprayable

and elastic hydrogel adhesive with antimicrobial properties for wound healing[J]. Biomaterials,2017,139:229-243.

[21] LIU B C,WANG Y,MIAO Y,et al. Hydrogen bonds autonomously powered gelatin methacrylate hydrogels with super-elasticity,self-heal and underwater self-adhesion for sutureless skin and stomach surgery and E-skin[J]. Biomaterials,2018,171:83-96.

[22] JIANG H E,ZHENG M H,LIU X H,et al. Feasibility study of tissue transglutaminase for self-catalytic cross-linking of self-assembled collagen fibril hydrogel and its promising application in wound healing promotion [J]. ACS Omega,2019,4(7):12606-12615.

[23] GHARIBZAHEDI S M T,CHRONAKIS I S. Crosslinking of milk proteins by microbial transglutaminase:utilization in functional yogurt products[J]. Food Chem,2018,245:620-632.

[24] HUANG X,ZHANG Y Q,ZHANG X M,et al. Influence of radiation crosslinked carboxymethyl-chitosan/gelatin hydrogel on cutaneous wound healing[J]. Mater Sci Eng C Mater Biol Appl,2013,33(8):4816-4824.

[25] CHHABRA R,PESHATTIWAR V,PANT T,et al. In vivo studies of 3D starch-gelatin scaffolds for full-thickness wound healing[J]. ACS Appl Bio Mater,2020,3(5):2920-2929.

[26] XIONG S,ZHANG X Z,LU P,et al. A gelatin-sulfonated silk composite scaffold based on 3D printing technology enhances skin regeneration by stimulating epidermal growth and dermal neovascularization[J]. Sci Rep,2017,7(1):4288.

[27] DAINIAK M B,ALLAN I U,SAVINA I N,et al. Gelatin-fibrinogen cryogel dermal matrices for wound repair:preparation,optimisation and in vitro study[J]. Biomaterials,2010,31(1):67-76.

[28] ZOU Y N,XIE R Q,HU E L,et al. Protein-reduced gold nanoparticles mixed with gentamicin sulfate and loaded into konjac/gelatin sponge heal wounds and kill drug-resistant bacteria[J]. Int J Biol Macromol,2020,148:921-931.

[29] TÜRE H. Characterization of hydroxyapatite-containing alginate-gelatin composite films as a potential wound dressing[J]. Int J Biol Macromol,2019,123:878-888.

[30] ULUBAYRAM K,NUR CAKAR A,KORKUSUZ P,et al. EGF containing gelatin-based wound dressings[J]. Biomaterials,2001,22(11):

1345-1356.

[31] KAWAI K,SUZUKI S,TABATA Y,et al. Accelerated tissue regeneration through incorporation of basic fibroblast growth factor-impregnated gelatin microspheres into artificial dermis[J]. Biomaterials,2000,21(5): 489-499.

[32] KAWAI K,SUZUKI S,TABATA Y,et al. Accelerated wound healing through the incorporation of basic fibroblast growth factor-impregnated gelatin microspheres into artificial dermis using a pressure-induced decubitus ulcer model in genetically diabetic mice[J]. Br J Plast Surg, 2005,58(8):1115-1123.

[33] HE X,DING Y F,XIE W J,et al. Rubidium-containing calcium alginate hydrogel for antibacterial and diabetic skin wound healing applications [J]. ACS Biomater Sci Eng,2019,5(9):4726-4738.

[34] LI Y H,HAN Y,WANG X Y,et al. Multifunctional hydrogels prepared by dual ion cross-linking for chronic wound healing[J]. ACS Appl Mater Interfaces,2017,9(19):16054-16062.

[35] KIM Y M,OH S H,CHOI J S,et al. Adipose-derived stem cell-containing hyaluronic acid/alginate hydrogel improves vocal fold wound healing[J]. Laryngoscope,2014,124(3):E64-E72.

[36] WANG Y Y,WANG X Y,SHI J,et al. A biomimetic silk fibroin/sodium alginate composite scaffold for soft tissue engineering[J]. Sci Rep,2016, 6:39477.

[37] WANG S,YANG H C,TANG Z R,et al. Wound dressing model of human umbilical cord mesenchymal stem cells-alginates complex promotes skin wound healing by paracrine signaling [J]. Stem Cells Int, 2016, 2016:3269267.

[38] KHALIL S,SUN W. Bioprinting endothelial cells with alginate for 3D tissue constructs[J]. J Biomech Eng,2009,131(11):111002.

[39] DAI M,ZHENG X L,XU X,et al. Chitosan-alginate sponge:preparation and application in curcumin delivery for dermal wound healing in rat[J]. J Biomed Biotechnol,2009,2009:595126.

[40] HEGGE A B,ANDERSEN T,MELVIK J E,et al. Formulation and bacterial phototoxicity of curcumin loaded alginate foams for wound treatment applications:studies on curcumin and curcuminoides XLII[J]. J Pharm Sci,2011,100(1):174-185.

[41] DANTAS M D M, CAVALCANTE D R R, ARAÚJO F E N, et al. Improvement of dermal burn healing by combining sodium alginate/chitosan-based films and low level laser therapy [J]. J Photochem Photobiol B, 2011, 105(1): 51-59.

[42] LI S S, LI L, GUO C R, et al. A promising wound dressing material with excellent cytocompatibility and proangiogenesis action for wound healing: strontium loaded silk fibroin/sodium alginate (SF/SA) blend films[J]. Int J Biol Macromol, 2017, 104(Pt A): 969-978.

[43] YOLANDA M M, MARIA A V, AMAIA F, et al. Adult stem cell therapy in chronic wound healing[J]. Journal of Stem Cell Research & Therapy, 2014, 4(162): 2.

[44] SHI L Y, ZHAO Y N, XIE Q F, et al. Moldable hyaluronan hydrogel enabled by dynamic metal-bisphosphonate coordination chemistry for wound healing [J]. Adv Healthc Mater, 2018, 7 (5). DOI: 10. 1002/adhm. 201700973.

[45] LIANG Y P, ZHAO X, HU T L, et al. Adhesive hemostatic conducting injectable composite hydrogels with sustained drug release and photothermal antibacterial activity to promote full-thickness skin regeneration during wound healing[J]. Small, 2019, 15(12): e1900046.

[46] LIANG W, JIANG M, ZHANG J, et al. Novel antibacterial cellulose diacetate-based composite 3D scaffold as potential wound dressing[J]. Journal of Materials Science & Technology, 2020, 89: 225-232.

[47] PERNG C K, WANG Y J, TSI C H, et al. In vivo angiogenesis effect of porous collagen scaffold with hyaluronic acid oligosaccharides[J]. J Surg Res, 2011, 168(1): 9-15.

[48] GALASSI G, BRUN P, RADICE M, et al. In vitro reconstructed dermis implanted in human wounds: degradation studies of the HA-based supporting scaffold[J]. Biomaterials, 2000, 21(21): 2183-2191.

[49] MATSUMOTO Y, KUROYANAGI Y. Development of a wound dressing composed of hyaluronic acid sponge containing arginine and epidermal growth factor[J]. J Biomater Sci Polym Ed, 2010, 21(6/7): 715-726.

[50] ANISHA B S, BISWAS R, CHENNAZHI K P, et al. Chitosan-hyaluronic acid/nano silver composite sponges for drug resistant bacteria infected diabetic wounds[J]. Int J Biol Macromol, 2013, 62: 310-320.

[51] CHENG L, JI K, SHIH T Y, et al. Injectable shape-memorizing three-di-

mensional hyaluronic acid cryogels for skin sculpting and soft tissue reconstruction[J]. Tissue Eng Part A,2017,23(5/6):243-251.

[52] UPPAL R,RAMASWAMY G N,ARNOLD C,et al. Hyaluronic acid nanofiber wound dressing: production, characterization, and in vivo behavior[J]. J Biomed Mater Res B Appl Biomater,2011,97(1):20-29.

[53] SÉON-LUTZ M,COUFFIN A C,VIGNOUD S,et al. Electrospinning in water and in situ crosslinking of hyaluronic acid/cyclodextrin nanofibers: towards wound dressing with controlled drug release[J]. Carbohydr Polym,2019,207:276-287.

[54] ESKANDARINIA A,KEFAYAT A,RAFIENIA M,et al. Cornstarch-based wound dressing incorporated with hyaluronic acid and propolis: in vitro and in vivo studies[J]. Carbohydr Polym,2019,216:25-35.

[55] ABOU-OKEIL A, FAHMY H M, EL-BISI M K, et al. Hyaluronic acid/Na-alginate films as topical bioactive wound dressings[J]. European Polymer Journal, 2018, 109: 101-109.

[56] AZIZ M A,CABRAL J D,BROOKS H J L,et al. Antimicrobial properties of a chitosan dextran-based hydrogel for surgical use[J]. Antimicrob Agents Chemother,2012,56(1):280-287.

[57] LIN S P,KUNG H N,TSAI Y S,et al. Novel dextran modified bacterial cellulose hydrogel accelerating cutaneous wound healing[J]. Cellulose, 2017,24(11):4927-4937.

[58] TANG Y Q,CAI X Q,XIANG Y Y,et al. Cross-linked antifouling polysaccharide hydrogel coating as extracellular matrix mimics for wound healing[J]. J Mater Chem B,2017,5(16):2989-2999.

[59] SHI G F,CHEN W T,ZHANG Y,et al. An antifouling hydrogel containing silver nanoparticles for modulating the therapeutic immune response in chronic wound healing[J]. Langmuir,2019,35(5):1837-1845.

[60] SUN G M,ZHANG X J,SHEN Y I,et al. Dextran hydrogel scaffolds enhance angiogenic responses and promote complete skin regeneration during burn wound healing[J]. Proc Natl Acad Sci USA,2011,108(52): 20976-20981.

[61] HOQUE J, PRAKASH R G, PARAMANANDHAM K, et al. Biocompatible injectable hydrogel with potent wound healing and antibacterial properties[J]. Mol Pharm,2017,14(4):1218-1230.

[62] JIANG Y N, ZHOU J P, SHI H C, et al. Preparation of cellulose

nanocrystal/oxidized dextran/gelatin（CNC/OD/GEL）hydrogels and fabrication of a CNC/OD/GEL scaffold by 3D printing[J]. J Mater Sci，2020，55（6）：2618-2635.

[63] CAI Q，YANG J，BEI J Z，et al. A novel porous cells scaffold made of poly-lactide-dextran blend by combining phase-separation and particle-leaching techniques[J]. Biomaterials，2002，23（23）：4483-4492.

[64] PURNAMA A，AID-LAUNAIS R，HADDAD O，et al. Fucoidan in a 3D scaffold interacts with vascular endothelial growth factor and promotes neovascularization in mice [J]. Drug Deliv Transl Res，2015，5（2）：187-197.

[65] MEENA L K，RAVAL P，KEDARIA D，et al. Study of locust bean gum reinforced cyst-chitosan and oxidized dextran based semi-IPN cryogel dressing for hemostatic application[J]. Bioact Mater，2018，3（3）：370-384.

[66] LIU C Y，LIU X，LIU C Y，et al. A highly efficient，in situ wet-adhesive dextran derivative sponge for rapid hemostasis[J]. Biomaterials，2019，205：23-37.

[67] ESKANDARINIA A，KEFAYAT A，RAFIENIA M，et al. Cornstarch-based wound dressing incorporated with hyaluronic acid and propolis：in vitro and in vivo studies[J]. Carbohydr Polym，2019，216：25-35.

[68] MAO C Y，XIANG Y M，LIU X M，et al. Photo-inspired antibacterial activity and wound healing acceleration by hydrogel embedded with Ag/Ag@AgCl/ZnO nanostructures[J]. ACS Nano，2017，11（9）：9010-9021.

[69] NINAN N，FORGET A，SHASTRI V P，et al. Antibacterial and anti-inflammatory pH-responsive tannic acid-carboxylated agarose composite hydrogels for wound healing[J]. ACS Appl Mater Interfaces，2016，8（42）：28511-28521.

[70] ZHANG L，MA Y N，PAN X C，et al. A composite hydrogel of chitosan/heparin/poly（γ-glutamic acid）loaded with superoxide dismutase for wound healing[J]. Carbohydr Polym，2018，180：168-174.

[71] ZHENG C，LIU C Y，CHEN H L，et al. Effective wound dressing based on poly（vinyl alcohol）/dextran-aldehyde composite hydrogel[J]. Int J Biol Macromol，2019，132：1098-1105.

[72] NAPAVICHAYANUN S，BONANI W，YANG Y J，et al. Fibroin and polyvinyl alcohol hydrogel wound dressing containing silk sericin prepared using high-pressure carbon dioxide[J]. Adv Wound Care（New Rochelle），

2019,8(9):452-462.

[73] SINGH B,PAL L. Radiation crosslinking polymerization of sterculia poly-saccharide-PVA-PVP for making hydrogel wound dressings[J]. Int J Biol Macromol,2011,48(3):501-510.

[74] GAO T L,JIANG M H,LIU X Q,et al. Patterned polyvinyl alcohol hydrogel dressings with stem cells seeded for wound healing[J]. Polymers (Basel),2019,11(1):171.

[75] KAMOUN E A,KENAWY E R S,CHEN X. A review on polymeric hydrogel membranes for wound dressing applications: PVA-based hydrogel dressings[J]. J Adv Res,2017,8(3):217-233.

[76] HWANG M R,KIM J O,LEE J H,et al. Gentamicin-loaded wound dressing with polyvinyl alcohol/dextran hydrogel:gel characterization and in vivo healing evaluation [J]. AAPS PharmSciTech, 2010, 11 (3): 1092-1103.

[77] YASASVINI S,ANUSA R S,VEDHAHARI B N,et al. Topical hydrogel matrix loaded with Simvastatin microparticles for enhanced wound healing activity[J]. Mater Sci Eng C Mater Biol Appl,2017,72:160-167.

[78] ZHANG D,ZHOU W,WEI B,et al. Carboxyl-modified poly (vinyl alcohol)-crosslinked chitosan hydrogel films for potential wound dressing [J]. Carbohydr Polym,2015,125:189-199.

[79]TAN DAT N, THANH TRUC N, KHANH LOAN L, et al. In vivo study of the antibacterial chitosan/polyvinyl alcohol loaded with silver nanoparticle hydrogel for wound healing applications[J]. International Journal of Polymer Science, 2019, 2019: 1-10.

[80] FAN L H,YANG H,YANG J,et al. Preparation and characterization of chitosan/gelatin/PVA hydrogel for wound dressings [J]. Carbohydr Polym,2016,146:427-434.

[81]MA R, WANG Y, QI H, et al. Nanocomposite sponges of sodium alginate/graphene oxide/polyvinyl alcohol as potential wound dressing: in vitro and in vivo evaluation[J]. Composites Part B: Engineering, 2019, 167: 396-405.

[82] CHEN C F,LIU L,HUANG T,et al. Bubble template fabrication of chitosan/poly(vinyl alcohol) sponges for wound dressing applications[J]. Int J Biol Macromol,2013,62:188-193.

[83] AHMADI MAJD S,RABBANI KHORASGANI M,MOSHTAGHIAN S

J, et al. Application of chitosan/PVA nano fiber as a potential wound dressing for streptozotocin-induced diabetic rats[J]. Int J Biol Macromol, 2016, 92: 1162-1168.

[84] ADELI H, KHORASANI M T, PARVAZINIA M. Wound dressing based on electrospun PVA/chitosan/starch nanofibrous mats: fabrication, antibacterial and cytocompatibility evaluation and in vitro healing assay [J]. Int J Biol Macromol, 2019, 122: 238-254.

[85] ALAVARSE A C, DE OLIVEIRA SILVA F W, COLQUE J T, et al. Tetracycline hydrochloride-loaded electrospun nanofibers mats based on PVA and chitosan for wound dressing[J]. Mater Sci Eng C Mater Biol Appl, 2017, 77: 271-281.

[86] HE H W, CAI R, WANG Y J, et al. Preparation and characterization of silk sericin/PVA blend film with silver nanoparticles for potential antimicrobial application [J]. Int J Biol Macromol, 2017, 104 (Pt A): 457-464.

[87] ZHU J, LI F X, WANG X L, et al. Hyaluronic acid and polyethylene glycol hybrid hydrogel encapsulating nanogel with hemostasis and sustainable antibacterial property for wound healing[J]. ACS Appl Mater Interfaces, 2018, 10(16): 13304-13316.

[88] SONG A R, RANE A A, CHRISTMAN K L. Antibacterial and cell-adhesive polypeptide and poly(ethylene glycol) hydrogel as a potential scaffold for wound healing[J]. Acta Biomater, 2012, 8(1): 41-50.

[89] CHU J, SHI P P, YAN W X, et al. PEGylated graphene oxide-mediated quercetin-modified collagen hybrid scaffold for enhancement of MSCs differentiation potential and diabetic wound healing[J]. Nanoscale, 2018, 10 (20): 9547-9560.

[90] KWEON H, YEO J H, LEE K G, et al. Semi-interpenetrating polymer networks composed of silk fibroin and poly(ethylene glycol) for wound dressing[J]. Biomed Mater, 2008, 3(3): 034115.

[91] SHARMA G, THAKUR B, NAUSHAD M, et al. Applications of nanocomposite hydrogels for biomedical engineering and environmental protection[J]. Environ Chem Lett, 2018, 16(1): 113-146.

[92] BUI H T, CHUNG O H, DELA CRUZ J, et al. Fabrication and characterization of electrospun curcumin-loaded polycaprolactone-polyethylene glycol nanofibers for enhanced wound healing[J]. Macromol

Res,2014,22(12):1288-1296.

[93] DELDAR Y,PILEHVAR-SOLTANAHMADI Y,DADASHPOUR M,et al. An in vitro examination of the antioxidant,cytoprotective and anti-inflammatory properties of chrysin-loaded nanofibrous mats for potential wound healing applications[J]. Artif Cells Nanomed Biotechnol,2018,46(4):706-716.

[94] KANT V,GOPAL A,KUMAR D,et al. Topical pluronic F-127 gel application enhances cutaneous wound healing in rats [J]. Acta Histochem,2014,116(1):5-13.

[95] ALVARADO-GOMEZ E,MARTÍNEZ-CASTAÑON G,SANCHEZ-SANCHEZ R,et al. Evaluation of anti-biofilm and cytotoxic effect of a gel formulation with Pluronic F-127 and silver nanoparticles as a potential treatment for skin wounds[J]. Mater Sci Eng C Mater Biol Appl,2018,92:621-630.

[96] LI Z Y,ZHOU F,LI Z Y,et al. Hydrogel cross-linked with dynamic covalent bonding and micellization for promoting burn wound healing[J]. ACS Appl Mater Interfaces,2018,10(30):25194-25202.

[97] QU J,ZHAO X,LIANG Y P,et al. Antibacterial adhesive injectable hydrogels with rapid self-healing,extensibility and compressibility as wound dressing for joints skin wound healing[J]. Biomaterials,2018,183:185-199.

[98] ZHAO X,GUO B L,WU H,et al. Injectable antibacterial conductive nano-composite cryogels with rapid shape recovery for noncompressible hemorrhage and wound healing[J]. Nat Commun,2018,9(1):2784.

[99] DELIORMANLI A M,TÜRK M. Flow behavior and drug release study of injectable Pluronic F-127 hydrogels containing bioactive glass and Carbon-Based nanopowders[J]. J Inorg Organomet Polym Mater,2020,30(4):1184-1196.

[100] DE SOUZA FILHO J,MATSUBARA E Y,FRANCHI L P,et al. Evaluation of carbon nanotubes network toxicity in zebrafish (Danio rerio) model[J]. Environ Res,2014,134:9-16.

[101] KOROMILAS N D,LAINIOTI G C,GIALELI C,et al. Preparation and toxicological assessment of functionalized carbon nanotube-polymer hybrids[J]. PLoS One,2014,9(9):e107029.

[102] BAJPAI A K,MISHRA A. Preparation and characterization of

tetracycline-loaded interpenetrating polymer networks of carboxymethyl cellulose and poly(acrylic acid): water sorption and drug release study [J]. Polymer international, 2005, 54(10): 1347-1356.

[103] CHEN T,CHEN Y J,REHMAN H U,et al. Ultratough,self-healing,and tissue-adhesive hydrogel for wound dressing [J]. ACS Appl Mater Interfaces,2018,10(39):33523-33531.

[104] HAQ M A,SU Y L,WANG D J. Mechanical properties of PNIPAM based hydrogels:a review[J]. Mater Sci Eng C Mater Biol Appl,2017,70 (Pt 1):842-855.

[105] ZHU Y X,HOSHI R,CHEN S Y,et al. Sustained release of stromal cell derived factor-1 from an antioxidant thermoresponsive hydrogel enhances dermal wound healing in diabetes[J]. J Control Release,2016, 238:114-122.

[106] YANG Y,MA L,CHENG C, et al. Nonchemotherapic and robust dual-responsive nanoagents with on-demand bacterial trapping, ablation, and release for efficient wound disinfection [J]. Advanced Functional Materials, 2018, 28(21): 1705708.

[107] ZHU J,HAN H,YE T T,et al. Biodegradable and pH sensitive peptide based hydrogel as controlled release system for antibacterial wound dressing application[J]. Molecules,2018,23(12):3383.

[108] WANG J H,CHEN X Y,ZHAO Y,et al. pH-switchable antimicrobial nanofiber networks of hydrogel eradicate biofilm and rescue stalled healing in chronic wounds[J]. ACS Nano,2019,13(10):11686-11697.

[109] WEI Q C,DUAN J X,MA G L,et al. Enzymatic crosslinking to fabricate antioxidant peptide-based supramolecular hydrogel for improving cutaneous wound healing[J]. J Mater Chem B,2019,7(13):2220-2225.

[110] LI X L,YE X L,QI J Y,et al. EGF and curcumin co-encapsulated nanoparticle/hydrogel system as potent skin regeneration agent[J]. Int J Nanomedicine,2016,11:3993-4009.

[111] JAIN R A. The manufacturing techniques of various drug loaded biodegradable poly (lactide-co-glycolide) (PLGA) devices [J]. Biomaterials,2000,21(23):2475-2490.

[112] BECKERT S, FARRAHI F, ASLAM R S, et al. Lactate stimulates endothelial cell migration [J]. Wound Repair Regen, 2006, 14 (3): 321-324.

[113] LI X Q,JIANG Y J,WANG F,et al. Preparation of polyurethane/ polyvinyl alcohol hydrogel and its performance enhancement via compositing with silver particles [J]. RSC Adv,2017,7（73）: 46480-46485.

[114] DUSSOYER M,MICHOPOULOU A,ROUSSELLE P. Decellularized scaffolds for skin repair and regeneration[J]. Applied Sciences,2020, 10(10):3435.

[115] THEOCHARIS A D,SKANDALIS S S,GIALELI C,et al. Extracellular matrix structure[J]. Adv Drug Deliv Rev,2016,97:4-27.

[116] KIM B S,KIM H,GAO G,et al. Decellularized extracellular matrix:a step towards the next generation source for bioink manufacturing[J]. Biofabrication,2017,9(3):034104.

[117] BONDIOLI E,PURPURA V,ORLANDI C,et al. The use of an acellular matrix derived from human dermis for the treatment of full-thickness skin wounds[J]. Cell Tissue Bank,2019,20(2):183-192.

[118] LONDONO R,BADYLAK S F. Biologic scaffolds for regenerative medicine:mechanisms of in vivo remodeling[J]. Ann Biomed Eng,2015, 43(3):577-592.

[119] YOUNG D A,MCGILVRAY K C,EHRHART N,et al. Comparison of in vivo remodeling of urinary bladder matrix and acellular dermal matrix in an ovine model[J]. Regen Med,2018,13(7):759-773.

[120] FOSNOT J,KOVACH S J,Ⅲ,SERLETTI J M. Acellular dermal matrix:general principles for the plastic surgeon[J]. Aesthet Surg J, 2011,31(7 Suppl):5S-12S.

[121] VYAS K S,VASCONEZ H C. Wound healing:biologics,skin substitutes,biomembranes and scaffolds[J]. Healthcare (Basel),2014,2 (3):356-400.

[122] WAINWRIGHT D,MADDEN M,LUTERMAN A,et al. Clinical evaluation of an acellular allograft dermal matrix in full-thickness burns [J]. J Burn Care Rehabil,1996,17(2):124-136.

[123] WU S H,XIAO Z L,SONG J L,et al. Evaluation of BMP-2 enhances the osteoblast differentiation of human amnion mesenchymal stem cells seeded on nano-hydroxyapatite/collagen/poly（l-lactide）[J]. Int J Mol Sci,2018,19(8):2171.

[124] JOHNSON T D,HILL R C,DZIECIATKOWSKA M,et al.

Quantification of decellularized human myocardial matrix：a comparison of six patients[J]. Proteomics Clin Appl，2016，10(1)：75-83.

[125] WANG Y X，LU F，HU E L，et al. Biogenetic acellular dermal matrix maintaining rich interconnected microchannels for accelerated tissue a-mendment[J]. ACS Appl Mater Interfaces，2021，13(14)：16048-16061.

[126] CHEN H C，YIN B H，HU B，et al. Acellular fish skin enhances wound healing by promoting angiogenesis and collagen deposition[J]. Biomed Mater，2021，16(4).

[127] RENARD Y，DE MESTIER L，HENRIQUES J，et al. Absorbable polyglactin vs. non-cross-linked porcine biological mesh for the surgical treatment of infected incisional hernia[J]. J Gastrointest Surg，2020，24 (2)：435-443.

[128] WANG J K，LUO B W，GUNETA V，et al. Supercritical carbon dioxide extracted extracellular matrix material from adipose tissue[J]. Mater Sci Eng C Mater Biol Appl，2017，75：349-358.

[129] NIE C L，YANG D P，XU J，et al. Locally administered adipose-derived stem cells accelerate wound healing through differentiation and vasculogenesis[J]. Cell Transplant，2011，20(2)：205-216.

[130] YAMADA S，YAMAMOTO K，IKEDA T，et al. Potency of fish collagen as a scaffold for regenerative medicine [J]. Biomed Res Int，2014，2014：302932.

[131] 位晓娟，王南平，何兰，等. 脱细胞鱼皮基质作为新型组织工程支架的研究进展[J]. 中国修复重建外科杂志，2016，30(11)：1437-1440.

[132] SRIKANYA A，DHANAPAL K，SRAVANI K，et al. A study on opti-mization of fish protein hydrolysate preparation by enzymatic hydrolysis from tilapia fish waste mince[J]. International Journal of Current Mi-crobiology and Applied Sciences，2017，6(12)：3220-3229.

[133] BANKOTI K，RAMESHBABU A P，DATTA S，et al. Dual functionalized injectable hybrid extracellular matrix hydrogel for burn wounds[J]. Bio-macromolecules，2021，22(2)：514-533.

[134] BANKOTI K，RAMESHBABU A P，DATTA S，et al. Carbon nanodot decorated acellular dermal matrix hydrogel augments chronic wound closure[J]. J Mater Chem B，2020，8(40)：9277-9294.

[135] BULLOCKS J M. DermACELL：a novel and biocompatible acellular dermal matrix in tissue expander and implant-based breast

reconstruction[J]. Eur J Plast Surg,2014,37(10):529-538.

[136] MORRIS A H,STAMER D K,KUNKEMOELLER B,et al. Decellularized materials derived from TSP2-KO mice promote enhanced neovascularization and integration in diabetic wounds[J]. Biomaterials, 2018,169:61-71.

[137] DUSSOYER M, MICHOPOULOU A, ROUSSELLE P. Decellularized scaffolds for skin repair and regeneration[J]. Applied Sciences-Basel, 2020, 10(10).

[138] CUI H M,CHAI Y M,YU Y L. Progress in developing decellularized bioscaffolds for enhancing skin construction[J]. J Biomed Mater Res A, 2019,107(8):1849-1859.

[139] EL MASRY M S,CHAFFEE S,DAS GHATAK P,et al. Stabilized collagen matrix dressing improves wound macrophage function and epithelialization[J]. FASEB J,2019,33(2):2144-2155.

[140] 陈毅,夏磊磊,张扬,等. 脱细胞猪小肠黏膜下层基质中纤维连接蛋白定量检测方法研究[J]. 生物学杂志,2018,35(2):97-100.

[141] XU Q L, SHANTI R M, ZHANG Q Z, et al. A gingiva-derived mesenchymal stem cell-laden porcine small intestinal submucosa extracellular matrix construct promotes myomucosal regeneration of the tongue[J]. Tissue Eng Part A,2017,23(7/8):301-312.

[142] GROEBER F,ENGELHARDT L,LANGE J,et al. A first vascularized skin equivalent as an alternative to animal experimentation[J]. ALTEX, 2016,33(4):415-422.

[143] 邵彬,焦海燕,李前勇,等. 猪脱细胞膀胱基质的研究现状[J]. 中国比较医学杂志,2019,29(9):133-138.

[144] ALVAREZ O M,SMITH T,GILBERT T W,et al. Diabetic foot ulcers treated with porcine urinary bladder extracellular matrix and total contact cast: interim analysis of a randomized, controlled trial [J]. Wounds,2017,29(5):140-146.

[145] PAIGE J T,KREMER M,LANDRY J,et al. Modulation of inflammation in wounds of diabetic patients treated with porcine urinary bladder matrix[J]. Regen Med,2019,14(4):269-277.

[146] SLIVKA P F,DEARTH C L,KEANE T J,et al. Fractionation of an ECM hydrogel into structural and soluble components reveals distinctive roles in regulating macrophage behavior[J]. Biomater Sci,2014,2(10):

1521-1534.

[147] 罗静聪,李秀群,杨志明,等.脱细胞羊膜的制备及其生物相容性研究[J].中国修复重建外科杂志,2004,18(2):108-111.

[148] PAROLINI O, SONCINI M, EVANGELISTA M, et al. Amniotic membrane and amniotic fluid-derived cells: potential tools for regenerative medicine? [J]. Regen Med,2009,4(2):275-291.

[149] 肖光礼,聂卫,高萍,等.脱细胞羊膜制备及生物学评价[J].临床医学工程,2009,16(1):1-4,7.

[150] KOOB T J, RENNERT R, ZABEK N, et al. Biological properties of dehydrated human amnion/chorion composite graft: implications for chronic wound healing[J]. Int Wound J,2013,10(5):493-500.

[151] TSENG S C G,ESPANA E M,KAWAKITA T,et al. How does amniotic membrane work? [J]. Ocul Surf,2004,2(3):177-187.

[152] GHOLIPOURMALEKABADI M,SAMADIKUCHAKSARAEI A,SEIFALIAN A M, et al. Silk fibroin/amniotic membrane 3D bi-layered artificial skin[J]. Biomed Mater,2018,13(3):035003.

[153] GIATSIDIS G,GUYETTE J P,OTT H C,et al. Development of a large-volume human-derived adipose acellular allogenic flap by perfusion decellularization[J]. Wound Repair Regen,2018,26(2):245-250.

[154] ZHANG Q X,JOHNSON J A,DUNNE L W,et al. Decellularized skin/adipose tissue flap matrix for engineering vascularized composite soft tissue flaps[J]. Acta Biomater,2016,35:166-184.

[155] FU H T,TENG L P,BAI R Z,et al. Application of acellular intima from porcine thoracic aorta in full-thickness skin wound healing in a rat model [J]. Mater Sci Eng C Mater Biol Appl,2017,71:1135-1144.

[156] ZHANG Y L,ZHOU Y Y,ZHOU X,et al. Preparation of a nano- and micro-fibrous decellularized scaffold seeded with autologous mesenchymal stem cells for inguinal hernia repair [J]. Int J Nanomedicine,2017,12:1441-1452.

[157] ALI A,HAQ I U,AKHTAR J,et al. Synthesis of Ag-NPs impregnated cellulose composite material:its possible role in wound healing and photocatalysis[J]. IET Nanobiotechnol,2017,11(4):477-484.

[158] KWAN K H L,LIU X L,TO M K T,et al. Modulation of collagen alignment by silver nanoparticles results in better mechanical properties in wound healing[J]. Nanomedicine,2011,7(4):497-504.

[159] LIU X L, LEE P Y, HO C M, et al. Silver nanoparticles mediate differential responses in keratinocytes and fibroblasts during skin wound healing[J]. Chem Med Chem,2010,5(3):468-475.

[160] TIAN J, WONG K K Y, HO C M, et al. Topical delivery of silver nanoparticles promotes wound healing[J]. Chem Med Chem, 2007, 2 (1):129-136.

[161] LIANG D H,LU Z,YANG H,et al. Novel asymmetric wettable AgNPs/ chitosan wound dressing:in vitro and in vivo evaluation[J]. ACS Appl Mater Interfaces,2016,8(6):3958-3968.

[162] LIU Y, LI F, GUO Z, et al. Silver nanoparticle-embedded hydrogel as a photothermal platform for combating bacterial infections[J]. Chemical Engineering Journal, 2020, 382: 122990.

[163] NETHI S K,DAS S,PATRA C R,et al. Recent advances in inorganic nanomaterials for wound-healing applications[J]. Biomater Sci,2019,7 (7):2652-2674.

[164] ARAFA M G, EL-KASED R F, ELMAZAR M M. Thermoresponsive gels containing gold nanoparticles as smart antibacterial and wound healing agents[J]. Sci Rep,2018,8(1):13674.

[165] CUI Y,ZHAO Y Y,TIAN Y,et al. The molecular mechanism of action of bactericidal gold nanoparticles on Escherichia coli[J]. Biomaterials, 2012,33(7):2327-2333.

[166] CHEN W Y, CHANG H Y, LU J K, et al. Self-assembly of antimicrobial peptides on gold nanodots:against multidrug-resistant bacteria and wound-healing application [J]. Advanced Functional Materials, 2015, 25(46): 7189-7199.

[167]MUTHUVEL A, ADAVALLAN K, BALAMURUGAN K, et al. Bio-synthesis of gold nanoparticles using solanum nigrum leaf extract and screening their free radical scavenging and antibacterial properties[J]. Biomedicine & Preventive Nutrition, 2014, 4(2): 325-332.

[168] LAU P,BIDIN N,ISLAM S,et al. Influence of gold nanoparticles on wound healing treatment in rat model:photobiomodulation therapy[J]. Lasers Surg Med,2017,49(4):380-386.

[169] LI J, WANG Y, YANG J, et al. Bacteria activated-macrophage membrane-coated tough nanocomposite hydrogel with targeted photothermal antibacterial ability for infected wound healing [J].

Chemical Engineering Journal，2020，420：127638.

［170］ZHOU W C, ZI L, CEN Y, et al. Copper sulfide nanoparticles-incorporated hyaluronic acid injectable hydrogel with enhanced angiogenesis to promote wound healing［J］. Front Bioeng Biotechnol，2020,8:417.

［171］LI M,LIU X M,TAN L,et al. Noninvasive rapid bacteria-killing and acceleration of wound healing through photothermal/photodynamic/copper ion synergistic action of a hybrid hydrogel［J］. Biomater Sci，2018,6(8):2110-2121.

［172］ZHOU L, CHEN F, HOU Z, et al. Injectable self-healing CuS nanoparticle complex hydrogels with antibacterial, anti-cancer, and wound healing properties［J］. Chemical Engineering Journal，2021，409：128224.

［173］LIVINGSTONE C. Zinc［J］. Nutrition in clinical practice，2015,30(3)：371-382.

［174］SCHWARTZ J R,MARSH R G,DRAELOS Z D. Zinc and skin health:overview of physiology and pharmacology［J］. Dermatol Surg,2005,31(7 Pt 2):837-847;discussion847.

［175］GUO W, KAN J T, CHENG Z Y, et al. Hydrogen sulfide as an endogenous modulator in mitochondria and mitochondria dysfunction ［J］. Oxid Med Cell Longev,2012,2012:878052.

［176］HAN B,FANG W H,ZHAO S,et al. Zinc sulfide nanoparticles improve skin regeneration［J］. Nanomedicine,2020,29:102263.

［177］ZHU Y W,MURALI S,CAI W W,et al. Graphene and graphene oxide:synthesis,properties, and applications［J］. Adv Mater, 2010, 22 (35)：3906-3924.

［178］VENKATAPRASANNA K S, PRAKASH J, VIGNESH S, et al. Fabrication of chitosan/PVA/GO/CuO patch for potential wound healing application［J］. Int J Biol Macromol,2020,143:744-762.

［179］LIANG Y P,CHEN B J,LI M,et al. Injectable antimicrobial conductive hydrogels for wound disinfection and infectious wound healing［J］. Biomacromolecules,2020,21(5):1841-1852.

［180］FAN J, HE N Y, HE Q J, et al. A novel self-assembled sandwich nanomedicine for NIR-responsive release of NO［J］. Nanoscale,2015,7(47):20055-20062.

[181] KITTANA N, ASSALI M, ABU-RASS H, et al. Enhancement of wound healing by single-wall/multi-wall carbon nanotubes complexed with chitosan[J]. Int J Nanomedicine, 2018, 13: 7195-7206.

[182] ZHOU L, ZHENG H, LIU Z X, et al. Conductive antibacterial hemostatic multifunctional scaffolds based on Ti(3)C(2)T(x) MXene nanosheets for promoting multidrug-resistant bacteria-infected wound healing[J]. ACS Nano, 2021, 15(2): 2468-2480.

[183] 朱韵伊, 彭伟, 林泽慧, 等. MXene基水凝胶复合材料的研究进展[J]. 复合材料学报, 2021, 38(7): 2010-2024.

[184] ZHAO X, WANG L Y, TANG C Y, et al. Smart Ti(3)C(2)T(x) MXene fabric with fast humidity response and joule heating for healthcare and medical therapy applications[J]. ACS Nano, 2020, 14(7): 8793-8805.

[185] SUN Z M. Progress in research and development on max phases: a family of layered ternary compounds[J]. International Materials Reviews, 2011, 56(3): 143-166.

[186] LIN H, CHEN Y, SHI J L. Insights into 2D MXenes for versatile biomedical applications: current advances and challenges ahead[J]. Adv Sci (Weinh), 2018, 5(10): 1800518.

[187] Mao L, Hu S M, Gao Y H, et al. Biodegradable and electroactive regenerated bacterial cellulose/Mxene(Ti$_3$C$_2$T$_x$) composite hydrogel as wound dressing for accelerating skin wound healing under electrical stimulation[J]. Adv Healthc Mater, 2020, 9(19): e2000872.

[188] LONG Y, WEI H, LI J, et al. Effective wound healing enabled by discrete alternative electric fields from wearable nanogenerators[J]. ACS Nano, 2018, 12(12): 12533-12540.

[189] YU Y R, CHEN G P, GUO J H, et al. Vitamin metal-organic framework-laden microfibers from microfluidics for wound healing[J]. Mater Horiz, 2018, 5(6): 1137-1142.

[190] XIAO J S, ZHU Y X, HUDDLESTON S, et al. Copper metal-organic framework nanoparticles stabilized with folic acid improve wound healing in diabetes[J]. ACS Nano, 2018, 12(2): 1023-1032.

[191] SHAKYA S, HE Y P, REN X H, et al. Ultrafine silver nanoparticles embedded in cyclodextrin metal-organic frameworks with GRGDS functionalization to promote antibacterial and wound healing application[J]. Small, 2019, 15(27): e1901065.

[192] KIM D H, PARK J C, JEON G E, et al. Effect of the size and shape of silver nanoparticles on bacterial growth and metabolism by monitoring optical density and fluorescence intensity [J]. Biotechnol Bioprocess Eng, 2017, 22(2): 210-217.

[193] HOUK R J T, JACOBS B W, EL GABALY F, et al. Silver cluster formation, dynamics, and chemistry in metal-organic frameworks [J]. Nano Lett, 2009, 9(10): 3413-3418.

[194] QU J, ZHAO X, LIANG Y P, et al. Degradable conductive injectable hydrogels as novel antibacterial, anti-oxidant wound dressings for wound healing[J]. Chem Eng J, 2019, 362: 548-560.

[195] LAU C S, HASSANBHAI A, WEN F, et al. Evaluation of decellularized tilapia skin as a tissue engineering scaffold[J]. J Tissue Eng Regener Med, 2019, 13(10): 1779-1791.

[196] CHEN H C, YIN B H, HU B, et al. Acellular fish skin enhances wound healing by promoting angiogenesis and collagen deposition[J]. Biomed Mater, 2021, 16(4): 045011.

[197] EL MASRY M S, CHAFFEE S, DAS GHATAK P, et al. Stabilized collagen matrix dressing improves wound macrophage function and epithelialization[J]. FASEB Journal, 2019, 33(2): 2144-2155.

皮肤组织修复材料的结构设计、制备与构型

皮肤作为人体免疫系统的第一道防线,约占人体体重的 15%,在机体保护、体温调节、外界刺激感知和机体免疫以及体液平衡方面扮演着重要的角色。由创伤、烧伤、感染或疾病引起的皮肤结构整体性或功能性的损害,即皮肤创面,不仅严重降低了患者的生活质量,而且糖尿病足溃疡、压疮和静脉性腿溃疡等慢性皮肤创面的愈合往往需要较长时间,极大地增加了病患及家属的经济负担。因此,设计和制备具有相应生物功能性的皮肤修复材料显得尤为重要[1]。

皮肤创面的愈合是一个相互作用的动态过程,一般包括止血、炎症、增殖和创面重塑四个阶段,伤口愈合过程中涉及多种细胞群、可溶性调节因子、细胞因子等相互作用[2-3]。一般情况下,创面愈合在受伤之后立即开始[4]。在急性或慢性伤口愈合的早期,血小板脱颗粒诱导血小板碱性蛋白释放,血小板碱性蛋白经蛋白酶水解后会释放中性粒细胞,释放的中性粒细胞会招募 NAP−2 家族蛋白,该蛋白可招募和激活中性粒细胞进而破坏浮游细菌[5]。但是,与机体内环境或特定疾病(如糖尿病)相关的皮肤氧化应激可能会诱导成纤维细胞衰老,而衰老的成纤维细胞不能募集足够的中性粒细胞来阻止细菌生物膜的形成,生物膜作为一种自生的多糖基质,可以使细菌对药物治疗和中性粒细胞不敏感[3,6,7]。在这种情况下,创面就会演变成感染伤口。因此为了加速伤口愈合,人们采取了一系列措施。

从古代起,人们已经开始使用各种各样的伤口敷料来加速创面的愈合。苏美尔文明时期,人们通过以下过程来加速创面愈合:用啤酒和热水清洗伤口后,涂抹由草药、药膏和油制成的膏药,最后包扎伤口。已有资料显示,古埃及人将蜂蜜、油脂和棉绒涂抹在伤口上以促进伤口愈合。在科学技术进一步发展后,由

棉花制成的纱布或凡士林纱布,在诊所和外科中心被广泛应用,纱布价格低廉且易于使用,同时也可搭配凡士林、蜡或其他软膏使其具有较好的保湿性,因此在创面愈合方面很受欢迎。但是纱布一旦吸收过多的组织渗出液,就失去了其作为伤口敷料的功效[8],并且纱布除了不能完全覆盖组织表面之外还缺乏生物功能性(如抗菌特性)且需要频繁更换,因此纱布作为敷料已经不能满足人们对伤口敷料的要求[9]。此外,随着科学技术的发展,人们对伤口愈合提出了越来越高的要求,这也是伤口敷料的设计和制备所面临的一大挑战。

目前,针对伤口愈合的不同阶段,科研工作者将各种生物活性组分整合进功能伤口敷料中,以有效促进伤口愈合。在伤口愈合的早期,一般会加入抗菌材料避免伤口感染。在创面愈合中期,一般会加入生长因子或细胞活性因子以促进细胞的增殖、迁移及分化,而细胞行为与细胞外基质息息相关,因此合理的伤口敷料设计对创面重塑具有重要意义。此外,一些特定的生物材料可以调节成纤维细胞的行为,进而调节细胞外基质的重塑。因此,设计并制备负载生物活性组分的三维生物材料对创面的愈合具有重要作用。由于伤口愈合过程的复杂性及不同伤口的特殊性,功能单一的伤口敷料难以满足不同创面的需求,因此基于伤口愈合的生物需求及伤口自身的特点,科研工作者设计并制备了一系列伤口敷料,以促进不同类型伤口的愈合。已有研究表明,闭合伤口的上皮再生速度要快于未闭合的伤口,同时湿度适宜的愈合环境有利于角质细胞的迁移,进而可以促进创面修复和组织再生[8]。除此之外,理想的伤口敷料还应具有抗菌性及透气性,这样可以有效避免由于感染而引起伤口的慢性病变。同时,敷料作为伤口的保护屏障还应具有一定的力学性能,以防止伤口受到外部病原体入侵或机械刺激。作为生物医用的敷料还应具有良好的生物相容性及可生物降解性。除了以上这些基本要求之外,理想的伤口敷料还应可以改善细胞行为,进而促进伤口愈合。基于皮肤组织的特点及细胞外基质的结构,科研工作者们设计了具有各种结构的生物材料用作伤口敷料,如纳米材料、微球、膜材料、纳米纤维支架、多孔支架(如晶胶、海绵及泡沫)、功能性水凝胶、3D生物打印及其他材料。由天然/合成聚合物和生物活性分子组成的具有特定三维结构的敷料,不仅具有多种功能性,还可以模拟细胞外基质,因此可以显著改善细胞行为,进而促进伤口愈合。

5.1　纳米材料

皮肤作为人体最大的器官,在生理学和美学方面具有重要作用,因此皮肤创伤的治疗是一个重要的研究领域。近年来,纳米材料已成为治疗皮肤创伤的手段。能将抗菌、抗炎、促血管生成和细胞增殖等特性集于一体的纳米材料基复合伤口敷料更是为加速皮肤再生提供了可能。目前,用于创伤治疗的纳米材料主要有两种:一是作为伤口敷料的纳米材料本身具有促进愈合的能力;二是在伤口敷料中纳米材料作为治疗药物的载体可以促进伤口愈合。受纳米材料本身理化性质的影响,不同的敷料会有不同的生物相容性和生物降解性、稳定性、尺寸、表面电荷和表面功能化特性,从而导致不同的愈合效果[10-11]。通常,纳米材料的大小决定了细胞中纳米材料的内化机制。小尺寸(3~15 nm)为细胞吸收纳米材料提供了被动扩散途径,因此可以将生物活性物质安全递送至细胞中。纳米材料在纯水、磷酸缓冲盐溶液(PBS)或其他物质中的稳定性也会影响纳米材料的给药方式(静脉注射和局部给药等)。首先,纳米材料在细胞外液中的稳定性避免了纳米材料大量聚集所产生的细胞毒性。其次,纳米材料表面上一个或多个官能团的数量和类型不仅可以为活性成分的负载提供额外的优势,还会影响材料的表面电荷。最后,纳米材料的结晶度及形状也会影响细胞和纳米颗粒的相互作用和内化。具有优化特性的纳米材料与药物或其他活性组分相结合,可以在复杂伤口(难以愈合和缺血性伤口)的治疗中实现理想的效果。而且纳米材料能够调节不同必需蛋白和信号分子的表达水平,以促进伤口愈合。除了物理化学特性,负载生物活性组分的纳米材料对伤口愈合具有很好的促进效果。综上所述,功能性纳米材料在促进伤口愈合方面表现出很好的应用潜力。但是,纳米材料中的杂质(合成中使用的溶剂,稳定剂和/或前体中的杂质)也会影响细胞与纳米材料的相互作用并影响愈合结果,这也是后期纳米材料合成与制备过程中应注意的问题。

5.1.1　常见的纳米材料

1. 金属及金属氧化物纳米颗粒

常见的金属及金属氧化物纳米颗粒有银、氧化铁、金和镧系金属等。

(1)银纳米颗粒。

银纳米颗粒(Ag NP)和银离子已被证明不仅对真菌、不同类型的细菌,甚至病毒具有灭活效果[12],还可以有效减少或预防伤口感染。越来越多的研究证明,与常规的银制剂(如磺胺嘧啶银)相比,Ag NP 制剂在低浓度下抗菌效果好且毒性更低,可实现更好的伤口愈合[13]。目前已有多种包埋银纳米颗粒的皮肤敷料被开发出来,如 Acticoat(爱银康)已被证明可以实现可控且持续的银离子释放,在保证抗菌性的同时可以有效降低银离子的潜在毒性及避免蛋白质失活。最近,有研究证实了用硫酸软骨素和硫酸铵修饰的银纳米颗粒可以加速胶原蛋白的沉积和伤口区域新生组织的形成,进而促进伤口的恢复[14]。据报道,Ag NP 还可以通过影响胶原蛋白的排列来改善修复后皮肤的拉伸性能[15]。此外 Ag

NP 的抗菌活性与纳米颗粒的形状和大小等物理特性相关[16]。例如,三面体形颗粒表现出比球形和棒形颗粒更高的抗菌活性[16]和抗炎特性[17],并且通过调控银纳米颗粒的大小和浓度可以将活性氧(ROS)的产生降至最低[18]。在生物安全性方面,Ag NP 被证实可以用作伤口愈合的治疗佐剂[19]。并且最新的数据表明,向 60 名健康的志愿者口服商业化的 Ag NP 不会产生毒性标志物[20]。因此,Ag NP 在伤口愈合应用中表现出巨大的潜力。

(2)氧化铁纳米颗粒。

除了银以外,氧化铁纳米颗粒也是生物医学应用中常见的纳米颗粒制剂[21],可以以不同的颗粒形式使用(如磁铁矿(Fe₃O₄)、赤铁矿(α－Fe₂O₃)和磁赤铁矿(γ－Fe₂O₃)),并且通常根据使用目的将氧化铁纳米颗粒与活性材料或聚合物复合来构筑伤口敷料。例如,凝血酶缀合的 γ－Fe₂O₃ 纳米颗粒通过提高皮肤抗拉强度并减少由缝线引起的瘢痕组织的形成而显著加速切口的愈合[22]。Long 等基于中药中使用的天然止血剂,开发出一种新型高岭石纳米黏土复合物(氧化铁－高岭石,α－Fe₂O₃－Kaolinkac),且该复合物可以有效控制出血并促进伤口愈合[23]。

(3)金纳米颗粒。

金纳米颗粒(Au NP)长期以来被应用于各种生物医学,包括药物传递、基因传递、光热治疗、抗癌、血管生成和生物传感应用。金纳米颗粒最近已被不同的研究小组用于促进伤口愈合,包括实现抗生素递送,作为组织黏合剂及被激光激活加速伤口愈合[24-28]。壳聚糖基金纳米复合胶黏剂相较于壳聚糖表现出更强的组织黏合性能,更有利于伤口闭合[29]。研究者通过戊二醛交联制备了掺有 Au NP 的纳米复合胶原蛋白支架,并在大鼠皮肤修复模型中证明,有 Au NP 嵌入的胶原蛋白支架与原始胶原蛋白支架、市售敷料(MedSkin 溶液)和明胶海绵相比,显示出更好的皮肤创面愈合效果[30]。在近红外光照射下,Au NP 产生的光热效应可以局部提高伤口部位的温度,帮助伤口组织重塑。具有一定抗氧化性的 Au NP 还可以通过调控伤口部位 ROS 的含量(过氧化氢和超氧阴离子)[31],来帮助伤口组织渡过炎症阶段而促进伤口愈合。除此之外,Au NP 还可以与抗氧化剂表没食子儿茶素没食子酸酯(EGCG)以及硫辛酸复合,进而调控伤口愈合的炎症和血管生成,并在分子水平上揭示了生物合成的 Au NP 在糖尿病小鼠伤口模型中的促血管生成特性[32]。由于其良好的生物相容性和优异的多功能性,Au NP 在伤口愈合方面具有广阔的应用前景。

(4)镧系金属纳米颗粒。

近来,稀土元素已经成为生物医学应用中的优良试剂。其中,血管生成(新血管的生长)受到各种镧系元素的影响极大,证明了它们在伤口愈合等领域具有广泛的应用前景。据报道,氧化铈纳米颗粒(160 nm)作为一种稀土氧化物纳米颗粒,可通过诱导生成一定量的羟脯氨酸和胶原蛋白来加快体内伤口愈合进程[33],从而提高伤口的拉伸强度并缩短伤口闭合的时间。已有研究表明,纳米氧化铈能够稳定缺氧诱导因子－1α(HIF－1α)的表达及调节细胞内的氧含量来诱导血管新生[34]。最近,Susheel 等合成了氢氧化铽纳米棒(TH NR)并对其理化性质及生物活性进行了表征[35],体内鸡胚血管生成分析(CEA)显示,TH NR 可能通过 NADPH 氧化酶(NOX)介导的 PI3K/AKT 信号通路促进血管生长,由此促进了小鼠伤口的愈合[35]。以上研究结果表明,基于镧系纳米颗粒的疗法在伤口愈合方面也有很好的应用前景。

2. 碳基纳米材料

碳基纳米材料是目前最有前途的纳米递送载体之一,包括碳纳米管、纳米金刚石、石墨烯、富勒烯和碳基纳米纤维等。这些纳米材料通常具有较高的机械强度和较大的比表面积,因此提供了许多化学或物理结合的位点。而且,它们易于大规模制备[36]。以目前在电子科学、纳米科学等领域广泛应用的富勒烯为例,由于结构中有碳碳双键以及最低未占分子轨道(LUMO),可以很好地吸收电子并与自由基反应,富勒烯具有比较强的抵抗自由基的能力。而且它是球形的,对抗自由基时并不会因为损失了一个电子就会破坏整体结构,稳定性非常好[37]。利用 γ－环糊精(CD)对富勒烯进行功能化修饰可以避免团聚并提高其水溶性[38]。科研工作者还评估了小鼠成纤维细胞在石墨烯(氧化石墨烯、还原氧化石墨烯)和碳纳米管等其他碳材料上的行为特征[39-40],结果表明将细胞培养于多壁碳纳米管(MWCNT)、功能化的 MWCNT、氧化石墨烯和还原氧化石墨烯等基材上24～48 h均未观察到细胞毒性作用,细胞的增殖和黏附也无差异。

3. 硅酸盐和陶瓷纳米颗粒

由于结构稳定且易于改性与包被,硅酸盐和陶瓷纳米颗粒已被用于伤口修复。Meddahi－Pellé 等利用二氧化硅纳米颗粒溶液作为黏合剂替代非可吸收缝合线(Ethicon 4/0)和商用黏合剂 2－辛基氰基丙烯酸酯(Dermabond)对大鼠伤口进行缝合[41]。胶原包被的钙基纳米颗粒由钙离子和甘油磷酸酯合成,具有调节钙稳态和环境 pH 的潜力,从而可以加速皮肤伤口愈合[42]。另外,基于姜黄素包裹的硅酸四甲酯纳米悬浮液对革兰氏阴性病原体具有杀灭作用,并加速了伤口愈合[43]。在这项研究中设置了四个对照组:姜黄素、裸露的硅酸四甲酯纳米颗粒、赋形剂和磺胺嘧啶银。姜黄素－硅酸四甲酯纳米颗粒可以促进肉芽组织的形成,增加胶原蛋白的沉积和成熟以及增加伤口部位新生血管的形成,对伤口闭合产生了显著影响。与其他对照组相比,姜黄素－硅酸四甲酯纳米颗粒使伤口闭合加快了约34%[43]。

4.脂质体纳米颗粒

近几十年来,研究人员一直致力于基于纳米技术输送系统的开发,以开发针对性及靶向性更强的药物递送载体,同时最大限度地降低脱靶效应。脂质体纳米颗粒是可行且有利的方法,能够特异性地递送水溶性差的药物并改善其治疗效果[44]。基于脂质体传递系统的应用潜力及其与传统方法相比的优势使其获得了科研工作者们的广泛认可。这些优势包括:①避免包封物质的生物降解;②促进包封药物的控制/持续释放;③提高水溶性较差药物的溶出度和渗透性;④延长血浆半衰期和改善药物的药代动力学特性;⑤改善细胞吸收以有效靶向生物活性分子;⑥优化药物的靶向特异性递送和延长药物在体内的滞留时间等[45-46]。脂质体、固体脂质纳米颗粒(SLN)、自乳化药物递送系统(SEDDS)和胶束是脂质体纳米颗粒的主要类型,能够包载和递送用于抗炎和血管生成等治疗的各种化学物质,药物和基因。Manconia 等在超声作用下将脂质 S75(S75 是大豆磷脂、甘油三酸酯和脂肪酸的混合物)、聚乙二醇 400、辛基癸基聚葡萄糖苷、槲皮素或姜黄素制备成囊泡,用于全层皮肤缺损的修复[47]。该脂质体中包载的具有抗氧化和抗炎特性的天然植物提取物能够预防皮肤溃疡并促进伤口愈合。具有抗氧化性的槲皮素和姜黄素可以有效降低 ROS 对组织的损伤,通过降低髓过氧化物酶(MPO)的积累和白细胞浸润来有效调节伤口部位的炎症。

5.1.2　纳米材料制备过程中的主要驱动力

用于伤口愈合的纳米复合材料的性能取决于以下几个参数,包括组分的性质、有机/无机材料的比例,以及无机组分在聚合物基质中的大小和分布。除了支架组成外,另一个重要因素是整个纳米复合生物材料本身的结构。在纳米尺度上模仿自然组织结构被认为是一种很有前途的制备组织工程支架的方法[48-49]。因此,纳米复合材料支架结构设计方法的选择不仅影响其孔结构和孔隙率,而且对纳米复合材料的整体生物活性具有重要影响。为了构建和准确调控纳米颗粒的性能,通常需考虑各种驱动力,包括共价键和非共价键相互作用。各组分之间的驱动力促进了纳米颗粒的形成并显著影响其物理、化学、生物性能,这些关键驱动力可以用来设计智能刺激响应的纳米材料,实现按需给药和实时监测。

1.氢键

氢键通常出现在氢原子与其他电负性原子(如氧、氟或氮)之间,从而产生较弱的偶极子—偶极子吸引。广义上讲,氢键可被视为一种特殊类型的静电相互作用。氢键已被广泛用于有机纳米材料的自组装。例如,Chen 等构建了集紫杉醇(PTX)/单宁酸(TA)/聚 N—乙烯基吡咯烷酮(PVP)于一体的纳米颗粒(PTX—

NP),该纳米颗粒主要以 TA 与疏水性 PTX 和 PVP 之间较强的分子间氢键结合,通过快速纳米沉淀(FNP)程序来改善口服化疗[50]。此外,Stenzel 等利用果糖的强氢键诱导疏水性姜黄素自组装成纳米胶囊[51],提高姜黄素水分散性。

2. 范德瓦耳斯力

由两个或多个感应偶极和/或永久偶极子的相互作用产生的范德瓦耳斯力可被视为瞬时静电相互作用。另外,范德瓦耳斯力主要可分为取向力、诱导力和色散力。尽管范德瓦耳斯力在分子自组装中很少被视为主要的相互作用,但可以利用它来调节有机纳米颗粒的大小、分子晶体构象和稳定性。例如,Kim 等制造了 $PC_{61}BM$ 核-PC60 壳和 C_{60} 核-PC60 壳纳米颗粒[52-53]。C_{60} 分子之间的范德瓦耳斯力增强,使得化合物的纳米级尺寸及其在分子晶体中的构象得到调节,显示出相对较小的球形结构和较高的稳定性。

3. 静电相互作用

静电相互作用包括静电吸引和静电排斥,只有前者有助于纳米颗粒的形成,而后者可以保持纳米颗粒在水溶液中的单分散稳定性。静电相互作用在有机纳米颗粒的制备中,特别是在逐层组装(LBL)的过程中非常重要。Gao 等已经设计出核-壳纳米颗粒,将姜黄素和胡椒碱这两种生物活性成分封装在一个单一的输送系统中。其中,姜黄素最初通过反溶剂沉淀法掺杂到疏水的醇溶蛋白-透明质酸核心中,胡椒碱在层层组装中通过静电相互作用被包裹在带负电的透明质酸层和带正电的壳聚糖层之间[54]。

4. π-π 相互作用

π-π 相互作用是纳米颗粒组装过程中最重要的驱动力之一,它可以诱导含有 π 共轭基团有机组分的定向生长。由 π-π 共轭荧光结构、带芳香环的生物分子和基于卟啉的光敏剂组成的有机纳米颗粒在生物传感和疏水药物递送等不同的生物医学领域得到了广泛的应用。

5. 疏水作用

疏水作用在两亲性分子、蛋白质折叠和表面活性剂的自组装中发挥重要作用。通过疏水作用形成的有机纳米颗粒通常是混乱但相对稳定的。作为制备纳米颗粒最重要的驱动力之一,疏水作用为包封水不溶性药物以改善其生物利用率提供了较好的策略。

6. 配位作用

近年来,基于金属有机配体的配位键成为构建多组分有机纳米材料的一种有效策略。配位结构的物理化学性质主要取决于金属离子与有机配体之间的相互作用,特别是不同类型的金属离子会影响有机配体的数量、取向及结合亲和力[55]。金属离子与小的有机分子或生物分子之间的配位作用可以制备纳米级配位聚合物（NCP）。由于协同力弱，NCP 表现出良好的生物降解性和 pH 触发释放特性，具有应用于智能生物医学领域的潜力。

5.1.3 制备方法

目前，制备基于纳米材料的皮肤敷料的方法大体可以分为自上而下的方法和自下而上的方法（图 5.1）。

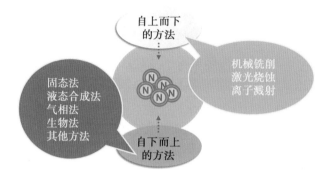

图 5.1 纳米材料皮肤敷料的加工技术

1. 自上而下的方法

自上而下的方法是指把大块材料分解成更小的单元，即将较大尺寸（从微米级到厘米级）的物质通过各种刻蚀技术制备成所需要的纳米结构，包括机械铣削、激光烧蚀和离子溅射等方法。其优点在于操作简易，可以方便地制备各种独特的三维结构；但缺点是浪费材料，且不适用于制备不规则形状和超小尺寸的纳米颗粒。同时，其对目标材料的微观形貌有所限制，并不能通过控制原子或离子间的距离来精确调控形貌。

（1）机械铣削。

机械铣削是通过机械的作用将反应物反复变形、研磨从而达到降低颗粒直径的目的。在此过程中可以按需进行化学修饰，因此也可以细分为球磨法和机械化学合成法。该方法广泛用于金属纳米颗粒的合成。

（2）激光烧蚀。

在激光烧蚀方法中，使用激光辐照将颗粒尺寸减小至纳米级。将固体靶材置于薄层下，然后暴露于脉冲激光辐照下，激光对材料的照射导致以纳米颗粒形式存在的固体物质碎裂，这些固体物质保留在包围目标物的液体中并产生胶体溶液。激光脉冲的持续时间和能量决定了烧蚀的原子和形成的粒子的相对数量。激光脉冲的持续时间、波长、烧蚀时间、激光流利度以及有无表面活性剂的液体介质都会影响烧蚀效率和所形成金属颗粒的特性[56]。

(3)离子溅射。

离子溅射是一种利用高能稀有气体、离子(如 Ar 或 Kr)轰击固体表面,使固体表面的原子和分子被击出并喷射到周围环境中的方法。近年来,该方法已被应用于磁控溅射金属靶材制备纳米颗粒。在该方法中,12 种不同金属的纳米颗粒形成准直的纳米颗粒束,并且将大量的纳米结构膜沉积在硅基板上。该过程必须在相对较低的压力(约 $0.133\ 3 \times 10^{-3}$ MPa)下进行,这使得进一步处理气溶胶形式的纳米颗粒变得困难[57]。

2. 自下而上的方法

自下而上的方法主要是指通过化学合成方法将一些较小的结构单元(如原子、分子、纳米颗粒等)通过弱的相互作用自组装构成相对较大、较复杂的结构体系(在纳米尺度上)。在这种方法中,纳米颗粒的纳米结构首先形成,然后组装以产生最终的纳米颗粒,使用这种方法很容易获得具有小而均匀的尺寸和形状的纳米颗粒。

(1)固态法。

固态法可以分为物理气相沉积法和化学气相沉积法。在物理气相沉积法中,材料以薄膜或纳米颗粒的形式沉积在表面。高度可控的真空技术(如热蒸发和溅射沉积)会导致材料汽化,并进一步冷凝在基板上[58]。在化学气相沉积过程中,一些材料的薄膜通过包含薄膜材料所需原子的气体分子,然后两者产生化学反应使原子沉积在表面[59]。目标材料以挥发性分子的形式释放并作为前体起作用,然后在前体片段、前体和基底表面之间发生一系列化学反应,从而产生薄膜。

(2)液态合成法。

液态合成法可以分为微乳液法、溶胶-凝胶法、化学还原法、水热法和溶剂热法。

①微乳液法。

微乳液法是利用油(烃)、水(电解质水溶液)和表面活性剂(有时以醇为辅助表面活性剂)形成油包水型和水包油型的纳米颗粒。它们的液滴尺寸在纳米尺度,并且液滴彼此分离。反应空间仅限于微反应器-液滴。

②溶胶-凝胶法。

溶胶-凝胶法通常是先用金属有机化合物或金属无机化合物制备溶胶,然后在加热条件下,使溶胶脱水得到凝胶,最后用凝胶制备纳米级产品。

③化学还原法。

在化学还原法中,使用不同的还原剂,在表面活性剂存在下,在适当的介质中还原离子盐[60]。在水溶液中使用如硼氢化钠之类的还原剂来制备金属纳米颗粒。

④水热法。

水热法是在高压釜中的高温高压条件下,以水为反应介质,将通常微溶和不溶的物质溶解并反应,然后重结晶,从而得到理想的产品。

⑤溶剂热法。

溶剂热法用于在水或其他有机化学物质(如甲醇、乙醇和多元醇作为溶剂)存在的条件下制备纳米相,反应在压力容器中进行,使溶剂(水和醇等)加热至其沸点温度以上[61]。溶剂热法由于其溶剂多样性、操作简单和反应条件温和,可制备高质量结晶的产物。

(3)气相法。

气相法可分为喷雾热解、激光热解和火焰热解,是借助不同手段将目标物质气相化来制备纳米颗粒的方法。通过喷雾热解法合成的纳米颗粒通常会产生具有空心形状的微米级颗粒。激光热解作为一类特殊的激光加工技术,流动的反应气体被诸如连续波二氧化碳($CW-CO_2$)激光之类的近红外激光迅速加热。通过吸收激光束能量选择性地加热源分子,通过与反应物分子的碰撞间接地加热载气。由于温度升高而发生反应物的气相分解并产生过饱和,从而形成纳米颗粒。例如,SiH_4 热解导致硅纳米颗粒的形成[62],$Fe(CO)_5$ 分解形成 Fe 纳米颗粒[63]。气流系统中激光加热的主要优点是没有加热壁,从而减少了产品污染的危险。火焰热解是纳米颗粒通过火焰热引发化学反应从而产生可冷凝的单体,火焰热解更经济,但是通常会产生团聚颗粒。

(4)生物法。

生物法是一种绿色环保的制备方式,是纳米技术的新兴趋势。它克服了传统制备方法反应复杂、成本高和安全性低的不足。纳米颗粒的生物学制备方法包括利用细菌、真菌、植物和植物产物合成纳米颗粒。反应过程不涉及高压、能量、温度和有毒化学物质[64]。

(5)其他方法。

合成纳米颗粒的方法还有自组装、微流控技术和超临界流体技术等。

①自组装。

自组装作为一种自发的自下而上的方法,是制备有机纳米颗粒最广泛和实用的策略,可以在不施加外部机械力的情况下将预先形成的分子通过非共价作用转化为颗粒。这些分子包括两亲性嵌段共聚物、主客体复合物、聚电解质或小的有机分子[65]。此外,疏水效应和氢键往往与自组装有关,这种相对较弱的结合力使组装的有机纳米颗粒对环境变化比较敏感。

②微流控技术。

微流控技术的主要优点是能够在微通道(几十微米到几百微米)中精确处理小体积(从微升到皮升)的单相或多相流体。目前,微流控技术已广泛应用于生物或化学领域,如微材料、纳米材料的合成等。微流控技术可以通过调整微流控板的规格来改变喷出的纳米颗粒[66]。

③超临界流体技术。

超临界流体技术是将聚合物或药物溶解在超临界液体中,当该液体通过微小孔径的喷嘴减压雾化时,随着超临界液体的迅速汽化,即可析出固体纳米颗粒。该方法仅适用于分子量在10 000以下的聚合物。超临界流体技术因其使用环境友好的溶剂、高纯度加工纳米颗粒以及不残留有机溶剂等优势,逐步成为具有巨大应用前景的纳米材料制备方法。

5.2　微　球

微球是多颗粒药物递送系统中广泛使用的一种药物递送载体,适用于多途径耐受给药,具有治疗和技术上的优势。微球的直径通常在 $1\sim1\,000\ \mu m$ 范围内,可作为具有明确的生理和药代动力学的多单位药物输送系统,以提高药物的有效性、耐受性和患者依从性。根据配方的不同,它们可以被负载入不同的药物剂型,如固体(胶囊、片剂)、半固体(凝胶、软膏、糊状)或液体(溶液悬浮液)。药物从微球释放到作用位点有三个阶段。第一阶段,微球表面的药物溶解并扩散到介质中。第二阶段,微球内的药物从固有的孔隙中溶解并扩散到介质中。同时,由于聚合物化学键的水解,产生了更多的空隙,有利于药物的进一步释放。第三阶段,由于聚合物完全降解,微球中的所有药物都释放到介质中。在多微球颗粒的情况下,药剂分布在许多单独的小颗粒中,因此单个亚基的故障不会导致整个药剂的失效。总体来说,微球通过载体将核心成分保护起来,使其免受环境的影响,并且能够保护身体免受药物副作用的影响,进而优化、延长或实现靶向治疗的效果,因此微球体系在皮肤组织修复工程中具有很好的应用前景。

5.2.1　常见微球材料

微球载体物质可以是源于植物、动物或微生物的聚合物,也可以是半合成纤维素衍生物和可生物降解或不可生物降解的合成聚合物。该载体物质通常基于多糖或蛋白质,常使用非聚合物赋形剂,如氯化钙、戊二醛、聚-L-赖氨酸等进行交联,从而形成稳定的药物输送聚合物网络系统。

1. 壳聚糖微球

在组织工程中,壳聚糖可以促进伤口愈合,因此被广泛用于伤口敷料和人造皮肤领域。Conti等研究了壳聚糖微球的制备并评估了该微球的体内创面愈合性能。试验结果表明,壳聚糖微球在对创面治疗14 d后表现出较好的愈合效果。

Liu 等制备了壳聚糖/明胶微球,并将其浸泡在碱性成纤维细胞生长因子(bFGF)溶液中,从而获得壳聚糖/明胶/bFGF 微球。然后,将微球混合到壳聚糖支架中以制备皮肤伤口修复敷料。试验结果表明,含有壳聚糖/明胶/bFGF 微球的壳聚糖支架可以促进成纤维细胞的黏附和增殖,从而促进伤口愈合。Li 等通过高压静电控制的挤压方式制备了具有核-壳结构的壳聚糖微球,并包载了两种有助于伤口愈合的生物活性因子(抗菌肽 PonG1 和生长因子 bFGF)。如图 5.2 所示,挤压喷嘴呈同心圆结构,内层挤出 bFGF 和 PonG1 溶液,外层挤出壳聚糖溶液。释药试验结果表明,包裹 PonG1 和 bFGF 的壳聚糖微球在伤口表面具有缓释药物的作用。体内伤口修复试验结果表明,载有 PonG1 和 bFGF 的壳聚糖微球可以减少炎症细胞的浸润,增加新生血管和胶原沉积,从而促进创面愈合。

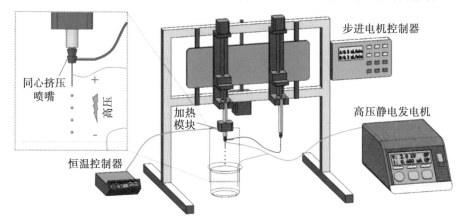

图 5.2 一种制备核-壳结构微球的装置[67]

2. 透明质酸微球

透明质酸(HA)是一种天然存在的糖胺聚糖,广泛分布于人体中,如细胞外基质、真皮、玻璃体和透明软骨中。HA 可以刺激细胞迁移,调节血管壁的通透性,减少炎症并促进伤口愈合。由于这些原因,HA 在医疗、制药领域具有广泛应用,并且经常与其他成分(壳聚糖、明胶和聚乳酸等)复合,在组织工程和药物递送领域表现出很好的应用前景。Manfredin 等通过乳化-溶剂蒸发制备的负载抗坏血酸磷酸钠的透明质酸微球能够有效改善伤口水合作用(皮肤外层角蛋白或其降解产物具有的与水结合的能力)和上皮重塑[68]。

3. 海藻酸盐微球

海藻酸盐是一种从褐藻中提取的天然多糖,由不同比例的 β-D-甘露糖醛酸(M)和 α-L-古洛糖醛酸(G)残基组成,在二价阳离子(如 Ca^{2+})的交联下可以形成凝胶微球(图 5.3),表现出良好的生物相容性、温和的凝胶化条件和较低的免疫原性。因此,将含有蛋白质或生长因子的海藻酸盐液滴挤入氯化钙溶液中是常用的包封蛋白质的方法。Nokoorani 等[69]通过乳化－溶剂蒸发法开发了一种包裹 bFGF 的聚乙烯醇－海藻酸钠的微球，可以加速细胞诱导的组织再生。该微球可以实现 bFGF 的持续释放，并且可以抑制金黄色葡萄球菌和大肠杆菌的生长。Rath 等通过乳化法制备甲硝唑/沙氏菌蛋白酶负载的海藻酸盐微球，制得的海藻酸盐微球具有较高的活性物质包载效率和均一的球形结构。体内伤口愈合评估结果表明，在兔全层伤口中使用甲硝唑/沙氏菌蛋白酶负载的海藻酸盐微球可提高伤口愈合的效率。

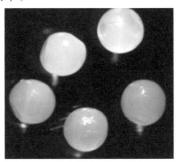

图 5.3　海藻酸钙微球的结构[70]

4.明胶微球

目前已有很多基于明胶的微球，用于以局部或靶向方式递送细胞生长因子和基因以诱导组织再生。由于大多数基于明胶的微球具备控释特性，明胶微球已被广泛用作载体以固定或封装细胞生长因子，从而促进细胞增殖和分化。细胞生长因子和生物活性药物不仅可以在制备过程中直接包埋在明胶微球中，也可以枝接或包被在明胶微球表面。Chen 等[71]通过乳液交联方法制备了负载四环素盐酸盐（TH）的明胶微球，然后将其整合到氧化海藻酸盐－羧甲基壳聚糖水凝胶中制备了复合的凝胶敷料。由于微球的掺入，该复合水凝胶显示出优异的抗菌性能，在细菌感染的治疗方面表现出广阔的应用前景。Sivagnanam 等[72]通过乳化法将从铜绿假单胞菌中分离出的铁离子螯合剂负载到明胶微球中用于抑制伤口部位的金属蛋白酶（MMP）的活性。在体内伤口愈合评估过程中，明胶微球敷料治疗的伤口表现出良好的再上皮化和胶原蛋白沉积，并表现出可控的炎症以及对 MMP 的调节，有助于调控蛋白水解性伤口的微环境，进而促进伤口部位的重塑。

5.聚乳酸－羟基乙酸共聚物微球

聚乳酸－羟基乙酸共聚物（PLGA）是聚乳酸和聚乙醇酸的共聚物，是医学应用中广泛使用的可生物降解的聚合物之一。由于 PLGA 具有商业可得性、生理条件下良好的降解特性、可调节的表面理化性质和药物的控释性能，因此成为许多临床应用中最有前景的聚合物载体。当 PLGA 进行水解时，其酯键断裂，形成乳酸和乙醇酸单体,这些单体很容易进入柠檬酸循环(图 5.4)。PLGA 的产物乳酸水平的升高是胶原蛋白合成和伤口修复的主要信号,因此 PLGA 是最适合通过提供乳酸以加速修复性血管生成和伤口愈合的聚合物。PLGA 微球及其相关支架是将药物持续递送到伤口部位的最有应用潜力的载体之一。Gainza 等制备了负载人表皮重组生长因子(rhEGF)的 PLGA－海藻酸盐微球,用于治疗糖尿病伤口。通过 rhEGF－PLGA 微球治疗的 Wistar 大鼠皮肤伤口面积显著减少,到第 11 天时已经形成完整的上皮组织,并且在修复早期降低了伤口部位的炎症反应[73]。除了递送单一活性物质外,PLGA 微球还可以同时将氯己定(CHX)和血小板衍生生长因子(PDGF)递送至伤口部位,并促进大鼠感染伤口的愈合[74]。双重递送体系有效降低了伤口部位的感染并诱导了更高水平的成熟脉管系统的生成。总之,基于 PLGA 的药物输送系统可以递送单一药物,也可以作为双重递送系统同时将疏水性和/或亲水性功能分子递送至伤口。

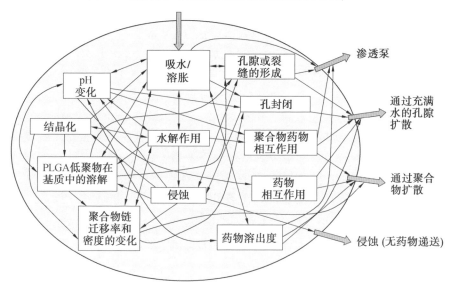

(a) PLGA 的水解(x、y 分别代表乳酸和乙醇酸的单元数)

(b) PLGA 释放药物涉及的不同过程

图 5.4 PLGA 水解原理及 PLGA 释放药物过程各因素的相互关系

5.2.2　微球材料制备过程中的主要驱动力

1.静电相互作用

前面提到包封蛋白质的常用方法是将含有蛋白质或生长因子的海藻酸盐液滴挤入氯化钙溶液中。当钙离子从外部扩散到液滴中时,钙离子与羧酸根阴离子之间发生离子相互作用而发生凝胶化。通过这种方式可以将生物活性物质包封在海藻酸盐中,如在 pH 为 7.4 时,血管内皮生长因子(VEGF)带正电荷,可以与带负电荷的海藻酸盐通过静电相互作用结合,从而将 VEGF 负载到海藻酸盐中。以 PLGA 和壳聚糖分别作为阴离子聚电解质和阳离子聚电解质制备的 PLGA/壳聚糖多孔微球,由于静电相互作用,大量的 PLGA 被壳聚糖微球吸收,可作为可注射性细胞载体[76]。

2.氢键

微球除了包裹蛋白质、生长因子等生物活性物质外,还可以负载具有抗菌活性的纳米颗粒。如将壳聚糖与 PVA 混合,通过疏水侧链和分子间氢键将其聚集在一起,然后与无机金属纳米颗粒(ZnO)混合,将溶液通过注射器针头滴入(直径 1 mm)稀的 NaOH 水溶液中,壳聚糖立即沉淀在其中,形成凝胶状小珠[77]。这种微球对大肠杆菌和金黄色葡萄球菌具有很高的抗菌性,与纯的壳聚糖相比也表现出了更快更好的促小鼠伤口愈合效果。

5.2.3　微球材料的制备方法

1.乳化-溶剂蒸发法

乳化-溶剂蒸发法常用来制备包裹细胞因子的微球。通常先制备核心药物的水相,然后使用均质器将水相在油相中进行乳化,最后在磁力搅拌的过程中将有机溶剂完全蒸发,从而使微球固定。乳化-溶剂蒸发法常用于 PLA、PLGA 等微球的制备(图 5.5)。

2.凝聚法

与海藻酸钙形成相关的凝聚法被认为是制备微球的经典方法。钙离子在海藻酸盐的 α-L-甘露醛酸和 β-D-甘露醛酸单元之间形成交联,从而在聚合物各链间形成"蛋壳结构"。疏水组分通常用凝聚法封装,而亲水组分通常是通过双乳化后凝聚形成具有核-壳结构的微胶囊来实现包封。由于凝聚,产品中含有大量的溶剂,需要从产品中蒸发出来,所以使用这种方法要注意对产物进行溶剂蒸发的后处理。

3.喷雾干燥法

喷雾干燥法是将药物分散在材料的溶液中,再用喷雾法将此混合物喷入热

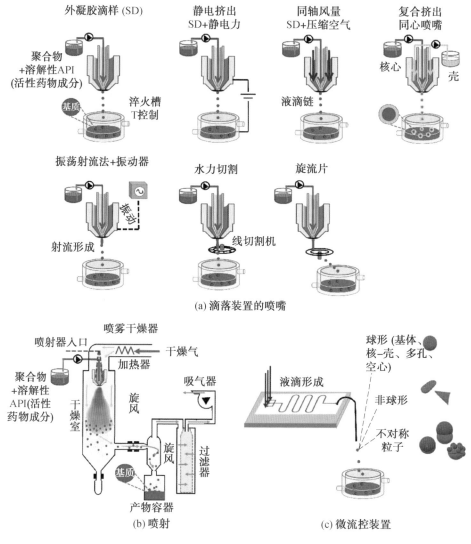

图 5.5 微流控技术在孔板上形成微球的制备过程[70]

气流中使液滴干燥固化而得到微球。该方法广泛应用于制备包封挥发性物质、益生菌和活细胞微球的制备。通过喷雾干燥法制备的微球粒径均匀,且所有步骤可以在一个设备内完成以及能封装不耐热材料等,因此在微球制备中受到广泛关注。该方法已成功用于白蛋白微球的制备,优势为简便快捷,药物几乎全部包裹于微球中,是微球制备工业化最有希望的途径之一。但是该方法损耗较高、收率较低,这也是未来需要克服的技术难题。

4.冷冻干燥法

冷冻干燥法已成功用于制备基于蛋白质材料的微球。整个过程包括冷冻、升华、一次干燥和二次干燥。在冻结阶段，需要考虑组分的共晶点。冻干保护剂（海藻糖、右旋糖酐）可以取代水、形成玻璃基质以及通过在分子之间建立氢键或范德瓦耳斯力来降低分子流动性以稳定药物活性成分。尽管其成本高，但对热敏性分子来说是一种高效有利的工艺。

5.挤压

通过喷嘴挤压是形成微球的常用方法。影响微球形成的因素有很多，如聚合物溶液的浓度、聚合物的黏度、喷嘴与凝固液的距离、给料速率、表面张力、溶剂、温度、电压和喷嘴直径等。形成的微球被收集在凝固液中。其中挤出过程中最重要的限制条件是聚合物的黏度，过黏可能造成喷嘴的堵塞，因此在喷嘴选择和聚合物设计的过程中应该尤为注意。

6.微流控技术

微流控技术是基于微通道、微腔和微结构处理或操纵微小流体的系统所涉及的科学和技术。微流控技术可以将不同流体集成在微通道（数十至数百微米）中，并且系统地控制通道中少量流体的流动行为。这种方法广泛应用于食品安全监控、化学分析、医疗保健和生物工程等。与制备微球的常规方法不同，微流控法避免了机械搅拌所带来的微球表面磨损，减少了微球提纯的步骤，降低了不同批次微球之间的差异，这使得所制备的微球具有分散性良好、粒径均匀及形貌可控的优势。此外，大量微球的制备可以通过多通道实现。

5.3　薄　膜

薄膜是一种具有均匀物理和化学性质且质地柔软并能够承受较大剪切力的伤口敷料，迄今为止已经被广泛用于伤口愈合，或用作提供结构支撑作用的二级敷料，在临床中得到广泛使用。薄膜通常表现出透明、耐用、操作简便及价格便宜等优点，因此受到人们的广泛关注。薄膜材料一般具有半透性，可以透过氧气和水蒸气，但是不透水和细菌，能够有效防止细菌污染。薄膜敷料最初由尼龙衍生物制成，并且通常在一侧引入丙烯酸黏合剂以保持敷料在伤口部位的固定，表现出良好的封闭性[78]。薄膜敷料一般用于浅表伤口，如摩擦伤口、皮肤刮伤等有少量分泌物的伤口，具有良好黏合性能的薄膜也可以用于固定静脉导管或表皮移植物。此外，伤口部位容易受到外力损伤而产生二次伤害，而薄膜类伤口敷料可以避免伤口部位擦伤并确保伤口处在湿润的环境中。更重要的是由于其较薄且透明,因此护理人员可以随时根据伤口的愈合情况做出有针对性的移除和更换。一般薄膜敷料可以持续应用 4～5 d,能够避免伤口周围皮肤由于黏合时间过长而导致的皮肤浸渍。此外,由于薄膜敷料可以更好地贴在伤口部位,其也被用作水凝胶、泡沫等皮肤敷料的二级敷料。目前市售的薄膜很多,如 Tegaderm™薄膜、Polyskin Ⅱ薄膜、Bioclusive®薄膜等[79]。

尽管薄膜具有很多优点,但这类敷料在伤口愈合中无法吸收渗出物,过多的渗出液为细菌的生长创造了有利的环境,因此科研工作者期望通过对薄膜类材料的优化使其更好地应用于伤口修复。现代的薄膜敷料是通过干燥丙烯酸衍生物、尼龙 117 或天然聚合物材料(如壳聚糖,透明质酸)的聚合物溶液或凝胶制成的半透性透明黏片,它们可透过氧气和潮湿的水蒸气,但是可以防水。改性后的半透性薄膜有利于伤口部位的水分捕获,进而为伤口愈合提供了湿润的环境,同时也有助于细胞迁移及促进坏死组织的自溶。为了提高薄膜敷料的治疗效果,使其具有多功能性,研究人员使用各种生物材料、共聚物和嵌段聚合物制成理想的伤口愈合薄膜[79]。

传统薄膜类敷料结构简单,用途单一,大多数情况下作为二级敷料来辅助伤口愈合。但由于其在使用过程中的局限性,如粘贴时间过长导致皮肤浸渍、薄膜本身结构特性决定了其吸水效果较差,因此在临床应用中缺少主导性的治疗作用。针对不同人群的需求,薄膜的使用具有选择性。婴幼儿及老年人等皮肤脆弱的人群不宜使用薄膜,这是因为薄膜在移除过程中可能会对皮肤施加剪切力,对脆弱的皮肤组织造成二次损伤。为此,研究人员致力于开发多功能薄膜伤口敷料,以适应不同类型伤口需要。此外,膜材料的结构也由单层向多层发展,以期实现良好的组织液吸收效果。多层薄膜在一定程度上可以富集水分,吸收严重感染化脓皮肤的组织液,还能在一定程度上根据仿生原理来模仿人的表皮结构(如结构的不对称性),通过物理隔绝的方法实现对水分蒸发的调控以及阻止细菌入侵伤口部位。由于大多数薄膜材料本身不具有抗菌性能,研究人员将各种抗菌剂(如金属纳米颗粒、药物、离子等)载入薄膜中,以期实现抗菌剂在聚合物薄膜材料中的持续缓释,从而实现良好的抗菌性。

用于皮肤组织工程的多功能伤口修复薄膜的最大优势在于,其在能够防止伤口感染的同时,还可以最大限度地促进伤口愈合。除了在材料制备时选择具有生物相容性和生物功能性的天然高分子作为基础材料以外,研究人员还会在薄膜内掺杂促进细胞迁移和血管再生的活性组分来加快组织愈合。例如,负载生长因子的薄膜可以促进成纤维细胞的迁移并减少瘢痕组织形成。这不仅克服了薄膜敷料功能的单一性,还减少了使用一级敷料带来的操作不便。

1. 单层膜的制备

具有单层结构的膜从材料设计上来说简便且工艺单一,是由聚合物在预聚液中充分分散干燥后剥离所得。功能性组分一般通过两种方式整合进薄膜材料中。一种方式是在制备前,使活性组分与聚合物以及交联剂充分分散混匀,将溶液浇铸于模具中,置于烘箱内干燥过夜,第二天进行剥离即可获得。另一种方式是采取后处理方法将活性组分引入膜材料中,将已经成型的薄膜浸泡于离子液体或药物溶液中一定时间,使其充分吸收活性组分,但由于扩散作用进入薄膜材料中的活性组分有可能分散不均匀。

(1)负载谷胱甘肽的壳聚糖/透明质酸膜。

此外,伤口愈合过程会受到氧化应激影响从而延缓愈合时间,因此设计和制备具有抗氧化性质的敷料显得尤为重要。Tamer 等开发出负载谷胱甘肽的壳聚糖/透明质酸(Ch/HA/GSH)膜用于伤口愈合,具有良好抗氧化性的谷胱甘肽可以保护细胞免受活性氧的侵害。通过添加 10 mmol/L 的谷胱甘肽,复合膜的吸水率略有提升,在膜基质中掺入谷胱甘肽可以使薄膜的表面粗糙度增加,从而增加薄膜与组织的相互作用面积。此外,薄膜的孔隙率由 $37.53\% \pm 1.88\%$ 增加到 $43.26\% \pm 2.16\%$。与 Ch/HA 膜相比,Ch/HA/GSH 膜在大鼠全皮缺损伤口模型中表现出更好的愈合效果[80]。

(2)多功能细菌纤维素膜。

近年来,基于细菌纤维素的薄膜受到广泛关注,然而大多数基于细菌纤维素材质的膜材料具有较低的柔韧性和较差的透气性。为弥补细菌纤维素薄膜的不足,研究者们采取了不同的方法来提高细菌纤维素膜材料的机械性能和透气性。Wang 等以聚乙二醇和聚六亚甲基双胍分别作为柔性链段以及抗菌剂,合成并制备了多功能抗菌性细菌纤维素薄膜(PHMB-PBC)。该薄膜表现出较高的透明性以及较好的柔韧性,适用于关节部位的伤口愈合(图 5.6)。此外,抗菌测试结果表明,PHMB-PBC 薄膜表现出持久的抗菌活性,能够有效预防伤口感染。体内伤口愈合评估结果表明该复合薄膜可以显著提高皮肤愈合的效果[81]。

(3)水凝胶膜。

具有温度响应性的温敏型伤口敷料可以实现响应性的药物控释,在避免药物突释的同时可以保证持久的抗菌性,因此受到了人们的广泛关注。Abbasi 等设计了由海藻酸钠、泊洛沙姆 407、普朗尼克 F-127 和聚乙烯醇组成的新型热敏水凝胶膜。该水凝胶膜具有很好的溶胀性能和较高的表面孔隙率,还可以实现包载在凝胶网络中抗菌药物阿米卡星的可持续释放(超过 35 h)。抗菌结果表明该水凝胶膜对革兰氏阳性菌具有更强的杀菌效果。对体内伤口愈合的评估结果表明,由水凝胶薄膜治疗的皮肤伤口在 21 d 内实现了完全闭合。组织病理学结果也表明,该水凝胶膜治疗后修复的皮肤组织显示出较好的胶原蛋白沉积,而且弹性蛋白和肉芽组织形成较多,进一步说明了该水凝胶薄膜较好的皮肤修复能力[82]。

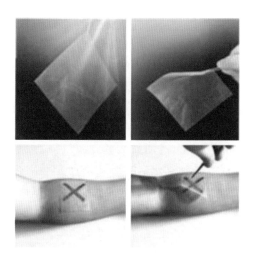

图 5.6　薄膜的透光性和伤口可视化展示[81]

2. 多层膜的制备

相对于单层薄膜敷料,多层伤口敷料表现出更好的吸湿性与伤口保护能力、更高的机械强度以及更大的药物负载率,因此受到研究者们的广泛关注。通过选择具有特定化学和物理特性的生物材料,设计由两层及以上薄膜组成的多层敷料可以整合多种成分的优势来满足伤口愈合的要求。一般来说,上层充当抵抗细菌入侵的屏障,并可以有效控制伤口部位水分的蒸发,维持伤口部位的湿润环境,具有海绵状结构的下层材料可以吸收大量伤口渗出液。此外,由于下层材料直接与皮肤组织接触,因此下层薄膜应该具有良好的生物相容性,并且可以模拟细胞外基质以支持新生组织的形成。包含载药层的多层薄膜还可通过可控的药物释放实现持续给药,从而更好地促进伤口愈合。逐层自组装(LBL)技术可以用于制备多层薄膜敷料[83],从而可以设计具有所需特性的功能性生物材料。通过 LBL 技术制备的多层薄膜主要是通过相邻层间带相反电荷基团的聚合物的吸附作用将具有不同功能的薄膜层整合起来。通过 LBL 技术制备的多层薄膜由不同的聚合物层组成,其制备过程简便,制备的生物材料表现出可调节的形态特征和较高的生物相容性,而且可以实现药物分子的可控释放,因此备受关注。

Tang 等使用逐层自组装方法,基于聚－L－赖氨酸(PLL)和透明质酸(HA)设计并制备了独特的聚电解质多层膜材料。血小板裂解物是多种生长因子的来源,该复合膜可以实现所负载的血小板裂解物的可控释放。以 1－乙基－3－[3－二甲基氨基丙基]碳二亚胺盐酸盐(EDC)作为交联剂的 PLL/HA 膜可以很好地吸收血小板裂解物。试验结果表明载有血小板裂解物的多层膜可以促进细胞的迁移和增殖以及血管生成,还可以提高伤口愈合的速度,促进更多皮肤附属物(如毛囊)的再生,减少伤口修复过程中瘢痕组织的形成[85]。Tamahkar 等设计了具有四层结构的凝胶膜,分别使用羧化聚乙烯醇、明胶和透明质酸作为制备原料,该复合薄膜由四层组成。第一层膜为羧化聚乙烯醇,第二层膜为明胶,前两层为伤口愈合提供了湿润的环境和物理屏障。基于透明质酸的第三层膜载有抗生素(氨苄青霉素)。最下层膜由明胶构成,该层介于皮肤和载有抗生素的膜之间,可以控制抗生素的释放速率,并可以从伤口部位吸收多余的渗出液。负载氨苄青霉素的四层复合膜可以实现氨苄青霉素的持续性释放(约 7 d),并且对金黄色葡萄球菌表现出良好的抗菌活性[86]。Thu 等开发了一种基于海藻酸盐的新型双层水凝胶薄膜(图 5.7),该双层海藻酸盐薄膜由浸有模型药物(布洛芬)的上层膜和不负载药物的下层膜组成,该下层膜的存在可以调控药物释放。试验结果证实双层膜具有更好的机械和流变性能。与单层膜相比,该双层膜还显示出较低的水蒸气透过率、较低的水合速率(溶质的分子或离子与水分子相结合的作用称为水合作用)。该双层膜可用于治疗低化脓性伤口并可以在伤口部位缓慢释放治疗药物。动物伤口愈合评估结果表明,与对照组相比,该双层膜能够有效促进伤口愈合[84]。

图 5.7　海藻酸盐双层膜的 SEM 图像[84]

3. 不对称膜的制备

　　设计和制备仿生伤口敷料是目前组织工程领域的研究热点,这种敷料在模仿生物组织结构的同时,能够保持伤口部位的润湿性,还具有保护伤口免受微生物侵袭及外部的机械损伤。密封性敷料具有隔绝细菌、耐用的特点,但它不能大量吸收伤口渗出液。透气性良好的多孔敷料易于吸收液体,具有良好的透气性,但伤口部位水分蒸发快,而且抗菌性不足。基于密封性敷料及多孔材料的特点,可以设计具有高性能的不对称伤口敷料。这些不对称膜呈现出类似于健康皮肤结构的非均质结构,并能够创造合适的环境以实现更好的伤口愈合效果。这种类型的薄膜敷料包含致密的表皮层和相互连接的微孔结构,致密的表层结构不仅可以保护伤口免受机械力的损害,还可以避免有害微生物的渗透;而海绵状亚层可以吸收液体,通过毛细管虹吸效应吸收多余组织液并减少细菌增殖,因此在伤口修复领域表现出较好的应用前景[87]。

Poonguzhali 等制备了纳米淀粉增强的壳聚糖/PVP(CPNS)薄膜,并涂敷硬脂酸形成不对称的亲疏水表面(CPNS-S)。涂有疏水层的表面高度光滑,具有抗粘连的效果,对于促进伤口愈合至关重要。与伤口直接接触的另一侧则是亲水性表面,表现出良好的生物相容性。纳米淀粉具有一定的抗菌活性,亲水性表面通过掺杂纳米淀粉表现出良好的杀菌效果。纳米淀粉增强的壳聚糖/PVP 不对称敷料可以吸收伤口渗出液,并在伤口敷料应用中显示出适度的柔韧性[89]。Chen 等设计了一种不对称的壳聚糖薄膜敷料(图 5.8),通过京尼平与壳聚糖发生交联,并注入纳米胶原颗粒形成不对称膜结构,同时植入成纤维细胞作为组织工程细胞支架。上层具有疏松的大孔结构,用于排出伤口渗出液;下层则为致密大孔,包含纳米级胶原颗粒和成纤维细胞,旨在吸收伤口渗出液的同时加速组织再生。当京尼平的质量分数为 0.125% 时,该膜具有适宜的溶胀率、孔隙率和孔径,并表现出良好的生物相容性。该膜材料可以防止细菌侵入,并且充当皮肤表面的流体控制器,在避免伤口脱水的同时,使伤口渗出物及时排出。体内动物试验结果表明,该不对称膜可以有效促进组织重建[88]。

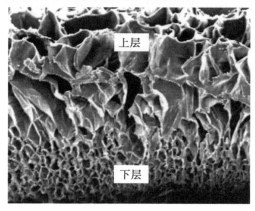

图 5.8　不对称膜的上下层的 SEM 图像[88]

5.4　纤维支架

纤维支架用作伤口敷料具有很多优势,如高的表面积与体积比、大孔结构、良好的透气性和透水性。传统的敷料(如纱布、绷带)在使用时可能产生不利的组织粘连,在移除的过程中不可避免地会造成二次损伤,通过材料设计可以使静电纺丝纤维具有抗粘连的效果,这能够最大限度减少患者伤口的二次损伤。相对于水凝胶、泡沫等新型伤口敷料来说,纤维支架具有更好的透气性且耐用性更好,同时可以高效率地负载生物活性分子或抗菌剂,进而防止伤口感染并促进组织愈合。

　　静电纺丝技术具有体外模拟天然组织的潜力,通过静电纺丝技术制备的纤维直径范围接近于细胞外基质胶原纤维的尺寸,因此这种技术在生物医用材料的制备方面表现出很好的应用前景。静电纺丝工艺产生的纳米纤维支架具有较高的孔隙率和较大的比表面积,这赋予了纤维支架良好的水蒸气渗透性与气体交换能力,这些结构特性还有利于促进细胞的迁移和分化,控制水分蒸发以及吸收多余的组织渗出液,在很大程度上满足伤口愈合各个阶段的需求[90]。此外,基于天然高分子的静电纺丝纤维支架具有良好的生物相容性,可以降低机体免疫排斥反应进而提高患者依从性。另外,通过掺杂生物活性分子(包括抗菌试剂)可以赋予纤维支架多重功能性,进而满足不同伤口的愈合需求。

5.4.1　静电纺丝技术制备纤维支架

　　静电纺丝技术的发展经历了一个相当漫长的历程。早在 1500 年,英国皇家医学院的 Gilbert 首次观察到液体的静电引力现象,当带有电荷的干燥琥珀片靠近水滴表面,水滴由球形变化为锥形,并且锥体尖端喷射出细小水滴,这是关于静电喷射的早期记录。随着第二次工业革命的进行,电的广泛使用使得材料制备工艺及技术得到空前提高,一系列纤维制造技术应运而生。早期的静电纺丝技术发展较为缓慢。1902 年,Morton 首次设计了可操作性的流体分散装置,为静电纺丝技术的进一步发展奠定了坚实的基础。1964 年,Taylor 发现随着施加电压的升高,液体喷射尖端带电液滴的表面电荷会发生聚集,在电场力作用下液滴由球形转变为锥形并发生喷射现象。为此他进一步通过数学模型进行模拟计算,构建出静电纺丝理论体系。为了纪念这一伟大发现,人们将在电场中形成的锥形特征液滴称为 Taylor 锥。21 世纪以来,随着纳米材料制备技术的飞速发展,静电纺丝技术又一次成为研究人员关注的热点,制备工艺也得到了空前的提高,纤维结构的设计、纺丝设备的改进、静电纺丝纤维支架原料的改进以及产业化等各个方面都取得了很大的进步,这使得科研工作者能够不断对这一领域展开广泛而深入的研究[91]。

　　静电纺丝技术已经被认为是一种可以制造亚微米级尺度纤维的有效方式,通过静电纺丝技术生产的纤维尺寸介于微米级到纳米级之间,这远远小于由传统的溶液法和熔融法制备的微米级纤维的尺寸。此外,各种天然高分子和人造高分子材料已经被用于生产功能性纳米级纤维并用于组织工程领域。静电纺丝技术以其灵活的加工工艺,便捷的生产方式,在功能性纤维支架的制备中表现出极好的应用前景。

传统的静电纺丝设备包括三部分组件:高压电源、接地的收集器和针状推进器(图5.9)。将高压电源连接针状推进器和收集器,组成可以形成高压电场的通路。随后将前体溶液(通常为聚合物或者熔融体)负载进针状推进器中,以较低的进料速率缓慢推进前体溶液,从而使液体通过表面张力在针状喷头顶部尖端形成锤形液滴。施加高压电时,电场力作用于液滴,从而在聚合物流体表面积累电荷,使锤形液滴转变为圆锥形液滴。当电场力超过阈值时,表面电荷的静电排斥力克服了表面张力,带电流体从圆锥的尖端射出形成"泰勒锥"。在理想条件下,聚合物溶液流体连续射出,并且在液体飞行过程中溶剂蒸发,然后纤维将随机沉积在收集器上。纤维直径取决于聚合物的浓度和黏度、溶剂种类、环境温度与湿度以及推进速率,获得的纳米纤维互相重叠形成纤维支架结构,表现出较大的比表面积和孔隙率[93]。

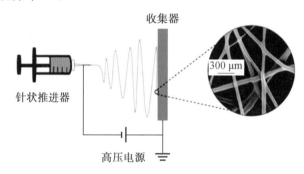

图5.9 静电纺丝设备及静电纺丝的SEM图像[92]

5.4.2 静电纺丝参数

静电纺丝过程涉及的重要参数不仅包括聚合物和溶液的性质(如聚合物分子量、溶液黏度、电导率和液体表面张力),还包括静电纺丝设备的条件,如施加的电压、推进器针头与收集器的距离、进料速度等。聚合物分子链的缠结程度与静电纺丝纤维的机械强度息息相关,当聚合物溶液的浓度到达或高于临界浓度时,才能纺出具有一定力学性能的纤维,而且可以通过优化原料的配比来获得具有不同机械性能的静电纺丝支架。

调节静电纺丝设备的参数也可以影响纤维的形态(如纤维的平均直径以及排列方式)。增大的施加电压或者聚合物推进速度的降低有利于减小静电纺丝纤维的直径,同时需要推进器与收集器保持合适的距离。如果二者距离过大,将会导致纤维的收集率降低,而二者距离过小会影响前体聚合物溶液的溶剂挥发效果。静电纺丝的过程中需要严格控制环境参数(温度和湿度),因为这些环境因素会影响纤维形成后的形态以及机械性能。例如,温度升高导致溶剂挥发过快,聚合物溶液在纺丝的过程中黏度增大,进而会减小纤维的平均直径;当环境湿度增加时,聚合物溶液吸水发生溶胀,进而会增加纤维的平均直径。纤维的取向性排列是静电纺丝纤维过程中更重要的一个参数,通过控制电场力和收集器可以选择性地制备具有不同排列特点的静电纺丝纤维[92]。

5.4.3　静电纺丝的制备技术

静电纺丝的制备方式主要分为单轴静电纺丝、同轴静电纺丝和三轴静电纺丝。静电纺丝制备技术经历了由单轴向三轴的改良过程。

1. 单轴静电纺丝

在单轴静电纺丝的过程中,很难将两种溶解度不同的聚合物材料混合共纺,因此通过单轴静电纺丝技术制备的纤维功能性往往比较单一,不利于多功能纤维支架的开发。此外,纤维支架的后表面修饰为研究者提供了更加普适的方法来实现生物活性分子的选择性负载。然而这种改性方式大多数通过静电相互作用、氢键、疏水相互作用和范德瓦耳斯力将药物分子简单地吸附在纳米纤维的表面,在制备过程中药物分子容易从纳米纤维上剥离,这就降低了活性分子的负载效率。大多数用作生物材料的纤维支架往往会作为药物载体,实现药物在病灶部位的持续性释放。目前,常用的方法是将药物分子以浸泡的方式涂覆于制备好的纤维支架表面。这种负载方式往往会导致药物在短时间内发生爆发性释放,而这种药物突释往往会对伤口愈合产生不良影响。

2. 同轴静电纺丝

同轴静电纺丝也称核-壳静电纺丝,即将核层和壳层的聚合物溶液负载进两个不同的推进器中。这种静电纺丝装置由两个同轴但是不同直径的喷头组成,施加电场力后内外层液体在喷出时汇合但不相融合,外层的壳层聚合物在高压下发生快速拉伸喷射,内外层溶液交界面产生强大剪切力。与此同时,处于内部的核层聚合物在剪切力的作用下随着壳层一起流动。在喷出过程中溶剂蒸发,聚合物固化为同轴的纳米纤维。与单轴静电纺丝的制备条件不同的是,同轴静电纺丝可以同时混纺两个不混溶的相,同轴静电纺丝纤维由于其核-壳结构,抑制了亲水性药物从静电纺丝纤维表面的突释。此外,同轴静电纺丝纤维有利于敏感性药物或生物分子的负载,在壳层的包裹下,敏感性分子的环境稳定性提高。因此,同轴静电纺丝技术具有重要的实际意义,不仅可以实现生物活性分子的可控释放,避免爆发性释放引起严重生物安全性问题,还可以提高生物活性分子的环境稳定性,在生物活性纤维支架的制备中占据重要地位[94]。

各种类型的同轴静电纺丝纤维被设计和制备并应用于不同的场景,主要包括：①核－壳均为不同聚合物的纤维；②核负载具有特定功能的生物分子，而壳为聚合物分子的纤维；③核负载药物而壳为聚合物分子的纤维；④在核或核和壳中均负载一种或一种以上药物的复合纤维支架。

同轴静电纺丝还可以用于设计和制备中空的纳米纤维结构（图5.10(a)），其通常具有两种方式：①核层的推进器内不负载聚合物溶液，静电纺丝过程中由于内部呈中空形成空腔，外部壳层聚合物溶液包裹空芯结构，纺丝形成后形成中空纤维；②选择的核聚合物作为模板材料在静电纺丝结束后可以溶解在适当的溶剂中，或可以通过加热的方法移除，而外部的壳层应不溶于该溶剂或热稳定性较好，从而形成中空纤维。

3. 三轴静电纺丝技术

三轴静电纺丝是在同轴静电纺丝的基础上改进而来的，其工艺更为复杂，因此基于三轴静电纺丝的研究仍然很少。三轴静电纺丝喷头采用三个同心嵌套的针（图5.10(b)），可以制备出具有三层结构和多功能的纳米纤维，并且每层结构都有其独特的功能。例如，外层具有可以促进细胞黏附和增殖的作用，中层提供机械强度的支撑，最内层负载药物或生长因子，这种三层结构还有利于实现药物或生长因子的可持续性释放[95]。尽管三轴纳米纤维中的药物控释要比单轴和同轴纳米纤维好得多，但是纺丝后的溶剂蒸发和聚合物的选择仍是三轴纳米纤维制造中的关键问题。

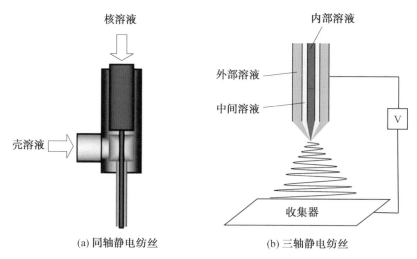

(a) 同轴静电纺丝　　　　(b) 三轴静电纺丝

图 5.10　同轴静电纺丝和三轴静电纺丝示意图

5.4.4　静电纺丝结构设计

细胞外基质（ECM）是生命机体中存在的非细胞成分，为细胞的黏附、发育、增殖、分化及迁移提供必要的支撑，用于伤口愈合的理想敷料应该能够模仿细胞外基质(ECM)的生理结构和生物学功能。纳米纤维支架在结构上具有类似于细胞外基质的特点，这是其他伤口敷料所不能比拟的。静电纺丝纳米纤维支架经过随机层层堆叠形成三维孔隙结构，这种纳米纤维网络为组织工程支架的构筑提供新的可能性。纳米纤维网络具有较小的孔隙率以及大的比表面积，因此具有一定的吸水能力，已经被用于伤口部位的止血。其大的比表面积有利于提高药物负载效率，并可以与皮肤表面充分接触，还可以促进经皮给药以及提高药物递送的效率，而且具有特定结构的纳米纤维还有助于细胞迁移。纳米纤维网络透气性良好，有利于细胞呼吸和气体交换，还可以避免过多的水分蒸发。然而对于伤口愈合材料来说，最重要的一点是能作为皮肤的物理屏障，减少伤口部位的机械损伤。纳米级孔径还可以作为一个物理屏障，隔绝病原微生物从外部环境向伤口部位的侵袭。本节将重点介绍纤维结构的设计及其在伤口愈合中的应用。

1. 被动式纳米纤维网络

被动式纳米纤维网络是指通过天然或合成大分子静电纺丝出仅具有基本物理学功能(如透气性、透水性等)的纳米纤维网络。这类纤维网络能在伤口部位贴合，为伤口愈合提供水气透过性，具有较高孔隙率的纤维支架还可以吸收多余的组织渗出液并保持伤口部位的湿润环境，同时保护组织免受机械外力的损伤，避免了由环境应激引起的伤口愈合的延缓。但是这类纳米纤维网络功能单一，不适用于复杂的伤口愈合需求。

壳聚糖作为一种生物相容性良好的多糖分子已经被用于静电纺丝纤维支架的设计与制备，Ohkawa 等设计并制备了基于壳聚糖和 PVA 的静电纺丝纤维网络，还研究了溶剂和壳聚糖浓度对静电纺丝纤维形态的影响[96]。数据表明添加适量的二氯甲烷可以提高静电纺丝纤维尺寸的均一性，在优化静电纺丝参数和聚合物溶液性质的条件下，可以制备出平均直径为 330 nm 的均质纤维。纳米纤维网络的均一性更有利于细胞向各个方向迁移，这有利于其作为细胞支架的应用，也对新型细胞支架的构筑具有指导意义。

聚己内酯(PCL)是一种人工合成的具有良好生物相容性的高分子材料，已经被广泛用于构筑组织工程支架。PCL 具有可控的聚合条件，通过材料设计可以制备具有一系列机械强度的纤维。此外，基于 PCL 制备的生物材料还可用作生物活性组分或细胞载体，进而实现功能性生物支架的构筑[97]。Valizadeh 等使用开环聚合法合成了聚己内酯－聚乙二醇－聚己内酯(PCL－PEG－PCL)的三嵌段共聚物，由该三嵌段共聚物制备的纤维平均直径在 60～170 nm 之间(图 5.11)[98]。纳米纤维的形态及直径可以通过 PEG 链段进行调控，随着 PEG 的分子量由 2 000 增加到 6 000,纤维的平均直径逐渐减小。这项研究对于设计用于药物输送和组织工程的新型纳米结构纤维生物材料具有重要意义。

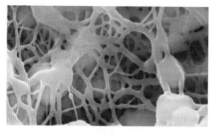

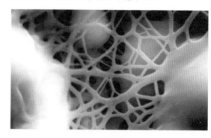

(a) PCL-PEG2000-PCL

(b) PCL-PEG3000-PCL

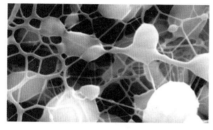

(c) PCL-PEG4000-PCL

(d) PCL-PEG6000-PCL

图 5.11　PEG 的分子量影响纳米纤维形态

被动式纳米纤维网络支架的最初设计是通过选择合适的天然或合成聚合物设计和制备具有一定形貌、理化性质以及机械特性的纤维支架,而近年来的研究则更倾向于制备一系列促进伤口愈合的多功能纳米纤维材料。

2. 功能化纳米纤维网络

功能化纳米纤维网络是在被动式纳米纤维网络的基础上实现的功能化改进。功能化纳米纤维支架在保持纳米纤维网络基本物理特性的同时,通过复合天然高分子或生物活性小分子来促进细胞的黏附、增殖,或掺杂抗菌剂抑制细菌和病原微生物的生长。此外,干细胞疗法已经被用于改善复杂的伤口愈合状况,近年来,具有很好的增殖和分化潜力的干细胞被认为是组织工程中的重要组成。例如,间充质干细胞(MSC)具有多能性,在伤口部位可以保持长时间的自我更新,并可分化为特定的谱系。在纳米纤维支架上培养干细胞可以用来治疗深层伤口或糖尿病性溃疡。因此,功能化纳米纤维网络在提供创面保护的同时,可以满足不同类型伤口的愈合需求。

Menemse 等设计并制备了基于 PCL/胶原蛋白的纳米纤维,通过共价作用负载表皮生长因子(EGF)作为新型皮肤敷料。如图 5.12 所示,在无 EGF 和有 EGF 负载的 PCL 与 PCL/胶原蛋白基质上培养人皮肤角质形成细胞(HS2),以研究基质化学成分及 EGF 的存在对细胞增殖和分化的影响。负载 EGF 的

PCL/胶原蛋白基质可以促进细胞的迁移和增殖,并使 HS2 具有更高的分化能力。这种负载有生长因子的 PCL/胶原纳米纤维网络在皮肤组织工程中表现出较大的应用潜力[99]。

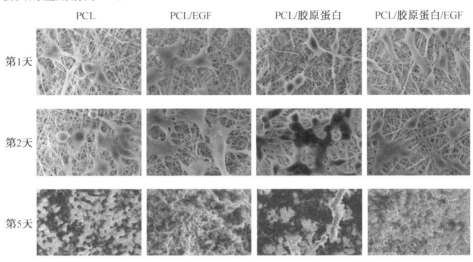

图 5.12　PCL、PCL/EGF、PCL/胶原蛋白、PCL/胶原蛋白/EGF 纤维上 HS2 黏附的 SEM 图[99]

伤口愈合过程中往往会伴随细菌的入侵进而引发伤口感染,严重时可能危及生命。因此,设计和制备具有抗菌性能的纳米纤维网络成为迫切需求。锌作为一种抗菌试剂已经被广泛用于制备伤口敷料。氧化锌纳米颗粒具有抗菌、抗炎作用,并能够促进细胞迁移,促进血管和上皮的生成,进而对伤口愈合起到积极的作用。但是,氧化锌纳米颗粒局部浓度过高会导致潜在的细胞毒性,因此设计合适的氧化锌载体显得尤为重要。基于聚(丙交酯-共聚-乙交酯)(PLGA)/丝素(SF)纳米纤维网络的氧化锌纳米颗粒载体,可以实现氧化锌的局部释放。抗菌试验结果表明,负载氧化锌的 PLGA/SF 纳米纤维网络对大肠杆菌和金黄色葡萄球菌表现出较好的抗菌性。体内伤口愈合评估结果表明该纳米纤维网络不仅可以防止细菌感染,还能促进早期伤口闭合,显著提高胶原蛋白沉积和血管生成,加速伤口愈合[100]。

骨髓干细胞(BMSC)可以分泌多种生长因子,包括碱性成纤维细胞生长因子(bFGF)、转化生长因子-β(TGF-β)和血管内皮生长因子(VEGF)。鉴于BMSC 分泌的生长因子有利于组织再生,研究人员通过静电纺丝制备了聚乳酸3D 纳米纤维网络,并将其作为 BMSC 的细胞支架,应用于全皮肤缺损模型的修复和治疗。试验结果表明,负载 BMSC 的细胞支架表现出比聚乳酸纤维支架更好的伤口闭合效果,经过 21 d 治疗后,负载 BMSN 的聚乳酸纤维网络显示出最佳的治疗效果[101]。

3. 可编程式纳米纤维网络

纤维支架结构的个性化设计是皮肤组织工程领域中备受关注的问题。可编程式的纳米纤维网络能够调控纤维直径以及纤维网络的孔径,具有不同纤维直径和纤维网络孔径的纤维支架会不同程度地影响细胞的迁移和分化。此外,具有排列取向的纤维支架可以定向调控细胞形态及生长取向。纤维的取向性也可以实现选择性的药物释放,药物在规律排列的纤维网络中的释放速率比其在随机排列的纤维网络中快。更重要的是,这种可编程式纳米纤维网络的个性化设计为开发新型多功能纳米纤维支架提供了新的思路。

Sung 等设计并制备了具有不同直径的 PLGA 纳米纤维($0.4~\mu m$ 和 $1.4~\mu m$),并通过 3－(4,5－二甲基噻唑－2)－2,5－二苯基四氮唑溴盐(MTT)法测试了新生儿真皮成纤维细胞在该纤维支架上的存活和生长情况。MTT 法是一种检测细胞存活和生长的方法,其检测原理为活细胞线粒体中的琥珀酸脱氢酶能使外源性 MTT 还原为水不溶性的蓝紫色结晶甲䐶并沉积在细胞中,而死细胞无此功能。结果表明纤维支架的直径对细胞贴附能力没有明显影响,但是纤维层的厚度却对细胞迁移产生了影响,细胞可以穿过直径 $0.4~\mu m$ 的纤维网络并发生迁移行为,而不能穿过直径 $1.4~\mu m$ 的纤维网络[102],这项研究表明纤维支架的厚度对细胞迁移具有重要意义。Qin 等设计并制备了纤维角度精确可控的多层支架[103],并研究了具有不同形态的纤维支架对细胞迁移行为的影响。研究发现,随着纤维直径从 $1~\mu m$ 增加到 $8~\mu m$,细胞取向度也随之增加(图 5.13),并且在垂直于纤维方向上细胞迁移的数量减少,这表明随着纤维直径的增加,沿纤维方向的细胞排列变得更加容易。同时纤维间距对细胞迁移速率也有一定的影响,当相邻纤维间距由 $35~\mu m$ 增加到 $90~\mu m$ 时,细胞迁移速率随之降低,这表明如果纤维之间的距离增加,则细胞在纤维上的迁移可能会受到阻碍。

为了研究细胞在有序排列的纤维支架上的浸润行为,Kurpinski 基于聚(L－丙交酯)(PLLA)设计并制备了有序排列的纤维支架[104],体外细胞试验结果表明有序排列的 PLLA 纳米纤维支架显著增强了细胞向纤维基质中的浸润。全层皮肤缺损模型伤口的修复评估试验数据表明,与对照组相比,PLLA 纳米纤维支架提高了表皮细胞在伤口部位的迁移效率。此外,肝素可以结合多种生长因子(如碱性成纤维细胞生长因子、表皮生长因子等)和基质蛋白(纤连蛋白)并可以防止纤连蛋白凝结。试验结果也表明经过肝素修饰的纳米纤维支架显著增强了细胞的浸润,这归因于肝素良好的生物分子结合能力,从而促进细胞向支架中的迁移。这项研究结果表明,纳米纤维的生物物理特性和生化特性能够调节细胞向 3D 支架渗透并促进组织重构。

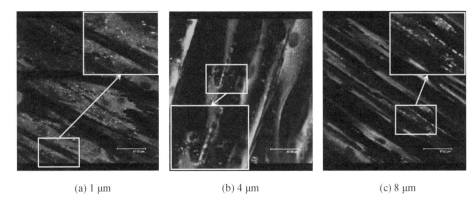

| (a) 1 μm | (b) 4 μm | (c) 8 μm |

图 5.13　人成纤维细胞在 1 μm、4 μm、8 μm 纤维支架上迁移的共聚焦图像[102]

4. 多层纳米纤维网络

大多数静电纺丝纳米纤维网络都是单层结构,而单层支架往往不利于伤口部位组织液的吸收和水分蒸发的调控,有时还会引起负载药物的突释。基于这些问题,科研人员为了模拟皮肤组织的结构和功能,提出了静电纺丝纤维网络的多层组装策略。通过这种策略制备的多层纤维支架能够更好地模拟天然细胞外基质的结构,其多层结构有利于水分吸收,故表现出良好的溶胀行为,基于其异质结构还可以实现生物活性组分的持续性释放。静电纺丝纳米纤维的高表面积与多层结构的设计结合,可以实现一种创新的药物负载和递送方法,因而可以应用于更多场景。此外,"三明治"结构的静电纺丝纳米纤维网络也受到普遍关注,使其逐层功能化可以实现该支架在伤口愈合不同阶段的生物学作用。

基于天然皮肤的不对称结构,Sonia 等设计并制备了具有不对称结构的双层静电纺丝纤维支架,该双层支架包括基于聚己内酯的致密层以及基于壳聚糖和芦荟提取物的多孔支架。上层的致密层可以为伤口提供机械支撑,下层负载芦荟提取物的多孔支架能够保证伤口部位的润湿环境并促进更好和更快的成纤维细胞附着和增殖。由于壳聚糖和芦荟提取物的存在,该不对称支架还表现出良好的抗菌性。研究结果表明,兼顾了机械性能和抗菌活性的不对称静电纺丝支架,可以有效促进伤口愈合[105]。Chen 等开发出由壳聚糖和聚乳酸制备的双层不对称静电纺丝纤维支架,支架顶层是由径向排列的壳聚糖纤维组成,底层则是由随机排列的聚乳酸纤维构成(图 5.14)。体外细胞试验证明该不对称静电纺丝纤维支架有利于成纤维细胞的定向迁移和渗透。伤口愈合评估结果表明,该不对称双层纤维支架显著促进了大鼠皮肤组织的再生[106]。

Liao 等报道了一种"三明治"型支架,分别负载万古霉素、庆大霉素和利多卡因并通过缓释递送药物[107],用于感染伤口的治疗。该支架由聚(D,L)-丙交

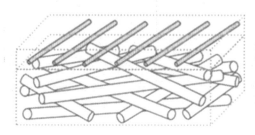

(a) 顶层   (b) 底层

图 5.14   由壳聚糖和聚乳酸制备的双层不对称静电纺丝纤维支架[106]

酯－乙交酯(PLGA)和胶原作为内外两层,而中间层则为负载药物的 PLGA 纤维。纳米纤维膜在体内的药物释放超过 3 周。此外,还研究了该支架对大鼠感染伤口的修复效果,并对伤口部位的上皮化和肉芽形成进行了组织学评估。结果表明,分别负载三种药物的纳米纤维膜在感染伤口的治疗中表现出良好的功能活性,并且可以在早期阶段促进伤口愈合。

Qiu 等制备了一种三层复合膜(图 5.15),包括防止微生物感染的抗菌层、起机械强度支撑的增强层和促进伤口愈合的功能层。负载原卟啉Ⅸ的玉米醇溶蛋白/乙基纤维素静电纺丝纳米纤维膜作为起抗菌作用的顶部纤维层,原卟啉Ⅸ作为一种光敏剂,在特定光照下产生活性氧杀死细菌。负载牛痘素的玉米醇溶蛋白/乙基纤维素静电纺丝纳米纤维膜作为起生物治疗作用的底部纤维层,牛痘素具有促进血管内皮细胞特异性增殖和迁移的特性,有助于新血管形成。双层之间插入细菌纤维素纤维膜作为机械增强组分。抗菌试验结果表明多层复合膜对金黄色葡萄球菌和铜绿假单胞菌具有较好的光动力抗菌作用。体外细胞试验结果表明该支架具有良好的生物相容性。体内伤口愈合评估试验结果表明该三层纤维支架能够减轻伤口部位的炎症及促进血管再生,显著促进了伤口愈合[108]。

(a) 载有原卟啉的抗菌层　　　　　　(b) 细菌纤维素为增强层

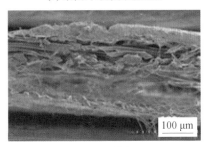

(c) 载有牛痘素促进愈合层　　　　　　(d) 交界处横截面

图 5.15　三层复合膜的微结构[108]

5.5　多孔支架

多孔支架是指由各种孔隙形成的具有开放三维结构的材料,其结构表现出多孔性、较大的比表面积及低密度的特点。多孔材料可以通过表面和内部网络与客体分子相互作用,因此在吸收、分离和储存活性组分及物质交换中起关键作用,在化学催化、分离纯化、树脂交换、储能等方面具有广泛的应用。基于多孔材料的优势,科研工作者们认为多孔支架可以作为载体材料,通过材料设计可以实现一些生物活性物质的可控释放,而且多孔材料有利于营养物质和代谢物质的交换和传输,因此在生物医用领域表现出很好的应用前景。起初,多孔材料在治疗方面的应用主要集中在无机材料(包括介孔二氧化硅、多孔纳米金、活性炭结构)中,但是无机多孔材料的生物相容性及长期的生物安全性仍然是阻碍其进一步在生物医药领域应用的重要因素。因此,目前生物医用多孔支架主要是基于生物相容较好的有机材料。多孔支架由于具有良好的透气性、物质交换特性及组织渗出液吸收及止血特性,还可以作为生物活性组分载体并通过精妙的材料设计实现控释,因此在皮肤修复领域表现出较好的应用前景[109]。

5.5.1 晶胶

水凝胶是一种具有较高保水能力的三维网状聚合物,已经被广泛应用于组织工程。尽管水凝胶在生物医学领域应用广泛,但水凝胶有限的吸水性以及高含水量导致其具有较弱的机械性能,限制了其在止血以及三维细胞封装支架方面的应用。晶胶作为与水凝胶相似的一种特殊的存在形式,具有更大的互相连通的孔洞,克服了水凝胶本身性能的一些不足,为组织工程应用拓宽了思路。

晶胶是一类在溶剂冰点温度以下通过可控的聚合反应形成的多孔支架(图5.16)。早在 1940 年晶胶就已经被成功制备,直到 1980 年后才逐渐引起科学家的关注。晶胶是一类特殊的水凝胶,其相对于水凝胶来说具有独特的优势。晶胶具有更大的孔洞结构,可以实现水分和气体的自由交换,而且具有吸水触发的形状记忆功能。由于具有相互连接的大孔结构,晶胶可以通过物理吸收血液并在局部浓缩血液形成血凝块,因此表现出更好的止血效果。此外,晶胶经过冻干后可以长时间保存,克服了水凝胶长时间保存中水分流失的问题。

图 5.16　晶胶[112]

为了制备性能可控的晶胶,通常需要对前体聚合物进行适当改性或向前体聚合物溶液中加入交联剂使聚合物分子链可以进行化学交联。在冷冻阶段(通常为 $-5\sim-20$ ℃),聚合物分子链发生缓慢的交联而形成网络结构。根据交联方式的不同,冷冻时间会有所变化(通常为 $24\sim48$ h)。溶剂(一般是水)形成的晶核充当晶胶的造孔剂,晶胶聚合物网络则在冰晶周围发生交联作用。除此之外,冷冻速度也会对晶胶结构产生影响,一般来说冷冻速度越慢,越容易导致更大的冰晶生长,从而产生高度互连和大孔的晶胶结构[110]。此外,制备晶胶的聚合物前体溶液要预先冷却,温度通常控制在 $0\sim4$ ℃,这是因为通过降低反应体系的温度可以防止聚合物的过快交联,而聚合物的过快交联会导致晶胶网络的交联密度变高,孔隙率降低,这都不利于晶胶的机械压缩性能的提高。当达到预定的冷冻时间后,将晶胶从低温环境移出,冷冻的冰晶在室温下融化,剩余的聚合物大孔结构即形成晶胶。晶胶的结构类似于海绵,可以经过反复的机械变形和吸水形状恢复过程,表现出良好的形状记忆功能。晶胶由于具有良好的吸水能力、可压缩的结构以及互连的大孔,因此被广泛用于止血及伤口愈合等多个领域[111]。

1.晶胶的制备方法

大孔晶胶的主要制备方法为低温聚合,因此低温环境是晶胶制备的必要条件。对于低温聚合法制备的晶胶来说,需要将用于反应的聚合物溶液浸入冷浴,以降低化学反应的发生速率。反应聚合物在经过预定时间的冷冻处理后,聚合物交联反应结束,将溶剂产生的冰晶融化后形成多孔晶胶,或将其冷冻干燥使冰晶升华。在冷冻过程中,晶胶基质在交联剂作用下发生共价交联,而且交联发生在溶解于冰晶周围的非冷冻微相中的单体/预聚物/交联剂和引发剂体系中。由于聚合物网络的连通性,大孔晶胶表现出海绵状的结构[113]。基于应用需求,可以制作具有不同尺寸的晶胶。在优化原料配方后,晶胶还可能承受较大程度的形状压缩而不发生任何损坏,这使得它们可以被负载入注射器中,表现出良好的可注射性。

2.晶胶网络中主要的交联方式

晶胶的交联过程涉及两种主要的交联方式:物理交联和化学交联。对于物理交联来说,预聚物之间的氢键、疏水相互作用及配位键等导致晶胶交联网络的形成,不需要添加额外的引发剂和交联剂。化学交联是在溶剂结冰点温度以下,单体或预聚物发生共价反应交联的过程,在低温条件下,预聚物或单体在冰晶周围通过交联剂作用形成稳定的共价键。

(1)物理交联。

物理交联的形成伴随着分子间非特异性的相互作用,因此所形成的物理交联是可逆的。此外,其制备方式简便且易于操作。形成物理交联晶胶的聚合物一般需要满足以下两个条件:首先,聚合物分子链间需要形成强的非共价相互作用;其次,该聚合物可以形成稳定的三维网络结构,并具有吸收和储存一定水分的能力。对于大多数通过物理作用交联的晶胶来说,物理交联发生在冰晶形成后。一般来说,物理交联的晶胶孔径通常很小($< 10 \mu m$),这就限制了其在大多数生物医用领域的应用。尽管如此,也有研究人员报道了通过氢键形成的物理交联纤维素晶胶用于药物递送[114]。此外,物理交联作用避免了交联剂的使用,赋予了晶胶良好的生物相容性。因此,通过物理作用交联的晶胶也表现出一定的应用前景。但是,物理晶胶也存在一些不足(如不稳定的成胶时间、脆性、降解速率快等),这极大地限制了其在组织工程方面的应用,如药物递送,止血等。

(2)化学交联。

与此相反,化学交联的晶胶通常表现出可预测的凝胶特性及稳定的晶胶结构,使其不易受到机械力破坏。因此,化学交联成为制备晶胶的主要方式[115]。

在不同化学交联方式中,自由基聚合反应受到广泛的关注。在自由基引发聚合过程中,在催化剂的作用下,不饱和单体或预聚物在冰晶周围交联聚合形成稳定的晶胶网络。自由基聚合反应表现出较高的反应动力学以及较快的引发聚合速度。因此,为了控制在冰晶形成前的聚合物反应速率,体系中加入的自由基引发剂的量通常较少。目前为止,多种不饱和单体已被用于制备晶胶网络,如 N—异丙基丙烯酰胺及丙烯酸等。此外,天然或合成聚合物(如透明质酸、壳聚糖和聚乙二醇等)通过丙烯基功能化修饰后,也可以通过自由基聚合形成晶胶网络。目前,通过自由基聚合制备晶胶的过程中,通常以过硫酸铵(APS)作为引发剂,而以 N,N,N',N'—四甲基乙二胺(TEMED)作为催化剂。自由基低温聚合反应涉及链引发、链增长及链终止的过程[110]。

此外,通过 1—乙基—3—(3—二甲基氨基丙基)碳二亚胺(EDC)/N—羟基琥珀酰亚胺(NHS)活化后的羧基与氨基之间的酰胺化反应也被广泛用于晶胶的制备[116],而且通常被用于制备基于蛋白质(如明胶)的晶胶。席夫碱反应和迈克尔(Michael)加成反应也是用于制备化学晶胶的常用交联方式。

3. 晶胶制备的影响因素

在形成晶胶的过程中,聚合反应温度、结冰速度、聚合物浓度及溶剂种类等都会影响晶胶的性质,通过调控这些参数可以使晶胶的性能得到优化。

(1)温度。

聚合反应的温度可能会对晶胶的性质产生重大影响。通过调控聚合温度,可以控制晶胶的孔径、分布、取向和连接性以及晶胶大孔结构的壁厚度。具体来说,温度影响晶胶形成过程中的相分离方式以及相分离程度,这直接决定了晶胶的物理性质。基于冰晶生长的原理以及冰晶和非冷冻液相之间的厚度,在尽可能高的冷冻温度和低的冷却速率下,晶胶会产生更大的孔洞结构。另外,在尽可能低的冷冻温度和快的冷却速率下,晶胶会产生更小的孔洞结构。经典的成核理论指出在较低温度下,溶剂的结晶速度增加,造成大量小的溶剂晶体形成,因此制备的晶胶具有较小的孔径结构。对于基于不同分子的晶胶来说,存在最佳的冷冻温度,在该温度下孔径最大,而且最佳温度通常取决于聚合物的浓度和缠结[117]。

(2)结冰速度。

在冷冻条件下,合理控制溶剂冰晶形成速度使其快于溶质聚合速度是一个很大的挑战。这是因为预聚物在一定程度上会对水的结冰点产生影响。如果交联过快,聚合物网络将会在冰晶形成之前生成,此时可能会形成交联度较高的水凝胶而不是具有大孔结构的晶胶。预聚物溶液的温度决定了晶胶制备过程中的冷却速度,而冷却速度会直接影响晶胶中孔的大小和分布。如果预聚物溶液温度较高,且与结冰点的温度相差较大,可能导致冷却过程中形成更多细小分布均匀的冰核结构,进而影响晶胶的性能。而在聚合前对预聚物进行预冷处理,会降低预聚溶液与冰点的温差,使结冰速度减慢,进而导致更大冰晶核的生长,产生高度互联的多孔结构。Hwang 等通过控制 PEG 的反应动力学制备了一系列具有不同结构的晶胶,通过调控聚合物交联的速度来调控此类晶胶结构特性,形成了具有分层微观网络结构的晶胶,这种具有分层结构的晶胶的顶部表现为高度连通的大孔结构(晶胶式的结构),而底部表现为致密的封闭小孔结构(水凝胶式的结构)。与传统水凝胶相比,这种具有连续分层微结构的晶胶具有更高的断裂应力和应变。同时,相对于传统水凝胶,分层结构的晶胶由于其顶部的大孔结构而表现出更高的平衡溶胀率。这表明晶胶的机械性能和膨胀性能与网络微观结构密切相关[110]。

(3)聚合物浓度及溶剂。

基于所选溶剂以及聚合物分子的影响,晶胶会产生不同的物理性质。例如,离子聚合物的分子量或浓度会显著影响聚合物溶液的黏度和分子链缠结,这一点与中性聚合物不同,离子键的存在使得聚合物浓度及分子量的选择成为晶胶性能的关键影响因素。因此改变任何一个参数,晶胶的结构和性能都会受到明显的影响。以明胶为例,当明胶浓度一定时,分子量较低的明胶将会产生更大更疏松的孔洞。这是因为随着聚合物分子量的增加,聚合物溶液中的自由水含量降低。这样就会在晶胶中产生较小的孔和较厚的聚合物壁。与此相反,同等分子量时,明胶浓度较高的晶胶形成的孔洞较为致密,这极大地提高了晶胶的机械强度。这主要是由于聚合物溶液中可参与反应的基团数量增加,使晶胶网络交联度提高。但是,分子量较高的明胶在遇冷过程中容易形成凝块,不利于预聚物溶液的混匀,这在基于明胶晶胶的制备过程中要特别注意。水作为晶胶制备过程中的常用溶剂,其他溶剂(如二甲基亚砜)也被选择与水共混来控制溶剂结冰点从而调控非冷冻相的厚度。此外,盐类可以降低水的结冰点以及冰核形态,因此可以用于调控晶胶的孔径以及连通性[118]。

4. 晶胶的结构设计

目前,基于晶胶的研究主要集中在组织工程领域,在促进伤口愈合、止血及肌肉修复等方面表现出良好的应用前景。相较于水凝胶,晶胶具有良好的液体吸收能力,已经被广泛用于清理创面渗出液以及不可按压止血。载有生物活性组分的晶胶还可以提高组织修复的效果,这一类晶胶往往具有随机互联的大孔结构,可以快速吸收血液和组织液。另外,通过控制晶胶的冰晶形成方向,可以制备出具有各向异性结构的晶胶,这一类晶胶具有平行排列的通道式结构,因此可以用作细胞支架以促进细胞的迁移和分化,在肌肉以及神经组织工程方面具有很大的应用潜力。本节将分别介绍随机无序晶胶和各向异性晶胶在组织工程中的应用。

(1)无序晶胶。

无序晶胶的结构特点表现为随机形成的高度连通的大孔结构,这类晶胶在聚合的过程中形成均匀无序的冰晶,并使聚合物集中围绕于冰晶周围发生缓慢交联,合成过程中不存在人为操控冰晶形成方向与速度,用于组织工程的大多数无序晶胶都具有较好的吸水膨胀能力。Guo 等基于 EDC/NHS 活化的明胶与多巴胺之间的酰胺化反应制备了具有互穿网络的晶胶止血剂。试验结果表明相较于明胶海绵和纱布,该止血晶胶表现出更好的全血凝结能力以及更多的血小板黏附和活化,并在猪锁骨下动脉和静脉横断模型中表现出优异的止血效果。该晶胶固有的抗菌能力以及导电性极大地加速了伤口愈合的进程。该晶胶制备方法简便,成本低,并且具有理想的生物降解性能,在止血应用中有很大潜力[112]。

Guo 等基于季铵化壳聚糖制备了具有抗菌导电特性的晶胶用作止血剂(图5.17),这些晶胶表现出快速的液体触发的形状恢复能力以及较高的血液吸收能力。试验结果表明,相较于纱布和明胶止血海绵,掺杂 4 mg/mL 的碳纳米管的晶胶在小鼠肝脏损伤模型和断尾模型中表现出更好的止血能力,并且在伤口愈合方面表现出比 Tegaderm™ 薄膜更好的效果[119]。对于大多数晶胶材料,与血液渗出部位的紧密贴合仍是一个亟待解决的问题,血液的流动性以及血压的冲击力会导致止血剂位置发生偏移,这不仅会增加出血时间还不利于血小板的凝集和活化。因此,Guo 等通过使用聚多巴胺和季铵化壳聚糖制备了一系列晶胶,这些晶胶表现出良好的组织黏附性。通过搭接剪切试验测试了晶胶材料的黏附强度,试验结果表明,该晶胶在与组织接触 30 min 后,黏附强度可达 50.9 kPa。此外,该晶胶在具有凝血障碍的兔子肝脏缺损模型中表现出优于明胶海绵的止血能力。这些结果充分证实了具有理想血液吸收能力的晶胶材料在组织工程中表现出极好的应用前景[120]。

图 5.17　晶胶的形状记忆展示[119]

(2)各向异性晶胶。

各向异性晶胶的制备过程如下:

通过人为控制冰晶生成的速度和方向,产生沿特定方向生长的冰晶,且晶核彼此之间呈平行排列,聚合物的非冷冻相围绕在冰晶周围发生交联,在冰晶结构之间形成聚合物壁。当聚合反应结束后,冰晶置于室温下融化,晶胶结构呈现出具有取向性的通道式孔洞,每个孔道互相平行。一般来说,各向异性晶胶与随机无序晶胶相比机械性能不足,且液体触发的形状记忆恢复更慢。各向异性晶胶在制备前需要将前体溶液均匀分散在适当溶剂中,随后将包含聚合物溶液的模具放置在低温(低于溶剂结冰点)的平台上。溶剂沿平行于温度梯度的方向成核并结晶,冷冻顺序由低温处到高温处,进而形成定向的冰晶。聚合物被冰晶挤压排斥而趋于线性聚合。除去冰晶后,获得单向排列的多孔或通道结构(图 5.18)。

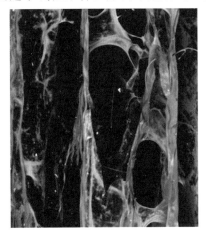
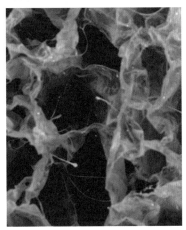

(a) 垂直方向　　　　　　　　　　　　　(b) 水平方向

图 5.18　各向异性晶胶垂直方向与水平方向截面的 SEM 图像[121]

晶胶的冷冻温度决定冰晶的生长速度和方向,在较高的冷冻温度下,冰晶生长速度缓慢,生长方向会发生小角度的改变。然而在较低的冷冻温度下,冰晶生长速度快,形成高度单向排列的多孔结构。此外,液体冷冻过程中蒸气的方向也决定了孔隙的方向性。除了冷冻温度以外,聚合物浓度以及交联剂浓度也会影响晶胶的孔径,随着聚合物浓度和交联剂浓度的增加,晶胶发生聚合后交联程度增加,其平均孔径将随之缩小。目前,各向异性结构已经被广泛用于仿生材料的研究,并集中在神经、肌肉和骨骼组织工程等领域。Caliari 等基于胶原蛋白和黏多糖设计并制备了载有生长因子的各向异性支架,该支架可以有效促进肌腱细胞的迁移以及细胞的取向性排列[121]。该各向异性晶胶支架具备天然肌腱的结构特点,孔径分布集中于 $55\sim243~\mu m$。与各向同性晶胶支架相比,马肌腱细胞在各向异性支架中显示出更高水平的附着、代谢活性和排列取向性,并且由细胞介导的支架收缩也不明显。当添加 PDGF－BB 和 IGF－1 两种生长因子时,马肌腱细胞的活力、生存力和代谢活性表现出依赖于剂量的增加趋势。神经引导通道是一种用于神经组织工程的支架,被设计用于指导神经定向生长,具有指导轴突定向再生,引导神经末梢生长因子的集中释放并减少瘢痕组织向内生长等功能。Singh 等设计了聚氨酯导管用于周围神经再生,该导管的内部以各向异性晶胶作为填充剂,内部晶胶的聚合物组成包括壳聚糖和明胶,在 SEM 图像中观察到该各向异性晶胶的孔径为$(29.60\pm9.83)\mu m$。体外细胞试验结果表明该晶胶具有良好的生物相容性,并可以促进神经元细胞在晶胶孔洞中的迁移。此外,在无规律孔洞中,细胞在任意方向均可发生迁移,进一步说明该晶胶支架具有促进神经细胞定向迁移的作用[122]。

5.5.2　海绵

海绵具有相互连通多孔结构(图 5.19),能够吸收大量的伤口渗出物,表现出良好的保湿能力。海绵敷料具有亲水性并且可以与细胞发生相互作用,有利于伤口分泌物、营养物质及代谢物的交换和排出。此外,作为一种多孔支架,海绵材料可以与多种功能组分复合,在伤口敷料和组织工程等领域表现出很好的应用前景。目前,用于制备医用海绵的原料主要是天然高分子及其衍生物,包括明胶、胶原、壳聚糖、海藻酸盐及其衍生物。除了天然高分子,还有一些合成高分子材料也可用于制备海绵材料,目前最常用的是聚乙烯醇。天然高分子材料大都具有良好的生物相容性,并且表现出一定的生物活性,例如,壳聚糖具有抗菌、保湿、止血及良好的生物相容性和可降解性,同时还会对细胞行为产生积极的影响,进而促进伤口愈合。明胶、胶原及海藻酸盐虽然也有很好的生物相容性及细胞活性,但是不具备抗菌特性,因此需要与其他的功能组分复合以期实现促进伤口愈合的效果。此外,天然高分子制备的海绵敷料力学性能较差,这在一定程度上限制了天然高分子海绵敷料的应用。合成高分子海绵虽然具有较好的力学性能,但是缺乏相应的生物功能,因此在海绵敷料的制备过程中往往会与其他组分复合来加速伤口愈合的进程。目前,最常用的海绵制备方法是冷冻干燥法。一般是将高分子材料与功能组分通过化学修饰或物理共混复合,将复合后的体系转入相应的模具中,冷冻干燥即可获得具有一定形状的海绵。冻干后的海绵还可以通过浸泡功能组分溶液将活性分子引入海绵支架中,这种后浸泡法有效避免了海绵制备过程中对活性组分生物功能性的影响。

目前,壳聚糖仍是最常用的制备海绵的材料,但是其有限的抗菌性和较差的水溶性也使壳聚糖海绵敷料的应用受到一定的限制,因此制备海绵材料一般选择修饰后的壳聚糖材料,或者与其他功能组分相结合。Guo 等以壳聚糖和多巴胺为原料,以高碘酸钠为氧化剂,制备了一种聚多巴胺交联的壳聚糖海绵,该海绵表现出良好的抗氧化性能,且对不可按压伤口或凝血障碍患者出血表现出较

 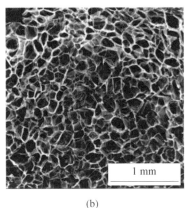

(a)　　　　　　　　　　　　　　(b)

图 5.19　海绵敷料的形貌[123]

好的止血效果。由于聚多巴胺的存在,该海绵表现出很好的光热抗菌特性,并且可以调节炎症浸润及细胞行为,同时可以促进血管生成,对伤口愈合表现出极好的促进效果[124]。此外,Xia 等制备了一种基于季铵化壳聚糖及壳聚糖的不对称海绵材料,向其中引入一层硬脂酸的疏水层,该疏水层在赋予海绵防水、抗细菌渗透和抗黏附能力的同时,提高了海绵的保水性能,这种具有不对称结构的海绵敷料可以有效促进伤口愈合[125]。

5.5.3　泡沫

泡沫敷料与海绵敷料类似,具有多孔结构,可渗透氧气和水,吸收伤口渗出物,还可以防止微生物入侵。更重要的是,泡沫具有强的填充能力和快速凝固的形状记忆特性。泡沫敷料一般用于治疗有轻度或者重度渗出液的伤口,它是一种适应性较强的敷料,可以对外部的机械刺激产生缓冲作用,因此也适用于骨突出或者易于产生摩擦的伤口部位。目前常用的泡沫敷料主要是由聚氨酯材料制备的,也可与有机或者无机活性组分复合,赋予聚氨酯泡沫敷料特殊的性质。目前聚氨酯材料经常与抗菌材料(如银)复合来提高敷料的抗菌性能[126],或者与亲水性聚合物复合以提高敷料的吸水性[127]。

为了更好地促进伤口愈合,一般采用多层材料组成聚氨酯泡沫敷料。临床上使用的泡沫敷料大都由三个部分组成(图 5.20)。

(1)保护层。

最外层的保护层是一种半透膜,可以为伤口愈合提供一个封闭的环境,而且氧气和水蒸气可以透过保护层,但是水和细菌却不能透过保护层,因此可以有效避免外部感染。传统泡沫敷料的保护层没有黏附性,因此需要借助黏合手段将泡沫敷料固定在伤口部位,而现在商业化的泡沫敷料的保护层增加了黏附功能,可以将泡沫敷料固定在伤口部位。

(2)吸收层。

吸收层作为中间层,是由聚氨酯泡沫制备的,能够有效吸收伤口渗出液但不会溶解,同时保护伤口不受外界物理刺激的影响。

(3)接触层。

接触层可以选择性吸收渗出液和血液(大部分接触层是由聚丙烯酸压敏胶制备的),但不具有组织黏附性,避免了敷料更换过程中对伤口的二次伤害。此外,还可以将生物活性组分(如抗菌材料和生长因子)整合进接触层来提高伤口愈合的效率[128]。泡沫敷料对渗出液的吸收及其含水量取决于聚氨酯泡沫层的液体吸收能力及保护层的水蒸气透过性,聚氨酯的吸水性主要取决于泡沫的孔隙率,而水蒸气透过率则取决于保护层的透过性。这种透过性避免了聚氨酯泡沫的吸湿饱和性,进而可以持续吸收伤口渗出液,保证伤口环境,有利于伤口愈合。

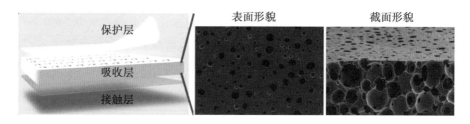

图 5.20　泡沫敷料的结构图

聚氨酯泡沫敷料中互相连通的孔隙结构一般是通过三个步骤合成的,包括扩链反应、发泡反应及交联反应。扩链反应是由多元醇及多元异氰酸酯在扩链剂的存在下形成氨基甲酸酯基的过程。发泡过程中聚氨基甲酸酯与水结合生成氨基甲酸(大多数聚氨酯泡沫材料以水作为发泡剂),氨基甲酸分解会产生大量二氧化碳,这是聚氨酯泡沫形成相互连通孔隙结构的重要过程。交联反应在聚氨酯泡沫的制备过程中主要起固化作用,氨基进一步与异氰酸酯基团反应生成含有脲基的聚合物(起到链增长剂的重要作用),赋予泡沫敷料良好的机械性能。根据硬度的不同,可以将聚氨酯材料分为三类:软质聚氨酯材料、硬质聚氨酯材料及半硬质聚氨酯材料。软质聚氨酯材料一般是开孔结构,而硬质聚氨酯材料多是闭孔结构。目前聚氨酯材料主要是通过发泡法制备的。除此之外,聚氨酯材料还可以通过其他制备方法获得,如溶液浇铸法和相分离法等。

(1)发泡法。

发泡法制备泡沫敷料一般分为三种:一步法、半预聚体法及预聚体法。

①一步法。

一步法是将制备聚氨酯的聚醚多元醇、多元异氰酸酯、催化剂等所有原料一次性全部加入反应体系中,在高速搅拌或高压下,短时间内同时进行原料之间的反应及发泡过程,简单快速地完成聚氨酯泡沫材料的制备。一步法制备过程工艺简单,节能高效,在软质聚氨酯泡沫材料的制备中占据重要地位。

②半预聚体法。

半预聚体法是将多元醇与过量的异氰酸酯加入反应体系中,通过反应生成具有一定黏度的低聚物,随后加入配方中剩余的原料(包括多元醇、水、催化剂及表面活性剂等),通过混合发泡制得聚氨酯泡沫。半预聚体法在一定程度上降低了体系的黏度,有利于各反应组分的充分混合,提高了反应效率。半预聚体法通常用于制备硬质或者半硬质聚氨酯泡沫敷料,基本不用于制备软质聚氨酯泡沫材料。

③预聚体法。

预聚体法一般分两步进行,首先将配方中的多元醇与异氰酸酯加入反应体系中,反应生成末端带有异氰酸酯基团的预聚体,随后加入发泡剂、催化剂等助剂在链增长的同时进行发泡反应。预聚体法反应温度低、放热少,适于制备块体泡沫材料,但是反应过程中预聚体的黏度较大,不利于各组分之间反应的进行,而且工艺比较复杂,耗时较长,因此限制了预聚体法的进一步应用。

(2)其他制备方法。

①溶液浇铸法。

溶液浇铸法或模压发泡法也是制备复合泡沫敷料的重要方法(图 5.21(a)),可以赋予泡沫敷料新的功能性。Kaur 等以聚氨酯泡沫为模板,将丙烯酰胺单体、交联剂、引发剂及催化剂浇铸在聚氨酯泡沫中,真空干燥后将复合聚氨酯材料浸泡在 0.5 mol/L 氢氧化钠溶液中,使丙烯酰胺水解成丙烯酸钠,随后将复合泡沫浸渍在碘溶液中,浸泡结束后用超纯水洗去游离的碘分子,即可得到负载碘的凝胶－聚氨酯泡沫敷料,其可以提高聚氨酯泡沫的渗出液吸收能力及保湿性能[129]。Khodabakhshi 等利用溶液浇铸法和模板牺牲法制备了含蜂胶涂层的聚氨酯泡沫敷料。首先,将平均粒径为 250 μm 的氯化钠颗粒加入聚氨酯溶液中,混合均匀后倒入模具,将聚合物和氯化钠颗粒混合物冻干后,用水洗去氯化钠颗粒,聚氨酯材料干燥后浸入蜂胶的提取物中,干燥后即可获得具有抗菌性的聚氨酯泡沫敷料,并且该敷料可以有效促进伤口愈合[130]。

②相分离法。

相分离法也是制备泡沫敷料的一种重要方法(图 5.21(b))[131-132],在相分离体系中会形成聚合物富集相与聚合物稀有相交错分布的双连续结构,结合不同的干燥技术即可获得多孔泡沫材料。以相分离法制备的泡沫材料孔径一般较小,但是这种制备方式也受到材料性能的限制。Choi 等将由银纳米颗粒和聚氨酯形成的有机相加入到由甘油、Lutrol F—127 及重组人表皮生长因子组成的水溶液中,剧烈搅拌后倒入模具,在模具的表面加上一层聚氨酯半透膜,待反应结束后即可获得具有抗菌性与生物活性的聚氨酯泡沫敷料,并且该敷料可以有效促进慢性糖尿病伤口的愈合[131]。

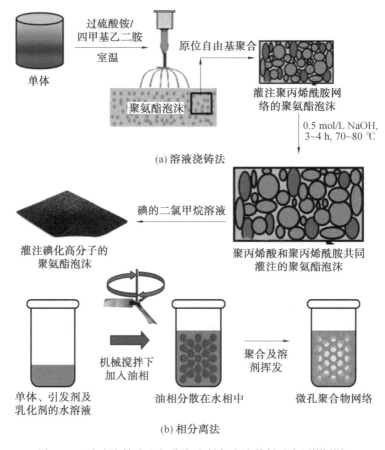

图 5.21　溶液浇铸法和相分离法制备泡沫敷料示意图[129,131]

5.6　水　凝　胶

　　水凝胶一词最早是在 1894 年被提出并用于描述胶体凝胶的。1936 年,杜邦公司的科学家报道了聚(2—甲基丙烯酸羟乙酯)水凝胶的合成,而早期的凝胶一般不太注重水凝胶的生物功能性。直到 20 世纪 50 年代,科学家们才开始在水凝胶的设计和制备过程中注重材料的仿生功能。这就要求在赋予凝胶材料一定水含量的同时，对正常生理活动没有明显影响，而且对营养物质及代谢物具有较好的透过性。基于这些要求，Danno 等在 1958 年报道了共价交联的聚乙烯醇（PVA）水凝胶。在这之后，水凝胶材料进入了飞速发展时期，并取得了里程碑式的进展。图 5.22 所示为水凝胶材料的发展示意图[133]。

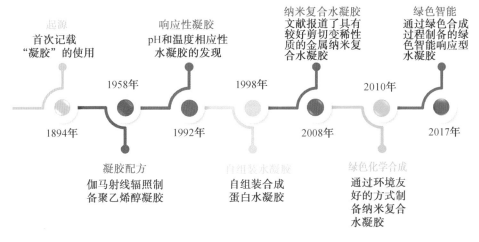

图 5.22　水凝胶材料的发展示意图

5.6.1　医用水凝胶概述

水凝胶是一种通过物理或化学交联作用形成的具有三维孔隙结构的材料，具有与细胞外基质相似的结构，表现出良好的吸湿性和保水性，在生物医药领域表现出良好的应用前景（图 5.23）。基于生物应用的水凝胶大都以天然或者合成聚合物为主体材料，通过化学改性在主网络中引入活性官能团，以期提高凝胶的力学性能或赋予其生物功能性。水凝胶材料表现出良好的生物相容性和可控的理化性质，同时可以吸收适当的组织渗出液并保持伤口处于适宜的湿度环境。通过修饰和改性水凝胶材料（生物功能聚合物或生物活性基团），往往会赋予其多种功能性。此外，具有三维孔隙结构的水凝胶也可作为一种天然的活性组分（包括药物及细胞）载体，进而实现多种生物活性物质的包载及控释。水凝胶材料具有较好的生物相容性和水蒸气透过性，在与伤口接触时，可以为伤口愈合提供良好稳定的生理环境，从而促进细胞的增殖和迁移，同时介入调控伤口愈合的微环境。因此，水凝胶材料已逐渐成为伤口敷料的一个研究热点。目前，水凝胶敷料已经被用于治疗皮肤缺损创面、感染创面[134]、烧伤创面[135]、慢性伤口（如糖尿病足）[136]及机体内部伤口的治疗[137]。基于不同伤口愈合的需求，科研工作者会赋予材料不同的生物功能性，如组织黏附性、良好的机械性能、抗菌性能、免疫调节性能、物理收缩性及细胞迁移促进能力。此外，对于体表肿瘤切除所产生的创面,伤口敷料还应具有抗肿瘤及防止肿瘤复发的功效[138]。基于水凝胶与细胞外基质类似的结构、易于修饰和改性的高分子网络主体及良好的包容性,在赋予凝胶支架一些特殊理化性质的同时,可以包载多种生物活性组分并实现可控释放。因此,水凝胶敷料表现出巨大的临床应用潜力,设计和制备功能性水凝胶敷料具有重要的现实意义。

根据制备材料来源的不同,可以将水凝胶分为合成聚合物和天然聚合物,常见的合成材料包括聚乙烯醇、聚乙二醇、环氧乙烷、聚丙烯酸及聚丙烯酰胺等,代表性的天然聚合物材料包括纤维素、葡聚糖、琼脂糖、海藻酸、壳聚糖、结冷胶、透明质酸、明胶、胶原、丝素以及纤维蛋白等。由于分子科学及合成技术的飞速发展,合成聚合物的种类日渐增加,由合成聚合物制备的水凝胶大都表现出较好的理化稳定性及良好的机械性能,在生物医药领域也受到广泛关注。但是,合成聚合物的分子设计较为复杂,合成步骤也比较烦琐,大多数合成聚合物还缺乏生物功能性。相较于合成聚合物而言,天然聚合物制备简单,并且具有良好的生物相容性,有些天然大分子还表现出很好的生物功能性,在生物医用水凝胶的制备方面具有重要的地位。但是,由天然大分子制备的水凝胶一般力学性能较差,这也在一定程度上限制了其在生物领域的应用。因此,科研工作者们在水凝胶的合成和制备过程中,会将合成和天然聚合物结合起来,以期在保证水凝胶机械性能的同时,赋予材料生物相容性和生物功能性。

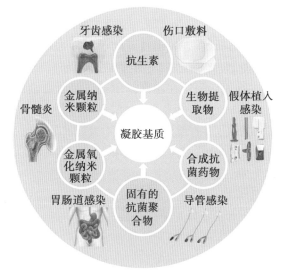

图 5.23　水凝胶材料的多种生物医用[139]

在凝胶网络中引入多重动态交联点不仅可以有效提高凝胶的机械性能,而且可以赋予材料很好的自愈合性和剪切变稀性质,使其可以作为可注射敷料填充不规则伤口。此外,动态交联方式的引入还可以赋予水凝胶材料很好的刺激响应性(如光、温度、pH 等),从而实现生物活性物质的可控递送及创面敷料的可控移除[134,140-141]。物理交联作用如疏水作用、氢键、主客体作用、π—π 堆积及离子相互作用等较强的交联作用已经被广泛用于设计和制备可注射性水凝胶,尽管大多数物理交联水凝胶都表现出良好的生物相容性,但是其力学性能往往不太理想(包括强度和稳定性)。相较之下,化学交联通过共价键实现对聚合物网络稳定的交联,赋予凝胶良好的力学性能,但是在凝胶化学交联的过程中,往往会涉及一些生物毒性试剂的使用(如单体、交联剂、引发剂及催化剂等),这会使凝胶的生物学性能大幅度降低。因此,在设计和合成水凝胶时一般会将物理和化学交联作用同时引入材料中,以期实现材料性能的优化。通过对凝胶材料和凝胶化过程的调控,可以赋予水凝胶可注射性及刺激响应性,进一步拓宽了水凝胶材料的应用。水凝胶具有可注射性,主要是由于网络中存在可逆断裂和生成的动态化学键合或物理作用,因此在制备可注射水凝胶时,在保证凝胶力学稳定性的同时,往往会在水凝胶网络中引入动态交联作用。除此之外,可注射水凝胶还包括一些刺激响应性凝胶化材料。目前,常见的用于制备可注射水凝胶的动态交联方式包括动态化学键(如席夫碱、酰腙键、二硫键、点击化学交联、苯硼酸络合作用)和物理相互作用。由于物理或动态化学键合作用的可逆生成,水凝胶网络往往表现出较好的自修复性能及剪切变稀特性,因此具有良好的可注射性。这不仅可以延长材料的使用寿命,而且对于不规则伤口的填充与修复具有重要意义。此外,还可以通过具有特殊凝胶化过程的材料来制备可注射凝胶(如具有上临界转换温度或下临界转换温度的材料及响应性凝胶材料)。为了赋予水凝胶材料较好的自愈合和可注射性能,可注射水凝胶在设计和制备过程中往往会将多重动态键引入凝胶网络中。根据使用需求还可能在凝胶网络中引入共价交联作用以期在保证可注射性能的同时,赋予材料稳定的力学性能。通过响应性化学键合或者物理作用交联的智能水凝胶网络往往表现出响应性的断裂或生成(如温度、pH、光等),这类水凝胶可以通过环境刺激实现凝胶网络的响应性坍塌,进而实现生物活性物质的响应性释放,在生物医药领域表现出很好的应用前景。

5.6.2 水凝胶敷料的制备及主要交联方式

目前,多数水凝胶网络是通过物理及化学作用共同交联而成的,水溶性的天然或亲水性合成聚合物网络主要通过以下三种方式形成凝胶:①通过化学反应交联形成聚合物链;②通过辐射电离或化学引发产生自由基,在交联剂的存在下,形成聚合物网络;③通过物理作用,如静电作用、缠绕、微晶作用及疏水作用,形成凝胶。根据网络内部相互作用的特点,水凝胶往往表现出不同的性能,下面对凝胶网络中常见的交联方式进行简单介绍。

1.化学交联作用

（1）迈克尔加成反应。

迈克尔加成反应是由亲核试剂作为电子给体（如含氨基或硫醇基团的分子），不饱和的羰基化合物（如不饱和醛或酮）作为电子受体，在生理条件下即可发生的一种交联作用（图 5.24）。在制备可注射水凝胶时，电子给体、电子受体、聚合物的分子量及浓度都会影响凝胶化时间。此外，氨基的迈克尔加成反应一般在碱性的高温条件下进行，因此不太适用于制备原位可注射水凝胶。基于迈克尔加成的生物医用可注射水凝胶大都基于硫醇基团与不饱和醛酮之间的迈克尔加成反应。Wang 等通过巯基修饰的透明质酸与超支化聚 β—氨酯（由聚乙二醇丙烯酸酯与二元胺之间发生迈克尔加成反应制备）中的巯基与不饱和双键之间发生迈克尔加成反应制得可注射水凝胶，并评估了该可注射水凝胶对普通伤口及慢性糖尿病伤口的愈合效果，试验结果表明该可注射水凝胶可以有效加快伤口愈合[142]。目前，虽然最常用的亲电试剂仍是丙烯酸酯，但已有研究表明以乙烯砜和马来酰亚胺作为亲电试剂具有更快的反应速率。由于迈克尔加成反应可以在生理环境下快速发生，不需要添加催化剂，而且也没有副产物生成，因此表现出良好的生物相容性，在制备生物医用可注射水凝胶方面受到广泛关注。

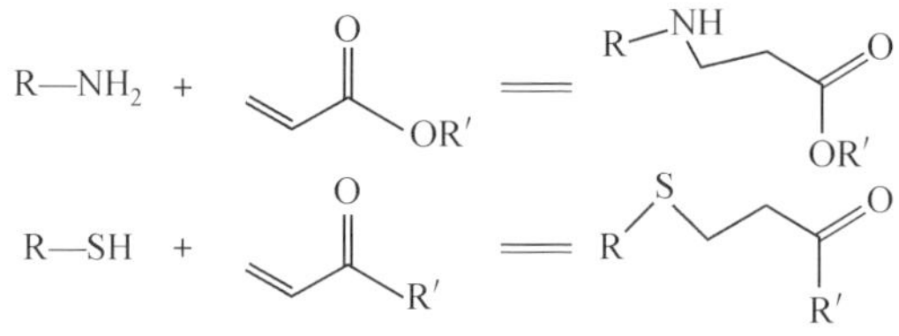

图 5.24　迈克尔加成反应

（2）席夫碱交联。

席夫碱交联制备的水凝胶表现出诸多优势，如反应条件温和、生物相容性较好，并具有可逆性和 pH 响应性，因此被广泛用于设计和制备智能生物医用水凝胶，基于氨基和羰基之间的席夫碱反应制备的生物材料已经被广泛用于细胞包封、组织修复、药物载体及伤口敷料领域。氨基和羰基缩合形成的席夫碱交联包括亚胺、腙、酰腙和肟（图 5.25）。亚胺键形成于氨基和醛基之间，氨基和醛基的比例是影响成胶时间及凝胶力学性能的关键性因素，因此在通过席夫碱交联制备凝胶时要注意氨基与醛基之间比例的调控。基于席夫碱交联方式及天然聚合物的优势，各种含氨基的聚合物（包括化学修饰及聚合物自身含有的氨基）及醛基化聚合物（如氧化多糖），或者以二胺或双醛基分子作为含有醛基或氨基聚合物的交联剂制备的可注射水凝胶不断涌现，并且都表现出良好的伤口愈合效果。

但值得注意的是,羰基化合物可以与含有氨基的生物分子发生反应而表现出一定的生物毒性,因此在制备凝胶过程中,要注意醛基的用量。通过席夫碱交联的水凝胶表现出较好的化学或生理学响应性(包括 pH、维生素 B6、氨基酸和酶),因此可以用作药物或生物活性分子的控释体系。由于醛基和氨基的席夫碱反应本身具有可逆性,因此可以被认为是"假共价键",但是席夫碱反应形成后,可以在还原剂($NaCNBH_3$)存在下反应一定的时间,从而形成稳定的 N—C 单键。

　　腙键形成于肼(或者酰肼)和醛基之间,在生理条件下具有很高的反应效率,因此被广泛用于制备动态交联的水凝胶支架,在组织工程支架、3D 生物打印及药物和生物活性物质的递送方面表现出很好的应用前景。肟键形成于羟胺和醛或酮的缩合,相较于亚胺和腙键,表现出较好的水解稳定性,一般被用于制备蛋白和聚合物的偶联物,或对细胞表面进行修饰及对组织进行标记,表现出较好的生物相容性。

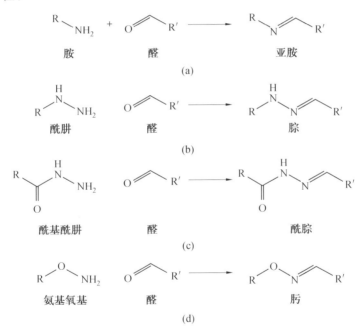

图 5.25　不同种类的席夫碱反应[143]

（3）二硫键。

　　硫醇基团之间形成的二硫键在蛋白质的折叠和自组装中起着重要的作用。二硫键在氧化剂存在条件下才可以生成,但是氧气自身足以驱动二硫键的形成,因此二硫键可以在氧化剂或还原剂的存在下,实现可逆的形成和断裂。同时,二硫键可以与硫醇及硫醇产物二硫键发生反应(图 5.26),因此二硫键也可以通过硫醇—二硫交换反应被分解或重组。具有快速、可逆且可控的二硫交换反应的二硫键不仅可以存在于含有巯基的天然多肽中,也可以存在于分子链段中含有多个巯基的水溶性聚合物中。天然蛋白(如牛血清蛋白和白蛋白)分子中都含有二硫键及游离的巯基,通过减少网络中的二硫键来增加网络中游离的巯基,即可利用新的二硫键来制备凝胶网络。尽管二硫键在设计和制备自愈合性可注射水凝胶中具有一定的优势,但是以单一的动态二硫键作为能量耗散机制,必然会使凝胶的力学性能较差,较低的二硫键交联密度也会使注射后的凝胶网络愈合时间较长,进而影响实际应用。因此,为了提高凝胶网络的力学性能及自愈合速度,往往将二硫键与共价键或者其他动态键结合来制备凝胶网络。Zhang 等以丙烯酸修饰的透明质酸和巯基修饰的透明质酸为基本构筑单元,通过硫醇与丙烯酸基团之间的迈克尔加成反应及巯基和二硫键之间的相互转换原位制备了一种可注射水凝胶,双重动态键交联可以赋予凝胶网络更好的力学稳定性和自愈合性,凝胶网络表现出良好的生物相容性,在生物医用领域表现出很好的前景[144]。除此之外,由于二硫键特殊的性质,它也可以被用于制备响应性智能水凝胶。

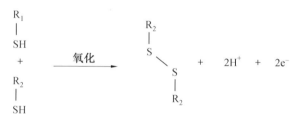

图 5.26 二硫键的形成

(4)点击化学交联。

点击化学是一种反应动力学相对较快的方式,具有高选择性、通用性、自发性、生物相容性、高反应速率及高产率,因此是原位制备可注射水凝胶的重要交联方式。常见的点击化学反应包括叠氮－炔基 Huisgen 环加成反应、第尔斯－阿尔德反应、亲核开环反应、碳碳多键加成反应及非醇醛的羰基化学等(图5.27)。点击化学大都需要引发剂或催化剂的介入,在一定程度上限制了点击化学反应在生物材料制备过程中的应用。近年来,科研工作者们尝试了多种通过不需要引发剂参与的点击化学反应制备生物相容性的材料。点击化学一个很大的优势是可以制备具有较高水含量的水凝胶,并且凝胶的力学性能是可调控的,通过点击化学制备的水凝胶在药物或细胞递送及组织工程方面都表现出良好的应用前景。

(5)苯基硼酸酯键。

硼酸酯键是用于制备生物医用水凝胶的一种重要的动态共价键,它是苯硼酸的衍生物与 1,2－或 1,3－二醇通过缩合形成的。目前,研究者们大都认为硼

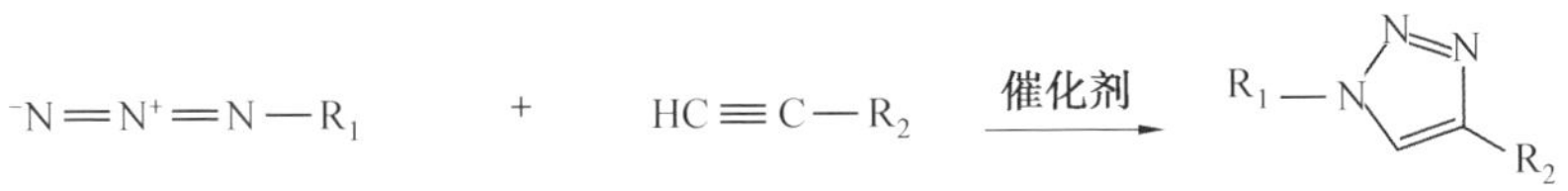

(a) 叠氮–炔基Huisgen环加成反应

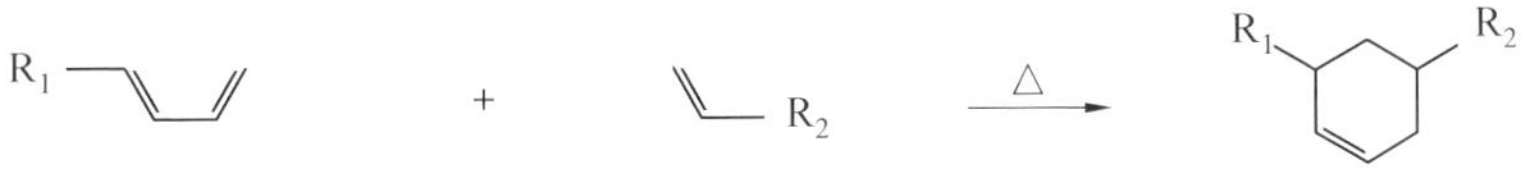

(b) 第尔斯–阿尔德反应

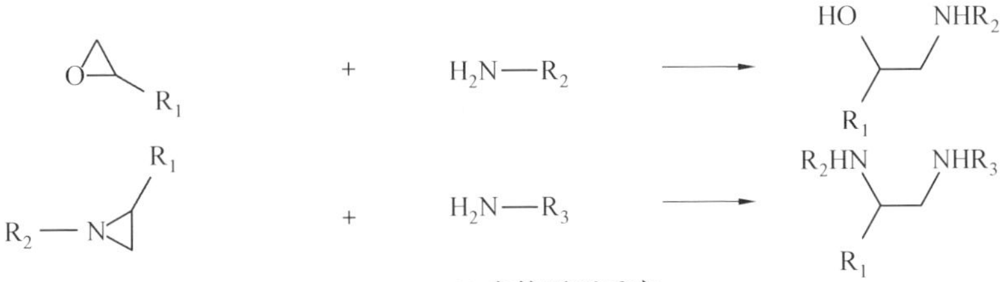

(c) 亲核开环反应

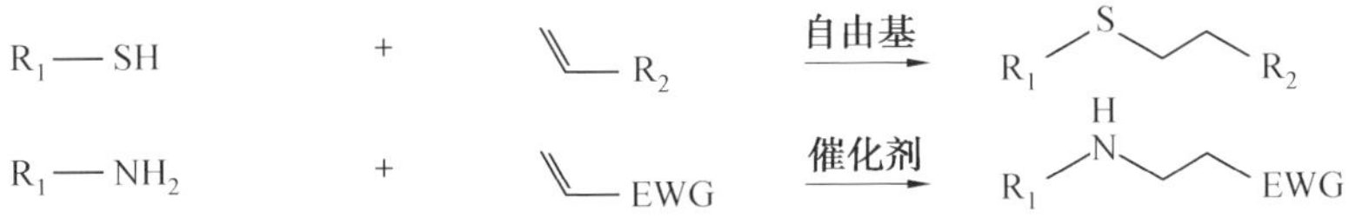

(d) 碳碳多键加成反应

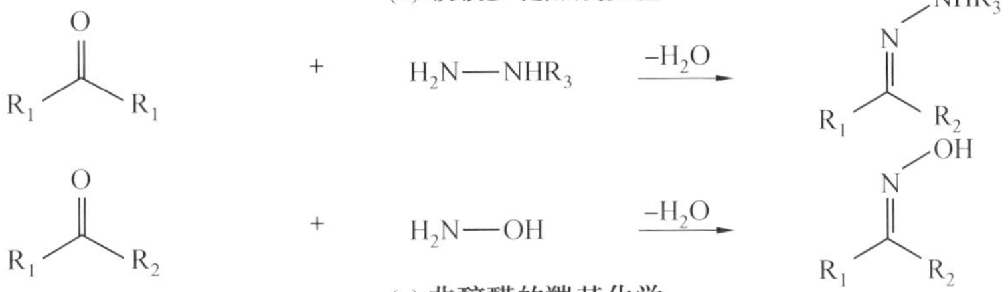

(e) 非醇醛的羰基化学

图 5.27　常见的点击化学反应类型

EWG—吸电子基团

酸酯键是苯硼酸根负离子与二醇基团发生的反应,该反应表现出较强的 pH 依赖性,当 pH 接近苯硼酸的 pK_a 时,反应效率比较高。并且在一定范围内,当反应的 pH 提高时,硼酸酯键的交联会进一步趋于稳定。在低 pH 条件下,硼酸酯键会发生解离。形成硼酸酯键的大多数苯硼酸衍生物的 pH 在 8～9 之间(或高于8～9),这明显高于生理学 pH,因此在接近中性 pH 条件下通过硼酸酯键制备自愈合可注射水凝胶具有重要意义。这个问题可以通过对苯硼酸进行化学修饰或在聚合物中引入适宜的氨基得到解决,缺电子硼原子与富电子氮原子之间的路易斯酸碱反应可以提高中心硼原子的路易斯酸性[145]。Kiser 等在生理 pH 条件下,通过在含苯硼酸(phenylboronic acids,PBA)基团的聚合物和含水杨基氧肟酸(salicylhydroxamic acid,SHA)的聚合物之间形成动态硼酸酯键,制备了可注射水凝胶。但是苯硼酸与水杨基氧肟酸(PBA-SHA)在酸性条件下较高的键合常数会导致网络流动性变差,使得凝胶网络易碎且很难自修复。与此同时,溶胶—凝胶转变的 pH 取决于聚合物主链的电荷性质,磺化的聚合物主链由于具有大的唐南比会在苯硼酸和水杨基氧肟酸的附近产生弱酸性的微环境,这会在降低PBA-SHA 键合常数的同时使凝胶化过程可逆,同时实现生理 pH 条件下硼酸酯键的生成[146]。

(6)酶交联。

酶交联是一种温和的化学交联方式,酶催化可以促进基于蛋白质的可注射水凝胶的形成,这些酶主要包括转谷氨酰胺酶、磷酸酶、葡萄糖氧化酶、酪氨酸酶、漆酶及辣根过氧化物酶等。其中,转谷氨酰胺酶、酪氨酸酶及辣根过氧化物酶是制备可注射水凝胶最常用的几种酶。转谷氨酰胺酶作为一类巯基酶可以催化以肽键结合的谷氨酰胺中的 g-酰胺基团和其他大分子上的自由氨基之间共价键的生成。酪氨酸酶是一种含铜的酶,在氧气存在下,可以通过苯酚的氧化,促进活化醌的生成。随后,活化的醌基可以与氨基或羟基之间通过迈克尔加成反应形成大分子网络。辣根过氧化物酶以过氧化氢为底物,是制备可注射水凝胶最常用的过氧化物酶,在过氧化氢存在下,它可以促进苯酚或苯胺衍生物的偶联。在酶催化条件下制备可注射水凝胶具有诸多优势:生理条件下即可发生,交联效率高且生物相容性好。酶交联水凝胶的凝胶化时间及力学性能取决于聚合物、酶及底物的浓度。由于其温和的凝胶化条件,酶交联的凝胶材料在药物或生物活性组分的递送及组织工程方面表现出很好的应用前景。

(7)自由基交联聚合。

自由基交联聚合是含有不饱和官能团或光敏官能团的聚合物前驱体在光或热的驱动下,通过自由基聚合或交联形成聚合物网络的过程,通过自由基共价交联的网络大都表现出良好的机械性能和力学稳定性,并且凝胶化过程也高度可控。这种聚合一般包括链引发(包括引发剂的激活及自由基的生成)、链增长(光固化小分子之间的作用及活性中心的转移)和链终止(包括聚合物的生成及活性中心的消失)三个阶段。自由基共聚过程中,通常会加入热引发剂或光引发剂,引发剂会在外界刺激下产生自由基引发不饱和单体或大分子聚合交联。目前,最常用的是紫外光引发聚合及热引发聚合。由于紫外光的穿透能力有限,因此材料的厚度对紫外光引发聚合的效率有重要影响,主要用于制备表面皮肤修复敷料,而且目前已有可见光引发自由基聚合的体系,进一步拓宽了光引发自由基交联网络在生物医用领域的应用。热引发聚合(大都发生在碳碳双键之间)过程中一般使用氧化还原引发剂,这种引发剂一般水溶性较好且活性较高,但在这个过程中往往会产生一些副产物或残留的交联剂和引发剂,从而表现出一定的生物毒性,因此在通过自由基共聚制备水凝胶的过程中,应注意交联剂及引发剂的生物相容性及用量。

此外,光交联法也是制备可注射水凝胶的一种常用方法。在光引发剂存在下,紫外或可见光可以激活光引发剂产生阳离子或自由基,引发单体聚合或光响应基团的相关反应。光交联的水凝胶具有温和的凝胶化条件,并且可以精准地控制成胶时间和位置,在细胞支架的构筑及 3D 生物打印方面表现出很好的应用前景。目前双键修饰的天然大分子(如明胶)是通过光交联原位构筑可注射水凝胶的主要基质。虽然光交联水凝胶表现出良好的生物应用前景,但是光引发剂及化学修饰过程中引入的一些试剂可能会影响凝胶材料的生物相容性,因此在制备过程中要注意相关试剂的化学用量和修饰后材料的分离和纯化。

2. 物理相互作用

(1)疏水作用。

疏水作用是凝胶网络物理自组装的一种重要方式,对主客体相互作用、生物识别及蛋白质高级结构的形成具有重要影响。通过疏水作用构筑的水凝胶网络大都是基于两亲性聚合物。随着分子科学及技术的发展,制备两亲性聚合物的方法多种多样,如嵌段共聚、无序共聚及分子修饰。对于两亲性嵌段共聚物而言,其最终的状态取决于初始浓度与重叠浓度之间的关系。当嵌段共聚物的初始浓度低于重叠浓度但高于临界胶束浓度时,嵌段共聚物以胶束形式存在;当初始浓度接近重叠浓度时,嵌段共聚物以微凝胶的形式存在,微凝胶的形式是由于胶束之间通过物理相互作用交联而成的聚集体;当嵌段共聚物的初始浓度高于重叠浓度时,微凝胶之间发生纠缠进而形成凝胶材料。浓度依赖性的嵌段共聚物形态可以通过良溶剂的介入发生转换[147]。此外,对于具有一定浓度的嵌段共聚物,改变外界环境条件(如温度)可以实现嵌段共聚物可逆的溶胶－凝胶化转变,如果与其他交联方式联合使用,则可实现溶胶－凝胶的不可逆转化。目前,在生物医药领域研究最广泛的嵌段共聚物(ABA)是由可生物降解的聚左旋乳酸、聚乙醇酸或其共聚物作为 B 嵌段,由聚环氧乙烷作为 A 嵌段组成。此外,具有上临界溶解温度(UCST)及下临界溶解温度(LCST)的聚合物也是制备可注射水凝胶的理想材料,如明胶/结冷胶及嵌段共聚物,可以通过改变温度实现溶胶－凝胶的转变。但是,对于生物医用材料,应选取临界转化温度接近体温的聚合物或通过化学修饰使聚合物的转化温度在体温附近。

(2)氢键。

氢键形成于氢原子和电负性较大的原子(如 N、O、F)之间,相较于其他物理相互作用及共价键作用,氢键本身是比较弱的,但是它对聚合物网络的稳定性和机械性能具有重要影响,在生物大分子的自组装中也起着重要作用,如 DNA 的碱基对之间的作用及蛋白质高级结构的形成等。通过氢键交联可以赋予凝胶网络自愈合性质,并且氢键可以在高温下断裂,在降温过程中网络中的氢键又可以重新形成,因此可能赋予材料热塑性。但是通过氢键交联的水凝胶在水系中由于水解往往表现出较差的稳定性,对于这个问题,可以在网络中引入一些功能组分,如邻苯二酚结构、二氨基三嗪、六氨基己酸及脲基嘧啶酮(ureidopyrimidone,UPy)通过形成双重或者多重氢键来提高凝胶网络的力学性能,进而提高凝胶的稳定性。

以 UPy 为例进一步说明这些特征基团在构筑可注射水凝胶方面的应用。UPy 分子间可以形成稳定的四重氢键,科研工作者们通过化学修饰将 UPy 引入高分子聚合物中,并将其作为一种动态可逆的交联点制备可注射水凝胶。此外,基于 UPy 四重氢键交联的凝胶网络可以通过改变温度及 pH 使四重氢键断裂或生成,实现可逆的溶胶-凝胶化转变,同时四重氢键交联可以赋予凝胶材料较好的力学性能及稳定性。由于氢键交联的条件较为温和,目前科研工作者通过化学修饰将 UPy 引入天然(包括聚乙二醇和葡聚糖等)或合成聚合物中,通过四重氢键交联制备药物或细胞载体,在皮肤修复及组织工程方面都表现出很好的应用前景。此外,氢键在大分子自组装中具有重要作用,因此绝大部分水凝胶网络中都存在氢键,唯一的区别是氢键在凝胶化过程中是否占据主导地位。

(3)主客体作用。

主客体作用作为一种物理交联方式,在组织工程及构筑药物递送载体材料方面具有重要作用,也可以用于原位制备可注射水凝胶。由含有空腔的大环化合物作为宿主分子(常见的主体分子包括冠醚、环糊精和葫芦脲以及以这些小分子作为侧基或端基的聚合物),与一个或多个形状匹配的客体分子之间通过物理相互作用(主要是疏水作用)形成包合物,这种包合物在外部机械力作用下会发生解离,但当外力撤去后又可以重新形成。目前研究最多的还是基于金刚烷与环糊精之间的主客体作用。通过主客体作用,大环分子可以与多种大小匹配的客体分子通过疏水作用结合,配体可以是惰性或者响应性分子、药物及生物活性小分子或聚合物,在功能性生物医用材料的设计和制备中表现出巨大的应用潜力。此外,通过主客体作用制备凝胶可以避免交联剂的使用,在凝胶化过程中也不会有热量生成,表现出良好的生物相容性,同时不会对热敏感性生物活性组分(如蛋白质及细胞)产生不良影响。

(4)π-π 堆积作用。

π-π 堆积发生在富含 π 电子的芳香族化合物与缺乏 π 电子的芳香族化合物之间,根据 π 电子的方向不同,π-π 堆积作用分为以下几种(图 5.28):①边对面堆积;②错位面堆积;③面对面堆积。已有研究表明边对面堆积及错位面堆积比面对面堆积更为稳定,这主要是由面对面堆积方式的电荷斥力太大引起的[148]。考虑到水凝胶材料的亲水性结构,氨基酸如酪氨酸、色氨酸和苯丙氨酸可以作为基于 π—π 堆积作用制备凝胶的构筑单元。除 π—π 堆积作用外,π 电子与其他电荷中心在一定的空间排列下也会产生相互作用,包括阳离子—π、阴离子—π、卤素—π 和 CH—π 堆积。这些 π 堆积作用广泛存在于生物大分子体系中,对蛋白质特殊结构的维持及蛋白—配体之间的识别具有重要意义,也可以用于制备功能性可注射性水凝胶。

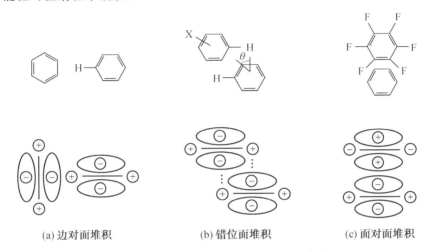

（a）边对面堆积　　　　（b）错位面堆积　　　　（c）面对面堆积

图 5.28　芳香环的 π 电子堆叠方式[148]

（5）配位作用。

配位键是一种特殊的共价键,配位共价键中的电子由含有孤电子对的配体单方面提供,同时由含有空轨道的中心原子提供可以容纳孤电子对的轨道,在成键方式上与传统共价键有很大不同。以过渡金属离子(如 Fe^{3+}、Zn^{2+}、Cu^{2+} 及 Ni^{2+})为中心原子的配位键在水凝胶制备方面有重要应用,且这种金属配位键也广泛存在于生物大分子(如蛋白质)中[149]。金属配位键在基于贻贝黏附机制的贻贝化学制备多功能黏附水凝胶中也有重要地位,Fe^{3+} 与邻苯二酚结构的六齿配合物赋予了贻贝足丝蛋白较高的强度和较好的延展性,对于贻贝水下黏附具有重要意义。同时,金属配位作用一般都表现出刺激响应性(如 pH 及离子螯合剂),可以赋予凝胶材料智能响应性。此外,作为一种动态键合作用,也可以通过引入配位键赋予材料良好的自愈合性,并进一步拓宽凝胶材料的使用范围。

（6）离子相互作用。

离子相互作用是水凝胶网络中一种重要的可逆交联方式,形成于带电聚合物及带相反电荷的聚合物或离子之间。根据库仑定律,离子相互作用与正负电荷中心之间的距离有关,当凝胶受到外部机械力作用时,凝胶网络会被破坏,断裂界面处的电荷作用也会随之消失,当外部机械力消失时,正负电荷间的静电作用又会重新形成,赋予凝胶良好的自愈合及剪切变稀性质。离子作用交联的水凝胶的性质可以通过调节聚合物或离子浓度、pH或温度来影响体系中正负电荷的密度,进而影响凝胶的机械性能。比如海藻酸钠由于羧基的存在带负电,因此可以与二价或三价阳离子(如 Ca^{2+}、Al^{3+}、Fe^{3+})通过电荷作用交联形成凝胶网络。除此之外,一些聚电解质也可以通过离子交联作用形成可注射凝胶,如聚赖氨酸、壳聚糖、聚乙烯亚胺、聚丙烯酸及甜菜碱衍生聚合物等。但是,聚电解质之间的电荷作用大都发生得比较剧烈,有可能会产生交联不均一的凝胶网络,如果凝胶化条件(如电解质浓度、离子强度及 pH)控制得不好,还会发生聚沉,因此在以这种电荷作用作为主要交联作用制备水凝胶材料时要注意凝胶化条件的调控。

(7)结晶化。

反复冻融是进行物理交联的重要方法,反复冻融也是在高分子内部形成晶域的重要过程。聚乙烯醇的水溶液经过反复冻融后可以通过氢键形成晶域结构。氢键交联程度与高分子的分子量和冻融次数息息相关,可以有效提高凝胶网络的力学性能。同时已有报道指出,通过聚乙烯醇反复冻融制备的凝胶的力学性能与关节和半月板软骨相近。通过调控高分子的分子量及交联程度,可以有效控制凝胶的力学性能。除聚乙烯醇外,目前最常用的一种通过结晶增强网络的物质是纤维素,但是纤维素一般作为纳米填充组分来增强凝胶网络的力学性能,而很少作为凝胶网络的主要组成成分[150]。

5.7　3D 生物打印

3D 生物打印是一种使用计算机辅助设计(CAD)软件一层一层添加材料来创建对象的技术。这项技术将一个对象转换成切片横截面,可以通过印刷一层一层的截面结构组装出完整的 3D 对象。这种技术制备快速、成本低,且可以构筑复杂的组织工程支架,避免了其他昂贵技术的使用。该技术的主要优势是能够制备适合组织工程应用的小体积支架,在植入材料和个性化支架的制备中表现出很好的应用前景。通过 3D 生物打印技术构建生物工程组织支架,旨在利用生物相容性材料嵌入活细胞和生长因子,来模拟和修复人体组织或器官的天然细胞外基质(ECM)。3D 生物打印的核心物质是生物墨水[151]。为实现生物应用,生物墨水应具有极强的生物相容性以促进细胞生长,且机械稳定,并应具有打印后的高保真形状。影响生物墨水结构和功能的影响因素也很多,包括细胞负载参数(即细胞类型、细胞密度和细胞周期)、物理化学性质(即剪切变稀、黏度、交联度和凝胶时间）和打印参数（即喷嘴温度和直径、进料速率以及印刷时间）。此外，细胞的选择和来源对于防止植入后的免疫排斥至关重要。皮肤原代细胞，如角质形成细胞、黑素细胞和成纤维细胞，可以从供体皮肤中分离出来，然后与各种天然和合成聚合物水凝胶共培养形成皮肤组织打印的生物墨水。尽管天然聚合物机械稳定性较差，但是由于天然高分子具有较好的生物相容性和生物活性，3D 生物打印中使用的 90% 的聚合物都是天然高分子。天然聚合物与人类 ECM 的成分高度相似，可以模拟细胞的原生微环境，进而促进细胞黏附、增殖、迁移和分化。近年来，3D 生物打印逐渐演变为 4D 打印（图 5.29）。该技术是基于打印物体响应性（如光、湿度、磁场、酶反应、pH）的形状变化或肽检测。

外界刺激

(a) 2D 打印　　　　(b) 3D 打印　　　　(c) 4D 打印

图 5.29　2D～4D 生物打印[152]

5.7.1　3D 生物打印的制备原则

有效的生物墨水应具有优良的机械性能，使其在印刷后不出现破损。生物墨水还应具有较高的膨胀率，以保持湿润的伤口愈合环境并促进营养物质的交换及细胞的增殖。剪切变稀是另一个关键参数，因为生物墨水应具有优异的剪切变稀性质，以避免在打印过程中喷嘴的堵塞，并在打印后可以立即恢复结构的完整性，以准备支撑下一层的打印。目前，许多 3D 生物打印具有生物活性的支架构筑遵循两种不同的策略来整合细胞：①将细胞直接植入到聚合物基质上；②制作带有封装细胞的聚合物基质。此外，还要对细胞载体基质进行功能化，主要有两种方法：①细胞载体直接功能化，以缓慢地将生物活性物质递送到伤口部位；②生物活性分子或其功能模拟物与基质结合，通过刺激相应细胞产生有功能的因子[153]。这两种方法都有助于加速伤口修复的进程。从支架中缓慢而持续地释放生长因子或其他分子主要用于维持细胞的增殖分化，这反过来有助于伤口修复和皮肤再生过程的进行。后一种方法也成功地保持了伤口敷料的生物活性。

5.7.2　常见的 3D 生物打印材料

在 3D 打印领域，有许多常见的材料被广泛用于生物打印，见表 5.1。这些材料具有不同的特性和应用领域,可以根据具体需求进行选择,以实现最佳打印效果和生物医学应用。

1. 胶原蛋白

胶原蛋白广泛存在于人体的结缔组织中,在皮肤中分布于真皮层,含量约为70%,主要为 I(85%)、III 和 V 型,因此具有良好的生物相容性和生物降解性。然而,直接使用胶原蛋白作为生物墨水进行 3D 生物打印仍然受到限制,因为胶原蛋白溶液的打印性较差,特别是当其与细胞或组织结合时。但是可以通过使用低终浓度(质量分数为 2%~4%)的胶原蛋白与其他材料混合来提高其打印性,如纤维蛋白原、凝血酶和壳聚糖等。

表 5.1 可用于 3D 生物打印生物支架的原料、优缺点和打印方式

成分	优点	缺点	打印方式
胶原蛋白	提高细胞黏附能力 良好的生物相容性	机械强度低 黏度低	挤出、喷墨、激光辅助
明胶	低细胞毒性 改善细胞黏附 可生物降解	机械强度低且机械强度取决于温度 黏度低	挤出、喷墨、激光辅助
海藻酸盐	低细胞毒性 可生物降解 允许细胞黏附	低机械强度	挤出
透明质酸	与 ECM 相似 可生物降解性	机械强度低 降解快	挤出、喷墨
壳聚糖	低细胞毒性 可生物降解 抗菌活性 允许细胞黏附	机械强度较低 取决于产地和分子量	挤出
琼脂糖	机械强度高 可生物降解	低细胞黏附性	挤出
纤维蛋白	生物相容性 改善细胞黏附 无细胞毒性	机械强度低 降解快	挤出、喷墨

2. 明胶

纯明胶溶液由于机械强度较低,在 3D 生物打印中的使用受到限制对明胶进行改性或与其他生物大分子和聚合物混合使用的方法扩大了明胶在 3D 生物打印中的适用范围。例如,甲基丙烯酰化明胶(GelMA)是常用的生物墨水,其具

有高热敏性和光交联能力,有利于其作为生物墨水的应用。GelMA 还被证实具有良好的生物相容性,并能促进细胞间的相互作用和细胞迁移。

3. 壳聚糖

由于具有生物相容性、生物降解性和抗菌活性,壳聚糖也是一种被广泛应用的生物墨水。通常,用京尼平或戊二醛通过化学交联机制交联壳聚糖。交联剂可以提高壳聚糖体系的打印性和准确性,同时增加体系的生物学特性,促进细胞黏附、迁移或分化。例如,San Roman 教授的团队开发了一种肌醇六磷酸(G_1Phy)作为交联剂的 3D 生物打印墨水[154],这种新型交联剂使得用于 3D 生物打印的壳聚糖/GelMA 在低浓度下就能获得具有良好力学和生物性能的支架。

4. 海藻酸盐

海藻酸盐由于其高剪切变稀和快速凝胶化的特性而在 3D 生物打印领域被广泛应用。然而,海藻酸盐有许多局限性,如交联延迟可能会降低生物打印结构的形状保真度、快速交联导致细胞存活率低从而限制了细胞与材料的相互作用。为了克服这些不足,Datta 等尝试使用蜂蜜来降低海藻酸盐的黏度,从而在不改变海藻酸盐打印性的情况下提高细胞的生存能力[155]。此外,海藻酸盐作为生物墨水最简单的方法是与氯化钙溶液交联。但海藻酸盐机械性能有限、印刷性和几何精度较低,为了改善这些性能,人们采用了多种共价交联方法。Aldana 等利用海藻酸盐和 GelMA 的混合物开发了一种机械性能可调的海藻酸盐生物墨水,获得了一种可光聚合的生物材料[156]。通过调控海藻酸盐与 GelMA 的比例,可以制备具有不同挤出性能、打印精度、产物机械性能及生物性能的生物墨水。

5. 皮肤源的脱细胞外基质

脱细胞外基质(dECM)可以加强细胞和基质的相互作用,触发组织和器官特异性分化过程,从而重建原始的细胞功能,因此可以与聚合物材料一起作为生物墨水来构筑功能支架。Kim 等成功地将猪皮肤组织脱细胞化,形成了可打印的dECM 生物墨水[157]。他们发现,与胶原生物墨水相比,使用衍生 dECM 生物墨水的 3D 生物打印皮肤支架促进了皮肤真皮层的稳定,并增强了表皮组织。此外,封装了内皮细胞和脂肪干细胞的 dECM 3D 生物打印皮肤支架能有效地促进血管新生和再上皮化,从而促进伤口愈合。

5.7.3　3D 生物打印构筑过程中的主要驱动力

1. 离子交联

3D 生物打印中最常见的交联方式是离子交联作用。以常用的海藻酸盐为例,其经常与 Ca^{2+} 进行螯合,这种交联方式的关键在于 Ca^{2+} 的释放速率。如果用氯化钙溶液,Ca^{2+} 释放速率太快,两者一接触就会产生交联,交联瞬间形成凝胶后又大大限制了 Ca^{2+} 迁移的能力,因此会造成凝胶不均匀,产生局部交联度过低或交联过度的现象。可以通过乙二胺四乙酸(EDTA)与 Ca^{2+} 螯合来改善交联情况,在海藻酸盐中加入葡糖酸内酯,就能够在 Ca^{2+} 释放前让 Ca^{2+}—EDTA 螯合体遍布整个海藻酸盐溶液内部各处,同时葡糖酸内酯又能调节 Ca^{2+} 的释放速率,制备得到均匀的水凝胶。

2. 使用 1－乙基－3－(3－二甲氨基丙基)碳二亚胺(EDC)和 N－羟基琥珀酰亚胺(NHS)作为交联剂

用 EDC/NHS 进行交联的生物医学材料在细胞相容性方面优于醛交联的材料。EDC 首先是和羧基偶合形成一个 O－异酰基脲结构,这一活化中间物会被—NH_2 基团进攻形成酰胺键,而 EDC/NHS 本身没有成为实际交联的一部分。因此这种交联方式产生的生物材料细胞相容性比较好,并得到了广泛的认可。

3. 使用紫外光交联

紫外光照引发的交联反应有很多,常用于光引发交联的 3D 生物打印的结构有羧基、巯基、双键等。紫外光照可以引发羧基位碳原子产生自由基,同时夺取附近氢原子,进而形成交联,在此过程中要注意氮气保护。紫外光照还可以引发巯基－烯点击化学反应,这种反应的优势在于巯基试剂来源广泛、反应方法简易、无须除水除氧、产率高且副产物少。因此,利用光交联的 3D 生物打印支架制备方法更简单,且不会引入有毒化学物质。

5.7.4 3D 生物打印技术

3D 生物打印技术在生物医学领域最常用的方法有喷墨、挤出、激光诱导和立体光刻(图 5.30)。对于不同种类支架采用不同的具体方法是决定分辨率、速度和细胞活力的重要因素。

1. 喷墨

喷墨 3D 生物打印是一种基于液滴的 3D 生物打印系统,在该系统中,聚合物溶液通过喷嘴挤压,液滴根据需要通过打破表面张力产生,可以使用热致动器、压电致动器或静电力来产生液滴。这种技术只适用于低黏度、低细胞密度的液体。

2. 挤出

基于挤出的 3D 生物打印是最常见和廉价的技术。它可以在持续压力(气动或机械压力)下通过微喷嘴挤压聚合物溶液,使多层生物墨水形成特定的结构。该技术的特性是能够使生物墨水承载更多的细胞,即形成具有高细胞密度和高

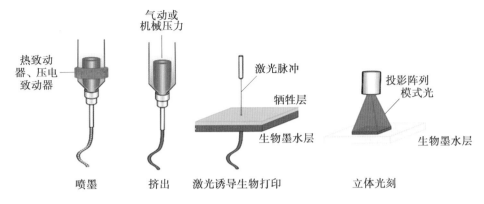

图 5.30　3D 生物打印技术示意图[152]

细胞活力的高黏度聚合物。

3. 激光诱导正向转移 3D 生物打印

激光诱导正向转移 3D 生物打印是指通过激光来蒸发牺牲层的焦点区域产生气泡，推动生物墨水前进，最终产生的射流或液滴落在收集器上，从而构建三维生物结构。在打印过程中，在牺牲层上施加激光脉冲，生物墨水被推进到基材下面，并立即交联。由于通过激光加热，这种技术解决了细胞生存能力的问题。

4. 立体光刻

立体光刻是用于创建模型、图案等的一种 3D 生物打印技术，基于液态光敏树脂的光聚合原理工作。这种液态材料在一定波长（325 nm 或 355 nm）和强度（10～400 mW）的紫外光照射下能迅速发生光聚合反应，分子量急剧增大，材料从液态转变成固态。整个过程可以由计算机进行控制，当一层扫描完成后，未被照射的地方仍是液态树脂。然后升降台带动平台下降一层高度，已成型的层面上又布满一层树脂，刮平器将黏度较大的树脂液面刮平，再进行下一层的扫描，新固化的一层牢固地黏在前一层上，如此重复直到整个零件制造完毕，得到一个三维实体模型。该技术具有高可控性和精密性，其发展时间长、工艺成熟，应用广泛。在全世界安装的快速成型机中，光固化成型系统约占 60%。但是其设备造价高昂，使用和维护成本较高，因此比较适合于精密程度高的生物支架的构建。

本章参考文献

[1] NOROUZI M，BOROUJENI S M，OMIDVARKORDSHOULI N，et al. Advances in skin regeneration：application of electrospun scaffolds[J]. Adv Healthc Mater，2015，4(8)：1114-1133.

[2] NOUR S，BAHEIRAEI N，IMANI R，et al. A review of accelerated wound

healing approaches:biomaterial- assisted tissue remodeling[J]. J Mater Sci Mater Med,2019,30(10):120.

[3] MANDLA S,DAVENPORT HUYER L,RADISIC M. Review:multimodal bioactive material approaches for wound healing[J]. APL Bioeng,2018,2 (2):021503.

[4] MIR M, ALI M N, BARAKULLAH A, et al. Synthetic polymeric biomaterials for wound healing:a review[J]. Prog Biomater,2018,7(1): 1-21.

[5] MANSBRIDGE J. Skin tissue engineering[J]. J Biomater Sci Polym Ed, 2008,19(8):955-968.

[6] JAGGESSAR A,SHAHALI H,MATHEW A,et al. Bio-mimicking nano and micro-structured surface fabrication for antibacterial properties in medical implants[J]. J Nanobiotechnology,2017,15(1):64.

[7] SIMÕES D, MIGUEL S P, RIBEIRO M P, et al. Recent advances on antimicrobial wound dressing:a review[J]. Eur J Pharm Biopharm,2018, 127:130-141.

[8] POWERS J G, MORTON L M, PHILLIPS T J. Dressings for chronic wounds[J]. Dermatol Ther,2013,26(3):197-206.

[9] YANG Z F, HUANG R K, ZHENG B N, et al. Highly stretchable, adhesive, biocompatible, and antibacterial hydrogel dressings for wound healing[J]. Adv Sci (Weinh),2021,8(8):2003627.

[10] KALASHNIKOVA I,DAS S,SEAL S. Nanomaterials for wound healing: scope and advancement [J]. Nanomedicine (Lond), 2015, 10 (16): 2593-2612.

[11] WELLS A,NUSCHKE A,YATES C C. Skin tissue repair:matrix micro-environmental influences[J]. Matrix Biol,2016,49:25-36.

[12] LARA H H, GARZA-TREVIÑO E N, IXTEPAN-TURRENT L, et al. Silver nanoparticles are broad-spectrum bactericidal and virucidal compounds[J]. J Nanobiotechnology,2011,9:30.

[13] ADHYA A, BAIN J, RAY O, et al. Healing of burn wounds by topical treatment:a randomized controlled comparison between silver sulfadiazine and nano-crystalline silver[J]. J Basic Clin Pharm,2014,6(1):29-34.

[14] IM A R, KIM J Y, KIM H S, et al. Wound healing and antibacterial activities of chondroitin sulfate- and acharan sulfate-reduced silver nanoparticles[J]. Nanotechnology,2013,24(39):395102.

[15] KWAN K H L, LIU X L, TO M K T, et al. Modulation of collagen alignment by silver nanoparticles results in better mechanical properties in wound healing[J]. Nanomedicine, 2011, 7(4): 497-504.

[16] PAL S, TAK Y K, SONG J M. Does the antibacterial activity of silver nanoparticles depend on the shape of the nanoparticle? A study of the Gram-negative bacterium Escherichia coli[J]. Appl Environ Microbiol, 2007, 73 (6): 1712-1720.

[17] MISHRA M, KUMAR H, TRIPATHI K. Diabetic delayed wound healing and the role of silver nanoparticles [J]. Digest Journal of Nanomaterials and Biostructures, 2008, 3(2): 49-54.

[18] CARLSON C, HUSSAIN S M, SCHRAND A M, et al. Unique cellular interaction of silver nanoparticles: size-dependent generation of reactive oxygen species[J]. J Phys Chem B, 2008, 112(43): 13608-13619.

[19] AI J, BIAZAR E, JAFARPOUR M, et al. Nanotoxicology and nanoparticle safety in biomedical designs[J]. Int J Nanomedicine, 2011, 6: 1117-1127.

[20] MUNGER M A, RADWANSKI P, HADLOCK G C, et al. In vivo human time-exposure study of orally dosed commercial silver nanoparticles[J]. Nanomedicine, 2014, 10(1): 1-9.

[21] LOOMBA L, SCARABELLI T. Metallic nanoparticles and their medicinal potential. Part Ⅱ: aluminosilicates, nanobiomagnets, quantum dots and cochleates[J]. Ther Deliv, 2013, 4(9): 1179-1196.

[22] ZIV-POLAT O, TOPAZ M, BROSH T, et al. Enhancement of incisional wound healing by thrombin conjugated iron oxide nanoparticles[J]. Biomaterials, 2010, 31(4): 741-747.

[23] LONG M, ZHANG Y, HUANG P, et al. Emerging nanoclay composite for effective hemostasis[J]. Adv Funct Mater, 2018, 28(10): 1704452.

[24] HAMDAN S, PASTAR I, DRAKULICH S, et al. Nanotechnology-driven therapeutic interventions in wound healing: potential uses and applications [J]. ACS Cent Sci, 2017, 3(3): 163-175.

[25] OVAIS M, AHMAD I, KHALIL A T, et al. Wound healing applications of biogenic colloidal silver and gold nanoparticles: recent trends and future prospects[J]. Appl Microbiol Biotechnol, 2018, 102(10): 4305-4318.

[26] YANG X L, YANG J C, WANG L, et al. Pharmaceutical intermediate-modified gold nanoparticles: against multidrug-resistant bacteria and wound-healing application via an electrospun scaffold[J]. ACS Nano,

2017,11(6):5737-5745.

[27] LEU J-G, CHEN S-A, CHEN H-M, et al. The effects of gold nanoparticles in wound healing with antioxidant epigallocatechin gallate and α-lipoic acid[J]. Nanomedicine: Nanotechnology, Biology and Medicine, 2012, 8(5): 767-775.

[28] ARAFA M G, EL-KASED R F, ELMAZAR M M. Thermoresponsive gels containing gold nanoparticles as smart antibacterial and wound healing agents[J]. Sci Rep, 2018, 8(1): 13674.

[29] SUN L, YI S, WANG Y, et al. A bio-inspired approach for in situ synthesis of tunable adhesive[J]. Bioinspir Biomim, 2014, 9(1): 016005.

[30] AKTURK O, KISMET K, YASTI A C, et al. Collagen/gold nanoparticle nanocomposites: a potential skin wound healing biomaterial[J]. J Biomater Appl, 2016, 31(2): 283-301.

[31] BARATHMANIKANTH S, KALISHWARALAL K, SRIRAM M, et al. Anti-oxidant effect of gold nanoparticles restrains hyperglycemic conditions in diabetic mice[J]. J Nanobiotechnology, 2010, 8: 16.

[32] NETHI S K, MUKHERJEE S, VEERIAH V, et al. Bioconjugated gold nanoparticles accelerate the growth of new blood vessels through redox signaling[J]. Chem Commun, 2014, 50(92): 14367-14370.

[33] DAVAN R, PRASAD R G S V, JAKKA V S, et al. Cerium oxide nanoparticles promotes wound healing activity in In-vivo animal model [J]. J Bionanosci, 2012, 6(2): 78-83.

[34] DAS S, SINGH S, DOWDING J M, et al. The induction of angiogenesis by cerium oxide nanoparticles through the modulation of oxygen in intracellular environments[J]. Biomaterials, 2012, 33(31): 7746-7755.

[35] NETHI S K, BARUI A K, BOLLU V S, et al. Pro-angiogenic properties of terbium hydroxide nanorods: molecular mechanisms and therapeutic applications in wound healing[J]. ACS Biomater Sci Eng, 2017, 3(12): 3635-3645.

[36] BIANCO A, KOSTARELOS K, PRATO M. Opportunities and challenges of carbon-based nanomaterials for cancer therapy[J]. Expert Opin Drug Deliv, 2008, 5(3): 331-342.

[37] ZHOU Z G. Liposome formulation of fullerene-based molecular diagnostic and therapeutic agents[J]. Pharmaceutics, 2013, 5(4): 525-541.

[38] GAO J, WANG H-L, IYER R. Suppression of proinflammatory cytokines

in functionalized fullerene-exposed dermal keratinocytes[J]. Journal of Nanomaterials，2010.

[39] ZHANG Y Y，WANG B，MENG X N，et al. Influences of acid-treated multiwalled carbon nanotubes on fibroblasts：proliferation，adhesion，migration，and wound healing[J]. Ann Biomed Eng，2011，39(1)：414-426.

[40] RYOO S R，KIM Y K，KIM M H，et al. Behaviors of NIH-3T3 fibroblasts on graphene/carbon nanotubes：proliferation，focal adhesion，and gene transfection studies[J]. ACS Nano，2010，4(11)：6587-6598.

[41] MEDDAHI-PELLÉ A，LEGRAND A，MARCELLAN A，et al. Organ repair，hemostasis，and in vivo bonding of medical devices by aqueous solutions of nanoparticles[J]. Angew Chem Int Ed Engl，2014，53(25)：6369-6373.

[42] KAWAI K，LARSON B J，ISHISE H，et al. Calcium-based nanoparticles accelerate skin wound healing[J]. PLoS One，2011，6(11)：e27106.

[43] KRAUSZ A E，ADLER B L，CABRAL V，et al. Curcumin-encapsulated nanoparticles as innovative antimicrobial and wound healing agent[J]. Nanomedicine，2015，11(1)：195-206.

[44] HUSSAIN Z，THU H E，NG S F，et al. Nanoencapsulation，an efficient and promising approach to maximize wound healing efficacy of curcumin：a review of new trends and state-of-the-art [J]. Colloids Surf B Biointerfaces，2017，150：223-241.

[45] SUN M，SU X，DING B Y，et al. Advances in nanotechnology-based delivery systems for curcumin[J]. Nanomedicine (Lond)，2012，7(7)：1085-1100.

[46] HUSSAIN Z，KATAS H，AMIN M C I M，et al. Antidermatitic perspective of hydrocortisone as chitosan nanocarriers：an ex vivo and in vivo assessment using an NC/Nga mouse model[J]. J Pharm Sci，2013，102(3)：1063-1075.

[47] CASTANGIA I，NÁCHER A，CADDEO C，et al. Fabrication of quercetin and curcumin bionanovesicles for the prevention and rapid regeneration of full-thickness skin defects on mice [J]. Acta Biomater，2014，10(3)：1292-1300.

[48] WANG X F，DING B，LI B Y. Biomimetic electrospun nanofibrous structures for tissue engineering[J]. Mater Today (Kidlington)，2013，16(6)：229-241.

[49] GAO W D,JIN W W,LI Y N,et al. A highly bioactive bone extracellular matrix-biomimetic nanofibrous system with rapid angiogenesis promotes diabetic wound healing[J]. J Mater Chem B,2017,5(35):7285-7296.

[50] LE Z C,CHEN Y T,HAN H H,et al. Hydrogen-bonded tannic acid-based anticancer nanoparticle for enhancement of oral chemotherapy[J]. ACS Appl Mater Interfaces,2018,10(49):42186-42197.

[51] WONG S, ZHAO J C, CAO C, et al. Just add sugar for carbohydrate induced self-assembly of curcumin[J]. Nat Commun,2019,10(1):582.

[52] KIM Y J,LOEFFLER T D,CHEN Z W,et al. Promoting noncovalent intermolecular interactions using a C(60) core particle in aqueous PC60s-covered colloids for ultraefficient photoinduced particle activity[J]. ACS Appl Mater Interfaces,2019,11(42):38798-38807.

[53] KIM Y J, GUO P J, SCHALLER R D. Aqueous carbon quantum dot-embedded PC60-PC (61) BM nanospheres for ecological fluorescent printing: contrasting fluorescence resonance energy-transfer signals between watermelon-like and random morphologies [J]. J Phys Chem Lett,2019,10(21):6525-6535.

[54] CHEN S,MCCLEMENTS D J,JIAN L,et al. Core-shell biopolymer nanoparticles for co-delivery of curcumin and piperine: sequential electrostatic deposition of hyaluronic acid and chitosan shells on the zein core[J]. ACS Appl Mater Interfaces,2019,11(41):38103-38115.

[55] CAO M W, XING R R, CHANG R, et al. Peptide-coordination self-assembly for the precise design of theranostic nanodrugs[J]. Coord Chem Rev,2019,397:14-27.

[56] KRUIS F E, FISSAN H, PELED A. Synthesis of nanoparticles in the gas phase for electronic, optical and magnetic applications-a review [J]. Journal of Aerosol Science, 1998, 29(5-6): 511-535.

[57] SWIHART M T. Vapor-phase synthesis of nanoparticles[J]. Current Opinion in Colloid & Interface Science, 2003, 8(1): 127-133.

[58] PANDEY P A,BELL G R,ROURKE J P,et al. Physical vapor deposition of metal nanoparticles on chemically modified graphene: observations on metal-graphene interactions[J]. Small,2011,7(22):3202-3210.

[59] PEDERSEN H, ELLIOTT S D. Studying chemical vapor deposition processes with theoretical chemistry [J]. Theor Chem Acc, 2014, 133 (5):1476.

［60］GUZMÁN M G，DILLE J，GODET S. Synthesis of silver nanoparticles by chemical reduction method and their antibacterial activity［J］. Intertional Journal of Chemical Biomolecules Engineering，2009，2(3)：104-111.

［61］YANG Y,MATSUBARA S,XIONG L M,et al.Solvothermal synthesis of multiple shapes of silver nanoparticles and their SERS properties［J］. J Phys Chem C,2007,111(26):9095-9104.

［62］CANNON W R,DANFORTH S C,FLINT J H,et al.Sinterable ceramic powders from laser-driven reactions-1. process description and modeling ［J］. J Am Ceram Soc,1982,65(7):324-330.

［63］MAJIMA T，MIYAHARA T，HANEDA K，et al. Preparation of iron ultrafine particles by the dielectric breakdown of $Fe(CO)_5$ using a transversely excited atmospheric CO_2 laser and their characteristics［J］. Japanese Journal of Applied Physics，1994，33(8R)：4759.

［64］KARNANI R L，CHOWDHARY A. Biosynthesis of silver nanoparticle by eco-friendly method［J］. Indian Journal of Nanoscience，2013，1(1)：25-31.

［65］GUO B,MIDDHA E,LIU B. Solvent magic for organic particles［J］. ACS Nano,2019,13(3):2675-2680.

［66］FANG F,LI M,ZHANG J F,et al. Different strategies for organic nanoparticle preparation in biomedicine［J］. ACS Materials Lett,2020,2 (5):531-549.

［67］LI H，WANG F. Core-shell chitosan microsphere with antimicrobial and vascularized functions for promoting skin wound healing［J］. Materials & Design，2021，204：109683.

［68］FALLACARA A,MARCHETTI F,POZZOLI M,et al. Formulation and characterization of native and crosslinked hyaluronic acid microspheres for dermal delivery of sodium ascorbyl phosphate：a comparative study［J］. Pharmaceutics,2018,10(4):254.

［69］BAHADORAN M,SHAMLOO A,NOKOORANI Y D.Development of a polyvinyl alcohol/sodium alginate hydrogel-based scaffold incorporating bFGF-encapsulated microspheres for accelerated wound healing［J］. Sci Rep,2020,10(1):7342.

［70］LENGYEL M，KÁLLAI N，ANTAL V，et al. Microparticles， microspheres，and microcapsules for advanced drug delivery［J］. Scientia

Pharmaceutica，2019，87（3）：20.

[71] CHEN H N，XING X D，TAN H P，et al. Covalently antibacterial alginate-chitosan hydrogel dressing integrated gelatin microspheres containing tetracycline hydrochloride for wound healing[J]. Mater Sci Eng C Mater Biol Appl，2017，70（Pt 1）：287-295.

[72] RAMANATHAN G，THYAGARAJAN S，SIVAGNANAM U T. Accelerated wound healing and its promoting effects of biomimetic collagen matrices with siderophore loaded gelatin microspheres in tissue engineering[J]. Mater Sci Eng C Mater Biol Appl，2018，93：455-464.

[73] GAINZA G，AGUIRRE J J，PEDRAZ J L，et al. rhEGF-loaded PLGA-Alginate microspheres enhance the healing of full-thickness excisional wounds in diabetised Wistar rats[J]. Eur J Pharm Sci，2013，50（3/4）：243-252.

[74] JIANG B，ZHANG G H，BREY E M. Dual delivery of chlorhexidine and platelet-derived growth factor-BB for enhanced wound healing and infection control[J]. Acta Biomater，2013，9（2）：4976-4984.

[75] KUMARI A，YADAV S K，YADAV S C. Biodegradable polymeric nanoparticles based drug delivery systems [J]. Colloids Surf B Biointerfaces，2010，75（1）：1-18.

[76] FANG J J，ZHANG Y，YAN S F，et al. Poly（L-glutamic acid）/chitosan polyelectrolyte complex porous microspheres as cell microcarriers for cartilage regeneration[J]. Acta Biomater，2014，10（1）：276-288.

[77] GUTHA Y，PATHAK J L，ZHANG W J，et al. Antibacterial and wound healing properties of chitosan/poly（vinyl alcohol）/zinc oxide beads （CS/PVA/ZnO）[J]. Int J Biol Macromol，2017，103：234-241.

[78] 王冰洋，牛广明，杜华，等. 不同敷料在糖尿病足溃疡伤口治疗中的研究与应用[J]. 中国组织工程研究，2016，20（34）：5155-5162.

[79] MAYET N，CHOONARA Y E，KUMAR P，et al. A comprehensive review of advanced biopolymeric wound healing systems[J]. J Pharm Sci，2014，103（8）：2211-2230.

[80] TAMER T M，HASSAN M A，VALACHOVÁ K，et al. Enhancement of wound healing by chitosan/hyaluronan polyelectrolyte membrane loaded with glutathione：in vitro and in vivo evaluations[J]. J Biotechnol，2020，310：103-113.

[81] WANG Y S，WANG C，XIE Y J，et al. Highly transparent，highly flexible

composite membrane with multiple antimicrobial effects used for promoting wound healing[J]. Carbohydr Polym,2019,222:114985.

[82] ABBASI A R,SOHAIL M,MINHAS M U,et al. Bioinspired sodium alginate based thermosensitive hydrogel membranes for accelerated wound healing[J]. Int J Biol Macromol,2020,155:751-765.

[83] ZHU W P,XIONG L,WANG H,et al. Sustained drug release from an ultrathin hydrogel film[J]. Polym Chem,2015,6(40):7097-7099.

[84] THU H E,ZULFAKAR M H,NG S F. Alginate based bilayer hydrocolloid films as potential slow-release modern wound dressing[J]. Int J Pharm,2012,434(1/2):375-383.

[85] TANG Q,LIM T,WEI X J,et al. A free-standing multilayer film as a novel delivery carrier of platelet lysates for potential wound-dressing applications[J]. Biomaterials,2020,255:120138.

[86] TAMAHKAR E,ÖZKAHRAMAN B,SÜLOLU A K,et al. A novel multilayer hydrogel wound dressing for antibiotic release[J]. Journal of Drug Delivery Science and Technology,2020,58:101536.

[87] MORGADO P I,LISBOA P F,RIBEIRO M P,et al. Poly(vinyl alcohol)/chitosan asymmetrical membranes:highly controlled morphology toward the ideal wound dressing[J]. Journal of Membrane Science,2014,469:262-271.

[88] CHEN K Y,LIAO W J,KUO S M,et al. Asymmetric chitosan membrane containing collagen I nanospheres for skin tissue engineering[J]. Biomacromolecules,2009,10(6):1642-1649.

[89] POONGUZHALI R,KHALEEL BASHA S,SUGANTHA KUMARI V. Fabrication of asymmetric nanostarch reinforced Chitosan/PVP membrane and its evaluation as an antibacterial patch for in vivo wound healing application[J]. Int J Biol Macromol,2018,114:204-213.

[90] WU Y B,WANG L,GUO B L,et al. Interwoven aligned conductive nanofiber yarn/hydrogel composite scaffolds for engineered 3D cardiac anisotropy[J]. ACS Nano,2017,11(6):5646-5659.

[91]李小虎,李好义,张有忱,等.静电纺丝制备纳米纤维的最新进展[J].化工新型材料,2014,42(10):10-13.

[92] RIEGER K A,BIRCH N P,SCHIFFMAN J D. Designing electrospun nanofiber mats to promote wound healing-a review[J]. J Mater Chem B,2013,1(36):4531-4541.

[93] 刘倩. 静电纺丝纤维的应用研究[J]. 科技展望,2016,26(8):176.

[94] Ambekar R S, Kandasubramanian B. Advancements in nanofibers for wound dressing: a review[J]. European Polymer Journal, 2019, 117: 304-336.

[95] YANG C, YU D G, PAN D, et al. Electrospun pH-sensitive core-shell polymer nanocomposites fabricated using a tri-axial process[J]. Acta Biomater,2016,35:77-86.

[96] OHKAWA K, CHA D, KIM H, et al. Electrospinning of chitosan[J]. Macromolecular Rapid Communications, 2004, 25(18): 1600-1605.

[97] HE J, LIANG Y, SHI M, et al. Anti-oxidant electroactive and antibacterial nanofibrous wound dressings based on poly(ε-caprolactone)/ quaternized chitosan-graft-polyaniline for full-thickness skin wound healing[J]. Chemical Engineering Journal, 2020, 385: 123464.

[98] VALIZADEH A,BAKHTIARY M,AKBARZADEH A,et al. Preparation and characterization of novel electrospun poly (-caprolactone)-based nanofibrous scaffolds[J]. Artif Cells Nanomed Biotechnol,2016,44(2): 504-509.

[99] GÜMÜŞDERELIOGLU M,DALKIRANOGLU S,AYDIN R S T,et al. A novel dermal substitute based on biofunctionalized electrospun PCL nanofibrous matrix[J]. J Biomed Mater Res A,2011,98(3):461-472.

[100] KHAN A U R, HUANG K, ZHAO J Z, et al. Exploration of the antibacterial and wound healing potential of a PLGA/silk fibroin based electrospun membrane loaded with zinc oxide nanoparticles[J]. J Mater Chem B,2021,9(5):1452-1465.

[101] GHORBANI S, EYNI H, TIRAIHI T, et al. Combined effects of 3D bone marrow stem cell-seeded wet-electrospun poly lactic acid scaffolds on full-thickness skin wound healing [J]. International Journal of Polymeric Materials and Polymeric Biomaterials, 2018, 67 (15): 905-912.

[102] KIM M S, KIM D, LEE J-H, et al. Migration of human dermal fibroblast is affected by the diameter of the electrospun PLGA fiber[J]. Biomaterials Research, 2012, 16(4): 135-139.

[103] QIN S S, CLARK R A F, RAFAILOVICH M H. Establishing correlations in the en-mass migration of dermal fibroblasts on oriented fibrillar scaffolds[J]. Acta Biomater,2015,25:230-239.

[104] KURPINSKI K T,STEPHENSON J T,JANAIRO R R R,et al. The effect of fiber alignment and heparin coating on cell infiltration into nanofibrous PLLA scaffolds[J]. Biomaterials,2010,31(13):3536-3542.

[105] MIGUEL S P,RIBEIRO M P,COUTINHO P,et al. Electrospun polycaprolactone/Aloe Vera _ Chitosan nanofibrous asymmetric membranes aimed for wound healing applications[J]. Polymers (Basel),2017,9 (5):183.

[106] CHEN S-H,CHANG Y,LEE K-R,et al. A three-dimensional dual-layer nano/microfibrous structure of electrospun chitosan/poly(d,-Lactide) membrane for the improvement of cytocompatibility[J]. Journal of Membrane Science,2014,450:224-234.

[107] MA B,XIE J W,JIANG J,et al. Sandwich-type fiber scaffolds with square arrayed microwells and nanostructured cues as microskin grafts for skin regeneration[J]. Biomaterials,2014,35(2):630-641.

[108] QIU Y Y,WANG Q Q,CHEN Y J,et al. A novel multilayer composite membrane for wound healing in mice skin defect model[J]. Polymers (Basel),2020,12(3):573.

[109] ZHANG H Q,JIN Y,CHI C,et al. Sponge particulates for biomedical applications:Biofunctionalization,multi-drug shielding,and theranostic applications[J]. Biomaterials,2021,273:120824.

[110] Memic A,Colombani T,Eggermont L J,et al. Latest advances in cryogel technology for biomedical applications [J]. Advanced Therapeutics,2019,2(4):1800114.

[111] PLIEVA F,XIAO H T,GALAEV I Y,et al. Macroporous elastic polyacrylamide gels prepared at subzero temperatures:control of porous structure[J]. J Mater Chem,2006,16(41):4065-4073.

[112] HUANG Y,ZHAO X,ZHANG Z Y,et al. Degradable gelatin-based IPN cryogel hemostat for rapidly stopping deep noncompressible hemorrhage and simultaneously improving wound healing[J]. Chem Mater,2020,32 (15):6595-6610.

[113] PLIEVA F M,GALAEV I Y,MATTIASSON B. Macroporous gels prepared at subzero temperatures as novel materials for chromatography of particulate-containing fluids and cell culture applications[J]. J Sep Sci,2007,30(11):1657-1671.

[114] OFFEDDU G S,MELA I,JEGGLE P,et al. Cartilage-like electrostatic stiffening of responsive cryogel scaffolds[J]. Sci Rep,2017,7:42948.

[115] HENDERSON T M A,LADEWIG K,HAYLOCK D N,et al. Cryogels for biomedical applications[J]. J Mater Chem B,2013,1(21):2682-2695.

[116] FISCHER M J. Amine coupling through EDC/NHS:a practical approach [J]. Methods Mol Biol,2010,627:55-73.

[117] O'BRIEN F J,HARLEY B A,YANNAS I V,et al. Influence of freezing rate on pore structure in freeze-dried collagen-GAG scaffolds [J]. Biomaterials,2004,25(6):1077-1086.

[118] KIRSEBOM H, TOPGAARD D,GALAEV I Y,et al. Modulating the porosity of cryogels by influencing the nonfrozen liquid phase through the addition of inert solutes[J]. Langmuir,2010,26(20):16129-16133.

[119] ZHAO X,GUO B L,WU H,et al. Injectable antibacterial conductive nanocomposite cryogels with rapid shape recovery for noncompressible hemorrhage and wound healing[J]. Nat Commun,2018,9(1):2784.

[120] LI M,ZHANG Z Y,LIANG Y P,et al. Multifunctional tissue-adhesive cryogel wound dressing for rapid nonpressing surface hemorrhage and wound repair [J]. ACS Appl Mater Interfaces, 2020, 12 (32): 35856-35872.

[121] CALIARI S R,HARLEY B A C. The effect of anisotropic collagen-GAG scaffolds and growth factor supplementation on tendon cell recruitment, alignment, and metabolic activity [J]. Biomaterials, 2011, 32 (23): 5330-5340.

[122] SINGH A,SHIEKH P A,DAS M,et al. Aligned chitosan-gelatin cryogel-filled polyurethane nerve guidance channel for neural tissue engineering: fabrication, characterization, and in vitro evaluation [J]. Biomacromolecules,2019,20(2):662-673.

[123] CATANZANO O,D'ESPOSITO V,FORMISANO P,et al. Composite alginate-hyaluronan sponges for the delivery of tranexamic acid in pos-textractive alveolar wounds[J]. J Pharm Sci,2018,107(2):654-661.

[124] ZHAO X, LIANG Y, GUO B, et al. Injectable dry cryogels with excellent blood-sucking expansion and blood clotting to cease hemorrhage for lethal deep-wounds, coagulopathy and tissue regeneration[J]. Chemical Engineering Journal, 2021, 403: 126329.

[125] LIANG D H,LU Z,YANG H,et al. Novel asymmetric wettable AgNPs/ chitosan wound dressing:in vitro and in vivo evaluation[J]. ACS Appl Mater Interfaces,2016,8(6):3958-3968.

[126] PYUN D G, YOON H S,CHUNG H Y,et al. Evaluation of AgHAP-

containing polyurethane foam dressing for wound healing：synthesis，characterization，in vitro and in vivo studies[J]. J Mater Chem B，2015，3（39）：7752-7763.

[127] NAMVIRIYACHOTE N，LIPIPUN V，AKKHAWATTANANGKUL Y，et al. Development of polyurethane foam dressing containing silver and asiaticoside for healing of dermal wound[J]. Asian J Pharm Sci，2019，14（1）：63-77.

[128] KIM J-W，KIM E-H，HAN G-D，et al. Preparation of UV-curable alginate derivatives for drug immobilization on dressing foam [J]. Journal of Industrial and Engineering Chemistry，2017，54：350-358.

[129] KAUR A，CHATTOPADHYAY S，JAIN S，et al. Preparation of hydrogel impregnated antimicrobial polyurethane foam for absorption of radionuclide contaminated blood and biological fluids[J]. Journal of Applied Polymer Science，2016，133（30）：43625.

[130] KHODABAKHSHI D，ESKANDARINIA A，KEFAYAT A，et al. In vitro and in vivo performance of a propolis-coated polyurethane wound dressing with high porosity and antibacterial efficacy[J]. Colloids Surf B Biointerfaces，2019，178：177-184.

[131] CHOI H J，THAMBI T，YANG Y H，et al. AgNP and rhEGF-incorporating synergistic polyurethane foam as a dressing material for scar-free healing of diabetic wounds [J]. RSC Adv，2017，7（23）：13714-13725.

[132] MCGANN C L，STREIFEL B C，LUNDIN J G，et al. Multifunctional polyhipe wound dressings for the treatment of severe limb trauma[J]. Polymer，2017，126：408-418.

[133] DAS S K，PARANDHAMAN T，DEY M D. Biomolecule-assisted synthesis of biomimetic nanocomposite hydrogel for hemostatic and wound healing applications[J]. Green Chem，2021，23（2）：629-669.

[134] LIANG Y Q，LI Z L，HUANG Y，et al. Dual-dynamic-bond cross-linked antibacterial adhesive hydrogel sealants with on-demand removability for post-wound-closure and infected wound healing[J]. ACS Nano，2021，15（4）：7078-7093.

[135] KONIECZYNSKA M D，VILLA-CAMACHO J C，GHOBRIL C，et al. On-demand dissolution of a dendritic hydrogel-based dressing for second-degree burn wounds through thiol-thioester exchange reaction [J]. Angew Chem Int Ed Engl，2016，55（34）：9984-9987.

[136] WANG M,WANG C G,CHEN M,et al. Efficient angiogenesis-based diabetic wound healing/skin reconstruction through bioactive antibacterial adhesive ultraviolet shielding nanodressing with exosome release[J]. ACS Nano,2019,13(9):10279-10293.

[137] YUK H,VARELA C E,NABZDYK C S,et al. Dry double-sided tape for adhesion of wet tissues and devices[J]. Nature, 2019, 575 (7781): 169-174.

[138] TANG X, CHEN X, ZHANG S, et al. Silk-inspired in situ hydrogel with anti-tumor immunity enhanced photodynamic therapy for melanoma and infected wound healing [J]. Advanced Functional Materials, 2021: 2101320.

[139] LI S Q,DONG S J,XU W G,et al. Antibacterial hydrogels[J]. Adv Sci (Weinh),2018,5(5):1700527.

[140] ZHAO X, LIANG Y P, HUANG Y, et al. Physical double-network hydrogel adhesives with rapid shape adaptability, fast self-healing, antioxidant and NIR/pH stimulus-responsiveness for multidrug-resistant bacterial infection and removable wound dressing [J]. Advanced Functional Materials, 2020, 30(17): 1910748.

[141] LI S, CHEN N, LI X, et al. Bioinspired double-dynamic-bond crosslinked bioadhesive enables post-wound closure care[J]. Advanced Functional Materials, 2020: 2000130.

[142] XU Q,GUO L R,SIGEN A,et al. Injectable hyperbranched poly(β-amino ester) hydrogels with on-demand degradation profiles to match wound healing processes[J]. Chem Sci,2018,9(8):2179-2187.

[143] XU J P,LIU Y,HSU S H. Hydrogels based on schiff base linkages for biomedical applications[J]. Molecules,2019,24(16):3005.

[144] CAO W X,SUI J H,MA M C,et al. The preparation and biocompatible evaluation of injectable dual crosslinking hyaluronic acid hydrogels as cytoprotective agents[J]. J Mater Chem B,2019,7(28):4413-4423.

[145] TARUS D,HACHET E,MESSAGER L,et al. Readily prepared dynamic hydrogels by combining phenyl boronic acid- and maltose-modified anionic polysaccharides at neutral pH[J]. Macromol Rapid Commun, 2014,35(24):2089-2095.

[146] ROBERTS M C, HANSON M C, MASSEY A P, et al. Dynamically restructuring hydrogel networks formed with reversible covalent crosslinks[J]. Advanced Materials, 2007, 19(18): 2503-2507.

[147] LANG C, LANASA J A, UTOMO N, et al. Solvent-non-solvent rapid-injection for preparing nanostructured materials from micelles to hydrogels[J]. Nat Commun, 2019, 10(1): 3855.

[148] ZHUANG W R, WANG Y, CUI P F, et al. Applications of π-π stacking interactions in the design of drug-delivery systems [J]. J Control Release, 2019, 294: 311-326.

[149] ZHANG C, WU B H, ZHOU Y S, et al. Mussel-inspired hydrogels: from design principles to promising applications[J]. Chem Soc Rev, 2020, 49 (11): 3605-3637.

[150] ZENG D, SHEN S, FAN D. Molecular design, synthesis strategies and recent advances of hydrogels for wound dressing applications [J]. Chinese Journal of Chemical Engineering, 2021, 30: 308-320.

[151] GROLL J, BURDICK J A, CHO D W, et al. A definition of bioinks and their distinction from biomaterial inks [J]. Biofabrication, 2018, 11 (1): 013001.

[152] PUERTAS-BARTOLOMÉ M, MORA-BOZA A, GARCÍA-FERNÁNDEZ L. Emerging biofabrication techniques: a review on natural polymers for biomedical applications[J]. Polymers (Basel), 2021, 13(8): 1209.

[153] CHOUHAN D, DEY N, BHARDWAJ N, et al. Emerging and innovative approaches for wound healing and skin regeneration: current status and advances[J]. Biomaterials, 2019, 216: 119267.

[154] MORA-BOZA A, WODARCZYK-BIEGUN M K, DEL CAMPO A, et al. Glycerylphytate as an ionic crosslinker for 3D printing of multi-layered scaffolds with improved shape fidelity and biological features [J]. Biomater Sci, 2020, 8(1): 506-516.

[155] DATTA S, SARKAR R, VYAS V, et al. Alginate-honey bioinks with improved cell responses for applications as bioprinted tissue engineered constructs[J]. J. Mater, 2018, 33(14): 2029-2039.

[156] ALDANA A A, VALENTE F, DILLEY R, et al. Development of 3D bioprinted GelMA-alginate hydrogels with tunable mechanical properties [J]. Bioprinting, 2021, 21: e00105.

[157] KIM B S, KWON Y W, KONG J S, et al. 3D cell printing of in vitro stabilized skin model and in vivo pre-vascularized skin patch using tissue-specific extracellular matrix bioink: A step towards advanced skin tissue engineering[J]. Biomaterials, 2018, 168: 38-53.

第6章

皮肤组织修复材料的理化性能

伤口敷料可以覆盖伤口并作为组织再生的诱导模板,指导皮肤细胞的重组和随后宿主组织的浸润和整合,对伤口愈合有着显著的影响。此外,伤口敷料还可以作为临时屏障预防外部感染。理想的皮肤伤口敷料需要满足以下基本要求:①组织相容性良好,不引起毒性或炎症;②良好的保湿性,可保持创面湿润环境,促进细胞水化,对创面渗出液有一定吸收作用;③足够的物理机械强度,保证自身完整性,避免因材料破损而引起外界细菌的侵入;④适当的表面微观结构和生化特性,以促进细胞黏附、增殖和分化。在以上原则的指导下,研究者已经开发了多种类型的伤口敷料以促进伤口修复,如半透膜、半透泡沫、水胶体和水凝胶等。近十年来,随着对修复效果要求的进一步提升,传统的基础性敷料所具备的功能已经远远不能满足需求。因此,在最近的研究中,敷料的功能也逐渐从单一的物理覆盖或水分保持,转变为多种功能的组合,并进一步呈现出智能化的趋势。本章将逐一对这些敷料所具备的功能进行介绍。

6.1　生物相容性

生物相容性是生物材料区别于一般材料的首要因素,是生物材料的必备条件。生物材料在用于特定的医疗场景时,既要发挥其预期的医疗效果,也需要确保不会对人体产生任何有害的局部或全身生物反应(图 6.1)[1]。生物材料对人体引起的生物反应包括:组织反应、血液反应、免疫反应和力学反应[2]。一般来说,生物材料的组成、结构、表面特性、稳定性以及力学性质等都会对其生物相容性产生影响[3]。因此,在生物材料实现临床应用前,必须对其生物相容性进行检测和评价,确保符合医疗标准。我国现行对生物材料的生物学评价有专门的标准(GB/T 16886 系列标准),需按照生物材料与人体接触的方式和使用时间选择其所需进行的评价试验。皮肤修复材料包括人工皮肤和伤口敷料,属于表面接触材料,会与人体健康皮肤、损伤表面、皮下组织、血液等进行接触,引起周边组织和血液的生物反应。因此,需要对皮肤修复材料进行组织相容性和血液相容性评价[4]。

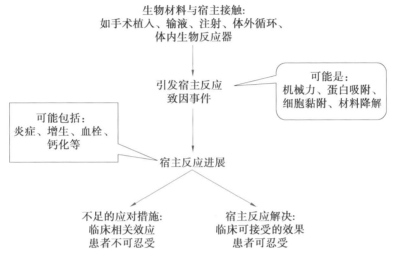

图 6.1　生物相容性的基本发生途径(生物材料与宿主接触引发一个或多个生物反应,最终导致宿主产生不同程度的临床反应[5])

6.1.1　组织相容性

　　局部组织会对生物材料产生防御性反应以减轻异物的侵害。严重的组织反应也会对人体产生伤害,具体表现为:浆液和纤维蛋白原渗出,中性粒细胞聚集,产生纤维囊和严重炎症反应,引起组织增生甚至发展为肉芽肿、肿瘤等[6]。良好的组织相容性能够保证皮肤敷料在使用过程中不引发严重的组织反应,同时皮肤敷料也不易被组织排斥、不会受到组织液侵蚀,保证长期的稳定性和功能性。皮肤敷料的组织相容性通常取决于材料的分子结构、形状、表面特性和降解性等。此外,皮肤敷料制备过程中残留的单体、低分子聚合物、引入的催化剂、添加的增塑剂等也可能引发组织反应[7]。

　　常见对皮肤修复材料进行组织相容性评估的方法包括以下几种。

　　(1)皮下植入试验。将生物材料植入动物皮下,在特定时间后观察周围组织形态、局部组织毒性反应,判断生物材料的毒性。

（2）细胞毒性试验。利用体外培养技术，通过共培养观察细胞形态，与对照组对比细胞生长增殖程度，评价生物材料的细胞毒性。

（3）急性全身毒性试验。将生物材料或其浸提液通过腹腔植入或静脉注射引入动物体内，观察统计动物状态、毒性表现。

（4）皮肤刺激性试验。将生物材料或其浸提液与动物皮肤或黏膜直接接触，观察生物材料对皮肤或黏膜的刺激性。

6.1.2　血液相容性

血液成分复杂，包含血细胞、遗传物质、蛋白质、电解质、酶以及各类营养物质等，具有重要功能，因此必须维持血液环境的稳定。良好的血液相容性要求生物材料不会对血液产生破坏、不改变血液的成分、不引起血液凝聚以及不会对血液环境产生影响。然而，由于表面剪切应力的存在，生物材料会对血液中的红细胞产生破坏，即出现溶血现象。尽管血液再生功能强大，轻微的溶血对人体产生的影响可以逐渐恢复，但大量红细胞破裂则会诱发血小板聚集，导致凝血，引发局部血液循环障碍，对人体产生较大影响[5]。此外，生物材料表面会吸附血浆蛋白，导致血小板黏附聚集、凝血因子激活。即使没有明显的溶血作用，生物材料表面也会形成血栓从而导致凝血现象[8]。

生物材料的表面界面特性对其血液相容性有巨大的影响。研究显示宏观表面过于粗糙的材料容易引起血液停滞，形成血栓，引发凝血。由于血细胞带有负电荷，所以宏观表现为电负性，微观区域（100 Å 以内）带正电的生物材料具有更好的血液相容性。亲水性表面支持白蛋白的黏附，可以阻碍血小板黏附避免凝血。因此，对疏水的生物材料进行表面改性，使其表面呈现亲水性，可以避免凝血[9]。

通过体外溶血试验可以快速地评价生物材料的血液相容性。在体外，将生物材料或其浸提液与动物或人的血液混合，在一定环境下接触一段时间后，观察检测血液的成分改变，包括红细胞数量、蛋白吸附、血小板黏附、凝血酶原时间、血栓形成、白细胞免疫功能，以评估生物材料的血液相容性。由于体外试验与临床环境相差较大，并且不能体现大量慢性试验结果，因此严格的生物材料血液相容性测试还需要进行体内试验，将生物材料置于人体特定应用场景，观察其血液相容性。

6.2　生物降解性

生物降解是指生物材料通过水解或与生物体内的酶等其他活性物质作用，

被分解成较小产物的过程。伴随着生物降解的发生,生物材料的完整性、力学强度和质量逐渐降低(图 6.2)[10-11]。根据应用的目的和场景的不同,生物材料需要具有特定的降解性能[12]。人造脏器、永久性皮肤的制造以及血管、牙齿、肌腱和韧带等器官和组织的修复,一般依赖于非生物降解性高分子材料,包括聚氨酯、聚有机硅氧烷、聚乙烯、聚丙烯酸酯类。生物降解性高分子材料主要包括聚羟基乙酸、聚乳酸、聚己内酯、聚酸酐、聚氨基酸、天然多糖和蛋白质等,已广泛应用于替换组织和器官、设计药物控释体系、可降解缝合材料以及伤口敷料等[13]。

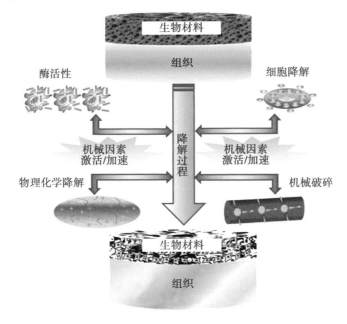

图 6.2　在生理和人工水环境中生物材料降解的机制[11]

　　生物降解性生物材料通常通过水解发生降解,其水解过程受到多种因素的影响,包括高分子类型、结晶程度、交联类型和程度、物理结构、材料表面形貌、亲疏水性能、环境温度和 pH 等[14]。高分子生物材料的酶催化水解过程,则主要受到酶的性质和环境 pH 影响。天然高分子,如胶原、丝素、纤维素、壳聚糖、透明质酸等主要发生特异性酶催化水解。合成高分子则更易发生非特异性酶催化水解。此外,酶对合成生物材料的降解能力也取决于酶在生物材料中的渗透能力。

　　皮肤修复材料需要处于湿润环境,并与组织和/或血液发生接触,在使用过程中发生水解和酶催化水解。在设计皮肤修复材料时,需要按照预定的使用目的,包括暂时性敷料、半永久性敷料、永久性敷料,以及应用创伤的环境(pH 等)选择具有适当降解性能的生物材料。皮肤修复材料的生物降解性能评价试验主要包括体内皮下埋植试验和体外模拟体液降解试验,通过检测材料残留质量的变化,评价其生物降解性[15]。

6.3　保　湿　性

在皮肤伤口修复历程中有两种重要的理论,一种是干性愈合理论,治疗时为创面提供干燥、富含氧气的开放环境;另一种是湿性愈合理论,治疗时为创面提供密闭湿润环境。

6.3.1　干性愈合与传统敷料

在 18 世纪以前,伤口护理主要依靠经验,多使用自然物品辅助处理伤口。19 世纪,Pasteur(巴斯德)创立微生物致病学说,为避免伤口受到细菌感染,他使用干性敷料覆盖伤口,以保持伤口干燥,由此开创了干性愈合的先河(图 6.3)。在传统的干性愈合护理中,纱布通常被用作伤口敷料以简单覆盖伤口。由于纱布无法阻挡水分的蒸发,导致伤口创面容易脱水,造成大量细胞死亡,产生结痂。开放伤口较高的氧张力会阻碍成纤维细胞和上皮细胞的生长。此外,暴露于环境中的伤口容易发生细菌感染。水分蒸发引起的血管收缩还会导致伤口氧化作用不足,进一步加剧细菌感染。同时伴随的伤口位置温度下降也无法为伤口提供理想的修复环境。更重要的是,由于纱布与肉芽组织粘连,更换敷料时容易造成疼痛,并对伤口产生多次伤害,阻碍伤口愈合过程[16]。

6.3.2　湿性愈合与保湿性敷料

1962 年,Winter 博士首次证实并提出,处于湿润环境中的伤口相比于干性伤口具有更快的愈合速率。自此以后,湿性愈合理论经过大量的科学研究和临床试验逐渐成熟,并成为指导临床伤口护理的主要原理,被用于大多数伤口的护理。研究表明,湿性愈合护理为伤口创造并保持了接近生理状态的湿性愈合环境,能够防止伤口干涸,避免结痂形成瘢痕,减少组织坏死;有利于保持伤口渗出液中的酶活性,促进坏死组织清除、纤维蛋白溶解;刺激增强生长因子活性、血管生成以及成纤维细胞和上皮细胞生长,加速上皮形成和胶原生成;增强中性粒细胞炎性反应,降低细菌感染;维持伤口温度,降低疼痛[17]。

在湿性愈合护理中,选择合适的具有保湿性能的伤口敷料是维持创面湿润环境的有效手段[19]。在护理干燥伤口时,需要选择能够增加或者保留水分的伤口敷料。在护理湿润的伤口时,伤口敷料需要具有适当的吸收能力,可以及时吸收渗出液,以免渗出液过量囤积造成伤口部位过度潮湿,引起细菌生长,浸渍周围皮肤组织,产生气味;同时还需保留部分渗出液,维持湿润环境,保持渗出液中

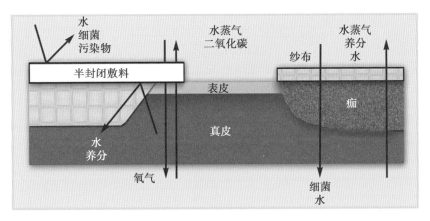

图 6.3 半封闭性伤口敷料护理下的伤口经历湿性愈合过程(左)与纱布护理下的伤口经历干性愈合过程(右)[18]

酶类物质的活性,加速伤口愈合。

目前常见的新型医用伤口敷料都具有良好的保湿性能,包括薄膜类、水胶体类、海藻酸盐类以及水凝胶类,适用于多种类型的伤口。半透性聚氨酯薄膜类伤口敷料只允许气体交换,渗出液只能以蒸气形式脱离,因此能够维持创面湿润环境。水胶体类伤口敷料能够吸收渗出液形成凝胶,对创面具有封闭效果,保持创面湿性环境。水凝胶类伤口敷料本身含有大量水分,同时具有一定的吸水能力,能够为护理较深的伤口提供湿性愈合环境[20-21]。

水蒸气传输速率(WVTR)是指在特定温度和相对湿度条件下某种材料允许水蒸气透过进行传输的能力。水蒸气传输速率是评价材料保湿性能的重要指标。虽然水蒸气能够透过敷料在周围环境和伤口之间双向传输,但是评价伤口敷料的保湿性能,是特指水蒸气通过敷料从伤口处向周围环境蒸发损失的含量。人体的健康皮肤具有保湿功能,其水蒸气传输速率约为 200 $g \cdot m^{-2} \cdot d^{-1}$。失去皮肤保护后,暴露伤口的水分蒸发程度加剧,水蒸发损失量显著增加。Wu 等对烧伤伤口和溃疡的水蒸发损失量进行了深入研究,证实裸露伤口的水蒸发损失量通常取决于伤口的深度[22]。表皮烧伤伤口的水蒸气传输速率约为 430 $g \cdot m^{-2} \cdot d^{-1}$。全皮层烧伤伤口和深度相当的腿部溃疡具有相似的水蒸发损失量,约为 1 920 $g \cdot m^{-2} \cdot d^{-1}$。受伤后的最初 10 d 内,局部厚度更深的烧伤伤口的水蒸气传输速率可达 2 100 $g \cdot m^{-2} \cdot d^{-1}$;随着伤口逐渐愈合,伤口位置的水蒸气传输速率下降至 1 478 $g \cdot m^{-2} \cdot d^{-1}$。水蒸气传输速率低于 840 $g \cdot m^{-2} \cdot d^{-1}$ 的敷料被认为具有保湿性能。敷料的保湿性能与其物理结构有关。大孔隙导致传统纱布类敷料的水蒸气传输速率高于 1 600 $g \cdot m^{-2} \cdot d^{-1}$,无法满足现代湿性愈合的要求[18]。聚氨酯薄膜类敷料的水蒸气传输速率为 300~800 $g \cdot m^{-2} \cdot d^{-1}$;水胶体类敷料的水蒸气传输速率低于 300 $g \cdot m^{-2} \cdot d^{-1}$,被认为具有封闭性[23];泡沫类敷料具有高透过性,水蒸气传输速率为 $800\sim5\,000\;\mathrm{g\cdot m^{-2}\cdot d^{-1}}$,适合用于有大量渗出液的伤口的护理,对于有少量渗出液的伤口则容易造成伤口脱水。在伤口护理中,水蒸发速率过高时会引起伤口创面干涸;过低时则会导致水分过量囤积,浸渍周围皮肤组织。因此,需要根据伤口的状态选择具有适当保湿性能的敷料,为伤口提供接近生理状态的湿润环境,调节伤口的水分蒸发速率。

6.4 透 气 性

健康皮肤具有良好的呼吸功能,能够吸收氧气,排出二氧化碳。皮肤组织工程制造的皮肤替代物,需要模拟真正的皮肤,保持与其相近甚至相同的呼吸功能。湿性愈合原理的主旨在于为伤口创造接近生理状态的湿润环境,包括气体的交换能力。Pandit 等研究发现,具有氧气透过性的敷料相比不透氧气的敷料对于伤口愈合有明显的促进作用[24]。

氧气在皮肤修复与再生过程中具有重要作用,氧气供应与氧气张力影响伤口愈合的多种方面。此外,氧气可以与多种细胞因子作用,促进细胞增殖,参与胶原合成、基质沉积、血管再生及上皮化,影响伤口愈合的速率(图 6.4)[25-26]。

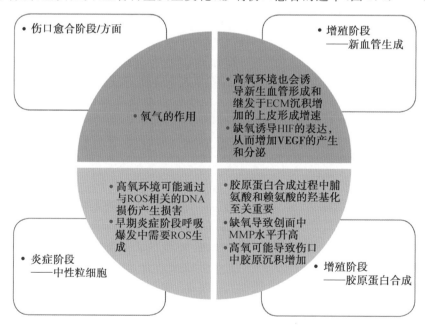

图 6.4　氧气在伤口愈合过程中的作用[27]

相较于健康组织,伤口处具有较低的氧张力、较高的二氧化碳张力以及较高的 pH,伴随着伤口的愈合,伤口处的氧张力逐渐增加并恢复至正常水平。另外,从伤口边缘到中心会形成氧张力梯度,从坏死区域(0~3 mmHg①)、新生肉芽组织(5~15 mmHg)、成纤维细胞增殖区域(20~30 mmHg)到胶原蛋白积聚区域(>30 mmHg),氧张力逐渐增加,这种低氧梯度会刺激毛细血管向相对低氧的伤口中心生长,直到伤口愈合[17,24]。伤口愈合初期,低氧张力能够激活巨噬细胞,刺激伤口进入炎症阶段,开启伤口愈合;并且增加再上皮化速率,促进伤口闭合。但是,持续的低氧张力环境会导致伤口长期处于炎症阶段,无法进入增殖期。科学研究和临床试验证明,增加伤口周围环境的氧气浓度,能够增强胶原的合成。氧张力达到 160 mmHg 时,成纤维细胞的增殖和蛋白质合成达到最佳水平,但是氧张力水平继续升高则会对成纤维细胞的生长产生抑制作用。相比纱布和半透性膜敷料,水胶体类敷料能够维持伤口更低的氧张力,促进纤维蛋白溶解,激发巨噬细胞分泌生长因子,调节或促进细胞增殖,从而加速伤口愈合过程(图 6.5)[17]。

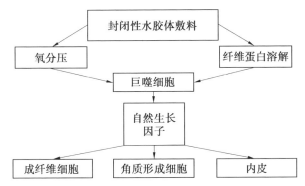

图 6.5　封闭性水胶体敷料为伤口提供低氧张力环境,促进生长因子和细胞的作用[17]

　　Sirvio 等研究了薄膜敷料的透气性对浅层伤口环境和愈合的影响,选取三种薄膜材料为代表,包括低透气性的聚偏二氯乙烯膜、高透气性的聚二甲基硅氧烷膜,以及中等透气性的聚氨酯膜[28]。试验发现,聚偏二氯乙烯膜覆盖下的伤口渗出液具有最低的氧张力和最高的二氧化碳张力;使用聚二甲基硅氧烷膜进行处理的伤口渗出液具有最大的氧张力和最低的二氧化碳张力;中等透气性的聚氨酯膜保护的伤口渗出液具有中等强度的氧张力和二氧化碳张力。此外,渗出液的 pH 与其二氧化碳张力有负相关关系。渗出液的气体张力和 pH 可以反映敷料控制氧气向伤口渗出液扩散及二氧化碳从渗出液中脱离的能力,因此薄膜的透气性能对伤口环境和愈合过程有着显著的影响。维持理想的伤口环境也需要

①　1 mmHg＝133.322 Pa。

将愈合过程中产生的二氧化碳及时排出。聚二甲基硅氧烷膜具有高氧气和二氧化碳传输能力,过度损失二氧化碳会导致渗出液 pH 升高,引起上皮化过程减慢[29-30]。聚氨酯薄膜类和水凝胶类敷料具有透气性,能够允许气体交换,维持适宜的伤口环境。水胶体类敷料具有封闭性,完全阻隔气体交换,使伤口保持低氧张力,不适用于较深的伤口以及感染伤口[31]。

6.5　抗　菌　性

　　细菌感染是伤口愈合中最常见、最难以避免的挑战。虽然细菌是皮肤菌群的正常部分,也是伤口的一部分,但是有建议指出 10^5 个细菌的临界阈值应该作为正常感染和临床相关感染之间的一个分界线。当伤口受到感染时,细菌会在感染部位引起持续的炎症反应,延长炎症阶段以延迟愈合过程,严重的炎症不仅会导致伤口不愈合,还可能导致包括脓毒症在内的严重并发症。抗菌通常是指采用物理或者化学的方法来杀灭细菌或阻碍细菌生长、降低其活性的过程,包括杀菌和抑菌。尽管抗菌药物的临床应用能达到良好的感染控制效果,但细菌耐药性问题日益突出。所以,寻找更好的抗菌策略一直是备受关注的热点之一。抗菌材料因其自身抑制和杀灭微生物的功能而备受青睐。考虑到伤口愈合过程的复杂性,应用于皮肤组织工程学的抗菌策略集中于将生物活性抗菌成分(包括抗菌药物、金属/金属氧化物、光热/光动力抗菌剂、固有抗菌高分子、天然产物提取物等)整合到具有不同形态的生物材料中,在发挥抗菌活性的同时改善细胞行为并促进伤口愈合(图 6.6)。需要指出的是,虽然已有大量现代抗菌创面敷料被开发出来,如半透膜、半透泡沫、水胶体和水凝胶,但是对于控制伤口愈合中的感染目前仍不够理想。

6.5.1　抗菌药

　　自 20 世纪 20 年代发现青霉素以来,抗菌药在人类感染性疾病的治疗中一直发挥着至关重要的作用。迄今为止,已经开发或合成了数百种抗菌药物。但是由于抗生素滥用日益严重,具有抗生素抗性和会导致全身性中毒的各种病原体快速进化,给患者及医疗系统造成很大压力[32-34]。尽管如此,抗菌药物目前依然是临床治疗感染创面的首选策略。抗菌伤口敷料局部给药的特性使得其可在创面上长期维持较高的抗生素浓度,并避免系统毒性[35]。同时,各种形态的递送体系可以提高抑菌效果,减少抗生素滥用,并调节抑菌活性,这使得基于抗生素的生物材料成为抵抗伤口感染的有力武器。在抗菌敷料中,以抗菌药物为载体的研究报道仍然占据主体。已有大量抗菌药物被加载到敷料中,包括抗生素如

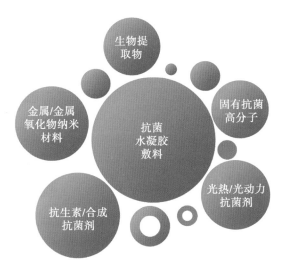

图 6.6　抗菌敷料中抗菌成分的类型

阿莫西林[36-37]、氨苄青霉素[38]、四环素[39-41]、多西环素[42-43]、庆大霉素[44-45]、新霉素[46]、环丙沙星[47-48]、莫西沙星[49]、磺胺嘧啶[50]和利奈唑胺[51]，以及其他一些抗菌药物如聚维酮碘[52]、醋酸洗必泰[53-55]、三氯生[56]、辛伐他汀[57]和水杨酸盐[58]等。

2019 年，郭保林课题组基于聚己内酯(PCL)、聚乙二醇(PEG)和苯胺三聚体(AT)开发了一种具有形状记忆特性的电活性抗氧化聚氨酯弹性体。该薄膜的熔化温度(T_m)接近人体体温，具有良好的形状记忆能力。当在人体皮肤表面使用该伤口敷料时，其形状恢复功能可以加速闭合破裂的伤口。试验表明，载有万古霉素的薄膜在最初的 1 h 内迅速释放，并在 24 h 内完全释放，这有利于伤口的抗感染，并且可以显著加速体内伤口的愈合过程[59]。同年，Contardi 等以聚乙烯吡咯烷酮(PVP)和透明质酸为基础，制备了一种自黏透明双层薄膜并可依次递送抗菌剂和环丙沙星。抗菌剂的体外释放在最初的 24 h 内达到了 100%，而环丙沙星的释放持续了 5 d，这种依次递送抗菌物质的特性使得薄膜具有更加有效的抗菌性能。体内伤口愈合测试也表明该双层膜可以被伤口完全吸收，并整合到修复的组织中(图 6.7)[60]。

6.5.2　金属/金属氧化物纳米材料抗菌剂

在众多已报道的纳米抗菌剂中，无机纳米颗粒包括银[43,61-63]、金[64-65]、锌[66-70]、铜[71-73]以及金属氧化物/硫化物等，在抗菌应用方面得到了广泛的研究，金属和金属氧化物纳米颗粒的抗菌机理如图 6.8 所示。虽然金属作为生物材料在一些生物毒性和长期保留难以降解带来的潜在风险等方面问题尚未得到解

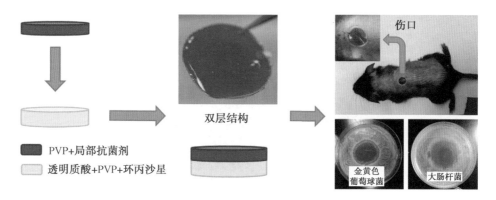

图 6.7　基于聚乙烯吡咯烷酮和透明质酸的自黏透明双层薄膜[60]

决,但是无机金属纳米材料仍然是除抗生素之外使用最多的抗菌剂之一。

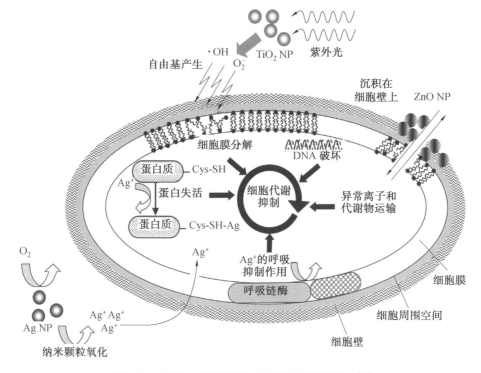

图 6.8　金属和金属氧化物纳米颗粒的抗菌机理[74]

　　自古以来,银一直被认为是一种非常有效的抗菌剂,具有广谱抗菌活性和与哺乳动物组织的良好相容性。银离子类抗菌剂呈白色细粉末状,耐热温度可达1 300 ℃以上。虽然银的生物毒性尚未有定论,但它仍然是所有金属抗菌剂中使用最广泛的,且一些负载银的伤口敷料已经在临床上使用。许多研究者仍建议将银添加到伤口敷料中,以发挥其杀菌性能。考虑到银伤口敷料的相关报道较多,在此只选择其中几个有代表性的研究进行介绍。

1. 银基抗菌剂

由于银离子良好的抗菌性能和烧伤创面对感染具有敏感性,含有银的创面敷料常用于烧伤创面[75-76]。早期的含银伤口敷料大多是将银纳米颗粒简单地物理包封于敷料体系,如壳聚糖[77]、明胶[78]、纤维素[76]、木糖醇[79]、卡拉胶[80]、PVA[81]、PVP[82]、PAm[83]、2-丙烯酰胺-2-甲基丙磺酸钠[75]等一系列天然或合成聚合物水凝胶。但也有一些含银敷料结合了其他材料或功能,例如,Varaprasad 等报道了一种含有姜黄素的载银聚丙烯酰胺水凝胶敷料,研究了姜黄素在不同水凝胶复合体系中的载药和释药特性,并证实添加了姜黄素的敷料比不添加姜黄素的敷料的抗菌性能高出三倍[84]。Fan 等以不同质量比的丙烯酸和 N,N′-亚甲基双丙烯酰胺交联,制备了一系列复合银/石墨烯的敷料,并证实了当银与石墨烯的质量比为 5∶1 时,该水凝胶敷料具有最佳的抗菌性能[85]。另一项研究则是通过水热还原法将具有独特 3D 微/纳结构的 Ag 纳米颗粒引入到纤维素水凝胶中,制成纤维素/Ag 海绵敷料。该敷料的溶胀性能保证了对伤口浸出液的迅速吸收,Ag 所发挥的抗菌活性赋予其促进感染伤口愈合的能力[86]。也有研究将银与抗菌剂磺胺嘧啶结合,包裹在以聚乙二醇为基础的超支化聚合物原位交联水凝胶敷料中。试验表明,与直接外用磺胺嘧啶相比,该凝胶对金黄色葡萄球菌、铜绿假单胞菌和大肠杆菌均具有较好的持续抗菌活性[50]。还有研究将银与其他金属离子如锌[69]或铁[67]结合,以达到更好的抗菌效果[50]。例如,Li 等制备了 Au-Ag 复合纳米颗粒包封的壳聚糖基水凝胶,证明了 Au-Ag 复合纳米颗粒良好的抗菌活性(图 6.9)[65]。

Zhang 等使用 3D 生物打印方法制备了一种 β-磷酸三钙生物陶瓷支架。通过液相化学还原方法,首先将银(Ag)纳米颗粒均匀分散在氧化石墨烯(GO)上,形成具有不同 Ag 与氧化石墨烯质量比的均质纳米复合材料 Ag@GO。随后通过简单浸泡,将 Ag@GO 纳米复合材料成功修饰到 β-磷酸三钙支架上,即可获得具有抗菌和成骨活性的双功能生物材料[87]。

2. 锌基抗菌剂

锌是仅次于银的在抗菌伤口敷料中广泛研究的金属。采用氧化锌制备抗菌敷料的应用源于 Sudheesh Kumar 等的一系列研究,他们分别在基于壳聚糖或甲壳素的水凝胶中负载氧化锌,获得了一系列具有抗菌止血性能的冷冻干燥水凝胶敷料[70]。此后,Baghaie 等将氧化锌负载于冻融法制备的 PVA/淀粉/壳聚糖三元水凝胶体系中,并确证了其抗菌性能和促创面愈合效果[68]。Li 等则开发了一种基于海藻酸钠的双离子交联水凝胶,通过负载于其中的黄长石释放的锌离

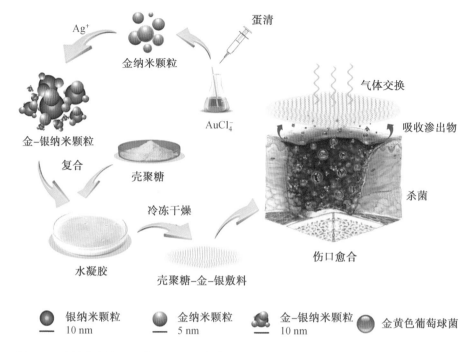

图 6.9　采用壳聚糖(CS)与 Au—Ag 复合纳米颗粒溶液制备的 CS—Au—Ag 水凝胶和其用作伤口敷料的示意图[65]

子发挥杀菌作用,同时锌离子还和钙离子一起作为交联剂构筑水凝胶网络(图 6.10)[88]。

Mao 等开发了一种 Ag/Ag@AgCl/ZnO 杂化纳米颗粒负载的敷料,并通过 Ag/Ag@AgCl 纳米结构增强了水凝胶敷料在可见光下的活性氧产生,大大提高了氧化锌的光催化和抗菌活性。当采用模拟可见光照射 20 min 后,敷料对大肠杆菌和金黄色葡萄球菌的杀灭率分别高达 95.95% 和 98.49%[69]。在另一个具有代表性的研究中,通过青霉素 G 钾与氯化锌(Ⅱ)盐的化学反应,制备了锌青霉素络合物[Zn(pin—G)(Cl)]·6H_2O,成功将锌负载到 PVA/明胶水凝胶敷料体系中。进一步的研究还表明,锌(Ⅱ)离子通过与青霉素 G 钾上的酰胺以及 β—内酰胺基团上的羰基、羧酸盐基团上的氧原子配位以实现反应[89]。此外,有研究将氧化锌浸渍介孔二氧化硅(ZnO—MCM—41)作为纳米药物载体,制备了抗菌水凝胶敷料[39]。氧化锌量子点(ZnO QDs)修饰的薄层氧化石墨烯(GO)则通过酸性环境下 ZnO 量子点释放出的 Zn^{2+} 和 GO 的光热效应实现了协同抗菌作用(图 6.11)[66]。

Shin 和 Lee 等提出了 3D 生物打印 GelMA 水凝胶贴剂,其中掺有 VEGF 负载的四足形氧化锌(t—ZnO)微粒(30~100 μm)。通过过氧化氢蚀刻将缺陷引

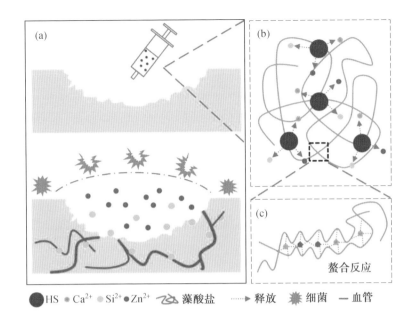

HS　Ca²⁺　Si²⁺　Zn²⁺　藻酸盐　⋯⋯→释放　细菌　—血管

图 6.10　一种基于海藻酸钠的钙锌双离子交联的抗菌水凝胶示意图[88]

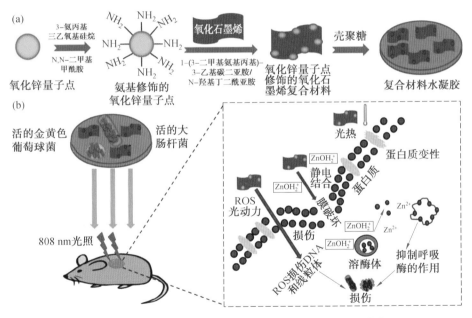

图 6.11　一种基于氧化锌量子点的抗菌水凝胶示意图[66]

入 t−ZnO,同时将 t−ZnO 的带隙减小到绿光范围内。氧空位浓度引起的极性不一致使 t−ZnO 和 VEGF 之间发生强烈的静电相互作用。紫外/可见光的干预致使电子和空穴的形成,导致电荷在 ZnO 表面积累,增加的电荷密度可以促使通过静电相互作用释放 VEGF,实现受控的 VEGF 释放。释放的 VEGF 改善了血管生成,而支架中 t−ZnO 的抗菌特性则可以有效地促进伤口愈合[90]。

3.铜基抗菌剂

此外,其他一些金属元素也被用作伤口敷料中的抗菌成分。铜是人类使用历史悠久的一种基本元素,它参与了许多与伤口愈合相关的过程,包括诱导血管生成、角质和胶原等细胞外皮肤蛋白的表达,以及抵抗伤口感染。硫酸铜和氧化铜[91]已被证明能促进健康和糖尿病 BALB/c 小鼠的皮肤伤口愈合[73]。但与此同时,铜离子的毒性等级为 3 级(中等毒性),因此大量研究致力于降低铜离子的潜在毒性,如将铜复合到金属有机骨架纳米颗粒(HKUST−1 NP)或以介孔二氧化硅(MSiO$_2$)修饰的 CuS 纳米颗粒中[72]。另外,利用铜的光热特性以实现抗菌效果的案例也有报道[71-72]。

2018 年,一种以铁络合物为交联剂,透明质酸为水凝胶基本网络,通过简单组装制备的具有自愈合、抗菌和生物分子缓释功能的水凝胶被报道。透明质酸可以被周围的细菌分解,导致这种水凝胶可以响应细菌并发生局部降解和释放 Fe^{3+},实现细菌响应性按需抗菌,对不同类型的细菌显示出高效的抗菌活性[92]。此外,铷(Rb)作为人体内一种重要的微量元素,也被证实具有杀灭和抑制细菌的作用。因此,有研究将其加入海藻酸钙水凝胶中,经冷冻干燥制成敷料,经验证其对金黄色葡萄球菌和铜绿假单胞菌均具有较好的抑制作用。经含 Rb 的海藻酸钙水凝胶处理后的人脐静脉内皮细胞,迁移和小管形成能力增强,血管内皮生长因子分泌增加,核因子样 2/血红素氧合酶 1(NRF−2/HO−1)信号通路激活,炎症降低。此外,该水凝胶还被证实可以促进成纤维细胞和角质形成细胞的迁移[93]。

6.5.3 光热/光动力抗菌剂

抗生素的耐药性和无机金属抗菌剂的生物毒性或长期滞留难代谢特性促使研究人员致力于开发更好的抗菌策略。光热疗法是一种将光能转化为热能杀死细菌的新型治疗方法。长期以来,光热疗法一直被使用来杀死肿瘤细胞。其在抗菌敷料中的应用于近两年才开始起步。研究显示,50 ℃ 以上的温度,持续 10 min,就能有效杀死几乎所有细菌。具有光热性能的常用材料主要包括金、银、钨、铜等金属材料[71-72],以及碳纳米管和氧化石墨烯等碳基材料[43,94]。此外,最近还报道了一些新的光热剂,如多巴胺[47]、葡萄籽提取物[95]、Cypate[96]等。

作为典型代表,基于碳纳米管和石墨烯的光热敷料得到了广泛的探索。2020 年,基于羧乙基壳聚糖(CEC)和苯甲醛封端的 PF127(PF127−CHO),He 等制备了一种添加碳纳米管(CNT)的导电自愈合黏附性纳米复合物水凝胶。

CNT的加入使水凝胶具有体外/体内光热抗菌活性和良好的导电性（图6.12）[97]。另外，通过聚多巴胺对碳纳米管进行原位包封，更好地促进了CNT在水凝胶中的分散，并进一步制备了基于多巴胺修饰的明胶、壳聚糖和多巴胺包被碳纳米管的具有光热抗菌活性的黏附性止血导电抗氧化多功能水凝胶。值得注意的是，除了CNT，该水凝胶体系中的聚多巴胺涂层也具有光热抗菌效果。小鼠全皮层皮肤伤口感染模型的体内试验表明，该水凝胶具有良好的治疗效果，可显著加速伤口闭合并促进胶原蛋白沉积和血管生成，展现了其作为多功能伤口敷料，在治疗感染伤口方面的巨大潜力[42]。聚多巴胺涂层也被用于增强氧化石墨烯的分散性，并且多巴胺在碱性条件下生成聚多巴胺的过程还能实现氧化石墨烯的原位还原，生成的聚多巴胺包覆的还原氧化石墨烯不仅叠加了聚多巴胺和石墨烯的双重光热效应，还具有导电性、抗氧化性以及组织黏附性等多种有助于皮肤组织修复的性能。通过聚多巴胺增强分散性的例子还包括聚吡咯[98]。此外，研究还证实，多巴胺的主要骨架儿茶酚基团在与Fe^{3+}配位时也具有光热抗菌作用[99]。

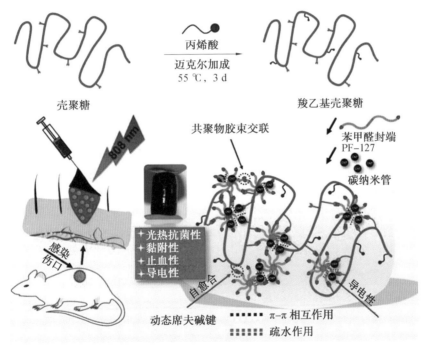

图6.12 基于羧乙基壳聚糖（CEC）和苯甲醛封端的PF127的负载碳纳米管的导电自愈合黏附纳米复合水凝胶示意图[97]

此外，还发现了其他几种用于光热抗菌水凝胶制备的光热剂。例如，有研究人员将葡萄籽提取物添加到水凝胶中，并证实了其在近红外照射下的光热效应。

同时,水凝胶有效杀死黑色素瘤细胞的功能也已在研究中得到证实[95]。Cypate是一种经美国 FDA 批准的生物相容性花青素染料,在近红外光(808 nm)照射下具有独特的光热效应,其作为光热剂被加载到八肽水凝胶系统中,可以破坏生物膜结构,实现快速和完全的生物膜去除[96]。

由于光热抗菌治疗中杀灭细菌所需的温度较高,往往会对周围组织造成不必要的损害,因此进一步提出了光动力疗法(PDT)。光化学已经表明,无机光催化剂和有机光敏剂都可以在暴露于特定波长光照时产生一些具有杀菌效果的活性氧(ROS)(如单线态氧和羟基自由基),并将基于该原理的治疗称为光动力疗法。就强大的功效和多功能性而言,PDT 具有独特的优势,并且更环保。TiO_2、ZnO、NiO 和 RuO_2(半导体)等都是常见的光敏剂。二氧化钛(TiO_2)是最广泛使用的一种光敏剂,因为其具有较宽的禁带,可以被紫外光激发。此外,二氧化钛具有许多优点,如其基本上无毒,不溶且相对便宜。在一项研究中,研究人员通过聚乙烯醇(PVA)、PF127(Plur)、聚乙烯亚胺(PEI)和二氧化钛纳米颗粒(TiO_2 NP)的混合溶液成功获得了含有不同比例 TiO_2 NP 的 PVA-Plur-PEI 纳米纤维。针对革兰氏阴性菌的抑菌圈表明该抗菌剂具有较高的抗菌活性[100]。

通过简单的静电相互作用,研究人员制造了一种负载二维黑磷纳米片的复合水凝胶。该水凝胶在可见光照射下可以产生单线态氧,对大肠杆菌(98.90%)和金黄色葡萄球菌(99.51%)都有很强的杀灭作用,且多次光照射后仍能保持良好的抗菌效果。此外,在提供抗菌活性、可重复使用性和生物相容性的同时,该水凝胶还可以通过触发磷脂酰肌醇 3-激酶(PI3K)、蛋白激酶 B 的磷酸化(Akt)和细胞外信号调节激酶(ERK1/2)信号通路来刺激细胞行为[101]。

研究者提出了光热与其他方法相结合的多种抗菌策略。例如,Gao 等最近发展了一种结合近红外光诱导抗生素释放和光热效应的抗菌水凝胶策略。首先,抗生素环丙沙星被负载于聚多巴胺纳米颗粒中。随后将纳米颗粒与乙二醇壳聚糖混合,形成可注射水凝胶敷料。在近红外光照射下,环丙沙星的释放量明显高于生理条件。另外,聚多巴胺纳米颗粒的光热效应会产生局部热量,导致细菌死亡(图 6.13)[47]。此外,利用氧化石墨烯的光热效应完成了负载在 N,N-二仲丁基-N,N-二亚硝基-1,4-苯二胺(BNN6)上的 NO 的响应性释放,实现了光热与气体疗法相结合的智能可控抗菌策略[102]。在 Liang 等的研究中,通过结合季铵阳离子的固有抗菌特性、氧化石墨烯的光热抗菌特性和抗生素缓释提供的药物抗菌特性,实现了针对复杂耐药细菌感染的智能协同抗菌策略[103]。

6.5.4　固有抗菌高分子

一些由天然或合成有机聚合物组成的阳离子聚合物具有大量带正电的基团,这些基团可与带负电的细菌细胞膜相互作用,从而实现杀菌[104]。这类阳离

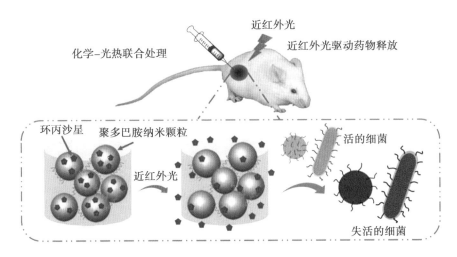

图 6.13　结合近红外光诱导抗生素释放和光热效应的双重抗菌水凝胶敷料示意图[47]

子聚合物,主要包括壳聚糖、抗菌肽、阳离子聚合物等,已广泛应用于设计和开发用于伤口修复的固有抗菌系统。

壳聚糖分子溶解于弱酸体系后主链上的 NH_2 质子化为—NH_3^+,这些氨基通过结合带负电荷的细菌以发挥抑菌作用。基于壳聚糖的抗菌性能,其已被广泛用于与明胶[105]、魔芋葡甘聚糖[106]、木质素/PVA[107]、PVP/琼脂[108]、碳点[109]、PF127[110]、苯甲醛封端的四臂聚乙二醇[111]以及其他天然或合成聚合物结合来制备抗菌水凝胶敷料。此外,通过在壳聚糖主链上进一步接枝季铵盐阳离子可以增强其抗菌效果。Hoque 等将 N—(2—羟丙基)—3—三甲基氯化铵接枝到壳聚糖主链上得到季铵化壳聚糖,并进一步将其与氧化葡聚糖混合,并通过席夫碱反应原位形成水凝胶。进一步研究证实该凝胶对耐甲氧西林金黄色葡萄球菌、耐万古霉素的粪肠球菌和耐 β 内酰胺类肺炎克雷伯菌均具有良好的抗菌性能。进一步的机理研究表明,这种水凝胶通过破坏病原体的膜完整性杀死接触到的细菌[112]。Lu 等将丙烯酸(AA)、甲基丙烯酰胺修饰的多巴胺(MADA)和 2—(二甲氨基)甲基丙烯酸乙酯(DMAEMA)形成的三元共聚物 AMD 与季铵化壳聚糖结合,制备了季铵基团增强的抗菌水凝胶敷料(图 6.14)[113]。Guo 等通过静电纺丝聚 ε—己内酯和季铵化壳聚糖接枝聚苯胺聚合物制备了一系列具有固有抗菌活性的纳米纤维伤口敷料,并证明了其可以减少 TNF—α 的产生并上调 VEGF 的表达,加速皮肤伤口的愈合[114]。另外,有报道将聚氨基乙基接枝到壳聚糖的羟基上,并证实了其对大肠杆菌、金黄色葡萄球菌良好的抑菌效果[115]。

聚乙烯亚胺(PEI)是一种公认的具有抗菌性能的阳离子聚合物,它可以通过破坏细菌的细胞壁或细胞膜来有效地杀死细菌。Gao 等设计了 PEI 负载型水凝胶,并验证了 PEI 的加入对水凝胶抗菌性能的提升[94]。此外,鱼精蛋白纳米颗

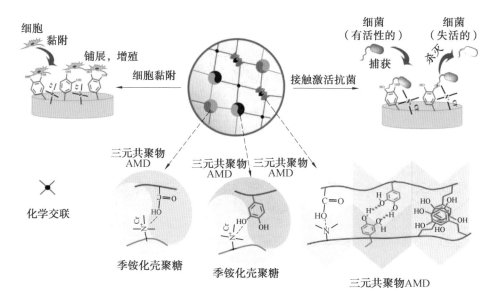

图 6.14　基于三元共聚物 AMD 和季铵化壳聚糖的抗菌水凝胶敷料[113]

粒[116]、丝胶[117]等也已被证明可以通过阳离子作用发挥抗菌性能。

　　抗菌肽也是一类广泛应用于抗菌敷料制备的抗菌剂。例如,研究者通过六甲基二硅氮烷(HMDS)介导的 NCA(羧酸酐)－Lys(Boc)和 NCA－Ala 单体的无金属开环聚合,合成了一系列疏水性不同的多肽 Poly(Lys)$_x$(Ala)$_y$($x+y=$ 100)。将这些多肽与 6 臂 PEG－酰胺琥珀亚胺戊二酸酯(分子量为 10 000)交联,形成具有固有抗菌活性的合成细胞黏附性多肽水凝胶[118]。另一项研究则以两种 ECM 衍生生物聚合物甲基丙烯酰明胶(GelMA)和甲基丙烯酰基取代的重组人源弹性蛋白(Metro)[119]为原料,负载抗菌肽 Tet213 后,制成了一种新型的可喷雾、有弹性和生物相容性的复合水凝胶。Wang 等受贻贝黏附蛋白的启发,利用辣根过氧化物酶交联技术,研制了一种原位仿生多巴胺修饰的 ε－聚－L－赖氨酸－聚乙二醇水凝胶创面敷料。由于 ε－聚－L－赖氨酸固有的抗菌能力,水凝胶也表现出优异的抗感染性能[120]。其他基于 ε－聚－L－赖氨酸的抗菌水凝胶敷料也已被报道[121]。Zhao 等研制了一种负载葡萄糖氧化酶的七肽(IKYLSVN)自组装抗菌水凝胶。当七肽发挥抗菌作用时,负载的葡萄糖氧化酶可以将葡萄糖转化为过氧化氢,从而降低糖尿病伤口血糖浓度[122]。Li 等设计了一种由 pH 敏感型抗菌水凝胶与纳米纤维网络复合而成的八肽(IKFQFHFD)水凝胶。在酸性条件下,纳米纤维网络的不稳定性导致八肽的活化和释放,进而使细胞壁和细胞膜破坏并发挥抗菌作用[96]。Puthia 等报道了一种具有抗菌特性的凝血酶衍生多肽 TCP－25,它可以阻止脂多糖受体相互作用和 Toll 样受体二聚体形成,在体外和小鼠皮下感染的试验模型中都表现出杀死革兰氏阳性金黄色葡萄球菌和革兰氏阴性铜绿假单胞菌的能力[123]。Zhu 等还开发了一种由聚酯酰胺和三种阳离子短肽(RGDK、RRRFK、RRRFRGDK)组成的氨基酸衍生伪蛋白水凝胶制剂,并证实了表面肽修饰可以增强水凝胶的抗菌能力(图 6.15)[124]。

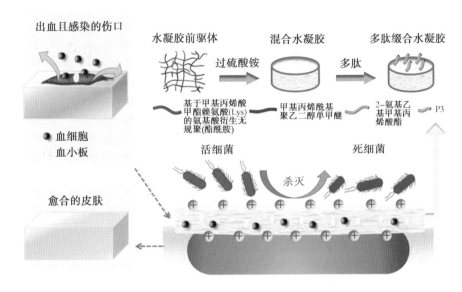

图 6.15　由聚酯酰胺和阳离子短肽(RGDK、RRRFK、RRRFRGDK)组成的氨基酸衍生伪蛋白水凝胶制备及抗菌示意图[124]

此外,一些阳离子物质还是带有疏水链段的两亲物。带正电的基团可以与细胞膜外表面带负电的脂质层相互作用,疏水链段促进细菌细胞膜的渗透和破坏,导致细胞内容物流出和细菌死亡。与抗生素的抗菌机制不同,阳离子有机两亲物表现出广谱抗菌活性并降低了病原体抵抗力[34]。

6.5.5　天然产品提取物

抗菌剂蜂蜜的促愈合特性自古以来就为人们所知,它可以帮助伤口快速愈合,并减少瘢痕形成,特别是在烧伤创面治疗中有着特殊的优势[125]。另外,许多从天然产物中提取的精油被证实具有良好的抗菌性能。例如,当将紫茎泽兰精油添加到明胶水凝胶中后,水凝胶表现出抗菌性能[126]。以多花泽兰精油[127]和丹参精油[128]为抗菌剂制备的抗菌水凝胶敷料也已被报道。通过 β—环糊精负载丁香酚,Li 等开发了一种新型生物活性羧甲基纤维素水凝胶,它可以调节凝集素样氧化型低密度脂蛋白受体 1 诱导的核因子 κB 的激活,增强血管生成和抗菌活性,促进糖尿病伤口的愈合[129]。此外,有报道分别将海藻提取物[130]、柚子种子提取物[131]、百里香酚[132]和虫草素[133]等负载到水凝胶中,并验证其抗菌活性。

6.5.6 其他抗菌剂

除以上常见抗菌剂外,其他一些抗菌成分(如 NO)[134],也被用来制备抗菌水凝胶敷料。NO 具有广泛的抗菌特性,可以与各种细菌蛋白质、DNA 和酶相互作用,导致细菌细胞死亡。Lee 等采用 s-亚硝基谷胱甘肽、海藻酸钠、果胶、PEG 共混制得原位形成水凝胶/NO 释放粉状敷料(NO/GP)。该敷料在贮存过程中为粉末状,涂抹于创面后,吸收创面液体并立即转化为水凝胶。此外,NO 的释放对耐甲氧西林金黄色葡萄球菌(MRSA)和铜绿假单胞菌均表现出良好的杀菌效果[134]。Huber 等研制了一种双酶复合双氧水的凝胶敷料。水凝胶中的羧甲基纤维素先后被纤维素酶和纤维二糖脱氢酶催化生成 H_2O_2。抑菌圈试验证实了产物 H_2O_2 的抗菌活性[135]。在 H_2O_2、HRP 交联的 I 型胶原-羟基苯甲酸和透明质酸-酪胺水凝胶体系中,加入的 H_2O_2 既是催化剂又是抗菌剂[136]。碘已被用于多种抗菌洗涤剂中,以聚维酮为载体制备的聚维酮碘也被负载到水凝胶中发挥抗菌作用[52]。另一项研究中,研究人员将碘掺杂到二氧化钛中,制备了一种新型的甲壳素/PVA 抗菌水凝胶[137]。Cui 等将溶葡萄球菌酶负载到壳聚糖-胶原水凝胶中,应用于 MRSA 感染的 III 度烧伤创面,两周后,伤口上没有发现细菌,愈合已经开始[138]。

总体而言,虽然已经开发了许多用于皮肤组织修复的抗菌策略,但是目前依然没有一种策略可以完美地处理伤口感染并确保它对未知的耐药细菌仍然有效,并且感染控制只是组织修复中最简单的一步,更复杂的修复过程需要其他功能的协同作用。进一步实现对细菌感染严重程度的实时精细化响应抗菌以及将抗菌与其他功能协同,是未来可能的发展方向。

6.6 组织黏附和止血性

止血发生在伤口愈合的最早阶段。因此,具有止血作用的伤口敷料对促进创面愈合具有积极意义。研究表明,水凝胶不仅可以通过物理封闭发挥止血性能,还可以通过吸收伤口渗出液以富集凝血因子而促进止血[55,124]。此外,黏附性水凝胶可以长时间无缝附着在伤口部位,不仅可以迅速封闭伤口以达到止血效果,还避免了伤口与外部环境接触造成的潜在感染风险[139]。

基于 PEG 的黏附水凝胶被证实可以在愈合过程中黏附并覆盖急性切除性伤口,并具有优异的吸水性[140]。此外,通过增强材料与组织中氨基之间的作用,醛基[111,141-142]、N-羟基丁二酰亚胺[143]和多巴胺[144]等的修饰都进一步增强了PEG 的组织黏附性。然而,这些精细的化学过程增加了大规模生产此类材料的难度。

　　壳聚糖(CS)是唯一的天然聚阳离子多糖,其主链上的 NH_2 与血液接触时可质子化为—NH_3^+,从而允许红细胞通过静电相互作用在受损部位快速黏附和聚集,进一步形成血栓。因此,壳聚糖已成为止血创面敷料中最常用的天然聚合物[145]。2012 年,Kumar 等制备了一系列基于 CS 或甲壳素的纳米复合水凝胶绷带,并证明阳离子 CS 与带负电荷的血细胞的相互作用可以进一步激活血小板促进凝血[70]。随后,Fan 等制备了 CS/明胶/PVA 复合水凝胶,并进一步阐述了 CS 激活血小板产生凝血因子的止血机理可以与水凝胶的物理封堵之间发挥协同作用以有效地促进止血[146]。目前,以壳聚糖为基础的 HemCon® 止血剂也已实现商业化。另外,壳聚糖的各种改性策略也进一步促进了其在止血敷料中的应用。在壳聚糖上接枝带正电荷的组分,不仅增强了其组织黏附性[112,142],还可以通过静电吸引改善水凝胶与血小板、血细胞和血浆纤维连接蛋白之间的相互作用,诱导血小板活化和血细胞聚集,从而达到促进凝血的作用。例如,通过缩水甘油基三甲基氯化铵[142,147]与壳聚糖上的氨基或 3—氯—2—羟丙基三甲基氯化铵[148]与 β—甲壳素上的羟基的反应,在壳聚糖主链上引入季铵基团就是典型的例子。此外,针对形状不规则和不可压缩的出血,Zhao 等报道了一种可通过碳纳米管增强的基于甲基丙烯酸缩水甘油酯功能化的季铵 CS 的多功能晶胶,并证明了该晶胶具有良好的机械性能、快速的血液触发形状恢复和高吸血能力。在小鼠肝损伤和兔肝致死性不可按压出血模型中,该晶胶显示出优异的止血性能[149]。然而,在制备壳聚糖类止血剂用于伤口愈合时,也应考虑到其体内降解速度相对较慢的问题。另一个通过接枝季铵基团增加止血性能的例子是纤维素,如 Wang 等制备的一种季铵化羟乙基纤维素/介孔硅泡沫(QHM)水凝胶。该 QHM 水凝胶具有亲水性和高吸水性,能诱导血细胞进入其网络。除了季铵盐与血细胞之间的静电相互作用可以引发凝血和血小板聚集外,研究者还证实适量的介孔硅泡沫(质量分数为 9.82%)可以进一步激活凝血因子Ⅻ。因此,QHM 水凝胶通过这些协同效应将体外血浆凝血时间显著减少 59%±4%(图 6.16)[150]。然而,季铵基团的阳离子性质虽然有利于止血,但也会对正常细胞产生不良毒性,在制备止血材料时也需考虑这一点。除了 CS 和纤维素,阳离子多肽也可以通过静电吸引诱导血细胞聚集和血小板活化,并表现出对各种表面良好的生物黏附性[151]。例如,有研究证实在壳聚糖中加入 ε—聚赖氨酸后,其止血性能得到了很大提高。然而一般来说,生物安全问题,如外源性污染,是生物衍生产品需要考虑的一个重要问题,这也极大地限制了含有生物衍生产品的止血材料的应用。

　　除阳离子外,负电荷也可以与凝血因子Ⅻ链上带正电荷的氨基酸结合,激活内源性凝血途径,从而加速凝血级联。如羧基纤维素不仅可以吸附血液中的 Fe^{3+},还可以通过其表面羧基(16%～24%)激活凝血因子,进一步促进血小板聚

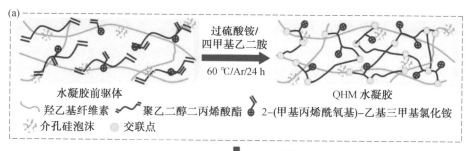

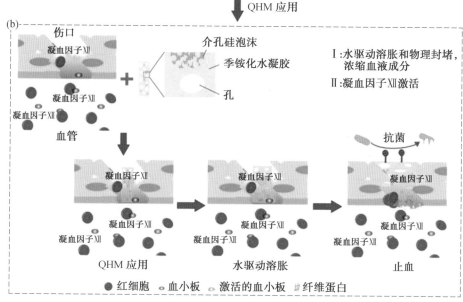

图 6.16 季铵化羟乙基纤维素/介孔硅泡沫水凝胶制备及发挥止血抗菌的示意图[150]

集[152]并实现止血。此外,当海藻酸钠[153]和透明质酸[154]等阴离子多糖通过其分子链上的羧基和金属离子的配位作用构建水凝胶时,其含有的羧基也会通过相同的途径发挥止血作用。另外的例子还包括介孔二氧化硅,其也可以通过自身表面带负电荷的硅醇和凝血因子Ⅻ链上带正电荷的氨基酸反应,激活固有的凝血途径,加速凝血级联,提高止血效果。适当比例的介孔二氧化硅泡沫掺入还被证实可以加速凝血酶的形成。此外,蒙脱石也可以通过自身的电负性发挥止血活性,有效激活凝血系统。但因为可能导致的体内炎症和血栓形成,其商业应用受到限制。优化这一问题的一个例子是利用超声波在蒙脱石颗粒上包封氧化右旋糖酐,研究人员声称该方法可以防止蒙脱石诱导的外周血管栓塞[155]。

作为一种凝血因子,钙离子可以促进血液凝结。因此,Zhou 等制备了醋酸酯壳聚糖/CaCO$_3$水凝胶。醋酸酯壳聚糖在吸水后产生的 H$^+$ 与 CaCO$_3$反应释放出 Ca^{2+},不仅增强了水凝胶的强度,还参与了止血[156]。另一项研究以花状碳酸钙晶体为基础,在负电性修饰的微孔淀粉上单轴生长制备了两相Janus(一种不对称结构的材料)自驱止血颗粒。该微粒可以产生气体推动自身对抗血液流动,使自身能够进入出血较深的部位,并诱发协同凝血作用[157]。沸石作为硅基止血材料的一个重要类别,可以通过释放Ca^{2+}来凝固血液,并快速吸收血浆和浓缩血细胞。基于沸石的QuikClot®也已经商业化,然而它在吸水后会产生严重的放热反应,导致周围组织的热损伤和坏死,这严重限制了其应用。QuikClot战斗纱布®是以高岭土纳米颗粒浸渍纱布制成的,其已经被美国FDA批准用于创伤出血,并于2008年上市。因为可以在不产生放热反应的情况下达到类似效果,该战斗纱布很好地替代了其前代QuikClot®,但仍然存在导致血液凝块的可能[158]。为进一步改进这一缺陷,研究者采用简单沉淀法和高温煅烧法制备了氧化铁－高岭土复合物,不仅发挥了高岭土诱导血小板活化和促进凝血级联的作用,而且通过Fe_2O_3诱导红细胞聚集,促进了伤口愈合过程中血管和未成熟腺腔的形成[159]。另一项改进的研究则采用原位生长的方法将介孔单晶沸石结合到棉纤维表面,有效避免了上述缺点,获得了较高的促凝血活性[160]。

当一种代表性多金属氧酸盐－硅钨酸水溶液(SiW, $H_4[Si(W_3O_{10})_4]$)与非离子型聚乙二醇(PEG)混合后,硅钨酸与聚乙二醇上的醚氧原子之间的氢键相互作用可以驱动形成凝聚层。源于氢键相互作用(硅钨酸与猪皮肤上的$-OH$、$-NH_2$)和静电相互作用(带负电荷的硅钨酸和猪皮肤上的$-NH_2$),其黏合强度高达76.4 kPa[161],可以很好地实现封堵止血。在完成止血后,难以降解的止血材料的移除一直是一个难题。对此,Zhao等合成了一种脲嘧啶酮－六亚甲基二异氰酸酯修饰的明胶,其可以增强与活体组织的氢键,从而促进与组织的黏附,发挥止血效果。基于邻苯二酚与Fe^{3+}之间交联的温度敏感性以及水凝胶在近红外辐射下的温度升高,该水凝胶黏合剂敷料可以很容易地被移除[162]。此外,当一种被称为"三重氢键团簇"的分子作为侧基被引入形成水凝胶的分子主链时(图6.17(a)),其可以通过独特的"载荷分担"效应和增加的氢键键合密度使水凝胶牢固地附着在各种表面上,从而有效止血[163]。该黏合剂水凝胶可以与玻璃、塑料、聚四氟乙烯、不锈钢、木材和橡胶等紧密黏附(图6.17(b))。当黏合剂水凝胶(与蓝色食用染料混合)黏附在小鼠肝脏上时(图6.17(c)),动态氢键团簇在界面和凝胶本体耗散能量(图6.17(d))。作为对照,在不含"三重氢键团簇"分子的黏合剂中,氢键均匀分布,键密度相等(图6.17(e)),而在含有"三重氢键团簇"分子的黏合剂水凝胶中,黏合剂的载荷分担效应使得界面上的裂纹难以扩展(图6.17(f))。

含有巯基的材料可以通过巯基－组织反应实现组织黏附进而实现止血[164]。巯基修饰的壳聚糖上的巯基与血细胞之间的相互作用也被认为能促进凝血[165]。

此外,醛基可以通过席夫碱反应与组织上的氨基交联,从而产生很强的组织

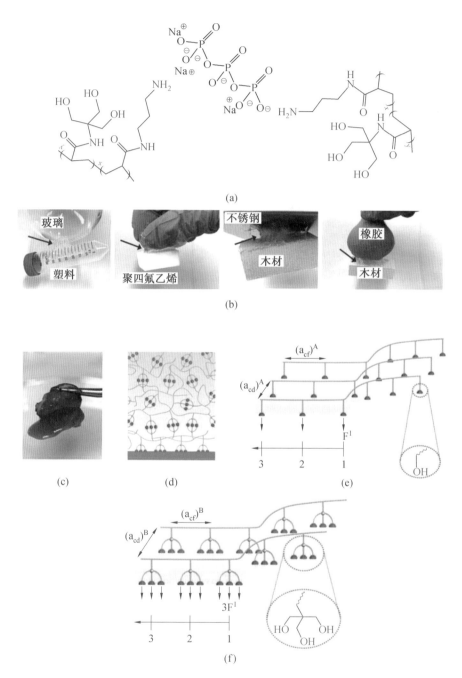

图 6.17 "三重氢键团簇"的分子通过独特的"载荷分担"效应和增强的氢键键合密度,增强水凝胶止血剂的组织黏附性[163]

黏附性。因此,以氧化海藻酸钠和右旋糖酐、醛基 PF127 和聚乙二醇为原料,已制备了多种黏附水凝胶[166-168]。例如,通过脂肪族醛对明胶微粒进行疏水改性后,其可通过与组织的疏水相互作用和内聚力提高对胃和食管黏膜下组织的黏附强度。与未改性的明胶微粒相比,疏水改性可显著改善微粒的水下黏合,并在组织上形成厚而一体的水凝胶层[169]。

与此类似,在大分子主链上接枝一些长链烷基可以使其与皮下脂肪组织中的烷基产生疏水相互作用,从而达到黏附效果[111,167,170]。例如,将疏水十二醛与壳聚糖上的氨基通过鲍奇(Borch)还原反应生成疏水改性壳聚糖,它不仅能插入细胞膜以有效地聚集红细胞,还能通过强烈的疏水作用导致细菌死亡[64,111,171]。

受海洋贻贝在潮湿环境中的超强黏附特性启发,基于多巴胺的水下湿黏附理论广为人知,大量基于邻苯二酚结构的组织黏附水凝胶相继被开发出来[61,94,172]。例如,利用辣根过氧化物酶(HRP)交联,制备了一种原位形成的仿生多巴胺修饰的 ε-聚赖氨酸-聚乙烯乙二醇基水凝胶(PPD 水凝胶)。由于邻苯二酚-赖氨酸的协同作用,PPD 水凝胶具有良好的湿组织黏附性[120]。Shin 等还制备了基于邻苯二酚/邻苯三酚接枝透明质酸的水凝胶贴片。除止血作用外,该贴片还能作为载药的敷料并促进伤口愈合[173]。在过去的两年里,郭保林课题组在多巴胺基黏附水凝胶方向上也取得了持续进展[37,42]。例如,一种基于明胶接枝多巴胺的碳纳米管负载水凝胶,它不仅具有良好的黏附性,而且具有可注射、抗菌、导电、止血和抗氧化等多种功能,显示出促进感染全皮层皮肤伤口愈合的巨大潜力[42]。与此同时,西南大学鲁雄课题组也报告了一系列基于多巴胺的黏附性水凝胶[113,174-175]。相比之下,多巴胺增强的组织黏附水凝胶的平均剪切黏附力可提高 10~30 kPa。此外,进一步研究也提出了一些增强邻苯二酚黏附力的策略。例如,一种具有疏水主链和亲水邻苯二酚支链的超支化聚合物,当与水接触时,疏水链迅速聚集导致生物组织表面的水分子被迅速排开,增加了邻苯二酚与组织表面的接触,从而增强了材料对组织的附着力(图 6.18)[176]。另外,除了通过黏附发挥止血功能以外,邻苯二酚还具有收缩血管的作用,并且其所含有的负电荷还会激活凝血因子Ⅻ,触发凝血级联[177]。因此,设计具有邻苯酚结构的敷料在创面愈合的止血领域具有重要的指导价值。然而,在需要移除止血材料的情况下,这种增强的黏附性可能又会是一个缺点。因此,决定如何在特定的应用场景中使用合适的止血材料非常重要。

此外,其他类型的仿生胶黏剂止血剂也被报道。例如,Deng 等利用中国大鲵(Andrias Davidianus)的皮肤分泌物制备了一种生物黏附性水凝胶。测试结果表明,该胶黏剂的剪切黏合力((26.66±8.22)kPa)与氰基丙烯酸酯合成胶((40.71±3.71)kPa)相当,并明显高于纤维蛋白胶((3.76±0.16)kPa)(图6.19)[170]。受肉食植物毛毡苔的启发,阿拉伯树胶也被用于水凝胶中以起到黏合作用[44]。

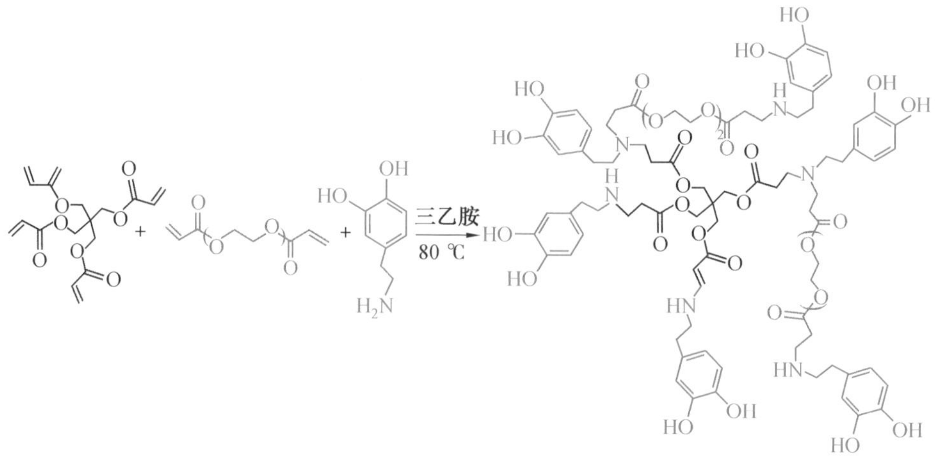
三乙胺
80 ℃

(a)

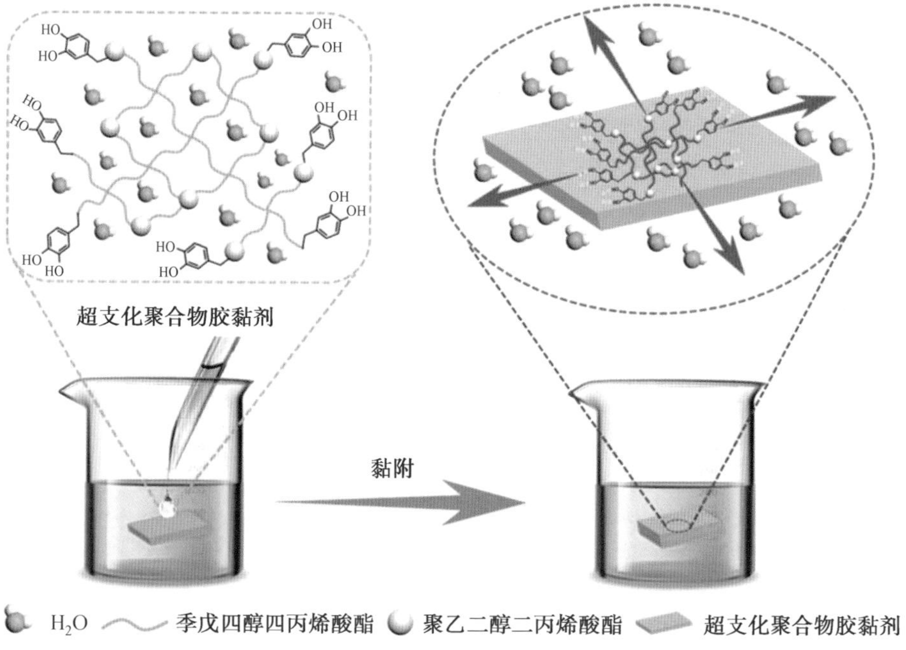
超支化聚合物胶黏剂
黏附
H_2O
季戊四醇四丙烯酸酯
聚乙二醇二丙烯酸酯
超支化聚合物胶黏剂

图 6.18　一种通过疏水链段排除组织表面水分子，增加邻苯二酚与组织接触的水凝胶止血剂制备示意图[176]

总体来讲，黏附性水凝胶有助于止血以及防止敷料脱落和细菌侵入等多种优势。但是，如何在使用后按需去除黏附性敷料，仍然是目前亟待解决的问题之一。

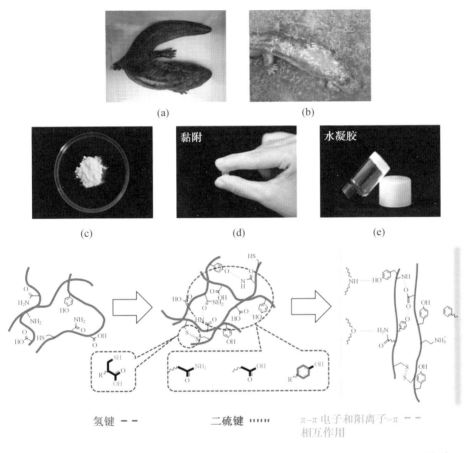

图 6.19　由中国大鲵皮肤分泌物制成的生物黏附性水凝胶及其黏附机理示意图[170]

6.7　自愈合性能

敷料所形成的物理屏障是防止伤口受到外来细菌感染的重要手段。然而，普通敷料暴露在外部张力或组织活动下时很容易发生破裂。敷料的破裂除了会导致自身性能丧失，还会进一步降低其阻止外来细菌入侵的能力。因此，在伤口愈合过程中确保敷料的结构完整性也很重要。自愈合敷料被认为是一种能够修复自身功能和结构损伤的"智能"材料。大多数自愈合敷料的制备是基于动态物理或化学作用，即在水凝胶交联网络的形成过程中涉及动态和可逆的物理作用或化学键[178]。虽然自愈合水凝胶的概念很早就已经被提出，并经历了广泛的探索，但其在修复受损皮肤组织中的应用近年来才有所发展。

按其愈合机理,自愈合敷料可分为物理自愈合敷料和化学自愈合敷料。物理自愈合敷料主要通过在小分子、低聚物或高分子链之间形成动态非共价相互作用(包括疏水相互作用、主客体相互作用、氢键、结晶作用、聚合物−纳米复合材料相互作用和多个分子间相互作用)来重建网络。Liu 等以甲基丙烯酰明胶和单宁酸制备了一种复合双网络水凝胶敷料,单宁酸的动态氢键为敷料提供了自愈合功能[179]。受胎儿无创伤口愈合的启发,研究人员开发了一种由透明质酸、维生素 E、多巴胺和 β−环糊精组成的可穿戴 WBMF 膜,仿生胎儿创面周围环境(FC)和胎儿细胞外基质(ECM)。WBMF 中的氢键和 π−π 堆积相互作用提供了自愈合性能,同时聚合物材料中的非共价键也可能会掺入共价网络中,以允许自组装以及机械损伤后的动态可逆恢复[180]。基于以上仿生设计的 WBMF 膜被证实可以诱导成纤维细胞迁移,抑制转化生长因子 β 的过表达,介导胶原蛋白的合成、分布和重建,进而促进无瘢痕修复。通过多酚化合物鞣酸(TA)和戊二酸琥珀酰亚胺活性酯封端的八臂聚乙二醇(PEG−SG)制备的可注射黏合剂,得益于 PEG 的—CH_2—CH_2—O—结构单元和 TA 的邻苯二酚羟基之间的氢键,也表现出良好的自愈合性能[181]。在重复进行的猪皮黏附撕裂试验中,该黏合剂在第一次撕裂测试中表现出 70 kPa 的强度,随后当反复将撕开的猪皮贴合在一起进行 1 min 愈合,并重复 10 次黏合−剥离测试后,黏合剂强度仍保持在 27 kPa 以上。基于两性离子甲基丙烯酸磺基甜菜碱(SBMA)、甲基丙烯酸羧基甜菜碱(CBMA)和一种非两性离子单体甲基丙烯酸羟乙酯(HEMA)聚合后侧基之间的氢键和静电吸引,所得的凝胶敷料非常柔软,并在保持其持续药物释放特性的同时,具有自我修复能力和可注射性[182]。阳离子瓜尔胶主链上的同侧羟基导致了强的分子间氢键。将两块基于瓜尔胶的水凝胶拼接在一起 1 h 后,水凝胶之间的边界变得模糊,水凝胶的两个部分成为一个完整的部分(图 6.20(a)〜(d))。重组的瓜尔胶水凝胶可以拉伸至 200% 的应变而不断裂(图 6.20(e))。这种重组在显微镜下也得到了验证(图 6.20(f))。通过测试瓜尔胶水凝胶(图 6.20(g))以及添加导电聚噻吩的瓜尔胶水凝胶(图 6.20(h))在交替高低频率下的应变,也证实了敷料的自愈合性。此外,磷酸盐能够破坏氢键,所以研究人员将两块瓜尔胶水凝胶分别在 10 倍磷酸盐缓冲盐溶液(红色)或纯水(蓝色)中浸泡 10 s,随后再与未处理的瓜尔胶块接触 10 min。结果发现,经水处理的凝胶块与未处理的凝胶块愈合。相反,PBS 处理的凝胶块则不能与未处理的凝胶块愈合,证实了该凝胶的交联主要由氢键提供[183]。

阴阳离子之间的静电相互作用也是构筑物理自愈合凝胶的一种常用策略。为了验证由阳离子壳聚糖和阴离子聚丙烯酸接枝的细菌纤维素所制备的阴阳离子互锁自愈合薄膜敷料的自愈合性,研究人员拍摄了纯壳聚糖膜与具有等量阳离子基质和阴离子填料的复合膜的愈合效果。试验结果显示,尽管纯壳聚糖膜

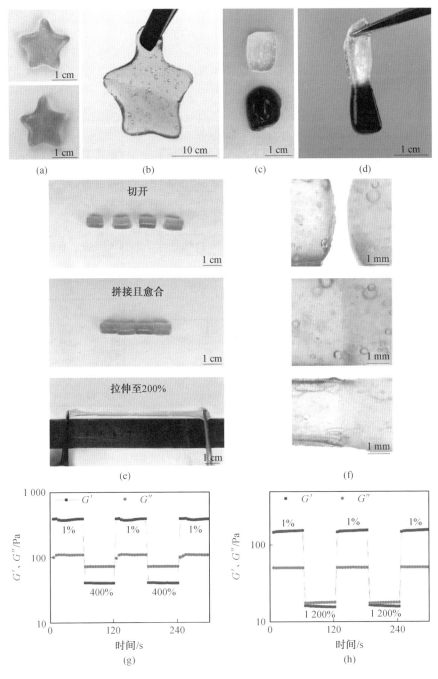

图 6.20　瓜尔胶敷料的自愈合演示和表征[183]
G'—凝胶储存模量;G''—凝胶损耗模量

在缓冲液存在下会溶胀，但没有愈合。而对于存在两种离子组分即阳离子—NH_3^+和阴离子—COO^-的复合膜，当将缓冲溶液喷洒在复合膜上时，阳离子壳聚糖链段通过扩散与阴离子填充剂形成离子相互作用，从而使缺口聚电解质膜完全修复。并且该薄膜在负载姜黄素后，增强了肉芽组织和细胞外基质中转化生长因子和蛋白质的生物合成，有利于伤口的快速愈合（图 6.21）[184]。

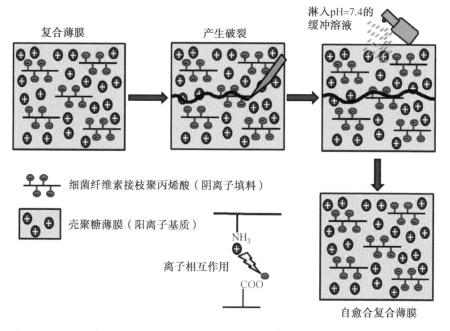

图 6.21　基于阳离子带电壳聚糖和阴离子聚丙烯酸接枝细菌纤维素所制备的阴阳离子互锁自愈合薄膜[184]

　　主客体相互作用也是构筑物理自愈合敷料的另一种常见策略。利用三肽 Phe－Gly－Gly 酯衍生物与葫芦巴脲之间的主客体非共价相互作用制备的超分子自愈合水凝胶敷料，由于超分子水凝胶的动态性质，该凝胶在接触美国 FDA 批准的药物美金刚后可以溶解，且很容易从伤口上移除[185]。此外，基于环糊精与金刚烷之间的主客体相互作用，制备了含有季铵化壳聚糖接枝环糊精、季铵化壳聚糖接枝金刚烷和氧化石墨烯－环糊精的超分子水凝胶创面敷料。当应变超过 450% 时，水凝胶的 G' 从 173 Pa 显著下降到 78 Pa，证实水凝胶的网络结构崩塌。当应变恢复为 1% 时，水凝胶的 G' 和 G'' 可在 14 s 内恢复到其原始值，显示了快速的自愈合性质[186]。

　　然而，目前报道较多的还是化学自愈合敷料，其通过动态共价键形成可逆网络，主要包括苯基硼酸酯、二硫键、亚胺、酰腙、可逆自由基反应和可逆第尔斯－阿尔德（Diels－Alder，DA）反应。

在众多的化学自愈合敷料构建方式中,氨基和醛基构成的席夫碱(亚胺)结构在构筑自愈合水凝胶创面敷料的动态化学键中占有很大比例[37,106,111,142,166-168,172,187]。用于制备伤口敷料的常见氨基供体包括改性/未改性的壳聚糖、各种酰肼改性的天然聚合物,常见的醛基供体包括苯甲醛改性的合成聚合物链和氧化多糖。在一个典型的例子中,Huang 等基于水溶性羧甲基壳聚糖(CMC)的氨基与氧化纤维素纳米晶(DACNC)的醛基之间的席夫碱键,制备了一种自愈合水凝胶敷料,其在注射后迅速成胶,可用于不规则、深度烧伤创面并完全填充创面。成胶后的凝胶还可以通过氨基酸溶液的使用实现按需溶解以无痛移除[188]。在另一例子中,使用酰肼改性的 HA(HAAD)和苯甲醛封端的 PF127 三嵌段共聚物(BAF127)制备了具有动态共价化学和物理胶束的双交联自愈合水凝胶敷料[189]。此外,一种通过动态席夫碱和酰腙结合形成的自愈合水凝胶也被报道[53]。郭保林课题组也制备了一种以季铵化壳聚糖(QCS)和包封了姜黄素(Cur)的苯甲醛封端的 PF127(PF127-CHO)胶束为基础的自愈合水凝胶敷料。TEM 图像展示了 PF127-CHO 胶束的形貌(图 6.22(a)。该敷料在弯曲、压缩、拉伸、扭转和打结后仍能保持良好的力学性能。当将罗丹明 B 染色的水凝胶切成两块,发现其可在 3 s 内迅速愈合(图 6.22(b)~(j))[166]。

　　除了动态席夫碱结构以外,基于动态硼酸酯结构的自愈合敷料也在创伤修复中被广泛使用。以磺酸甜菜碱(SBMA)和 2,3-二羟基甲基丙烯酸丙酯(GM-MA)[190]或甲基丙烯酸 2,3-二羟丙酯(DHMA)[191]为共聚单体、硼酸为交联剂制备的两性离子聚合物敷料,其中的动态硼酯键和可逆离子静电作用赋予了材料优异的自愈合功能。Zhao 等使用苯硼酸改性的壳聚糖、聚乙烯醇和苯甲醛封端的聚乙二醇,通过席夫碱和苯基硼酸酯的双动态交联制备了 pH 和葡萄糖双响应的自愈合水凝胶敷料。胰岛素和 L929 细胞在原位交联过程中被掺入水凝胶,发挥出持续的、经 pH/葡萄糖触发的胰岛素释放,维持了三维水凝胶基质中的细胞活力和增殖。通过以上特性,该敷料被证实可以促进新血管形成和胶原蛋白沉积,增强糖尿病伤口的伤口愈合过程[192]。

　　二硫键断开后,这种弱的共价键可能会重新连接,实现自愈合过程。在 Wu 等的研究中,接枝有炔烃的硫辛酸中的二硫键在温度升高到 90 ℃时会生成硫自由基,其不仅可以与炔烃通过“模仿”点击化学生成硫醚结构,还会重新生成新的二硫键。其具有理想的可塑性、更广泛的可用温度范围、在水中更低的溶胀度及更快的自愈合(图 6.23)[193]。

　　此外,还报道了通过金属-离子配位实现动态交联的策略。例如,Shi 等通过磷酸盐和银离子之间的动态金属-配体配位,合成了一种具有自愈合性能的磷酸化羟基磷灰石超分子水凝胶敷料[194]。Chen 等基于 Ag-S 配位键的动力学性质,将多臂硫代聚乙二醇(SH-PEG)与 AgNO$_3$[63]进行交联,制备了一种自愈

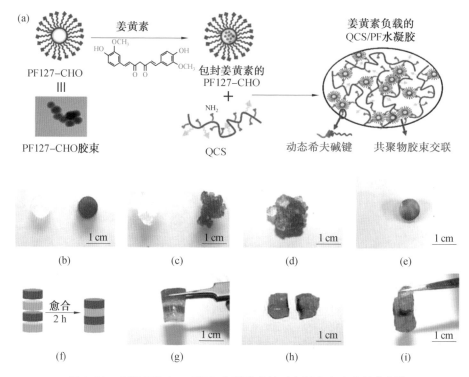

图 6.22 QCS/PF127－CHO 水凝胶敷料示意图和自愈合性能[166]

合水凝胶。通过对马来酸酐和呋喃经 DA 反应产生的产物进行二醇化处理,随后将其与异氰酸酯封端的聚二甲基硅氧烷(NCO－PDMS－NCO)反应,生成了一种聚(硅氧烷－聚氨酯)弹性体敷料。热可逆的 DA 部分交替位于弹性体链中,从而赋予聚合物敷料出色的自愈合和重塑功能[195]。使用刀片在膜表面制造裂纹,随后将其放在 140 ℃下热处理 30 min 使发生逆 DA 脱键反应,再在80 ℃下热处理 24 h,该膜通过 DA 反应发生了重新键合并修复了缺口。此外,该研究还通过拉伸应力曲线定量评估了敷料的自愈合性能,根据愈合后样品与原始样品的抗张强度之比计算出自愈效率。试验结果显示,当愈合时间为 12 h 时,愈合后的膜的抗张强度基本可以恢复到原始的 100%。

多巴胺在自交联过程中具有共价/非共价键共存的特点,这使得多巴胺交联敷料既具有结构强度,又具有自愈合性能。Zhao 等制备了由聚多巴胺(PDA)修饰的 Ag 纳米颗粒(PDA@Ag－NP)组装的水凝胶并验证了其自愈合性能。此外,邻苯二酚介导的界面氢键和 π－π 堆积可以动态地缔合和解离,也为该水凝胶敷料提供了自愈合性能[61]。郭保林课题组也通过多巴胺接枝 HA 和 PDA 包被的 GO 之间的多巴胺交联制备了一种水凝胶敷料,并通过交替的高低频率－应变测试证明了多巴胺交联水凝胶中共价/非共价键共存所产生的自愈合

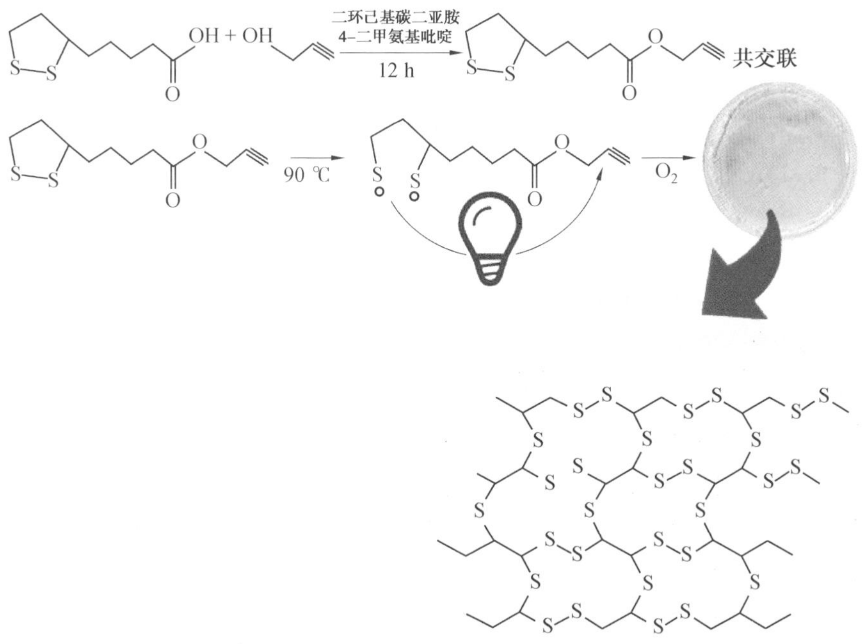

图 6.23　基于二硫键的自愈合水凝胶敷料[193]

特性[196]。

　　总体而言,尽管近年来用于伤口修复的自愈合敷料的数量显著增加,但大多数自愈合性能仍然来源于动态席夫碱,并且用于形成席夫碱自愈合水凝胶的大分子结构仍然非常有限。因此,进一步开发性能更好的多功能自愈合水凝胶仍然具有重要意义。

6.8　物质递送系统

　　伤口修复的复杂性使其需要多种物质的参与,并能够在特定位置特定时间缓慢释放活性物质。在敷料所负载递送的物质中,药物占据很大部分,尤其是抗菌药物。关于这一部分内容,已经在抗菌部分对其进行了介绍,此处不再赘述。此外,创面愈合还依赖于角质形成细胞、成纤维细胞、内皮细胞、中性粒细胞和巨噬细胞等多种细胞之间的相互作用,并受创面生长因子、细胞因子和趋化因子等内源性因子释放的调节。因此,局部递送药物、外源性细胞以及细胞因子等在促进创面愈合方面显示出巨大潜力。

6.8.1 药物递送系统

在众多的药物递送系统中，由大量水和聚合物交联网络组成的高含水量（典型的 70%～99%）的水凝胶不仅具有良好的生物相容性，还可以提供材料与组织的物理相似性，并且能够很容易地包裹亲水性药物。此外，由于水凝胶通常以前体水溶液混合形成，极大地降低了药物接触有机溶剂时发生的变性和聚集风险。

除抗菌药物外，其他一些的药物递送系统也被广泛开发用于皮肤组织修复。目前，大多数药物仍然是通过简单物理混合被负载到敷料系统中。但是，近年来也出现了一些以其他方式负载药物的敷料体系，如共价交联、静电相互作用、氢键、π－π 堆积等。例如，将环丙沙星分子通过氨基甲酸酯键连接到叠氮硝基苄基上，设计合成了笼状可光裂解环丙沙星化合物，随后通过叠氮炔点击反应将其与水凝胶敷料网络复合制成抗菌水凝胶敷料[48]。该敷料可以响应光刺激，释放环丙沙星发挥抗菌作用。另一项研究中则通过氢键和/或 π－π 堆积将环丙沙星负载到 PDA 纳米颗粒上[47]。Chen 等采用乳液交联法合成了四环素－明胶微球，并将其负载于席夫碱交联的氧化海藻酸钠和羧甲基壳聚糖水凝胶中，制备了一种抗菌、可生物降解的复合水凝胶敷料。体外释药结果表明，与纯水凝胶和四环素微球相比，复合水凝胶对大肠杆菌和金黄色葡萄球菌具有更强的抑菌作用（图 6.24）[40]。Mi 等的研究则制备了一种基于 ABA 三嵌段共聚物的热响应型多功能创面敷料水凝胶。改性敷料的内部 B 区由带正电的可水解甜菜碱酯构成，两个 A 区由外部热响应性聚（N－异丙基丙烯酰胺）（PNIPAm）凝胶构成，可在体温下借助 PNIPAm 的温敏特性实现负载于 B 区的抗菌药物水杨酸盐的释放[58]。

在药物释放过程方面，早期的一些研究往往局限于药物在敷料体系中的简单扩散或药物与敷料体系相互作用的减弱。但近年也逐渐出现了一些条件响应性药物释放体系，如 pH 响应、光响应、热响应等。在一个典型例子中，阿莫西林被包埋于多巴胺接枝壳聚糖和氧化普鲁兰多糖通过动态席夫碱键构成的水凝胶敷料中。生理条件下阿莫西林主要依靠扩散释放，但在碱性条件下，多巴胺氧化生成的羰基与壳聚糖上的氨基发生二次交联，增加了交联网络强度，延长了药物的释放[37]。Gao 等最近开发了一种利用近红外光诱导抗生素环丙沙星释放的抗菌水凝胶策略，将环丙沙星多巴胺纳米粒与乙二醇壳聚糖混合制成可注射水凝胶敷料。研究显示，环丙沙星在近红外光下的释放量较生理条件下显著增加[47]。Shi 等则报道了一种光触发抗生素释放的方法。经低强度紫外光（365 nm）照射后，该水凝胶中的环丙沙星可释放到周围环境中，对金黄色葡萄球菌显示出良好的抗菌活性[48]。

6.8.2 细胞递送系统

在各种类型的干细胞中，脂肪干细胞（ASC）是一种有效的治疗细胞来源，其

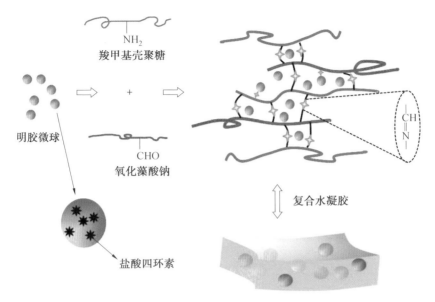

图 6.24　通过氧化海藻酸钠和羧甲基壳聚糖间的席夫碱反应合成的水凝胶与含有
四环素盐酸盐的明胶微球复合后形成抗生素负载的抗菌水凝胶[40]

具有与间充质干细胞相似的特性。ASC 的导入可以通过简单的微创手术进行，并且受受供者年龄的影响较小。此外，ASC 还可以分泌一些有利于伤口修复的必要因子，通过刺激血管生成和再上皮化，促进组织再生。因此，ASC 已成为最常被负载于伤口敷料的细胞[173,197-199]。例如，Eke 与其同事通过 GelMA 和甲基丙烯酸 HA 之间的光交联实现了 ASC 的原位负载，并证实含有干细胞的水凝胶组的血管再生比不含干细胞的水凝胶组增加了三倍（图 6.25）[200]。Wang 等制备了不同的包裹 ASC 的水凝胶敷料，并检测到促血管生成生长因子蛋白如 PIGF、VEGF 和转化生长因子 β 的显著增加[201-202]。

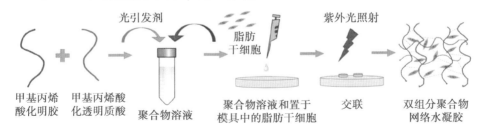

图 6.25　负载 ASC 的水凝胶敷料用于伤口修复[200]

骨髓间充质干细胞（BMMSC）能分泌转化生长因子 β1（TGF－β1）和碱性成纤维细胞生长因子（bFGF），并能进一步分化为角质形成细胞、成纤维细胞和内皮细胞等效应细胞，以促进血管[203]、肉芽组织形成[204]和再上皮化[205]。因此，

Chen 等制备了一种负载 BMSCs 的基于 PNIPAm 和聚酰亚胺的原位形成水凝胶敷料,并证实其通过抑制促炎性巨噬细胞的表达,明显促进了慢性糖尿病性溃疡伤口愈合[206]。此外,负载人脐带间充质干细胞的水凝胶敷料也被报道可以促进胶原蛋白沉积和角质形成细胞成熟标志物 K1 的表达,减少炎症因子 TNF-α 和 IL-1β 的分泌[207]。

成纤维细胞在创伤修复中起着重要作用,因为其产生细胞外基质分子(如 I 型胶原),并分泌必要的生长因子(如 VEGF)。因此,Zhao 等制备了负载成纤维细胞的自愈合水凝胶[192],并验证了其促进新血管形成和胶原蛋白沉积、加速糖尿病伤口愈合的作用。此外,成纤维细胞衍生的因子在内皮细胞萌发中发挥重要作用,而内皮细胞则可以使上皮向伤口中心移动。所以,载人表皮角质形成细胞和真皮成纤维细胞的水凝胶也被证实可以协同促进伤口修复[208-210]。

皮肤衍生的细胞外基质生物墨水已被用于皮肤敷料水凝胶的三维细胞打印,且相关研究已经证明水凝胶与内皮祖细胞结合可加速止血、促进上皮化和新生血管的形成[211]。试验还发现载人微血管内皮细胞(HMEC)的水凝胶具有明显的促进细胞增殖行为。更重要的是,在 HMEC 水凝胶中观察到了一定水平的 VEGF,这被认为可能促进血管生成[136]。

6.8.3 细胞因子递送系统

20 世纪 80 年代,医学界认识到机体中存在的多种生长因子,包括血小板衍生生长因子(PDGF)、表皮生长因子(EGF)、角质细胞生长因子(KGF-2)等,在调节细胞功能和维持组织内稳态以促进创面修复方面具有重要作用,从而逐渐将之广泛应用于临床,并取得可喜的疗效。大量研究表明,在灵长类动物模型和临床试验中,局部递送 EGF、成纤维细胞生长因子(FGF)、KGF-2 和神经生长因子(NGF)等可促进伤口愈合[212]。相反,缺乏相关的细胞因子往往会导致伤口延迟修复,甚至无法愈合。在众多因子中,表皮生长因子(EGF)和成纤维细胞生长因子(FGF)是水凝胶敷料中最常用的创面愈合因子。FGF 在血管生成、神经再生、骨再生、抗炎、伤口愈合等方面都发挥重要作用。但其半衰期短,严重限制了其进一步应用。因此,多个负载 FGF 的水凝胶创面敷料被开发以延长其半衰期[213-216]。例如,通过静电作用将带正电荷的碱性成纤维细胞生长因子(bFGF)与带负电荷的肝素结合,制备了肝素功能化的聚合物水凝胶。试验结果表明,bFGF 呈剂量依赖性地加速伤口愈合[217-218]。在 Kong 等的一项研究中,研究人员首先将 EGF 负载于微球内,随后将温敏性 CS 溶液、bFGF 以及负载 EGF 的微球混合制备成水凝胶,更好地模拟了 bFGF 和 EGF 的差异释放,实现了伤口的快速愈合,同时避免了后期因 bFGF 过表达而导致的成纤维细胞增生(图 6.26)[219]。此外,FGF-2 也被负载到不同的水凝胶中,并被证明通过增加表皮和肉芽组织形成、血管生成和再上皮化发挥促进伤口愈合[220-222]。

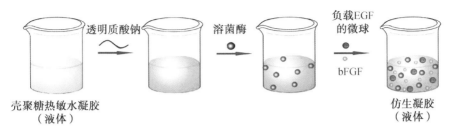

图 6.26　bFGF 和 EGF 共负载的水凝胶敷料,模拟了 bFGF 和 EGF 的差异释放[219]

表皮生长因子(EGF)是一种由 53 个氨基酸残基组成的多肽,能促进上皮细胞增殖和细胞外基质(ECM)的合成,是促进伤口愈合的基础[51,113,223]。在一项研究中,以聚丙烯酰胺(PAm)和壳聚糖(CS)为原料,通过自由基聚合法合成了半互穿网络水凝胶,并原位负载了表皮生长因子(EGF)以提高水凝胶的促有丝分裂活性。试验证实合成的 CS－PAm 水凝胶对 EGF 的缓释效果超过 5 d[224]。另一项研究则在水凝胶中同时负载了 EGF 和 VEGF,与对照组或单一生长因子组相比,两种因子的共同控释可以显著改善血管生成和再上皮化的效果[225]。VEGF 是一种多功能分子,对血管系统有很强的作用,包括刺激新生血管生长和增加血管通透性,近年来已被广泛应用于制备水凝胶敷料[111]。例如,邻苯二酚与蛋白质中的各种亲核成分之间强烈的共价相互作用导致 VEGF 从水凝胶贴片中的持续释放长达 9 d,并显著增加了相关组织的微血管形成[173]。还有研究证明,VEGF 与白藜芦醇的联合应用,可以同时抑制烧伤创面的炎症反应和促进微血管形成[226]。环磷酸腺苷一直被认为是人类角质形成细胞增殖的第二信使和调节因子。因此,一种被证明可以促进伤口愈合的环磷酸腺苷亲脂类似物被加入到水凝胶中,并表现出明显更快的再上皮化[227]。此外,在创面愈合过程中,KGF[228]、血小板衍生生长因子 BB[92]、白细胞介素－8 和巨噬细胞炎性蛋白 3α[229]、基质衍生因子 1[230]、重组人粒细胞巨噬细胞集落刺激因子[231]等的缓释也被证实可以发挥重要作用。

6.8.4　气体递送系统

研究证实,NO 的血管扩张作用可以增加创面愈合过程中微血管的血流量,从而促进营养物质和细胞向损伤部位的运输。巨噬细胞和其他类型的细胞产生的 NO 也可以通过增加 VEGF 的表达来促进伤口愈合。除了前面已经讨论过的促进伤口愈合的抗菌作用外,NO 还被证实可以改善肉芽组织的质量,并通过上调胶原蛋白的沉积来增加愈合伤口的速度[232]。Schanuel 等证实了将最常用的 NO 载体 S－亚硝基谷胱甘肽(GSNO)负载到基于 PVA/PF127 的水凝胶中时,

NO 的释放促进了肌成纤维细胞的分化[233]。而在 Champeau 的研究中,从 PAA:PF127/GSNO 水凝胶中持续释放超过 5 d 的 NO,除了导致血管生成增加外,还增加了受损组织中转化生长因了－β、胰岛素样生长因子－Ⅰ、SDF－1 和 IL－10基因的表达[234]。除 GSNO 外,Su 等成功制备了氯化血红素修饰的普鲁士蓝纳米立方体用以递送 NO,该纳米立方体对 NO 具有很强的亲和力。借助普鲁士蓝的光热性质,可以实现 NO 的热诱导释放(图 6.27)[235]。

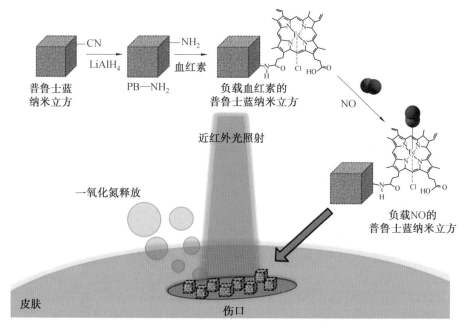

图 6.27　负载 NO 的普鲁士蓝纳米立方体在近红外光照射下释放 NO[235]

　　氧气的可获得性对修复过程有着深远的影响。除了超氧阴离子自由基在预防细菌感染方面的作用外,氧还可以调节血管生成,促进细胞增殖和迁移,并与多种细胞因子相互作用,促进组织修复。此外,氧气也是合成羟脯氨酸的必要条件,而羟脯氨酸是伤口修复过程中产生的胶原纤维中的重要组成。据估计,伤口愈合至少需要 20 mmHg 的组织氧分压,而未愈合伤口的组织氧分压往往低至 5 mmHg。因此,高压氧治疗是治疗慢性缺氧创面的有效方法。研究人员已经制备了一种基于全氟碳链修饰的甲基丙烯酰胺壳聚糖载氧水凝胶敷料,它可以将氧气递送到伤口处,并保持局部较高的氧气水平,改善局部缺氧环境,避免复杂氧合装置的使用[236-237]。此外,研究人员还制备了光响应型 MoS_2 量子点整合血红蛋白－GelMA 反蛋白石微载体。由于 MoS_2 量子点的光热效应,在温度升高后,血红蛋白修饰的微载体可以获得更大更快的氧气释放[238]。

6.8.5　其他递送系统

除了上述递送系统以外,其他一些递送系统也被开发用以促进伤口愈合。例如,miR-223-microRNAs(MiRNAs)的上调是巨噬细胞极化为抗炎(M2)表型的标志。因此,由含 miR-223 5P 模拟物的透明质酸纳米粒构成的黏附性水凝胶被开发出来,以调节伤口愈合过程中的组织-巨噬细胞极化[239]。同样,具有减少炎症作用的 miRNA-146a 在糖尿病伤口中的表达降低会大大延缓愈合。因此,合成了一种负载该 miRNA 的非交联双键聚合低温凝胶,并验证了其可减少炎症并改善伤口愈合的作用[182]。此外,其他功能物质如多肽或蛋白质,也被证实可以发挥促进伤口愈合的特殊作用。例如,负载了羽毛角蛋白的水凝胶显示出良好的组织相容性,并可以促进细胞增殖、血管生成和胶原沉积[240]。负载神经降压素的水凝胶可以减少炎症细胞因子 TNF-α 的表达[241]。层粘连蛋白模拟肽 SIKVAV 偶联水凝胶通过促进血管生成、再上皮化和胶原沉积,促进了伤口愈合[242]。

此外,硼参与多种代谢途径,所以负载硼的水凝胶被证明可以增加基质金属蛋白酶表达和角质形成细胞迁移,以此促进伤口愈合[243]。疏水性小分子脯氨酸羟化酶抑制剂负载的超分子聚合物水凝胶则可以引起缺氧诱导因子-1α 的短暂上调,以类似于表面再生的方式促进深层组织的再生[244]。

总体来讲,大量基于药物、细胞、细胞因子等的物质递送敷料已经被广泛研究并用于促进皮肤组织修复。然而,皮肤组织修复是一个复杂的过程,伤口的各种参数在修复过程中是动态变化的,并需要多种物质的协同。因此,制备能够在时间和时空上按需递送活性物质的皮肤伤口敷料仍然是一个巨大的挑战。

6.9　抗炎、抗氧化性

炎症阶段是伤口愈合的第二阶段,其主要作用集中在细菌的破坏和碎片的清除。多项研究一致表明,低水平炎症通过刺激细胞迁移和血管生成,有利于伤口的正常愈合,而过度的炎症会导致高氧化应激,引起活性氧(ROS),包括超氧阴离子、过氧化氢和羟基自由基)的急剧增加,进而通过触发连锁反应(如脂质过氧化或 DNA 和蛋白质的氧化)以破坏细胞。在慢性伤口中,持续的炎症反应会导致 ROS 大量积聚,超过细胞的抗氧化能力,从而阻止伤口从炎症期过渡到增殖期。因此,维持细胞内氧化还原平衡,即有效地发挥抗氧化作用是伤口敷料的重要需求,具有抗氧化性能的水凝胶可以明显促进伤口愈合[245]。

抗氧化剂是一种有助于捕获和中和自由基的物质,被证实能够消除 ROS 对身体造成的损害。体内抗氧化剂主要包括：①抗氧化酶,如 SOD、过氧化氢酶、过氧化物酶、谷胱甘肽过氧化物酶等;②非酶类抗氧化剂,如维生素 E、维生素 C、一氧化氮、金属结合蛋白等。此外,一些天然抗氧化剂,如谷胱甘肽、多酚和花青素等也被证实具有很好的体内抗氧化特性。这些抗氧化剂具有良好的抗氧化能力,能有效清除生物体内的自由基,改善氧化应激状态。其抗氧化机制可概括为:①清除自由基,阻断自由基链转移;②抑制自由基的产生;③促进体内非酶类抗氧化剂的形成;④激活体内的酶抗氧化系统。抗氧化剂可以抑制或延缓分子的氧化,帮助保护人体免受 ROS 的损害[245]。

早在 2006 年,Lee 及其同事就通过硝酸铈铵将丁香酚单体通过其乙烯基接枝到壳聚糖上,制备了由壳聚糖和丁香酚组成的水凝胶,成功地增强并保持了材料良好的抗氧化活性。该研究为抗氧化水凝胶在创面中的应用奠定了基础。该研究用到的丁香酚属于一种天然多酚。而作为应用最广泛的天然抗氧化剂,多酚类抗氧化剂因其优良的抗氧化性能以及较好的稳定性和耐储存性已经受到广泛的应用。常见的天然多酚,如茶多酚[246]、丁香酚[247]、白藜芦醇[226]、槲皮素[248]和花青素[249],以及一些黄酮类化合物[250]均已被证实可以提供敷料抗氧化性能。此外,因其抗炎作用,蜂蜜[251]、芦荟[199]、红枣[252]、金合欢胶[253]、丝胶[254]、阿魏酸[255]、白术多糖[256]、黄芪甲苷[257]、沙棘提取物[258]等也被用于抗氧化水凝胶敷料制备。由此可见,植物多酚在抗氧化领域得到了广泛的研究,其中儿茶酚、没食子酸、花青素和姜黄素的研究最为集中。

由于儿茶酚结构的存在,多巴胺分子表现出良好的抗氧化活性。Gao 和 Tang 等分别制备了以多巴胺为基础的抗氧化水凝胶,并验证了它们的抗氧化性在伤口修复中的积极作用(图 6.28)[47,259]。Guo 与其同事设计了一种可注射的多功能抗氧化水凝胶。该研究以多巴胺包覆的碳纳米管(CNT@PDA)和明胶接枝多巴胺(GT−DA)为原料,制备了一系列具有抗菌、黏附、抗氧化性和导电性的 GT−DA/CS/CNT 复合水凝胶,作为一种多功能的生物活性敷料。通过促进伤口闭合、胶原沉积,肉芽组织、表皮、毛囊和血管的再生,以及 TGF−β 和 CD31 的免疫荧光染色,该凝胶被证明在感染创面的治疗中具有巨大潜力[42]。此外,一些研究表明胍基也具有良好的抗氧化功能,Zhang 等将精氨酸衍生物(AD)引入多巴胺功能化的透明质酸(HA−DA)中,制备了一种具有增强抗氧化活性的新型水凝胶(HA−DA/AD)。在后续的测试中,该水凝胶对 1,1−二苯基−2−三硝基苯肼(DPPH)和羟基自由基的清除率都显著高于 HA−DA 水凝胶。并且,增强的抗氧化效果使得该水凝胶对细胞表现出更好的保护作用(降低 ROS 和丙二醛水平,提高超氧化物歧化酶和谷胱甘肽过氧化物酶活性),进而更好地促进伤口愈合(通过增强 VEGF 和 CD31 表达,增强组织重塑)[260]。但总体来讲,目前基于胍类的抗氧化研究仍然较少。

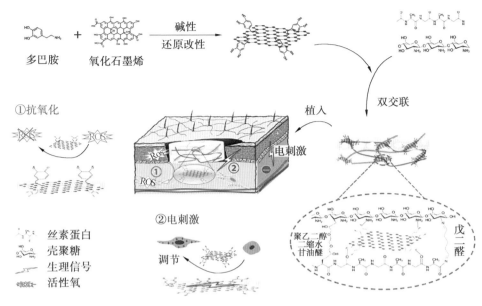

图 6.28　电活性聚多巴胺还原氧化石墨烯(rGO)包裹壳聚糖和丝素蛋白支架的制备以及
多巴胺发挥抗氧化功能的示意图[259]

　　源于其邻苯多酚结构,没食子酸也被证明具有良好的抗氧化效果。在一项研究中,通过明胶的氨基与羟苯基丙酸和没食子酸的羧基之间的酰胺偶联反应,没食子酸接枝明胶(GGA)被引入明胶—羟苯基丙酸(GH)水凝胶中。与纯 GH 水凝胶相比,该复合水凝胶具有增强的自由基清除性能。在体外 H_2O_2 诱导的炎症微环境中,GH/GGA 水凝胶显著抑制了人真皮成纤维细胞的氧化损伤,并通过减少细胞内 ROS 的产生保持了其活力。更重要的是,ROS 清除能力还可以加速伤口愈合进程,如促进毛囊、新生血管形成以及胶原纤维的有序排列[261]。

　　郭保林课题组还以聚苯胺[36,142]为基础,制备了不同的抗氧化水凝胶体系,这也是首次报道的基于苯胺的抗氧化水凝胶敷料。将生物相容性聚合物 N—羧乙基壳聚糖与氧化型透明质酸接枝苯胺四聚体混合,通过氨基和醛类间的席夫碱反应,形成了导电抗氧化水凝胶。当使用稳定的 DPPH 自由基以测试敷料的抗氧化性时,具有良好氧化还原性能的苯胺四聚体表现出优异的 DPPH 清除能力[36]。

　　姜黄素是从植物生姜中分离得到的一种低分子量多酚化合物,具有与甾体或非甾体类抗炎药物相当的抗炎活性。然而,姜黄素的水溶性和稳定性较差,极大地限制了其在体内的进一步应用。近年来,已经开发了多种策略来克服这一缺点,成功将姜黄素包覆于水凝胶敷料中[262]。例如,Wathoni 等制备了姜黄素复合 2—羟丙基—γ—环糊精的水凝胶,通过 γ—环糊精提高了姜黄素的水溶性和稳定性[263]。Li 等制备了一种纳米姜黄素,并将其负载到羧甲基 CS/SA 水凝胶中,大大提高了姜黄素的生物利用度[264]。Liu 等将溶解于四氢呋喃的姜黄素溶液迅速倒入去离子水,通过溶剂环境的突然变化,使姜黄素分子聚集并形成纳米颗粒,随后又进一步将该纳米颗粒负载到明胶微球中,通过明胶对基质金属蛋白酶的响应性促进糖尿病患者的皮肤伤口愈合(图 6.29)[265]。Qu 等制备了包封姜黄素的 PF127 胶束并将其结合于水凝胶中,显著提高了姜黄素的载药量和包封率,同时其体内缓释作用也为伤口提供了持续的抗氧化作用[166]。

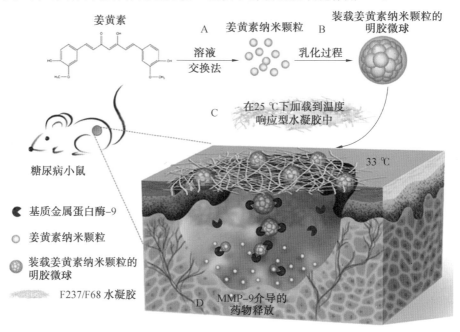

图 6.29 负载姜黄素纳米颗粒的抗氧化水凝胶敷料,通过明胶对基质金属蛋白酶的响应性促进糖尿病患者的皮肤伤口愈合[265]

此外,柠檬酸基抗氧化剂也被广泛研究。如 Ameer 等制备的抗氧化剂大分子聚(聚乙二醇柠檬酸－N－异丙基丙烯酰胺),其可以在生理温度下经历从液体到固体的快速可逆相变,最终形成符合伤口形状的水凝胶。该水凝胶不仅成胶过程条件温和,还实现了层粘连蛋白衍生多肽 A5G81 的原位负载。试验结果表明,该水凝胶敷料不仅促进了皮肤细胞的黏附和扩散,还以整合素依赖性的方式显著增加了细胞增殖和迁移[266]。随后,该研究小组还进一步将含有铜离子的金属有机骨架纳米颗粒负载到抗氧化水凝胶中,不仅对水凝胶本身的抗氧化能力产生影响,还赋予了其多功能性。通过铜离子的缓慢释放,该敷料不仅明显降低了铜离子释放导致的细胞毒性和细胞凋亡,还利用铜离子促进血管生成的特性促进了慢性糖尿病创面的愈合[73]。有研究进一步合成了一种含羧甲基化淀粉钠

(CMS)的氧化铜纳米颗粒(CMS@CuO),并基于该纳米颗粒构建了纳米复合水凝胶。CMS 吡喃环上的羧酸基在抗氧化活性中发挥了至关重要的作用。这一结果与结构中含有羧酸的海藻酸钠、黄蓍胶等多糖的抗氧化活性一致。此外,纳米 CuO 也显示了抗氧化活性。纳米 CuO 的抗氧化活性可能是由于 DPPH 中氧原子上的电子转移到含有单电子的氮原子上,从而导致了 517 nm 处的吸光度下降。当纳米 CuO 的质量分数由 2% 提高到 4%,纳米复合水凝胶的抗氧化活性也随之增强,这很好地验证了 CuO 纳米颗粒的抗氧化特性[267]。

为了模拟体内的内源性抗炎反应,有研究将维生素 A、D、E 和内源性松果体激素褪黑素组成的抗氧化混合物加载到热敏水凝胶输送系统中,并检测了其在皮肤伤口愈合中的功效。结果显示,含有抗氧化剂混合物的水凝胶比单独含有维生素或褪黑素的水凝胶显示出更高的自由基清除活性,并在大鼠皮肤烧伤中促进了愈合进程。此外,其他一些内源性因子也被添加到水凝胶中发挥抗炎作用。例如,超氧化物歧化酶(SOD)可以催化超氧阴离子自由基分解成 H_2O_2,然后再转化为水和氧气。因此,Zhang 等开发了一种含有超氧化物歧化酶的创面敷料,可以去除过量的 O_2^-,并促进慢性伤口的愈合进程[268]。最近,Wu 及其同事利用程序性混合的方法开发了一种红枣明胶—甲基丙烯酰水凝胶,用于伤口愈合。结果表明,红枣水凝胶具有良好的抗氧化活性,能有效防止 ROS 对细胞的损伤,从而促进创面愈合[252]。

前列腺素 E2 是一种脂质信号分子,既是炎症介质又是成纤维细胞调节因子。因此,Li 等制备了壳聚糖/前列腺素 E2 水凝胶,延长了前列腺素 E2 的释放,并证明该水凝胶在愈合过程中通过平衡炎症、血管生成和纤维化重塑实现了更好的修复[269]。TCP—25 是一种凝血酶衍生肽,具有抗菌活性,可导致下游免疫活性降低。基于这一特性,Puthia 等开发了一种基于 TCP—25 的水凝胶支架,它模拟了来自创伤的宿主防御肽的内源性作用,可用于预防细菌感染和伴随的炎症[123]。另一项研究则表明,WO_3 可以通过抑制肿瘤坏死因子 α 在伤口愈合过程中起到抗炎作用[270]。趋化因子的带正电的氨基酸残基可以通过静电相互作用结合到带负电的硫酸盐基团上,从而在治疗期间减少慢性伤口炎症[271]。此外,由氧化铈制成的纳米颗粒[182]、施氏假单胞菌 AS22 产生的胞外多糖 EPS22[272]、3,4—二氢嘧啶—2—酮[273]、聚维酮碘[274]均被证明可以清除伤口愈合中的过度活性氧并降低氧化应激。

综上所述,众多具有抗炎和抗氧化功能的敷料已被用于皮肤组织修复。但皮肤组织修复是一个极其复杂的过程,适当的炎症在组织修复过程中也有许多有益的作用,如协调淋巴细胞的募集、介导吞噬细胞的防御等。同时,它还可以抑制细菌,调节伤口部位的血管生成和血流灌注。因此,考虑到炎症的"双刃剑"特性,进一步构建基于炎症水平的响应性抗炎敷料可能是实现炎症平衡的有效策略。

6.10 刺激响应性

刺激响应性材料能对外界环境的变化（如温度、pH、光线等）做出反应，这使得其可以对伤口进行精准实时调控[275]。因此，刺激响应性材料在伤口敷料领域具有良好的应用前景。

6.10.1 温敏性

用于创面敷料的热敏材料一般在生理温度 37 ℃附近出现最低临界共溶温度（LCST），这保证了其在正常人体温度下的凝胶状态。此种类型的敷料前体在体外条件下表现为液态，当被注入伤口后可迅速转变为非流动凝胶态，大大简化了不规则伤口的敷料使用。因此，对热敏材料的研究引起了研究者的极大兴趣。

NIPAm 单体的 LCST 值约为 32 ℃，接近生理温度 37 ℃，是制备温度响应性水凝胶的常见单体[275]。基于 PNIPAm 的温度响应水凝胶也已被广泛报道[73,213,230,276]。如基于 PNIPAm 的温敏性水凝胶在体温条件下发生收缩，通过协调的生物力学和生物化学多功能性促进了皮肤伤口的快速闭合与高效修复[277]。Mi 等的研究证实了当 NIPAm 与其他单体共聚时，亲水性单体的加入提高了 LCST，而疏水性单体的加入降低了 LCST[58]。相反，有报道称可以通过降低温度敏感性来提高水凝胶在低温下的稳定性。如 Yan 等以聚（$NIPAm_{166}$－丙烯酸正丁酯$_9$）－PEG－聚（$NIPAm_{166}$－丙烯酸正丁酯$_9$）共聚物（PEP）和 Ag 纳米颗粒修饰的 rGO（Ag@rGO，AG）纳米片为基础，制备了一种可喷涂的原位水凝胶敷料，并证实了 AG 的加入改变了原 PEP 水凝胶在低温下的可逆溶胶－凝胶变化，使 PEP－AG 水凝胶具有良好的耐室外低温性能（图 6.30）[43]。此外，PNIPAm 水凝胶的疏水性随着温度的升高而增加，引起溶胀率降低[54]，并在高于 LCST 的生理温度下经历疏水收缩，排出多余水分，同时加速药物释放，而在室温下则不会发生这种现象[221]。

聚乙二醇是一种两亲性分子。除了能够提供有效的促溶解性能外，它在水环境中还表现出温度响应。基于多个 PEG 共聚物的温敏创面敷料已被报道，如 PEG－PCL－PEG[278]、PLGA－PEG－PLGA[279] 和 PEG－PLGA－PEG[280]。这些聚合物敷料在生理温度下均表现出良好的凝胶化特性。在基于 PEG 的嵌段共聚物中，一种常见的体系通常被称为 PF127。大量基于 PF127 的温敏性水凝胶敷料已被开发用于伤口修复[64,228,265]。例如，Wu 等制备了负载生长因子的温敏性肝素－PF127 水凝胶，其溶胶－凝胶转变允许成纤维细胞生长因子（FGF）在 4 ℃下与肝素－PF127 溶液完全混合，随后当生长因子－肝素－PF127

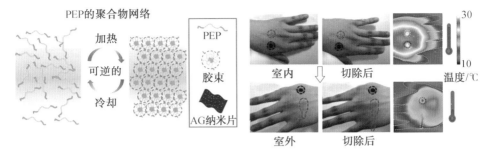

图 6.30　PEP 和 AG 在原位喷涂后形成皮肤温度响应性水凝胶的示意图及其根据室内室外温度调整形态的显示画面[43]

溶液被涂抹在 37 ℃的创面上时,肝素－PF127 发生凝胶化,使生长因子成功地原位负载到肝素－PF127 水凝胶中[218]。2018 年,郭保林课题组开发了一种基于PF127 胶束的温敏水凝胶,用于姜黄素的缓释[166]。此外,基于多异氰肽[281]、甲基纤维素[76]和羟丁基 CS[51]等其他分子的温敏性水凝胶创面敷料也已被报道。

6.10.2　pH 响应性

pH 响应材料是能够根据环境 pH 变化做出反应的一类材料。因为发炎的组织/伤口在愈合过程中表现出 pH 的变化,能够响应伤口动态 pH 环境的创面敷料在生物医学应用中具有极大的优势。此外,伤口环境的酸碱度也是细菌感染的强烈指标。在愈合阶段,正常愈合伤口的 pH 在 5.5～6.5 之间,而未愈合的感染伤口的 pH 往往高于 6.5。在众多的 pH 响应型敷料中,具有 pH 响应性物质释放的敷料占有很大比例。例如,角质细胞生长因子(KGF)[228]和血小板衍生生长因子 BB[92]等生长因子表现出 pH 响应的释放特性,在酸性条件下可以更好地释放抗菌肽[96]、碱性条件下可以更好地释放牛血清白蛋白[282]和透明质酸低聚糖[116]的敷料都已得到开发。此外,pH 响应型单宁释放水凝胶敷料还可提供抗菌和抗炎特性[283]。

另外,敷料中的一些 pH 响应性溶胀行为也已被报道。例如,海藻酸钙水凝胶在较高的 pH 下表现出更高的溶胀率,因为海藻酸钙中的羧基更容易电离,从而导致静电斥力增加[116]。基于同样的原理,丙烯酸和羧甲基纤维素水凝胶也表现出相同的 pH 响应溶胀特性[56,69]。

6.10.3　光敏性

光敏敷料最大的优点是易于控制,因为它可以对光产生一定的反应。光响应性水凝胶最常见的例子是光热行为。例如 Xu 等报道了一种含有光热纳米材料 GO 和光碱剂孔雀绿甲醇碱(MGCB)的双重光敏水凝胶敷料。除了对近红外光响应产生温度调节,MGCB 分子还可以在紫外光的响应下释放 OH⁻,导致 pH 的梯度变化[284]。Gao 等报道了一种近红外光按需释放抗生素的水凝胶敷料。在生理条件下,抗生素从水凝胶中释放的量很小,但在近红外光照射的情况下,抗生素的释放量增加。同时,PDA 的近红外光热效应也会破坏细菌的完整性,导致细菌的失活[47]。最近还报道了一种近红外光响应式 NO 释放系统,其将热敏 NO 供体 N,N-二仲丁基-N,N-二亚硝基-1,4-苯二胺(BNN6)与 α-环糊精修饰的二硫化钼(MoS₂)纳米片结合在一起,通过 MoS₂ 纳米片光热效应产生的热量驱动 BNN6 释放 NO,发挥光热和 NO 协同的抗菌效应,促进慢性伤口修复[102]。此外,在糖尿病伤口中,光控多次定时释放细胞外小泡已被证明比单次或多次非光控释放更有效地促进愈合[285]。

6.10.4　多重响应性

除了对单一条件有响应的敷料外,一些敷料可以同时对两种或两种以上的条件发生响应。例如,既具有热响应又具有 pH 响应的水凝胶。在一个典型的例子中,由于 CS 的氨基在酸性 pH 下质子化,因此分子内静电斥力和亲水性增强,引起基于 PF127 的温度响应水凝胶急剧膨胀并加速降解,导致药物释放增加[166]。另一个例子是通过负载 PDA 来提供光响应,以及在酸性条件下通过氨基质子化或纤维素水解来提供抗生素的 pH 响应,从而实现对 pH 和光的双重响应[41]。此外,还报道了一种 pH 和葡萄糖双响应递送胰岛素的水凝胶体系,其中 pH 响应由席夫碱酸性 pH 下的稳定性降低提供,葡萄糖响应由葡萄糖和苯基硼酸的竞争性结合破坏苯硼酸酯交联网络提供(图 6.31)[192]。

总体来讲,大量具有 pH、温度、光等外界刺激的响应性敷料已被广泛研究并用于促进皮肤组织修复。然而,这往往增加了操作的复杂性,为临床使用造成了很大不便。伤口环境是一个多种参数实时动态变化的体系,这为响应控制材料的开发提供了新的突破口。因此,进一步开发伤口环境自发响应的敷料是实现皮肤伤口愈合中亟待解决的问题。

6.11　导电性

正常情况下,当皮肤出现缺损或伤口时,整个皮肤周围的负电荷和伤口内的正电荷的结合形成了内生电场。这种伤口处的内生电场被认为是引导细胞在伤口愈合过程中向伤口内迁移的方向信号[286]。过去 20 年的研究,证明内生电场在伤口愈合中具有重要作用[287]。一些重要的电信号分子也已被发现,如 EGF 受体、整合素、V-ATP 酶 H⁺ 泵和 PI3 激酶/Pten(磷酸肌醇 3-激酶/磷酸酶和

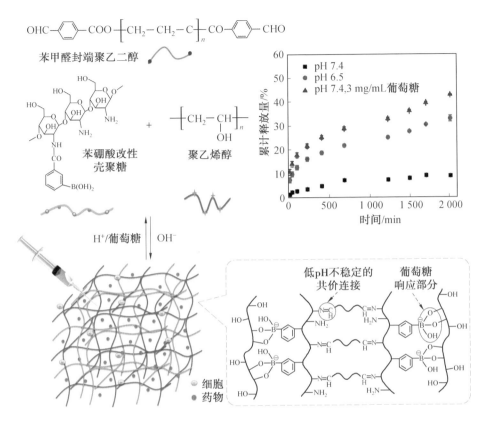

图 6.31 一种 pH 和葡萄糖双响应性胰岛素释放水凝胶伤口敷料的交联网络示意图以及
         双响应胰岛素释放[192]

张力蛋白同源物)[286]。

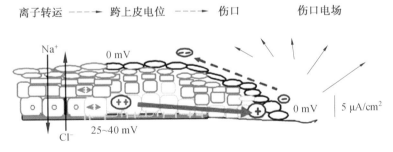

图 6.32 伤口内生电场产生的机理[286]

研究显示,通过放置在创面上的电极施加外部电流,以模拟伤口处的内源性电流,有利于巨噬细胞、中性粒细胞、角质形成细胞的迁移,可以加速伤口闭合[288-289](图 6.32)。然而,外源性电刺激的应用需要大型体外电子设备的支持,给患者带来不便。研究表明,含有与皮肤相似电导率的电活性敷料有利于伤口再生和修复[290-291]。

有机聚合物通常被认为是不导电的,直到 1977 年 Shirakawa、MacDiarmid 和 Heeger 发现卤素掺杂的结晶聚乙炔薄膜[292]的导电性,有机导电聚合物才开始进入人们的视野。在此基础上,逐步建立了一类新的有机导电聚合物,也称为本征导电聚合物(CP)。这些聚合物的固有导电性主要源于其主链上交替存在的单键和双键(或共轭双键)。CP 的一些典型成员包括聚吡咯(PPy)、聚苯胺(PANI)、聚乙炔(PA)和聚噻吩(PT),如图 6.33 所示。CP 一般具有高度灵活的化学结构,可以对其进行修饰以获得的电子和机械性能,进而满足生物医学领域的特定需求。例如,将 CP 处理成水合导电 3D 水凝胶支架是一种极具吸引力的合成软组织材料方法,这类支架与天然细胞外基质的机械性能相匹配,并保留了细胞间通信所需的电子功能。然而,导电聚合物通常是疏水的,所以单纯使用 CP 制造伤口敷料是困难的。另外,由于坚固的杂环骨架,它们在机械上是脆性的,可加工性也较差,这也导致生物医学应用所需的柔韧性和可拉伸性的损失。为了克服以上限制,将 CP 进行化学改性或与非导电聚合物物理共混,调整其机械性能、可加工性和导电性,使之具备了用于电活性伤口敷料的可能。在电活性敷料的开发中被广泛使用的非导电聚合物包括壳聚糖、聚己内酯(PCL)、聚氨酯(PU)、聚 L-乳酸(PLLA)、纤维素等。

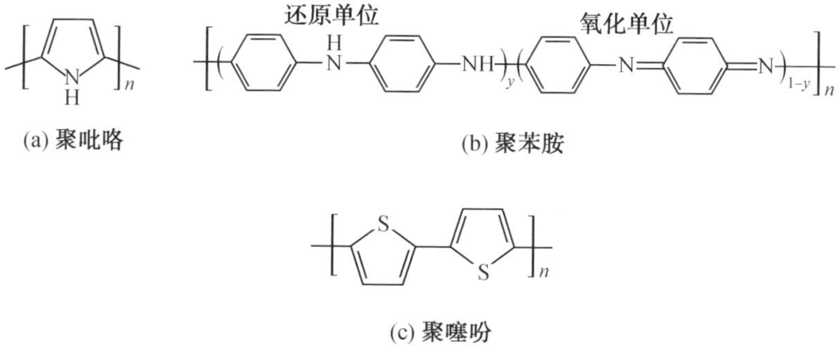

图 6.33　几种导电聚合物的结构式

(1)聚吡咯。

聚吡咯(PPy)是一种共轭杂环化合物(图 6.33(a)),具有良好的生物相容性、生理条件下较高的电导率和易于表面修饰等特点。截至目前,PPy 是最常被报道的用于皮肤组织工程支架或膜中的导电聚合物。另外,PPy 已经被证实可以支持细胞黏附、生长和分化[293]。为了解决 PPy 的疏水问题,Gan 等将疏水性吡咯单体吸附到 CS 分子模板上,随后在亲水性 PAm 水凝胶网络内部原位聚合生成 PPy 纳米棒,构建了坚韧、可拉伸和导电的 PPy-PAm/CS 水凝胶伤口敷料

（图 6.34）[294]。CS 的羟基提供了足够的活性位点，使 PPy 纳米棒在 PAm 水凝胶网络内均匀分布。因此，疏水性 PPy 纳米棒可与亲水性聚合物网络整合，借以在水凝胶内形成高度互连的导电路径，赋予水凝胶高导电性。Lu 等以聚甲基丙烯酸－2－羟乙酯（PHEMA）和甲基丙烯酸－3－磺丙酯的共价交联为基础，通过 FeCl₃ 在交联过程中将导电组分 PPy 原位掺杂到水凝胶网络中，制备了导电的水凝胶敷料。研究证实，该导电水凝胶敷料具有比传统电极式电刺激策略更好的改善伤口愈合的效果[295]。在 PPy 表面涂覆聚氨酯，同样有效改善了 PPy 的分散性[296]。此外，一种微纤化纤维素/PPy/银纳米颗粒杂化气凝胶导电敷料也已经被报道，其具有大于 99% 的孔隙率。微纤化纤维素为气凝胶提供了延展性，聚吡咯和银纳米颗粒除了提供导电性，还具有抗菌性能，对大肠杆菌和金黄色葡萄球菌均表现出抗菌性[297]。

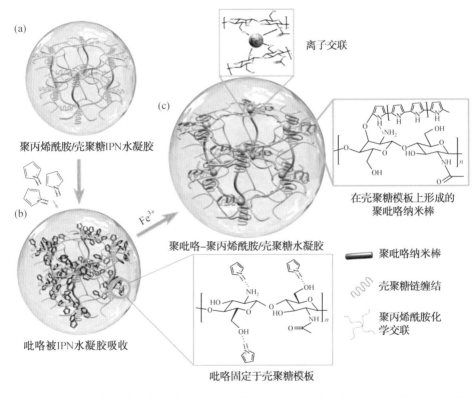

图 6.34 将疏水性吡咯单体吸附到 CS 分子模板上，随后在亲水性 PAm 水凝胶网络内部原位聚合生成 PPy 纳米棒，形成 PPy 均匀分散的导电水凝胶[294]

PPy 还经常与乳酸或其环状双酯的聚合物丙交酯（lactide）结合使用。例如，Shi 等制备了一种由 PPy 和聚（D，L－丙交酯）组成的膜，证实了其支持人真皮成纤维细胞生长的能力，并认为大量且显著的炎性细胞因子分泌可能是导致这一结果的主要原因[298]。随后,来自同一小组的研究者进一步证实电刺激条件下聚吡咯/聚(L－乳酸)膜可以增强人皮肤成纤维细胞对 IL－6 和 IL－8 的分泌[299]。

其他促进 PPy 分散性的报道还包括肝素掺杂和碘掺杂。肝素掺杂被证明不仅在水环境中提供了更高的电稳定性,还可以改善细胞黏附,并上调成纤维细胞生长因子 FGF－1 和 FGF－2 的分泌,进而促进细胞生长[300]。虽然碘掺杂的 PPy/PLLA 支架被发现支持角质形成细胞和真皮成纤维细胞的黏附和增殖,但碘掺杂的 PPy/PGA 支架降解迅速,不利于细胞存活[301]。透明质酸(HA)掺杂聚吡咯膜对体外培养的 PC－12 大鼠肾上腺嗜铬细胞瘤细胞生长表现出促进作用[302]。而在促进细胞生长方面最有效的则是硫酸皮肤素负载的 PPy[303]。

(2)聚苯胺。

聚苯胺(PANI)由一定比例的二氨基苯环和二亚氨基醌环组成(图 6.33(b)),具有合成简单、生物相容性好、电导率可调等优点,在生物医学领域引起了广泛的关注。通过掺入酸,PANI 可以从非导电形式(祖母绿碱)转变为高度导电形式(祖母绿盐)。此外,PANI 是唯一一种可以通过控制质子化或氧化程度来调节电导率的 CP,并可以通过化学键或物理作用方便引入到各种聚合物基伤口敷料中。2017 年,Zhao 等将聚苯胺引入水凝胶敷料,开发了一系列基于季铵化壳聚糖接枝聚苯胺(QCSP)和苯甲醛基官能化聚(乙二醇)－聚－癸二酸甘油酯(PEGS－FA)间席夫碱交联的可注射导电自愈合水凝胶,并将其作为抗菌、抗氧化剂用于皮肤伤口愈合。进一步的体内试验证实了含有聚苯胺的导电水凝胶比不含导电成分的水凝胶在促进损伤组织修复方面具有更好的效果,这被认为与伤口区域更快的再上皮化以及更高的胶原沉积和血管化有关(图 6.35)[142]。聚氨酯作为一种交互式的现代伤口敷料材料被广泛使用。在聚氨酯泡沫敷料上沉积松萝酸掺杂的聚苯胺,不仅获得了具有电活性的敷料,其也展现出了对大肠杆菌和金黄色葡萄球菌出色的抗菌活性[304]。2019 年,基于 PDA 修饰的 Ag 纳米颗粒、聚苯胺和 PVA 间的超分子组装,Lin 等制备了一种负载 Ag 纳米颗粒的聚苯胺基导电水凝胶敷料,其同样具有良好的抗菌效果及对糖尿病创面良好的治疗效果[61]。用于伤口护理的聚苯胺基静电纺丝纳米纤维膜也已被报道。如 Moutsatsou 等制备的一种由聚苯胺和壳聚糖组成的纳米纤维膜,被证明可以促进细胞的黏附和增殖。在另一项研究中,通过结合聚己内酯和季铵化壳聚糖接枝聚苯胺(QCSP)所制备的抗菌、抗氧化和电活性纳米纤维膜在全皮层缺损皮肤伤口修复中显示出增加的胶原沉积、肉芽组织厚度以及新生血管[114]。

在前期研究的基础上,Qu 和 Zhao 等继续以氧化型透明质酸接枝苯胺四聚体(OHA－AT)和羧乙基壳聚糖为原料制备了基于苯胺四聚体的导电水凝胶敷料[36]。在另一个以苯胺四聚体作为电活性添加物的研究中,聚氨酯/载银纳米颗

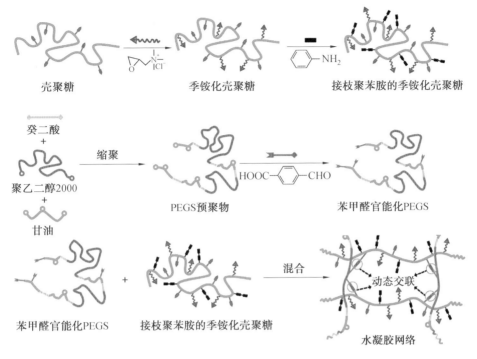

图 6.35　基于季铵化壳聚糖接枝聚苯胺(QCSP)和苯甲醛基官能化聚(乙二醇)－聚－癸
二酸甘油酯(PEGS－FA)间席夫碱交联的可注射导电自愈合水凝胶[142]

粒硅氧烷膜被用来作为敷料载体。2018 年 Xu 等通过聚乙二醇－聚(山梨醇癸二酸酯)共聚物与壳聚糖－g－苯胺四聚体同样制备了一种基于苯胺四聚体的导电可注射水凝胶敷料[305]。此外,一种基于苯胺三聚体链段的电活性形状记忆聚氨酯－脲弹性体也被制备用于皮肤创面敷料[59]。PANI/丝素蛋白和 PPy/丝素蛋白支架均被证实具有比单独使用丝素纤维更好的支持细胞黏附的作用[306]。

（3）聚噻吩。

聚噻吩是另一类被广泛研究的 CP,而聚(3,4-亚乙基二氧噻吩)(PEDOT)是聚噻吩应用最广泛的衍生物。在众多已被研究的 CP 中,PEDOT 的合成和研究相对较晚。PEDOT 的性质与 PPy 相似,但它的电学稳定性比 PPy 更好。由于具有生物相容性和高导电性,PEDOT 已被广泛研究以开发用于细胞培养和生物传感的电活性基质。然而,PEDOT 不溶于许多溶剂,包括水,这极大地限制了其应用。在一项研究中,研究人员将一种薄的 PEDOT 涂层应用于非织造微纤维聚(L－乳酸)(PLLA)网。在这个体系中,PLLA 提供了可生物吸收的优势,而 PEDOT 提供导电性。在后续的研究中,该支架还被证实可支持人真皮成纤维细胞的黏附和生长。虽然在 5 mV/mm 的恒定电位下,PEDOT/PLLA 支架在400 h后的电稳定性不如已报道的 PPy/PLLA 复合膜。然而,Niu 等指出

PEDOT/PLLA 支架比 PPy/PLLA 膜具有更高的孔隙率和更大的物理弹性。因此，它仍然是一种极有潜力的皮肤组织工程材料[307]。

为了使 PEDOT 具有良好的水溶性和成膜性，可以在 PEDOT 中掺杂聚苯乙烯磺酸（PSS），这也极大地提高了 PEDOT 的导电性，并扩展了其生物医学应用。相关研究证实 PEDOT:PSS 膜能够支持人皮肤成纤维细胞的增殖[308]。作为大鼠可伸展部分的皮肤伤口敷料，基于 PEDOT:PSS /瓜尔胶（PPGS）的自愈合和导电性水凝胶在伤口闭合和组织重组方面显示出极大的改善[183]。得益于精氨酸甘氨酰天冬氨酸对亚苯基噻吩的功能化，基于聚噻吩与生物可吸收聚乳酸—乙醇酸（PLGA）共混的静电纺丝多孔纤维垫展现出促进细胞增殖的能力[309]。

一般聚合物作为电气绝缘体的能力是它们在电气和电子领域广泛使用的基础。然而，材料设计者一直试图通过将绝缘聚合物与无机导电成分（如炭黑、碳纤维、金属颗粒等导电聚合物）混合来赋予其导电性能[310]。因此，一系列具有介于金属导体到绝缘材料之间电阻率的导电聚合物复合物自 1950 年以来大量出现，并被广泛应用于地板加热元件、电子设备、电磁干扰（EMI）屏蔽设备等多个领域。最近，导电复合材料也被用于传感元件。与金属导体相比，导电聚合物复合材料具有易成型、密度低、电导率范围广、耐腐蚀等优点。以上进展极大地促进了在非导电聚合物为主体的情况下，制备导电水凝胶的发展。

将无机导电纳米材料如石墨、碳纳米管（CNT）或银纳米线掺入水凝胶是已经广泛使用的制备导电水凝胶的方法。然而，导电纳米材料倾向于在水凝胶网络内部聚集，这阻止了导电渗透路径的形成，并导致水凝胶的导电性能普遍较差。因此，导电纳米颗粒的均匀分散对于获得具有优异导电性能的水凝胶至关重要。受贻贝化学的启发，Han 等通过聚多巴胺（PDA）对炭黑纳米颗粒（CBNP）的表面功能化，得到具有众多反应性表面基团的亲水性 PDA－CB NP。随后将 PDA－CB NP 与丙烯酰胺（AM）单体混合，制得 PDA－CB－PAm 水凝胶。PDA 功能化使 CB NP 均匀地分散在整个水凝胶网络中，并赋予水凝胶良好的导电性。基于相同的原理，多巴胺在碱性条件下的自聚可以在碳纳米管的表面形成一层聚多巴胺层，这不仅提高了碳纳米管在水中的分散性，也降低了其潜在的毒性问题。在 H_2O_2/HRP 的作用下，通过多巴胺接枝明胶与涂覆聚多巴胺的碳纳米管之间的多巴胺交联，制备了一种可用于金黄色葡萄球菌感染的皮肤缺损修复的多功能水凝胶敷料（图 6.36）[42]。在另一项研究中，碳纳米管被附着在聚氨酯上并涂覆于 PPy 上，这使得碳纳米管与皮肤的直接接触被降到最低，因此整个材料的潜在细胞毒性显著降低[296]。

鉴于 GO 带负电荷，Liang 等借助其与季铵化壳聚糖之间的静电相互作用将其负载于水凝胶敷料中。通过季铵阳离子的抗菌性、GO 的光热抗菌性以及形成的水凝胶网络对于抗生素的缓释抗菌，该敷料表现出了多重的抗菌特性，这也为

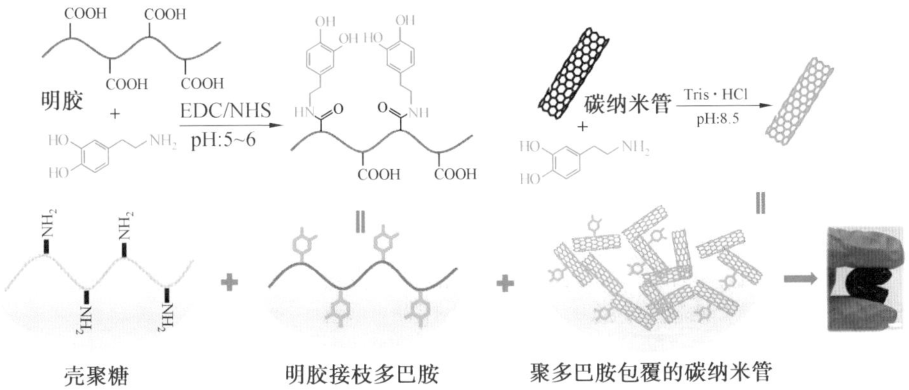

图 6.36　基于聚多巴胺包覆碳纳米管的导电水凝胶敷料[42]

未来应对复杂耐药菌感染伤口的治疗提供了新的思路[103]。在进一步的研究中，通过在 GO 的表面包覆聚多巴胺，不仅提高了其水分散性，而且可以原位还原 GO 生成还原氧化石墨烯(rGO)，增强了石墨烯的导电性[196]。

　　总体而言，目前对导电敷料的研究大多集中在可穿戴和可植入的生物医学装置上，对伤口愈合的研究较少，并且大部分研究还停留在传感器与敷料基底的简单结合或单一参数的检测上，缺乏多参数分离检测的敷料传感器。在后续的多参数分离检测探索中，潜在的信号耦合和串扰问题是转化应用的关键。这可以通过分析设备的细微信号特征和模块化设计来解决，这些功能敷料可以被分为几个功能子区域，每个子区域都对特定刺激做出响应。在不久的将来，更多的具有多种功能的导电敷料被期待用于伤口愈合以及监测。

6.12　伤口监测

　　创面敷料从单一功能到多种功能复合的发展，研究者的重点一直聚焦于简单的一次性解决策略上。然而，创面愈合是一个复杂的过程，创面附近的一些参数也在不断变化，这意味着需要更多的策略来实施创面管理和监测。生物传感器技术领域目前的进步使得将设备层叠在皮肤或器官上并监测生理信息和协助进行适当治疗在技术上变得可行。与伤口敷料类似，用于伤口监测的生物传感器的设计必须是生物相容性的并具有与皮肤相似的弹性模量（100～150 kPa）[311]。

　　伤口环境中的 pH 已被证明是整个伤口愈合过程中的一个重要的生化指标。一般来讲，正常皮肤和愈合伤口的 pH 在 4.0～6.5 之间，这对促进血管生成和上皮化、帮助氧气释放和维持体内共生菌是最佳的。然而，在受感染的伤口中，pH

变为碱性(高于6.5),这主要与细菌的存在有关。因此,pH已被确定为跟踪可能的感染的基本诊断参数,随之而来的具有pH监测功能的敷料也已经被报道。在所有的pH传感器类型中,包含指示剂染料的光学pH传感器可根据pH变化直观地显示颜色变化,并且无须集成电子设备即可快速用于pH识别,显示出极大的优势。然而,这类传感器的一个关键挑战是确保染料与伤口敷料之间的紧密黏附,以及防止染料渗入伤口。对此,Khademhosseini课题组通过微流控纺丝的方法制备了一种嵌入了介孔颗粒的海藻酸盐水凝胶微纤维。研究者将pH敏感染料通过静电作用稳定地与介孔颗粒结合,防止了染料从纤维渗漏到伤口区域。随后,这些对pH敏感的超细纤维被组装于透明的医用胶带上,可以在pH 5.5~9.0的范围内对伤口进行长期监测[312]。随后,Mirani等用海藻酸盐纤维掺杂pH响应型变色介孔树脂珠(图6.37),并通过带有同轴微流控喷嘴的3D生物打印(图6.37(b))构建了含有多孔pH传感器阵列的水凝胶敷料。该水凝胶可以通过颜色变化提供伤口的实时数据,如细菌感染和抗生素释放。此外,当连接到图像采集设备时,该多功能敷料还可以实现数字化远程诊疗[313]。在另一项研究中,Yang等通过微波辅助加热1,2,4－三氨基苯和尿素水溶液,合成了一种新型的橙色发光碳量子点(O－CDs)。通过表面的大量羟基、氨基和羧基,O－CDs与医用棉布之间可以形成很强的氢键作用,使自身被强有力地固定于棉纤维上。通过对荧光和可见光比色变化的检测,O－CDs涂层布对5.0~9.0之间的pH变化有较高的响应。当pH从5.0增加到9.0时,它可以显示出的指示颜色从红色变为黄色[314]。Pan等通过静电纺丝开发了一种可以在6.0~9.0的pH范围内发生明显颜色变化(从黄色到红棕色)的载姜黄素的聚己内酯(PCL)纤维垫。这种颜色变化源于姜黄素具有的酮－烯醇互变异构现象。酮形式的姜黄素在酸性环境中占优势,而烯醇形式在碱性介质中稳定。化学结构的转换伴随着从黄到红棕色的明显色移。在pH检测后,复合敷料的每一张彩色图片的RGB值都可以用便携式智能手机提取,随后可以用来建立与pH的关系[315]。

2. 电化学监测

虽然光学pH响应型可穿戴传感器易于小型化,不受电磁干扰,但仍面临一个重大缺点,即容易受到外界光线条件的影响,难以准确测定伤口的pH。为了更精确地检测,电化学方法被用来将伤口生物标志物的浓度转换为电位、电流或阻抗。在用于医疗保健的柔性电化学传感器方面,有机和聚合物材料已被广泛用作pH检测的传感元件。Rahimi等制作了由涂有质子选择性聚苯胺的碳电极和Ag/AgCl参比电极组成的pH传感器阵列。该传感器阵列可以直接结合到伤口敷料中,并被证实检测pH具有足够的灵敏度、重复性和稳定性,同时它的生物相容性也已经在人类角质形成细胞上得到证明[316]。该小组随后的工作表明,类

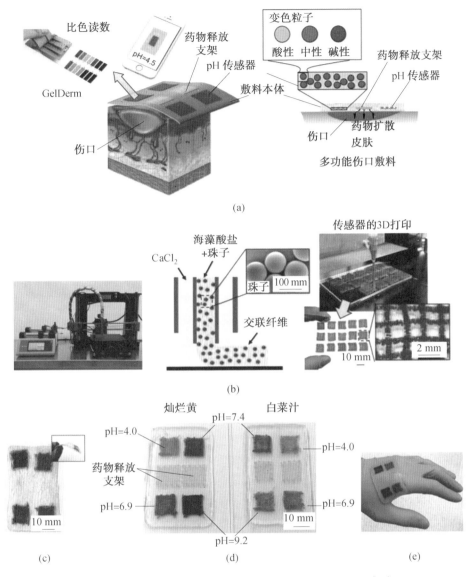

图 6.37　一种多功能敷料(GelDerm)用于监测和处理伤口[313]

似的传感器能够在体外监测与表皮葡萄球菌感染相关的 pH 变化[317]。在此之前，Guinovart 等的研究同样创造了一种基于聚苯胺的 pH 传感器，并用于伤口敷料[318]。

基于同样的思路，Pooria 等将掺杂聚苯胺(PANI)的碳纳米管(CNT)浸渍在棉线上作为工作电极，测量其相对于 Ag/AgCl 参比电极的开路电位。由于体积小且灵活，这种线型 pH 传感器可以很容易地穿过普通针头，而后直接插入胃或植入皮肤下进行活体测量,且其使用上与传统缝线并无较大区别。更方便的是,该线型 pH 传感器记录的数据还可以通过电子设备无线发送[319]。此外,其他一些基于不同传感材料(如碳/聚苯胺、石墨、聚-L-色氨酸和 CuO 纳米棒)的 pH 传感器也被开发用于监测伤口 pH[320]。总之,无论上述方法或传感材料如何,pH 检测的最新进展表明,pH 是实时监测伤口状态的重要生化标志物。

3. 温度监测

除 pH 外,温度变化也被认为是与伤口炎症和感染相关的一个重要参数,因为异常温度变化会影响伤口愈合过程中的一系列化学过程和酶的作用。急性创面的局部血管扩张会导致其温度升高,从而将更多的氧气和营养物质输送到损伤部位,慢性创面温度突然升高则可能预示着感染。创面温度的降低则表明伤口可能遭受局部缺血。研究表明,温度变化 2.2 ℃ 可能是伤口即将恶化的警告阈值[321]。因此,体温监测作为评估伤口状态的一种有效方法也具有很大的潜力。用于测量温度的几种传感器分别基于不同的检测机制,如红外传感器、热敏电阻传感器。

随着温度变化而变色的热致变色材料为实现温度变化的实时监测和与人体皮肤无缝接触的健康状态实时诊断提供了一条极具前景的途径。Hemant 等将含有热致变色染料的弹性复合材料夹在两性电解质水凝胶的可伸展电极中,实现热致变色和触觉传感的双重功能,当温度在 26~34 ℃ 之间时,基于颜色判定的温度误差仅为约 0.1 ℃,这在人体健康监测中作为可穿戴温度传感器具有很大的潜力[322]。

由于低成本制造技术和低功耗,将可穿戴电阻式温度传感器集成到用于伤口修复的生物材料引起了广泛的研究兴趣。Wang 等描述了一种基于石墨烯/丝素蛋白/Ga^{2+} 的温度敏感型自愈合电子皮肤。由于相邻石墨烯界面的电子跃迁变化,不同温度下的电子皮肤的电阻会有所不同,通过检测电阻即可得到伤口附近的实时温度[323]。Hattori 等开发了一种基于热传感器和致动器的电子平台,并在临床研究中提供了精确的时间相关的温度和伤口附近皮肤导热率的映射图。这种可穿戴平台为创面连续监测提供了一种生物相容性、非侵入性智能敷料的新方法[311]。另一项类似的研究则是通过将微型金属电阻器共价键合到黑色硅胶膜上来实时记录皮肤组织的温度和导热系数[311]。

4. 监测与治疗一体化

在实时监测伤口状态的同时,快速有效的治疗也是至关重要的。将不同的可触发药物输送系统与可穿戴式传感器集成,可以形成多功能的智能创面敷料,用于监测和治疗。例如,Mostafalu 等开发了一种包括 pH 和电阻温度传感器的伤口敷料。当检测到温度变化时,敷料可以通过负载的电子控制柔性加热器来实现按需药物释放,同时药物释放方案也可以被编程为个性化治疗(图 6.38)[324]。Gong 等通过静电纺丝的方法制备了一种透气且负载莫西沙星的聚合物纳米网状膜,其也表现出同样的温度检测和温度响应性抗生素莫西沙星释放[325]。而在 Pang 等报告的一种柔性可穿戴电子集成伤口敷料中,除了温度检测,还可以通过紫外发光二极管原位产生紫外线照射,实现紫外响应性抗生素释放。

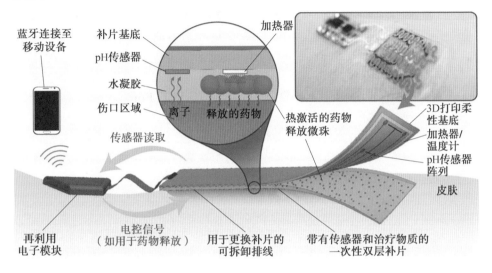

图 6.38　由柔性 pH、温度传感器和加热器组成的创可贴示意图,以及其热控药物释放和与智能设备的无线通信[324]

除了电阻式温度传感器外,基于其他机理(如电容、电阻、热磁等)的可穿戴温度传感器也得到了广泛的研究。最近,Lu 等开发了一种电感-电容振荡器,它可以通过电容的变化来测量局部体温[326]。此外,Zhu 等开发的一种多功能两性离子水凝胶,可以同时检测 pH 和葡萄糖水平,以监测糖尿病患者的伤口情况。该创面敷料可以成功地监测 4~8 范围的 pH,0.1~10×10^{-3}mol/L 浓度的葡萄糖,同时提供一个湿润的愈合环境,促进糖尿病伤口的愈合。这种多功能创面敷料为慢性创面的治疗开辟了新的前景,并用于指导糖尿病伤口的临床治疗[327]。以上具有伤口监测功能的智能敷料在伤口愈合状态的可视化方面显示出极大的希望。因此,具有实时监测和及时按需治疗能力的创面敷料是创伤康复治疗发展的重要方向。

本章参考文献

[1]WILLIAMS D F. On the nature of biomaterials[J]. Biomaterials,2009,30(30):5897-5909.

[2] WILLIAMS D F. On the mechanisms of biocompatibility[J]. Biomaterials, 2008,29(20):2941-2953.

[3] WILLIAMS D F. Biocompatibility pathways:biomaterials-induced sterile inflammation, mechanotransduction, and principles of biocompatibility control[J]. ACS Biomater Sci Eng,2017,3(1):2-35.

[4] BERNARD M,JUBELI E,PUNGENTE M D,et al. Biocompatibility of polymer-based biomaterials and medical devices-regulations, in vitro screening and risk-management[J]. Biomater Sci,2018,6(8):2025-2053.

[5] WILLIAMS D F. There is no such thing as a biocompatible material[J]. Biomaterials,2014,35(38):10009-10014.

[6] ANDERSON J M,RODRIGUEZ A,CHANG D T. Foreign body reaction to biomaterials[J]. Semin Immunol,2008,20(2):86-100.

[7] VEISEH O, DOLOFF J C, MA M L, et al. Size- and shape-dependent foreign body immune response to materials implanted in rodents and non-human Primates[J]. Nat Mater,2015,14(6):643-651.

[8] XU L C,BAUER J W,SIEDLECKI C A. Proteins,platelets,and blood coagulation at biomaterial interfaces[J]. Colloids Surf B Biointerfaces,2014,124: 49-68.

[9] SPERLING C,FISCHER M,MAITZ M F,et al. Blood coagulation on biomaterials requires the combination of distinct activation processes[J]. Biomaterials,2009,30(27):4447-4456.

[10] GOSWAMI P, O'HAIRE T. 3-Developments in the use of green(biodegradable), recycled and biopolymer materials in technical nonwovens. In: Advances in Technical Nonwovens[M]. London:Woodhead Publishing, 2016:97-114.

[11] WANG L,WU S,CAO G X,et al. Biomechanical studies on biomaterial degradation and co-cultured cells:mechanisms, potential applications, challenges and prospects[J]. J Mater Chem B,2019,7(47):7439-7459.

[12] HARRISON J P, BOARDMAN C, O'CALLAGHAN K, et al. Biodegradability standards for carrier bags and plastic films in aquatic environments:a critical review[J]. R Soc Open Sci,2018,5(5):171792.

[13] TIAN H Y,TANG Z H,ZHUANG X L,et al. Biodegradable synthetic polymers: Preparation, functionalization and biomedical application[J]. Progress in Polymer Science, 2012, 37(2): 237-280.

[14] OKAMOTO M,JOHN B. Synthetic biopolymer nanocomposites for tissue

engineering scaffolds[J]. Prog Polym Sci,2013,38(10/11):1487-1503.

[15] RUDNIK E. Biodegradability testing of compostable polymer materials. In: Handbook of biopolymers and biodegradable plastics[M]. Boston: William Andrew Publishing, 2013.

[16] KANNON G A,GARRETT A B. Moist wound healing with occlusive dressings. A clinical review[J]. Dermatol Surg,1995,21(7):583-590.

[17] FIELD F K,KERSTEIN M D. Overview of wound healing in a moist environment[J]. Am J Surg,1994,167(1a):2S-6S.

[18] METZGER S. Clinical and financial advantages of moist wound management[J]. Home Healthc Nurse,2004,22(9):586-590.

[19] JUNKER J P E,KAMEL R A,CATERSON E J,et al. Clinical impact upon wound healing and inflammation in moist,wet,and dry environments [J]. Adv Wound Care (New Rochelle),2013,2(7):348-356.

[20] OKUR M E,KARANTAS I D,ŞENYIIT Z,et al. Recent trends on wound management:new therapeutic choices based on polymeric carriers[J]. Asian J Pharm Sci,2020,15(6):661-684.

[21] BOWERS S,FRANCO E. Chronic wounds:evaluation and management [J]. Am Fam Physician,2020,101(3):159-166.

[22] WU P,NELSON E A,REID W H,et al. Water vapour transmission rates in burns and chronic leg ulcers:influence of wound dressings and comparison with in vitro evaluation [J]. Biomaterials, 1996, 17 (14): 1373-1377.

[23] SEAMAN S. Dressing selection in chronic wound management[J]. J Am Podiatr Med Assoc,2002,92(1):24-33.

[24] PANDIT A S,FALDMAN D S. Effect of oxygen treatment and dressing oxygen permeability on wound healing[J]. Wound Repair Regen,1994,2 (2):130-137.

[25] LAVAN F B,HUNT T K. Oxygen and wound healing[J]. Clin Plast Surg,1990,17(3):463-472.

[26] RODRIGUEZ P G,FELIX F N,WOODLEY D T,et al. The role of oxygen in wound healing:a review of the literature[J]. Dermatol Surg,2008,34 (9):1159-1169.

[27] CHAMBERS A C,LEAPER D J. Role of oxygen in wound healing:a review of evidence[J]. J Wound Care,2011,20(4):160-164.

[28] SIRVIO L M,GRUSSING D M. The effect of gas permeability of film

dressings on wound environment and healing[J]. J Invest Dermatol,1989, 93(4):528-531.

[29] HANNA J R,GIACOPELLI J A. A review of wound healing and wound dressing products[J]. J Foot Ankle Surg,1997,36(1):2-14;discussion79.

[30]STRODTBECK F. Physiology of wound healing[J]. Newborn and Infant Nursing Reviews, 2001, 1(1): 43-52.

[31] REZVANI GHOMI E, KHALILI S, NOURI KHORASANI S, et al. Wound dressings: current advances and future directions[J]. Journal of Applied Polymer Science, 2019, 136(27): 47738.

[32] SIMÕES D,MIGUEL S P,RIBEIRO M P,et al. Recent advances on antimicrobial wound dressing:a review[J]. Eur J Pharm Biopharm,2018,127: 130-141.

[33] HOWELL-JONES R S,WILSON M J,HILL K E,et al. A review of the microbiology,antibiotic usage and resistance in chronic skin wounds[J]. J Antimicrob Chemother,2005,55(2):143-149.

[34] HU B H,OWH C,CHEE P L,et al. Supramolecular hydrogels for antimicrobial therapy[J]. Chem Soc Rev,2018,47(18):6917-6929.

[35] NOROUZI M,BOROUJENI S M,OMIDVARKORDSHOULI N,et al. Advances in skin regeneration:application of electrospun scaffolds[J]. Adv Healthc Mater,2015,4(8):1114-1133.

[36] QU J, ZHAO X, LIANG Y, et al. Degradable conductive injectable hydrogels as novel antibacterial, anti-oxidant wound dressings for wound healing[J]. Chemical Engineering Journal, 2019, 362: 548-560.

[37] LIANG Y P,ZHAO X,MA P X,et al. pH-responsive injectable hydrogels with mucosal adhesiveness based on chitosan-grafted-dihydrocaffeic acid and oxidized pullulan for localized drug delivery[J]. J Colloid Interface Sci,2019,536:224-234.

[38] PICONE P,SABATINO M A,AJOVALASIT A,et al. Biocompatibility, hemocompatibility and antimicrobial properties of xyloglucan-based hydrogel film for wound healing application[J]. Int J Biol Macromol, 2019,121:784-795.

[39] RAKHSHAEI R,NAMAZI H. A potential bioactive wound dressing based on carboxymethyl cellulose/ZnO impregnated MCM-41 nanocomposite hydrogel[J]. Mater Sci Eng C Mater Biol Appl,2017,73:456-464.

[40] CHEN H N,XING X D,TAN H P,et al. Covalently antibacterial alginate-

chitosan hydrogel dressing integrated gelatin microspheres containing tetracycline hydrochloride for wound healing[J]. Mater Sci Eng C Mater Biol Appl,2017,70(Pt 1):287-295.

[41] LIU Y Y,SUI Y L,LIU C,et al. A physically crosslinked polydopamine/nanocellulose hydrogel as potential versatile vehicles for drug delivery and wound healing[J]. Carbohydr Polym,2018,188:27-36.

[42] LIANG Y P,ZHAO X,HU T L,et al. Mussel-inspired, antibacterial, conductive,antioxidant,injectable composite hydrogel wound dressing to promote the regeneration of infected skin[J]. J Colloid Interface Sci,2019, 556:514-528.

[43] YAN X,FANG W W,XUE J Z,et al. Thermoresponsive in situ forming hydrogel with sol-gel irreversibility for effective methicillin-resistant Staphylococcus aureus infected wound healing[J]. ACS Nano,2019,13 (9):10074-10084.

[44] SINGH B,SHARMA S,DHIMAN A. Design of antibiotic containing hydrogel wound dressings:biomedical properties and histological study of wound healing[J]. Int J Pharm,2013,457(1):82-91.

[45] TAO G,WANG Y J,CAI R,et al. Design and performance of sericin/poly (vinyl alcohol) hydrogel as a drug delivery carrier for potential wound dressing application[J]. Mater Sci Eng C Mater Biol Appl,2019,101: 341-351.

[46] SMITH A G,DIN A,DENYER M,et al. Microengineered surface topography facilitates cell grafting from a prototype hydrogel wound dressing with antibacterial capability[J]. Biotechnol Prog,2006,22(5): 1407-1415.

[47] GAO G,JIANG Y W,JIA H R,et al. Near-infrared light-controllable on-demand antibiotics release using thermo-sensitive hydrogel-based drug reservoir for combating bacterial infection[J]. Biomaterials,2019,188: 83-95.

[48] SHI Y,TRUONG V X,KULKARNI K,et al. Light-triggered release of ciprofloxacin from an in situ forming click hydrogel for antibacterial wound dressings[J]. J Mater Chem B,2015,3(45):8771-8774.

[49] SINGH B,VARSHNEY L,FRANCIS S,et al. Designing tragacanth gum based sterile hydrogel by radiation method for use in drug delivery and wound dressing applications[J]. Int J Biol Macromol,2016,88:586-602.

［50］MCMAHON S，KENNEDY R，DUFFY P，et al. Poly（ethylene glycol）-based hyperbranched polymer from RAFT and its application as a silver-sulfadiazine-loaded antibacterial hydrogel in wound care［J］. ACS Appl Mater Interfaces，2016，8（40）：26648-26656.

［51］XIA G X，LIU Y，TIAN M P，et al. Nanoparticles/thermosensitive hydrogel reinforced with chitin whiskers as a wound dressing for treating chronic wounds［J］. J Mater Chem B，2017，5（17）：3172-3185.

［52］DU L N，TONG L，JIN Y G，et al. A multifunctional in situ-forming hydrogel for wound healing［J］. Wound Repair Regen，2012，20（6）：904-910.

［53］CHEN M，TIAN J，LIU Y，et al. Dynamic covalent constructed self-healing hydrogel for sequential delivery of antibacterial agent and growth factor in wound healing［J］. Chemical Engineering Journal，2019，373：413-424.

［54］WU D Q，ZHU J，HAN H，et al. Synthesis and characterization of arginine-NIPAAm hybrid hydrogel as wound dressing：in vitro and in vivo study［J］. Acta Biomater，2018，65：305-316.

［55］ZHU J，LI F X，WANG X L，et al. Hyaluronic acid and polyethylene glycol hybrid hydrogel encapsulating nanogel with hemostasis and sustainable antibacterial property for wound healing［J］. ACS Appl Mater Interfaces，2018，10（16）：13304-13316.

［56］ZHU J，HAN H，YE T T，et al. Biodegradable and pH sensitive peptide based hydrogel as controlled release system for antibacterial wound dressing application［J］. Molecules，2018，23（12）：3383.

［57］REZVANIAN M，AHMAD N，MOHD AMIN M C I，et al. Optimization，characterization，and in vitro assessment of alginate-pectin ionic cross-linked hydrogel film for wound dressing applications［J］. Int J Biol Macromol，2017，97：131-140.

［58］MI L，XUE H，LI Y，et al. A thermoresponsive antimicrobial wound dressing hydrogel based on a cationic betaine ester［J］. Advanced Functional Materials，2011，21（21）：4028-4034.

［59］LI M，CHEN J，SHI M T，et al. Electroactive anti-oxidant polyurethane elastomers with shape memory property as non-adherent wound dressing to enhance wound healing［J］. Chemical Engineering Journal，2019，375：121999.

［60］CONTARDI M，RUSSO D，SUARATO G，et al. Polyvinylpyrrolidone/hyaluronic acid-based bilayer constructs for sequential delivery of cutaneous antiseptic and antibiotic［J］. Chemical Engineering Journal，2019，358：912-923.

［61］ZHAO Y，LI Z，SONG S，et al. Skin-inspired antibacterial conductive hydrogels for epidermal sensors and diabetic foot wound dressings［J］. Advanced Functional Materials，2019，29(31)：1901474.

［62］SHI G F，CHEN W T，ZHANG Y，et al. An antifouling hydrogel containing silver nanoparticles for modulating the therapeutic immune response in chronic wound healing［J］. Langmuir，2019，35(5)：1837-1845.

［63］CHEN H，CHENG R Y，ZHAO X，et al. An injectable self-healing coordinative hydrogel with antibacterial and angiogenic properties for diabetic skin wound repair［J］. NPG Asia Mater，2019，11：3.

［64］MAHMOUD N N，HIKMAT S，ABU GHITH D，et al. Gold nanoparticles loaded into polymeric hydrogel for wound healing in rats：effect of nanoparticles' shape and surface modification［J］. Int J Pharm，2019，565：174-186.

［65］LI Q，LU F，ZHOU G F，et al. Silver inlaid with gold nanoparticle/chitosan wound dressing enhances antibacterial activity and porosity，and promotes wound healing［J］. Biomacromolecules，2017，18(11)：3766-3775.

［66］LIANG Y，WANG M，ZHANG Z，et al. Facile synthesis of ZnO QDS@GO-CS hydrogel for synergetic antibacterial applications and enhanced wound healing［J］. Chemical Engineering Journal，2019，378：122043.

［67］SHU M M，LONG S J，HUANG Y W，et al. High strength and antibacterial polyelectrolyte complex CS/HS hydrogel films for wound healing［J］. Soft Matter，2019，15(38)：7686-7694.

［68］BAGHAIE S，KHORASANI M T，ZARRABI A，et al. Wound healing properties of PVA/starch/chitosan hydrogel membranes with nano Zinc oxide as antibacterial wound dressing material［J］. J Biomater Sci Polym Ed，2017，28(18)：2220-2241.

［69］MAO C Y，XIANG Y M，LIU X M，et al. Photo-inspired antibacterial activity and wound healing acceleration by hydrogel embedded with Ag/Ag@AgCl/ZnO nanostructures［J］. ACS Nano，2017，11(9)：9010-9021.

［70］SUDHEESH KUMAR P T，LAKSHMANAN V K，ANILKUMAR T V，et al. Flexible and microporous chitosan hydrogel/nano ZnO composite bandages for wound dressing：in vitro and in vivo evaluation[J]. ACS Appl Mater Interfaces,2012,4(5)：2618-2629.

[71] TAO B L,LIN C C,DENG Y M,et al. Copper-nanoparticle-embedded hydrogel for killing bacteria and promoting wound healing with photothermal therapy[J]. J Mater Chem B,2019,7(15)：2534-2548.

[72] LI M,LIU X M,TAN L,et al. Noninvasive rapid bacteria-killing and acceleration of wound healing through photothermal/photodynamic/copper ion synergistic action of a hybrid hydrogel[J]. Biomater Sci, 2018, 6(8)：2110-2121.

[73] XIAO J S,CHEN S Y,YI J,et al. A cooperative copper metal-organic framework-hydrogel system improves wound healing in diabetes[J]. Adv Funct Mater,2017,27(1)：1604872.

[74] LI S Q,DONG S J,XU W G,et al. Antibacterial hydrogels[J]. Adv Sci (Weinh),2018,5(5)：1700527.

[75] BOONKAEW B,KEMPF M,KIMBLE R,et al. Antimicrobial efficacy of a novel silver hydrogel dressing compared to two common silver burn wound dressings：Acticoat™ and PolyMem Silver(®)[J]. Burns,2014,40 (1)：89-96.

[76] KIM M H,PARK H,NAM H C,et al. Injectable methylcellulose hydrogel containing silver oxide nanoparticles for burn wound healing[J]. Carbohydr Polym,2018,181：579-586.

[77] TAN DAT N, THANH TRUC N, KHANH LOAN L, et al. In vivo study of the antibacterial chitosan/polyvinyl alcohol loaded with silver nanoparticle hydrogel for wound healing applications[J]. International Journal of Polymer Science, 2019, 2019：1-10.

[78] RATTANARUENGSRIKUL V, PIMPHA N, SUPAPHOL P. In vitro efficacy and toxicology evaluation of silver nanoparticle-loaded gelatin hydrogel pads as antibacterial wound dressings[J]. Journal of Applied Polymer Science, 2012, 124(2)：1668-1682.

[79] AMMONS M C B,WARD L S,JAMES G A. Anti-biofilm efficacy of a lactoferrin/xylitol wound hydrogel used in combination with silver wound dressings[J]. Int Wound J,2011,8(3)：268-273.

[80] ZEPON K M, MARQUES M S, DA SILVA PAULA M M, et al. Facile, green and scalable method to produce carrageenan-based hydrogel containing in situ synthesized agnps for application as wound dressing[J].

International Journal of Biological Macromolecules，2018，113：51-58.

［81］ OLIVEIRA R N，ROUZÉ R，QUILTY B，et al. Mechanical properties and in vitro characterization of polyvinyl alcohol-nano-silver hydrogel wound dressings［J］. Interface Focus，2014，4(1)：20130049.

［82］ SINGH R，SINGH D. Radiation synthesis of PVP/alginate hydrogel containing nanosilver as wound dressing［J］. J Mater Sci Mater Med，2012，23(11)：2649-2658.

［83］ WU Z，HONG Y L. Combination of the silver-ethylene interaction and 3D printing to develop antibacterial superporous hydrogels for wound management［J］. ACS Appl Mater Interfaces，2019，11(37)：33734-33747.

［84］ VARAPRASAD K，MOHAN Y M，VIMALA K，et al. Synthesis and characterization of hydrogel-silver nanoparticle-curcumin composites for wound dressing and antibacterial application ［J］. Journal of Applied Polymer Science，2011，121(2)：784-796.

［85］ FAN Z，LIU B，WANG J，et al. A novel wound dressing based on Ag/graphene polymer hydrogel：effectively kill bacteria and accelerate wound healing［J］. Advanced Functional Materials，2014，24(25)：3933-3943.

［86］ YE D D，ZHONG Z B，XU H，et al. Construction of cellulose/nanosilver sponge materials and their antibacterial activities for infected wounds healing［J］. Cellulose，2016，23(1)：749-763.

［87］ ZHANG Y L，ZHAI D，XU M C，et al. 3D-printed bioceramic scaffolds with antibacterial and osteogenic activity［J］. Biofabrication，2017，9(2)：025037.

［88］ LI Y H，HAN Y，WANG X Y，et al. Multifunctional hydrogels prepared by dual ion cross-linking for chronic wound healing［J］. ACS Appl Mater Interfaces，2017，9(19)：16054-16062.

［89］ REFAT M S，ELSABAWY K M，ALHADHRAMI A，et al. Development of medical drugs：synthesis and in vitro bio-evaluations of nanomedicinal zinc-penicillins polymeric hydrogel membranes for wound skin dressing by new chemical technology［J］. Journal of Molecular Liquids，2018，255：462-470.

［90］ SIEBERT L，LUNA-CERÓN E，GARCÍA-RIVERA L E，et al. Light-controlled growth factors release on tetrapodal ZnO-incorporated 3D-printed hydrogels for developing smart wound scaffold［J］. Adv Funct Mater，2021，31(22)：2007555.

[91] HEBEISH A, SHARAF S. Novel nanocomposite hydrogel for wound dressing and other medical applications[J]. RSC Adv, 2015, 5 (125): 103036-103046.

[92] TIAN R, QIU X Y, YUAN P Y, et al. Fabrication of self-healing hydrogels with on-demand antimicrobial activity and sustained biomolecule release for infected skin regeneration[J]. ACS Appl Mater Interfaces, 2018, 10 (20):17018-17027.

[93] HE X, DING Y F, XIE W J, et al. Rubidium-containing calcium alginate hydrogel for antibacterial and diabetic skin wound healing applications[J]. ACS Biomater Sci Eng, 2019, 5(9):4726-4738.

[94] GAO Y J, DU H Y, XIE Z J, et al. Self-adhesive photothermal hydrogel films for solar-light assisted wound healing[J]. J Mater Chem B, 2019, 7 (23):3644-3651.

[95] MA H S, ZHOU Q, CHANG J, et al. Grape seed-inspired smart hydrogel scaffolds for melanoma therapy and wound healing[J]. ACS Nano, 2019, 13(4):4302-4311.

[96] WANG J H, CHEN X Y, ZHAO Y, et al. pH-switchable antimicrobial nanofiber networks of hydrogel eradicate biofilm and rescue stalled healing in chronic wounds[J]. ACS Nano, 2019, 13(10):11686-11697.

[97] HE J, SHI M T, LIANG Y P, et al. Conductive adhesive self-healing nanocomposite hydrogel wound dressing for photothermal therapy of infected full-thickness skin wounds[J]. Chemical Engineering Journal, 2020:124888.

[98] FENG L, SHI W B, CHEN Q, et al. Smart asymmetric hydrogel with integrated multi-functions of NIR-triggered tunable adhesion, self-deformation, and bacterial eradication[J]. Adv Healthc Mater, 2021, 10 (19):e2100784.

[99] LIANG Y Q, LI Z L, HUANG Y, et al. Dual-dynamic-bond cross-linked antibacterial adhesive hydrogel sealants with on-demand removability for post-wound-closure and infected wound healing[J]. ACS Nano, 2021, 15 (4):7078-7093.

[100] EL-AASSAR M R, EL FAWAL G F, EL-DEEB N M, et al. Electrospun polyvinyl alcohol/pluronic F127 blended nanofibers containing titanium dioxide for antibacterial wound dressing[J]. Appl Biochem Biotechnol, 2016, 178(8):1488-1502.

［101］ MAO C Y，XIANG Y M，LIU X M，et al. Repeatable photodynamic therapy with triggered signaling pathways of fibroblast cell proliferation and differentiation to promote bacteria-accompanied wound healing［J］. ACS Nano，2018，12(2)：1747-1759.

［102］ HUANG S S，LIU H L，LIAO K D，et al. Functionalized GO nanovehicles with nitric oxide release and photothermal activity-based hydrogels for bacteria-infected wound healing［J］. ACS Appl Mater Interfaces，2020，12 (26)：28952-28964.

［103］ LIANG Y P，CHEN B J，LI M，et al. Injectable antimicrobial conductive hydrogels for wound disinfection and infectious wound healing［J］. Bio-macromolecules，2020，21(5)：1841-1852.

［104］ LI X S，BAI H T，YANG Y C，et al. Supramolecular antibacterial materials for combatting antibiotic resistance［J］. Adv Mater，2019，31 (5)：e1805092.

［105］ WANG T，ZHU X K，XUE X T，et al. Hydrogel sheets of chitosan，honey and gelatin as burn wound dressings［J］. Carbohydrate Polymers，2012，88(1)：75-83.

［106］ CHEN H L，CHENG J W，RAN L X，et al. An injectable self-healing hydrogel with adhesive and antibacterial properties effectively promotes wound healing［J］. Carbohydr Polym，2018，201：522-531.

［107］ ZHANG Y W，JIANG M M，ZHANG Y Q，et al. Novel lignin-chitosan-PVA composite hydrogel for wound dressing［J］. Mater Sci Eng C Mater Biol Appl，2019，104：110002.

［108］ MOZALEWSKA W，CZECHOWSKA-BISKUP R，OLEJNIK A K，et al. Chitosan-containing hydrogel wound dressings prepared by radiation technique［J］. Radiation Physics and Chemistry，2017，134：1-7.

［109］ OMIDI M，YADEGARI A，TAYEBI L. Wound dressing application of pH-sensitive carbon dots/chitosan hydrogel［J］. RSC Adv，2017，7(18)：10638-10649.

［110］ ROMIĆ M D，KLARIĆ M Š，LOVRIĆ J，et al. Melatonin-loaded chitosan/Pluronic® F127 microspheres as in situ forming hydrogel：an innovative antimicrobial wound dressing［J］. Eur J Pharm Biopharm，2016，107：67-79.

［111］ CHEN G，YU Y，WU X，et al. Bioinspired multifunctional hybrid hydrogel promotes wound healing［J］. Advanced Functional Materials，

2018，28(33)：1801386.

[112] HOQUE J，PRAKASH R G，PARAMANANDHAM K，et al. Biocompatible injectable hydrogel with potent wound healing and antibacterial properties[J]. Mol Pharm，2017，14(4)：1218-1230.

[113] GAN D L，XU T，XING W S，et al. Mussel-inspired contact-active antibacterial hydrogel with high cell affinity，toughness，and recoverability [J]. Advanced Functional Materials，2019，29(1)：1805964.

[114] HE J H，LIANG Y P，SHI M T，et al. Anti-oxidant electroactive and antibacterial nanofibrous wound dressings based on poly (epsilon-caprolactone)/quaternized chitosan-graft-polyaniline for full-thickness skin wound healing [J]. Chemical Engineering Journal，2020，385：123464.

[115] ZHANG Y B，DANG Q F，LIU C S，et al. Synthesis，characterization，and evaluation of poly(aminoethyl) modified chitosan and its hydrogel used as antibacterial wound dressing[J]. Int J Biol Macromol，2017，102：457-467.

[116] WANG T，ZHENG Y，SHI Y J，et al. pH-responsive calcium alginate hydrogel laden with protamine nanoparticles and hyaluronan oligosaccharide promotes diabetic wound healing by enhancing angiogenesis and antibacterial activity[J]. Drug Deliv Transl Res，2019，9(1)：227-239.

[117] YANG C C，XUE R，ZHANG Q S，et al. Nanoclay cross-linked semi-IPN silk sericin/poly (NIPAm/LMSH) nanocomposite hydrogel：an outstanding antibacterial wound dressing[J]. Mater Sci Eng C Mater Biol Appl，2017，81：303-313.

[118] SONG A R，RANE A A，CHRISTMAN K L. Antibacterial and cell-adhesive polypeptide and poly(ethylene glycol) hydrogel as a potential scaffold for wound healing[J]. Acta Biomater，2012，8(1)：41-50.

[119] ANNABI N，RANA D，SHIRZAEI SANI E，et al. Engineering a sprayable and elastic hydrogel adhesive with antimicrobial properties for wound healing[J]. Biomaterials，2017，139：229-243.

[120] WANG R，LI J Z，CHEN W，et al. A biomimetic mussel-inspired epsilon-poly-L-lysine hydrogel with robust tissue-anchor and anti-infection capacity [J]. Advanced Functional Materials，2017，27(8)：1604894.

[121] ZHOU L，XI Y W，XUE Y M，et al. Injectable self-healing antibacterial bioactive polypeptide-based hybrid nanosystems for efficiently treating multidrug resistant infection，skin-tumor therapy，and enhancing wound healing[J]. Advanced Functional Materials，2019，29(22)：1806883.

[122] ZHAO Y，DU X，JIANG L，et al. Glucose oxidase-loaded antimicrobial peptide hydrogels：Potential dressings for diabetic wound[J]. Journal of Nanoscience and Nanotechnology，2020，20(4)：2087-2094.

[123] PUTHIA M，BUTRYM M，PETRLOVA J，et al. A dual-action peptide-containing hydrogel targets wound infection and inflammation[J]. Sci Transl Med，2020，12(524)：eaax6601.

[124] ZHU J，HAN H，LI F X，et al. Peptide-functionalized amino acid-derived pseudoprotein-based hydrogel with hemorrhage control and antibacterial activity for wound healing[J]. Chem Mater，2019，31(12)：4436-4450.

[125] YUSOF N，HAFIZA A H A，ZOHDI R M，et al. Development of honey hydrogel dressing for enhanced wound healing[J]. Radiation Physics and Chemistry，2007，76(11-12)：1767-1770.

[126] CHUYSINUAN P，CHIMNOI N，REUK-NGAM N，et al. Development of gelatin hydrogel pads incorporated with Eupatorium adenophorum essential oil as antibacterial wound dressing[J]. Polym Bull，2019，76(2)：701-724.

[127] KAVOOSI G，BORDBAR Z，DADFAR S M，et al. Preparation and characterization of a novel gelatin-poly(vinyl alcohol) hydrogel film loaded with zataria multiflora essential oil for antibacterial-antioxidant wound-dressing applications[J]. Journal of Applied Polymer Science，2017，134(39)：45351.

[128] GHERMAN T，POPESCU V，CARPA R，et al. Salvia officinalis essential oil loaded gelatin hydrogel as potential antibacterial wound dressing materials[J]. Revista de Chimie，2018，69(2)：410-414.

[129] PAN W Z，DAI C B，LI Y，et al. PRP-chitosan thermoresponsive hydrogel combined with black phosphorus nanosheets as injectable biomaterial for biotherapy and phototherapy treatment of rheumatoid arthritis[J]. Biomaterials，2020，239：119851.

[130] TAN S P，MCLOUGHLIN P，O'SULLIVAN L，et al. Development of a novel antimicrobial seaweed extract-based hydrogel wound dressing[J]. Int J Pharm，2013，456(1)：10-20.

[131] JAISWAL L,SHANKAR S,RHIM J W. Carrageenan-based functional hydrogel film reinforced with sulfur nanoparticles and grapefruit seed extract for wound healing application[J]. Carbohydr Polym,2019,224:115191.

[132] KOOSEHGOL S,EBRAHIMIAN-HOSSEINABADI M,ALIZADEH M, et al. Preparation and characterization of in situ chitosan/polyethylene glycol fumarate/thymol hydrogel as an effective wound dressing[J]. Mater Sci Eng C Mater Biol Appl,2017,79:66-75.

[133] SONG R R,ZHENG J,LIU Y L,et al. A natural cordycepin/chitosan complex hydrogel with outstanding self-healable and wound healing properties[J]. Int J Biol Macromol,2019,134:91-99.

[134] LEE J,HLAING S P,CAO J F,et al. In situ hydrogel-forming/nitric oxide-releasing wound dressing for enhanced antibacterial activity and healing in mice with infected wounds[J]. Pharmaceutics,2019,11(10):496.

[135] HUBER D,TEGL G,MENSAH A,et al. A dual-enzyme hydrogen peroxide generation machinery in hydrogels supports antimicrobial wound treatment[J]. ACS Appl Mater Interfaces,2017,9(18):15307-15316.

[136] YING H Y,ZHOU J,WANG M Y,et al. In situ formed collagen-hyaluronic acid hydrogel as biomimetic dressing for promoting spontaneous wound healing[J]. Mater Sci Eng C Mater Biol Appl,2019,101:487-498.

[137] WANG Z C,WANG Y X,PENG X Y,et al. Photocatalytic antibacterial agent incorporated double-network hydrogel for wound healing[J]. Colloids Surf B,2019,180:237-244.

[138] CUI F Y,LI G D,HUANG J J,et al. Development of chitosan-collagen hydrogel incorporated with lysostaphin (CCHL) burn dressing with anti-methicillin-resistant Staphylococcus aureus and promotion wound healing properties[J]. Drug Deliv,2011,18(3):173-180.

[139] GHOBRIL C,GRINSTAFF M W. The chemistry and engineering of polymeric hydrogel adhesives for wound closure:a tutorial[J]. Chem Soc Rev,2015,44(7):1820-1835.

[140] LANDSMAN T L,TOUCHET T,HASAN S M,et al. A shape memory foam composite with enhanced fluid uptake and bactericidal properties as

a hemostatic agent[J]. Acta Biomater,2017,47:91-99.

[141] ZHANG Z,WANG X L,WANG Y T,et al. Rapid-forming and self-healing agarose-based hydrogels for tissue adhesives and potential wound dressings[J]. Biomacromolecules,2018,19(3):980-988.

[142] ZHAO X,WU H,GUO B L,et al. Antibacterial anti-oxidant electroactive injectable hydrogel as self-healing wound dressing with hemostasis and adhesiveness for cutaneous wound healing[J]. Biomaterials,2017,122:34-47.

[143] BU Y Z,ZHANG L C,LIU J H,et al. Synthesis and properties of hemostatic and bacteria-responsive in situ hydrogels for emergency treatment in critical situations[J]. ACS Appl Mater Interfaces,2016,8(20):12674-12683.

[144] MEHDIZADEH M,WENG H,GYAWALI D,et al. Injectable citrate-based mussel-inspired tissue bioadhesives with high wet strength for sutureless wound closure[J]. Biomaterials,2012,33(32):7972-7983.

[145] YUAN H B,CHEN L,HONG F F. A biodegradable antibacterial nano-composite based on oxidized bacterial nanocellulose for rapid hemostasis and wound healing[J]. ACS Appl Mater Interfaces,2020,12(3):3382-3392.

[146] FAN L H,YANG H,YANG J,et al. Preparation and characterization of chitosan/gelatin/PVA hydrogel for wound dressings[J]. Carbohydr Polym,2016,146:427-434.

[147] ZHAO X,GUO B L,WU H,et al. Injectable antibacterial conductive nanocomposite cryogels with rapid shape recovery for noncompressible hemorrhage and wound healing[J]. Nat Commun,2018,9(1):2784.

[148] GAO H M,ZHONG Z B,XIA H Y,et al. Construction of cellulose nanofibers/quaternized chitin/organic rectorite composites and their application as wound dressing materials[J]. Biomater Sci,2019,7(6):2571-2581.

[149] ZHAO X,GUO B L,WU H,et al. Injectable antibacterial conductive nanocomposite cryogels with rapid shape recovery for noncompressible hemorrhage and wound healing[J]. Nat Commun,2018,9(1):2784.

[150] WANG C W,NIU H Y,MA X Y,et al. Bioinspired, injectable, quaternized hydroxyethyl cellulose composite hydrogel coordinated by mesocellular silica foam for rapid, noncompressible hemostasis and

wound healing[J]. ACS Appl Mater Interfaces, 2019, 11 (38):
34595-34608.

[151] KONIECZYNSKA M D, VILLA-CAMACHO J C, GHOBRIL C, et al.
On-demand dissolution of a dendritic hydrogel-based dressing for second-
degree burn wounds through thiol-thioester exchange reaction[J]. Angew
Chem Int Ed Engl, 2016, 55(34): 9984-9987.

[152] CHENG W L, LI H, ZHENG X F, et al. Processing, characterization and
hemostatic mechanism of a ultraporous collagen/ORC biodegradable
composite with excellent biological effectiveness[J]. Phys Chem Chem
Phys, 2016, 18(42): 29183-29191.

[153] PAN H, FAN D D, DUAN Z G, et al. Non-stick hemostasis hydrogels as
dressings with bacterial barrier activity for cutaneous wound healing[J].
Mater Sci Eng C Mater Biol Appl, 2019, 105: 110118.

[154] ZHANG D M, CAI G K, MUKHERJEE S, et al. Elastic, persistently
moisture-retentive, and wearable biomimetic film inspired by fetal
scarless repair for promoting skin wound healing[J]. ACS Appl Mater
Interfaces, 2020, 12(5): 5542-5556.

[155] LIU C Y, LIU C Y, YU S M, et al. Efficient antibacterial dextran-mont-
morillonite composite sponge for rapid hemostasis with wound healing
[J]. Int J Biol Macromol, 2020, 160: 1130-1143.

[156] ZHOU Y P, LI H Y, LIU J W, et al. Acetate chitosan with $CaCO_3$ doping
form tough hydrogel for hemostasis and wound healing[J]. Polym Adv
Technol, 2019, 30(1): 143-152.

[157] LI Q, HU E L, YU K, et al. Self-propelling janus particles for hemostasis
in perforating and irregular wounds with massive hemorrhage[J]. Adv
Funct Mater, 2020, 30(42): 2004153.

[158] GRANVILLE-CHAPMAN J, JACOBS N, MIDWINTER M J. Pre-
hospital haemostatic dressings: a systematic review[J]. Injury, 2011, 42
(5): 447-459.

[159] LONG M, ZHANG Y, HUANG P, et al. Emerging nanoclay composite
for effective hemostasis[J]. Adv Funct Mater, 2018, 28(10): 1704452.

[160] YU L S, SHANG X Q, CHEN H, et al. A tightly-bonded and flexible me-
soporous zeolite-cotton hybrid hemostat[J]. Nat Commun, 2019, 10
(1): 1932.

[161] PENG Q Y, CHEN J S, ZENG Z C, et al. Adhesive coacervates driven by

hydrogen-bonding interaction[J]. Small,2020,16(43):e2004132.

[162] ZHAO X，LIANG Y，HUANG Y，et al. Physical double-network hydrogel adhesives with rapid shape adaptability，fast self-healing，antioxidant and NIR/pH stimulus-responsiveness for multidrug-resistant bacterial infection and removable wound dressing［J］. Advanced Functional Materials，2020，30(17)：1910748.

[163] CHEN J，WANG D，WANG L H，et al. An adhesive hydrogel with "load-sharing" effect as tissue bandages for drug and cell delivery[J]. Adv Mater,2020,32(43):e2001628.

[164] GHOBRIL C，CHAROEN K，RODRIGUEZ E K，et al. A dendritic thioester hydrogel based on thiol-thioester exchange as a dissolvable sealant system for wound closure[J]. Angew Chem Int Ed Engl,2013,52 (52):14070-14074.

[165] WU Z G,ZHOU W,DENG W J,et al. Antibacterial and hemostatic thiol-modified chitosan-immobilized AgNPs composite sponges[J]. ACS Appl Mater Interfaces,2020,12(18):20307-20320.

[166] QU J，ZHAO X，LIANG Y P，et al. Antibacterial adhesive injectable hydrogels with rapid self-healing，extensibility and compressibility as wound dressing for joints skin wound healing[J]. Biomaterials，2018，183:185-199.

[167] DU X C,LIU Y J,WANG X,et al. Injectable hydrogel composed of hydrophobically modified chitosan/oxidized-dextran for wound healing[J]. Mater Sci Eng C Mater Biol Appl,2019,104:109930.

[168] LI Y S,WANG X,FU Y N,et al. Self-adapting hydrogel to improve the therapeutic effect in wound-healing［J］. ACS Appl Mater Interfaces，2018,10(31):26046-26055.

[169] NISHIGUCHI A，KURIHARA Y，TAGUCHI T. Underwater-adhesive microparticle dressing composed of hydrophobically-modified Alaska pollock gelatin for gastrointestinal tract wound healing［J］. Acta Biomater,2019,99:387-396.

[170] DENG J，TANG Y Y，ZHANG Q，et al. A bioinspired medical adhesive derived from skin secretion of Andrias davidianus for wound healing[J]. Adv Funct Mater,2019,29(31):1809110.

[171] DU X C,LIU Y J,YAN H Y,et al. Anti-infective and pro-coagulant chitosan-based hydrogel tissue adhesive for sutureless wound closure[J].

Biomacromolecules,2020,21(3):1243-1253.

[172] CHEN T,CHEN Y J,REHMAN H U,et al. Ultratough,self-healing,and tissue-adhesive hydrogel for wound dressing[J]. ACS Appl Mater Interfaces,2018,10(39):33523-33531.

[173] SHIN J, CHOI S, KIM J H, et al. Tissue tapes-phenolic hyaluronic acid hydrogel patches for off-the-shelf therapy[J]. Advanced Functional Materials, 2019, 29(49): 1903863.

[174] HAN L,LU X,LIU K Z,et al. Mussel-inspired adhesive and tough hydrogel based on nanoclay confined dopamine polymerization[J]. ACS Nano,2017,11(3):2561-2574.

[175] HAN L, LIU K, WANG M, et al. Mussel-inspired adhesive and conductive hydrogel with long-lasting moisture and extreme temperature tolerance[J]. Advanced Functional Materials, 2018, 28(3): 1704195.

[176] CUI C Y,FAN C C,WU Y H,et al. Water-triggered hyperbranched polymer universal adhesives:from strong underwater adhesion to rapid sealing hemostasis[J]. Adv Mater,2019,31(49):e1905761.

[177] LIN J Y, LUO S H, CHEN S H, et al. Efficient synthesis, characterization, and application of biobased scab-bionic hemostatic polymers[J]. Polym J,2020,52:615-627.

[178] WEI Z, YANG J H, ZHOU J X, et al. Self-healing gels based on constitutional dynamic chemistry and their potential applications[J]. Chem Soc Rev,2014,43(23):8114-8131.

[179] LIU B C, WANG Y, MIAO Y, et al. Hydrogen bonds autonomously powered gelatin methacrylate hydrogels with super-elasticity, self-heal and underwater self-adhesion for sutureless skin and stomach surgery and E-skin[J]. Biomaterials,2018,171:83-96.

[180] ZHANG D M,CAI G K,MUKHERJEE S,et al. Elastic, persistently moisture-retentive, and wearable biomimetic film inspired by fetal scarless repair for promoting skin wound healing[J]. ACS Appl Mater Interfaces,2020,12(5):5542-5556.

[181] SUN F F,BU Y Z,CHEN Y R,et al. An injectable and instant self-healing medical adhesive for wound sealing[J]. ACS Appl Mater Interfaces,2020,12(8):9132-9140.

[182] SENER G, HILTON S A, OSMOND M J,et al. Injectable,self-healable zwitterionic cryogels with sustained microRNA-cerium oxide nanoparticle

release promote accelerated wound healing[J]. Acta Biomater,2020,101:262-272.

[183] LI S X,WANG L,ZHENG W F,et al. Rapid fabrication of self-healing, conductive, and injectable gel as dressings for healing wounds in stretchable parts of the body [J]. Adv Funct Mater, 2020, 30 (31): 2002370.

[184] KHAMRAI M,BANERJEE S L,KUNDU P P. Modified bacterial cellulose based self-healable polyeloctrolyte film for wound dressing application[J]. Carbohydr Polym,2017,174:580-590.

[185] XU W W,SONG Q,XU J F,et al. Supramolecular hydrogels fabricated from supramonomers: a novel wound dressing material[J]. ACS Appl Mater Interfaces,2017,9(13):11368-11372.

[186] ZHANG B L,HE J H,SHI M T,et al. Injectable self-healing supramolecular hydrogels with conductivity and photo-thermal antibacterial activity to enhance complete skin regeneration[J]. Chem Eng J,2020,400(2):125994.

[187] LI J,YU F,CHEN G,et al. Moist-retaining, self-recoverable, bioadhesive, and transparent in situ forming hydrogels to accelerate wound healing[J]. ACS Appl Mater Interfaces,2020,12(2):2023-2038.

[188] HUANG W J,WANG Y X,HUANG Z Q,et al. On-demand dissolvable self-healing hydrogel based on carboxymethyl chitosan and cellulose nanocrystal for deep partial thickness burn wound healing[J]. ACS Appl Mater Interfaces,2018,10(48):41076-41088.

[189] LI Z Y,ZHOU F,LI Z Y,et al. Hydrogel cross-linked with dynamic covalent bonding and micellization for promoting burn wound healing [J]. ACS Appl Mater Interfaces,2018,10(30):25194-25202.

[190] WANG Y. Research on multi-responsive shape memory and self-healing zwitterionic polymer[J]. Polymer Bulletin, 2020,(6): 43-49.

[191] LI G,WANG Y,WANG S, et al. A thermo- and moisture-responsive zwitterionic shape memory polymer for novel self-healable wound dressing applications[J]. Macromolecular Materials and Engineering, 2019, 304(3): 1800603.

[192] ZHAO L L,NIU L J,LIANG H Z,et al. pH and glucose dual-responsive injectable hydrogels with insulin and fibroblasts as bioactive dressings for diabetic wound healing[J]. ACS Appl Mater Interfaces, 2017,9(43):

37563-37574.

[193] HUANG B,LIU X M,TAN L,et al. "Imitative" click chemistry to form a sticking xerogel for the portable therapy of bacteria-infected wounds [J]. Biomater Sci,2019,7(12):5383-5387.

[194] SHI L Y,ZHAO Y N,XIE Q F,et al. Moldable hyaluronan hydrogel enabled by dynamic metal-bisphosphonate coordination chemistry for wound healing[J]. Adv Healthc Mater,2018,7(5). DOI: 10. 1002/adhm. 201700973.

[195] ZHAO J,XU R,LUO G X,et al. Self-healing poly(siloxane-urethane) elastomers with remoldability, shape memory and biocompatibility[J]. Polym Chem,2016,7(47):7278-7286.

[196] LIANG Y P,ZHAO X,HU T L,et al. Adhesive hemostatic conducting injectable composite hydrogels with sustained drug release and photothermal antibacterial activity to promote full-thickness skin regeneration during wound healing[J]. Small,2019,15(12):e1900046.

[197] DONG Y, SIGEN A, RODRIGUES M, et al. Injectable and tunable gelatin hydrogels enhance stem cell retention and improve cutaneous wound healing [J]. Advanced Functional Materials, 2017, 27 (24): 1606619.

[198] TAN Q W,TANG S L,ZHANG Y,et al. Hydrogel from acellular porcine adipose tissue accelerates wound healing by inducing intradermal adipocyte regeneration[J]. J Invest Dermatol,2019,139(2):455-463.

[199] ORYAN A, ALEMZADEH E, MOHAMMADI A A, et al. Healing potential of injectable Aloe vera hydrogel loaded by adipose-derived stem cell in skin tissue-engineering in a rat burn wound model[J]. Cell Tissue Res,2019,377(2):215-227.

[200] EKE G, MANGIR N, HASIRCI N, et al. Development of a UV crosslinked biodegradable hydrogel containing adipose derived stem cells to promote vascularization for skin wounds and tissue engineering[J]. Biomaterials,2017,129:188-198.

[201] XU Q,SIGEN A,GAO Y S,et al. A hybrid injectable hydrogel from hyperbranched PEG macromer as a stem cell delivery and retention platform for diabetic wound healing[J]. Acta Biomater,2018,75:63-74.

[202] DONG Y X,HASSAN W U,KENNEDY R,et al. Performance of an in situ formed bioactive hydrogel dressing from a PEG-based hyperbranched

multifunctional copolymer[J]. Acta Biomater,2014,10(5):2076-2085.

[203] RUSTAD K C,WONG V W,SORKIN M,et al. Enhancement of mesenchymal stem cell angiogenic capacity and stemness by a biomimetic hydrogel scaffold[J]. Biomaterials,2012,33(1):80-90.

[204] YAO M H,ZHANG J N,GAO F,et al. New BMSC-laden gelatin hydrogel formed in situ by dual-enzymatic cross-linking accelerates dermal wound healing[J]. ACS Omega,2019,4(5):8334-8340.

[205] ZHANG L,SINGH G,ZHANG M,et al. Bone marrow-derived mesenchymal stem cells laden novel thermo-sensitive hydrogel for the management of severe skin wound healing[J]. Mater Sci Eng C Mater Biol Appl,2018,90:159-167.

[206] CHEN S X,SHI J B,ZHANG M,et al. Mesenchymal stem cell-laden anti-inflammatory hydrogel enhances diabetic wound healing[J]. Sci Rep, 2015,5:18104.

[207] XU H J,HUANG S H,WANG J J,et al. Enhanced cutaneous wound healing by functional injectable thermo-sensitive chitosan-based hydrogel encapsulated human umbilical cord-mesenchymal stem cells[J]. Int J Biol Macromol,2019,137:433-441.

[208] LOH E Y X,MOHAMAD N,FAUZI M B,et al. Development of a bacterial cellulose-based hydrogel cell carrier containing keratinocytes and fibroblasts for full-thickness wound healing[J]. Sci Rep, 2018, 8 (1):2875.

[209] MURPHY S V,SKARDAL A,SONG L J,et al. Solubilized amnion membrane hyaluronic acid hydrogel accelerates full-thickness wound healing[J]. Stem Cells Transl Med,2017,6(11):2020-2032.

[210] MOHAMAD N,LOH E Y X,FAUZI M B,et al. In vivo evaluation of bacterial cellulose/acrylic acid wound dressing hydrogel containing kera-tinocytes and fibroblasts for burn wounds[J]. Drug Deliv Transl Res, 2019,9(2):444-452.

[211] KIM B S,KWON Y W,KONG J S,et al. 3D cell printing of in vitro stabilized skin model and in vivo pre-vascularized skin patch using tissue-specific extracellular matrix bioink:a step towards advanced skin tissue engineering[J]. Biomaterials,2018,168:38-53.

[212] MARTINO M M,BRIQUEZ P S,RANGA A,et al. Heparin-binding domain of fibrin(ogen) binds growth factors and promotes tissue repair

when incorporated within a synthetic matrix[J]. Proc Natl Acad Sci USA,2013,110(12):4563-4568.

[213] CHEN C W,LIU Y X,WANG H,et al. Multifunctional chitosan inverse opal particles for wound healing [J]. ACS Nano, 2018, 12（10）: 10493-10500.

[214] HUI Q,ZHANG L,YANG X X,et al. Higher biostability of rh-aFGF-carbomer 940 hydrogel and its effect on wound healing in a diabetic rat model[J]. ACS Biomater Sci Eng,2018,4(5):1661-1668.

[215] SHAMLOO A,SARMADI M,AGHABABAIE Z,et al. Accelerated full-thickness wound healing via sustained bFGF delivery based on a PVA/chitosan/gelatin hydrogel incorporating PCL microspheres [J]. Int J Pharm,2018,537(1/2):278-289.

[216] XU H L,CHEN P P,ZHUGE D L,et al. Liposomes with silk fibroin hydrogel core to stabilize bFGF and promote the wound healing of mice with deep second-degree scald[J]. Adv Healthc Mater,2017,6(19). DOI: 10. 1002/adhm. 201700344.

[217] LIU Y C,CAI S S,SHU X Z,et al. Release of basic fibroblast growth factor from a crosslinked glycosaminoglycan hydrogel promotes wound healing[J]. Wound Repair Regen,2007,15(2):245-251.

[218] WU J,ZHU J J,HE C C,et al. Comparative study of heparin-poloxamer hydrogel modified bFGF and aFGF for in vivo wound healing efficiency [J]. ACS Appl Mater Interfaces,2016,8(29):18710-18721.

[219] KONG X Y,FU J,SHAO K,et al. Biomimetic hydrogel for rapid and scar-free healing of skin wounds inspired by the healing process of oral mucosa[J]. Acta Biomater,2019,100:255-269.

[220] OBARA K, ISHIHARA M, ISHIZUKA T, et al. Photocrosslinkable chitosan hydrogel containing fibroblast growth factor-2 stimulates wound healing in healing-impaired db/db mice[J]. Biomaterials,2003,24(20): 3437-3444.

[221] LIN Y J,LEE G H,CHOU C W,et al. Stimulation of wound healing by PU/hydrogel composites containing fibroblast growth factor-2 [J]. J Mater Chem B,2015,3(9):1931-1941.

[222] CHEN G P,REN J N,DENG Y M,et al. An injectable,wound-adapting, self-healing hydrogel for fibroblast growth factor 2 delivery system in tissue repair applications [J]. J Biomed Nanotechnol, 2017, 13（12）:

1660-1672.

［223］GOH M,HWANG Y,TAE G. Epidermal growth factor loaded heparin-based hydrogel sheet for skin wound healing［J］. Carbohydr Polym,2016,147:251-260.

［224］PULAT M,KAHRAMAN A S,TAN N,et al. Sequential antibiotic and growth factor releasing chitosan-PAAm semi-IPN hydrogel as a novel wound dressing［J］. J Biomater Sci Polym Ed,2013,24(7):807-819.

［225］RIBEIRO M P,MORGADO P I,MIGUEL S P,et al. Dextran-based hydrogel containing chitosan microparticles loaded with growth factors to be used in wound healing［J］. Mater Sci Eng C Mater Biol Appl,2013,33(5):2958-2966.

［226］WANG P,HUANG S B,HU Z C,et al. In situ formed anti-inflammatory hydrogel loading plasmid DNA encoding VEGF for burn wound healing［J］. Acta Biomater,2019,100:191-201.

［227］BALAKRISHNAN B, MOHANTY M, FERNANDEZ A C, et al. Evaluation of the effect of incorporation of dibutyryl cyclic adenosine monophosphate in an in situ-forming hydrogel wound dressing based on oxidized alginate and gelatin［J］. Biomaterials,2006,27(8):1355-1361.

［228］XU H L,XU J,SHEN B X,et al. Dual regulations of thermosensitive heparin-poloxamer hydrogel using ε-polylysine: bioadhesivity and controlled KGF release for enhancing wound healing of endometrial injury［J］. ACS Appl Mater Interfaces,2017,9(35):29580-29594.

［229］YOON D S,LEE Y,RYU H A,et al. Cell recruiting chemokine-loaded sprayable gelatin hydrogel dressings for diabetic wound healing［J］. Acta Biomater,2016,38:59-68.

［230］ZHU Y X,HOSHI R,CHEN S Y,et al. Sustained release of stromal cell derived factor-1 from an antioxidant thermoresponsive hydrogel enhances dermal wound healing in diabetes［J］. J Control Release, 2016, 238:114-122.

［231］YAN H, CHEN J, PENG X. Recombinant human granulocyte-macrophage colony-stimulating factor hydrogel promotes healing of deep partial thickness burn wounds［J］. Burns,2012,38(6):877-881.

［232］GEORGII J L,AMADEU T P,SEABRA A B,et al. Topical S-nitrosoglu-tathione-releasing hydrogel improves healing of rat ischaemic wounds［J］. J Tissue Eng Regen Med,2011,5(8):612-619.

[233] SCHANUEL F S,RAGGIO SANTOS K S,MONTE-ALTO-COSTA A, et al. Combined nitric oxide-releasing poly (vinyl alcohol) film/F127 hydrogel for accelerating wound healing [J]. Colloids Surf B Biointerfaces,2015,130:182-191.

[234] CHAMPEAU M,PÓVOA V,MILITÃO L, et al. Supramolecular poly (acrylic acid)/F127 hydrogel with hydration-controlled nitric oxide release for enhancing wound healing [J]. Acta Biomater, 2018, 74: 312-325.

[235] SU C H,LI W P,TSAO L C,et al. Enhancing microcirculation on multi-triggering manner facilitates angiogenesis and collagen deposition on wound healing by photoreleased NO from hemin-derivatized colloids[J]. ACS Nano,2019,13(4):4290-4301.

[236] PATIL P S, FOUNTAS-DAVIS N, HUANG H, et al. Fluorinated methacrylamide chitosan hydrogels enhance collagen synthesis in wound healing through increased oxygen availability[J]. Acta Biomater,2016, 36:164-174.

[237] PATIL P S, FATHOLLAHIPOUR S, INMANN A, et al. Fluorinated methacrylamide chitosan hydrogel dressings improve regenerated wound tissue quality in diabetic wound healing[J]. Adv Wound Care (New Rochelle),2019,8(8):374-385.

[238] LIU Y X, ZHAO X, ZHAO C, et al. Responsive porous microcarriers with controllable oxygen delivery for wound healing[J]. Small,2019,15 (21):e1901254.

[239] SALEH B,DHALIWAL H K,PORTILLO-LARA R,et al. Local immuno-modulation using an adhesive hydrogel loaded with miRNA-laden nan-oparticles promotes wound healing[J]. Small,2019,15(36):e1902232.

[240] WANG J,HAO S L,LUO T T,et al. Feather keratin hydrogel for wound repair: preparation, healing effect and biocompatibility evaluation [J]. Colloids Surf B Biointerfaces,2017,149:341-350.

[241] MOURA L I F,DIAS A M A,LEAL E C,et al. Chitosan-based dressings loaded with neurotensin: an efficient strategy to improve early diabetic wound healing[J]. Acta Biomater,2014,10(2):843-857.

[242] CHEN S X, ZHANG M, SHAO X B, et al. A laminin mimetic peptide SIKVAV-conjugated chitosan hydrogel promoting wound healing by enhancing angiogenesis, re-epithelialization and collagen deposition[J]. J

Mater Chem B,2015,3(33):6798-6804.

[243] DEMIRCI S,DOGAN A,KARAKUŞ E,et al. Boron and poloxamer (F68 and F127) containing hydrogel formulation for burn wound healing[J]. Biol Trace Elem Res,2015,168(1):169-180.

[244] CHENG J, AMIN D, LATONA J, et al. Supramolecular polymer hydrogels for drug-induced tissue regeneration[J]. ACS Nano,2019,13 (5):5493-5501.

[245] XU Z J,HAN S Y,GU Z P,et al. Advances and impact of antioxidant hydrogel in chronic wound healing[J]. Adv Healthc Mater, 2020, 9 (5):e1901502.

[246] JAISWAL M,GUPTA A,AGRAWAL A K,et al. Bi-layer composite dressing of gelatin nanofibrous mat and poly vinyl alcohol hydrogel for drug delivery and wound healing application:in-vitro and in-vivo studies [J]. J Biomed Nanotechnol,2013,9(9):1495-1508.

[247] JUNG B O, CHUNG S J, LEE S B. Preparation and characterization of eugenol-grafted chitosan hydrogels and their antioxidant activities[J]. Journal of Applied Polymer Science, 2006, 99(6): 3500-3506.

[248] JANGDE R,SRIVASTAVA S,SINGH M R,et al. In vitro and in vivo characterization of quercetin loaded multiphase hydrogel for wound healing application[J]. Int J Biol Macromol,2018,115:1211-1217.

[249] PRIPREM A,DAMRONGRUNGRUANG T,LIMSITTHICHAIKOON S,et al. Topical niosome gel containing an anthocyanin complex:a potential oral wound healing in rats[J]. AAPS PharmSciTech,2018,19 (4):1681-1692.

[250] SOARES R D F,CAMPOS M G N,RIBEIRO G P,et al. Development of a chitosan hydrogel containing flavonoids extracted from Passiflora edulis leaves and the evaluation of its antioxidant and wound healing properties for the treatment of skin lesions in diabetic mice[J]. J Biomed Mater Res A,2020,108(3):654-662.

[251] AMIN M A,ABDEL-RAHEEM I T. Accelerated wound healing and anti-inflammatory effects of physically cross linked polyvinyl alcohol-chitosan hydrogel containing honey bee venom in diabetic rats[J]. Arch Pharm Res,2014,37(8):1016-1031.

[252] HUANG J,CHEN L,GU Z P,et al. Red jujube-incorporated gelatin methacryloyl (GelMA) hydrogels with anti-oxidation and

immunoregulation activity for wound healing[J]. J Biomed Nanotechnol, 2019,15(7):1357-1370.

[253] SINGH B,SHARMA S,DHIMAN A. Acacia gum polysaccharide based hydrogel wound dressings:synthesis,characterization,drug delivery and biomedical properties[J]. Carbohydr Polym,2017,165:294-303.

[254] MA Y,TONG X L,HUANG Y M,et al. Oral administration of hydrogel-embedding silk sericin alleviates ulcerative colitis through wound healing,anti-inflammation,and anti-oxidation[J]. ACS Biomater Sci Eng, 2019,5(11):6231-6242.

[255] WEI Q C,DUAN J X,MA G L,et al. Enzymatic crosslinking to fabricate antioxidant peptide-based supramolecular hydrogel for improving cutaneous wound healing[J]. J Mater Chem B,2019,7(13):2220-2225.

[256] LUO Y, DIAO H J, XIA S H, et al. A physiologically active polysaccharide hydrogel promotes wound healing[J]. J Biomed Mater Res A,2010,94(1):193-204.

[257] CHEN X, PENG L H, SHAN Y H, et al. Astragaloside IV-loaded nanoparticle-enriched hydrogel induces wound healing and anti-scar activity through topical delivery[J]. Int J Pharm, 2013, 447 (1/2): 171-181.

[258] KIM J,LEE C M. Wound healing potential of a polyvinyl alcohol-blended pectin hydrogel containing Hippophae rahmnoides L. extract in a rat model[J]. Int J Biol Macromol,2017,99:586-593.

[259] TANG P F,HAN L,LI P F,et al. Mussel-inspired electroactive and an-tioxidative scaffolds with incorporation of polydopamine-reduced graphene oxide for enhancing skin wound healing[J]. ACS Appl Mater Interfaces,2019,11(8):7703-7714.

[260] ZHANG S H, HOU J Y, YUAN Q J, et al. Arginine derivatives assist dopamine-hyaluronic acid hybrid hydrogels to have enhanced antioxidant activity for wound healing[J]. Chemical Engineering Journal, 2020, 392:123775.

[261] LE THI P,LEE Y,TRAN D L,et al. In situ forming and reactive oxygen species-scavenging gelatin hydrogels for enhancing wound healing efficacy[J]. Acta Biomater,2020,103:142-152.

[262] ZHANG F J,HU C,KONG Q S,et al. Peptide-/drug-directed self-assembly of hybrid polyurethane hydrogels for wound healing[J]. ACS

Appl Mater Interfaces,2019,11(40):37147-37155.

[263] WATHONI N,MOTOYAMA K,HIGASHI T,et al. Enhancement of curcumin wound healing ability by complexation with 2-hydroxypropyl-γ-cyclodextrin in sacran hydrogel film[J]. Int J Biol Macromol,2017,98: 268-276.

[264] LI X,CHEN S,ZHANG B,et al. In situ injectable nano-composite hydrogel composed of curcumin, carboxymethyl chitosan, oxidized alginate, antioxidant[J]. International Journal of Pharmaceutics, 2012, 437(1-2):110-119.

[265] LIU J,CHEN Z Q,WANG J,et al. Encapsulation of curcumin nanoparticles with MMP9-responsive and thermos-sensitive hydrogel improves diabetic wound healing[J]. ACS Appl Mater Interfaces,2018, 10(19):16315-16326.

[266] ZHU Y X,CANKOVA Z,IWANASZKO M,et al. Potent laminin-inspired antioxidant regenerative dressing accelerates wound healing in diabetes[J]. Proc Natl Acad Sci USA,2018,115(26):6816-6821.

[267] ABDOLLAHI Z,ZARE E N,SALIMI F,et al. Bioactive carboxymethyl starch-based hydrogels decorated with CuO nanoparticles:antioxidant and antimicrobial properties and accelerated wound healing in vivo[J]. Int J Mol Sci,2021,22(5):2531.

[268] ZHANG L,MA Y N,PAN X C,et al. A composite hydrogel of chitosan/ heparin/poly (γ-glutamic acid) loaded with superoxide dismutase for wound healing[J]. Carbohydr Polym,2018,180:168-174.

[269] ZHANG S Q,LIU Y Y,ZHANG X,et al. Prostaglandin E(2) hydrogel improves cutaneous wound healing via M2 macrophages polarization[J]. Theranostics,2018,8(19):5348-5361.

[270] EL FAWAL G F,ABU-SERIE M M,HASSAN M A,et al. Hydroxyethyl cellulose hydrogel for wound dressing:fabrication,characterization and in vitro evaluation[J]. Int J Biol Macromol,2018,111:649-659.

[271] LOHMANN N,SCHIRMER L,ATALLAH P,et al. Glycosaminoglycan-based hydrogels capture inflammatory chemokines and rescue defective wound healing in mice[J]. Sci Transl Med,2017,9(386):eaai9044.

[272] MAALEJ H,MOALLA D,BOISSET C,et al. Rhelogical,dermal wound healing and in vitro antioxidant properties of exopolysaccharide hydrogel from Pseudomonas stutzeri AS22[J]. Colloids Surf B Biointerfaces,2014,

123:814-824.

[273] YANG L,ZENG Y,WU H B,et al. An antioxidant self-healing hydrogel for 3D cell cultures[J]. J Mater Chem B,2020,8(7):1383-1388.

[274] BEUKELMAN C J,VAN DEN BERG A J J,HOEKSTRA M J,et al. Anti-inflammatory properties of a liposomal hydrogel with povidone-iodine (Repithel) for wound healing in vitro[J]. Burns,2008,34(6): 845-855.

[275] KOETTING M C,PETERS J T,STEICHEN S D,et al. Stimulus-responsive hydrogels: theory, modern advances, and applications [J]. Mater Sci Eng R Rep,2015,93:1-49.

[276]RADHAKUMARY C,ANTONTY M,SREENIVASAN K. Drug loaded thermoresponsive and cytocompatible chitosan based hydrogel as a potential wound dressing[J]. Carbohydrate Polymers,2011,83(2): 705-713.

[277] LI M,LIANG Y P,HE J H,et al. Two-pronged strategy of biomechanically active and biochemically multifunctional hydrogel wound dressing to accelerate wound closure and wound healing[J]. Chem Mater, 2020,32(23):9937-9953.

[278] GONG C Y,WU Q J,WANG Y J,et al. A biodegradable hydrogel system containing curcumin encapsulated in micelles for cutaneous wound healing[J]. Biomaterials,2013,34(27):6377-6387.

[279] PRATOOMSOOT C,TANIOKA H,HORI K,et al. A thermoreversible hydrogel as a biosynthetic bandage for corneal wound repair [J]. Biomaterials,2008,29(3):272-281.

[280] LEE P Y,COBAIN E,HUARD J,et al. Thermosensitive hydrogel PEG-PLGA-PEG enhances engraftment of muscle-derived stem cells and promotes healing in diabetic wound [J]. Mol Ther,2007,15(6): 1189-1194.

[281] OP'T VELD R C,JOOSTEN L,VAN DEN BOOMEN O I,et al. Monitoring (111) In-labelled polyisocyanopeptide (PIC) hydrogel wound dressings in full-thickness wounds [J]. Biomater Sci,2019,7(7): 3041-3050.

[282] OH S T,KIM W R,KIM S H,et al. The preparation of polyurethane foam combined with pH-sensitive alginate/bentonite hydrogel for wound dressings[J]. Fibres Polym,2011,12(2):159-165.

[283] NINAN N,FORGET A,SHASTRI V P,et al. Antibacterial and anti-in-flammatory pH-responsive tannic acid-carboxylated agarose composite hydrogels for wound healing[J]. ACS Appl Mater Interfaces,2016,8 (42):28511-28521.

[284] XU C,BING W,WANG F M,et al. Versatile dual photoresponsive system for precise control of chemical reactions[J]. ACS Nano,2017,11 (8):7770-7780.

[285] HENRIQUES-ANTUNES H,CARDOSO R M S,ZONARI A,et al. The kinetics of small extracellular vesicle delivery impacts skin tissue regeneration[J]. ACS Nano,2019,13(8):8694-8707.

[286] ZHAO M. Electrical fields in wound healing-An overriding signal that directs cell migration[J]. Semin Cell Dev Biol,2009,20(6):674-682.

[287] OJINGWA J C,ISSEROFF R R. Electrical stimulation of wound healing [J]. J Invest Dermatol,2003,121(1):1-12.

[288] ZHAO M,SONG B,PU J,et al. Electrical signals control wound healing through phosphatidylinositol-3-OH kinase-γ and PTEN[J]. Nature, 2006,442:457-460.

[289] KORUPALLI C, LI H, NGUYEN N, et al. Conductive materials for healing wounds: Their incorporation in electroactive wound dressings, characterization, and perspectives[J]. Advanced Healthcare Materials, 2021, 10(6): 2001384.

[290] DONG R, MA P X, GUO B. Conductive biomaterials for muscle tissue engineering[J]. Biomaterials, 2020, 229: 119584.

[291] TALIKOWSKA M,FU X X,LISAK G. Application of conducting polymers to wound care and skin tissue engineering:a review[J]. Biosens Bioelectron,2019,135:50-63.

[292] SHIRAKAWA H, LOUIS E J, MACDIARMID A G, et al. Synthesis of electrically conducting organic polymers: halogen derivatives of polyacetylene,(CH)$_x$[J]. Journal of the Chemical Society, Chemical Communications, 1977,(16): 578-580.

[293] GOMEZ N,LEE J Y,NICKELS J D,et al. Micropatterned polypyrrole:a combination of electrical and topographical characteristics for the stimulation of cells[J]. Adv Funct Mater,2007,17(10):1645-1653.

[294] GAN D L,HAN L,WANG M H,et al. Conductive and tough hydrogels based on biopolymer molecular templates for controlling in situ

formation of polypyrrole nanorods[J]. ACS Appl Mater Interfaces,2018, 10(42):36218-36228.

[295] LU Y H,WANG Y N,ZHANG J Y,ct al. In-situ doping of a conductive hydrogel with low protein absorption and bacterial adhesion for electrical stimulation of chronic wounds[J]. Acta Biomater,2019,89:217-226.

[296] DA SILVA F A G, DE ARAÚJO C M S, ALCARAZ-ESPINOZA J J, et al. Toward flexible and antibacterial piezoresistive porous devices for wound dressing and motion detectors[J]. Journal of Polymer Science Part B: Polymer Physics, 2018, 56(14): 1063-1072.

[297] ZHOU S K,WANG M,CHEN X,et al. Facile template synthesis of microfibrillated cellulose/polypyrrole/silver nanoparticles hybrid aerogels with electrical conductive and pressure responsive properties[J]. ACS Sustainable Chem Eng,2015,3(12):3346-3354.

[298] SHI G X, ROUABHIA M, MENG S Y, et al. Electrical stimulation enhances viability of human cutaneous fibroblasts on conductive biodegradable substrates[J]. J Biomed Mater Res A, 2008, 84 (4): 1026-1037.

[299] SHI G X,ZHANG Z,ROUABHIA M. The regulation of cell functions electrically using biodegradable polypyrrole-polylactide conductors[J]. Biomaterials,2008,29(28):3792-3798.

[300] MENG S Y,ROUABHIA M,SHI G X,et al. Heparin dopant increases the electrical stability, cell adhesion, and growth of conducting polypyrrole/poly(L,L-lactide) composites[J]. J Biomed Mater Res A, 2008,87(2):332-344.

[301] RUIZ-VELASCO G, MARTÍNEZ-FLORES F, MORALES-CORONA J, et al. Polymeric scaffolds for skin[J]. Macromolecular Symposia, 2017, 374(1): 1600133.

[302] COLLIER J H,CAMP J P,HUDSON T W,et al. Synthesis and characterization of polypyrrole-hyaluronic acid composite biomaterials for tissue engineering applications[J]. J Biomed Mater Res,2000,50(4):574-584.

[303] ATEH D D, VADGAMA P, NAVSARIA H A. Culture of human keratinocytes on polypyrrole-based conducting polymers[J]. Tissue Eng, 2006,12(4):645-655.

[304] DOS SANTOS M R,ALCARAZ-ESPINOZA J J,DA COSTA M M,et al. Usnic acid-loaded polyaniline/polyurethane foam wound dressing:

preparation and bactericidal activity[J]. Mater Sci Eng C Mater Biol Appl,2018,89:33-40.

[305] XU K,YANG Y,LI L,et al. Anti-oxidant bactericidal conductive injectable hydrogel as self-healing wound dressing for subcutaneous wound healing in nursing care[J]. Science of Advanced Materials,2018, 10(12):1714-1720.

[306] GH D,KONG D X,GAUTROT J,et al. Fabrication and characterization of conductive conjugated polymer-coated Antheraea mylitta silk fibroin fibers for biomedical applications[J]. Macromol Biosci,2017,17(7). DOI: 10. 1002/mabi. 201600443.

[307] NIU X F,ROUABHIA M,CHIFFOT N,et al. An electrically conductive 3D scaffold based on a nonwoven web of poly(L-lactic acid) and conductive poly(3,4-ethylenedioxythiophene)[J]. J Biomed Mater Res A,2015,103(8):2635-2644.

[308] MARZOCCHI M,GUALANDI I,CALIENNI M,et al. Physical and electrochemical properties of PEDOI:PSS as a tool for controlling cell growth[J]. ACS Applied Materials & Interfaces,2015,7(32): 17993-18003.

[309] CHAN E W C,BENNET D,BAEK P,et al. Electrospun polythiophene phenylenes for tissue engineering[J]. Biomacromolecules,2018,19(5): 1456-1468.

[310] ZHANG W,DEHGHANI-SANIJ A A,BLACKBURN R S. Carbon based conductive polymer composites[J]. J Mater Sci,2007,42(10):3408-3418.

[311] HATTORI Y,FALGOUT L,LEE W,et al. Multifunctional skin-like electronics for quantitative,clinical monitoring of cutaneous wound healing [J]. Adv Healthc Mater,2014,3(10):1597-1607.

[312] TAMAYOL A,AKBARI M,ZILBERMAN Y,et al. Flexible pH-sensing hydrogel fibers for epidermal applications[J]. Adv Healthc Mater,2016,5 (6):711-719.

[313] MIRANI B,PAGAN E,CURRIE B,et al. An advanced multifunctional hydrogel-based dressing for wound monitoring and drug delivery[J]. Adv Healthc Mater,2017,6(19). DOI: 10. 1002/adhm. 201700718.

[314] YANG P,ZHU Z Q,ZHANG T,et al. Orange-emissive carbon quantum dots:toward application in wound pH monitoring based on colorimetric and fluorescent changing[J]. Small,2019,15(44):e1902823.

[315] PAN N, QIN J R, FENG P P, et al. Color-changing smart fibrous materials for naked eye real-time monitoring of wound pH[J]. J Mater Chem B,2019,7(16):2626-2633.

[316] RAHIMI R, OCHOA M, PARUPUDI T, et al. A low-cost flexible ph sensor array for wound assessment[J]. Sensors and Actuators B: Chemical, 2016, 229: 609-617.

[317] RAHIMI R, BRENER U, CHITTIBOYINA S, et al. Laser-enabled fabrication of flexible and transparent pH sensor with near-field communication for in-situ monitoring of wound infection[J]. Sensors and Actuators B: Chemical, 2018, 267: 198-207.

[318] GUINOVART T, VALDÉS-RAMÍREZ G, WINDMILLER J R, et al. Bandage-based wearable potentiometric sensor for monitoring wound pH [J]. Electroanalysis, 2014, 26(6): 1345-1353.

[319] MOSTAFALU P, AKBARI M, ALBERTI K A, et al. A toolkit of thread-based microfluidics, sensors, and electronics for 3D tissue embedding for medical diagnostics[J]. Microsyst Nanoeng,2016,2:16039.

[320] TANG N, ZHENG Y B, JIANG X, et al. Wearable sensors and systems for wound healing-related pH and temperature detection [J]. Micromachines (Basel),2021,12(4):430.

[321] WIJLENS A M, HOLLOWAY S, BUS S A, et al. An explorative study on the validity of various definitions of a 2 • 2℃ temperature threshold as warning signal for impending diabetic foot ulceration[J]. Int Wound J, 2017,14(6):1346-1351.

[322] CHARAYA H, LA T-G, RIEGER J, et al. Thermochromic and piezo-capacitive flexible sensor array by combining composite elastomer dielectrics and transparent ionic hydrogel electrodes [J]. Advanced Materials Technologies, 2019, 4(9): 1900327.

[323] WANG Q, LING S J, LIANG X P, et al. Self-healable multifunctional electronic tattoos based on silk and graphene[J]. Advanced Functional Materials, 2019, 29(16): 1808695.

[324] MOSTAFALU P, TAMAYOL A, RAHIMI R, et al. Smart bandage for monitoring and treatment of chronic wounds[J]. Small,2018:e1703509.

[325] GONG M, WAN P, MA D, et al. Flexible breathable nanomesh electronic devices for on-demand therapy [J]. Advanced Functional Materials, 2019, 29(26): 1902127.

[326] LU D，YAN Y，AVILA R，et al. Bioresorbable，wireless，passive sensors as temporary implants for monitoring regional body temperature [J]. Advanced Healthcare Materials，2020，9(16)：2000942.

[327] ZHU Y，ZHANG J，SONG J，et al. A multifunctional pro-healing zwitterionic hydrogel for simultaneous optical monitoring of pH and glucose in diabetic wound treatment[J]. Advanced Functional Materials，2020，30：1905493.

第7章

皮肤组织修复伤口模型

　　皮肤伤口是由物理、化学、热、微生物或免疫损伤造成的皮肤组织的功能性破坏,除了上皮完整性的损伤,可能还伴随着底层正常组织的结构和功能破坏[1-2]。皮肤伤口的修复过程极其复杂,包括多种细胞(如表皮、真皮、浸润性炎症细胞)的迁移、增殖、相互作用和分化,生物分子相互作用,基质成分的合成和复杂信号网络的构建[3-4]。因此,由于皮肤伤口类型的多样性和愈合过程的复杂性,皮肤伤口愈合的研究极其复杂,现有研究的皮肤伤口类型主要包括正常愈合的皮肤伤口,以及多种因素导致的慢性皮肤伤口,包括感染慢性伤口、糖尿病慢性伤口(如糖尿病足)、烧伤慢性伤口以及压疮等[5-6]。与此同时,皮肤伤口愈合的过程需要多种细胞的协同合作以及经历止血、炎症、增殖、重塑四个阶段,而对于不同类型的慢性伤口,每个愈合阶段的时间及过程又存在着极大的差异[3,7]。为了更好地评价不同治疗方法(如生物材料或药物)对人体不同类型伤口愈合的影响,研究人员设计了多种体外及体内模型。首先,研究人员设计了多种体外模型(如细胞培养、划痕试验和皮肤外植体培养)对不同方法促进伤口愈合的潜力进行初步评价,为进一步的体内动物试验提供试验基础及设计思路。体内动物模型仍然是研究伤口愈合最具预测性的模型,它可以真实地重现不同类型伤口所有的愈合过程,包括炎症反应、各种细胞行为、胶原沉积、血管形成等。与此同时,所选择的模型应考虑诸如病变的准确再现性、多次检查的可能性、获得多个活检样本的能力、与动物设施的兼容性、操作的方便性以及获得有价值结果所需的时间等因素。由于一些小型哺乳动物极易被转基因,从而能够提供接近有缺陷的人类的模型,如糖尿病、免疫缺陷和肥胖,因此研究人员以多种小型哺乳动物(包括小鼠、大鼠、兔子、猪、狗和斑马鱼等)为基础,建立不同类型的临床前动物伤口模型用于模拟人体慢性伤口[8]。根据伤口模型的差异,伤口的建立方式主要包括通过简单的皮肤切除或切口建立正常伤口模型,通过特殊的造模方式建立不同的慢性伤口模型,例如,对于糖尿病伤口模型,需要预先在试验动物身上建立糖尿病模型;对于感染伤口,需要使用不同的细菌对正常伤口进行预感染等。在确定及制备适合研究的模型后,研究者需要选择合适的、可重复的方法来监测及评价伤口愈合的进展,如伤口面积统计、组织病理学评价、免疫学和生化分析等。虽然现有研究已经建立了多种动物伤口模型以及比较完善的评价机制,但建立能够正确再现人体伤口的最佳临床前模型仍然是一个重大的转化挑战,需要的动物模型应力求再现性、定量解释、临床相关性和能够成功转化为临床应用。因此本章以不同试验动物的种类为分类基础,从不同动物模型的优点及限制、伤口模型的种类、模型的建立方法、不同模型伤口愈合情况的评价方法等多方面对各种伤口模型的研究现状进行总结,为研究人员如何选取伤口模型提供准则,并为以后新型伤口模型的建立以及伤口愈合临床前动物模型的规范化提供指导与思路。

首先,任何伤口模型的建立都应该遵循3Rs(替代、减少和优化)的原则,确保遵循伦理和人道地对待动物,尊重动物的福利。第一个原则,替代,是指使用无知觉的动物(如鱼)或材料,而不是有意识的活体动物;第二个原则,减少,是指减少试验或程序中使用的动物数量;第三个原则,优化,是指使用技术来减少动物痛苦和痛苦的发生率或数量。其次,在选择用于试验的动物种类时应考虑包括成本、可获得性、易于操作、研究者的熟悉程度以及与人类的相似性等多种因素[9]。在遵循3Rs原则的基础上,对现已应用于建立伤口模型的动物种类的皮肤类型、主要愈合机制、主要优点及限制进行了总结,见表7.1。

表 7.1　用于建立创面愈合模型的不同动物种类的特点

动物	皮肤类型	一期愈合机制	优点	限制
小鼠	松弛的皮肤	皮肤收缩	(1)体型小。(2)极其常见,易于获得。(3)成本低。(4)易于手术操作及术后维护。(5)易于获得大量的转基因、基因敲除和基因诱导系。(6)物种特异性试剂被广泛应用于许多技术,如免疫组化和流式细胞术等。(7)多年来对小鼠伤口愈合的广泛研究积累了丰富的知识基础。(8)小鼠尾部伤口模型使野生型小鼠延迟愈合的研究成为可能,可以作为突变株系小鼠研究的对照	(1)松弛的皮肤和非常高的毛发密度并不能很好地反映人类皮肤的结构。(2)在没有外部干预(如夹板)的情况下,伤口主要通过收缩来愈合,从而缺乏与人类伤口愈合相似的对快速增殖阶段的需要。(3)使用夹板避免收缩,可能会导致异物进入创面。(4)由于小鼠的皮肤太薄,很难制备具有厚度需求的特定伤口模型。(5)所获得的治疗方法在人类中的转化效果一直很差。(6)小鼠损伤后的基因组、免疫和炎症反应与人类有显著不同

续表7.1

动物	皮肤类型	一期愈合机制	优点	限制
大鼠	松弛的皮肤	皮肤收缩	(1)体型小。(2)极其常见,易于获得。(3)成本低。(4)易于手术操作及术后维护。(5)比小鼠体型大,这使得每个动物能够建立更大或更多的伤口。(6)多年来对大鼠伤口愈合取得了广泛研究的基础	(1)松弛的皮肤和非常高的毛发密度并不能很好地反映人类皮肤的结构。(2)在不使用夹板固定的情况下,伤口愈合主要通过收缩,从而缺乏与人类皮肤类似的相关性再上皮化和肉芽的再生。(3)使用夹板避免收缩,可能会导致异物进入创面。(4)不像小鼠那样易于基因改造。(5)与小鼠相比,物种特异性试剂相对稀少
兔子	松弛的皮肤	皮肤收缩	(1)相对便宜。(2)快速繁殖后代的能力。(3)兔耳模型能够很好地克服伤口收缩。(4)兔子和人类皮肤对衰老、延迟愈合和各种外用药物的反应类似,因此很适合测试与上述类型相关的潜在治疗方法。(5)能在同一只耳朵上造成多处伤口。(6)对侧耳朵可以作为对照。(7)血管直径较粗使缺血结扎更容易。(8)兔耳模型可用于增生性瘢痕的研究	(1)基因可处理性较差。(2)物种特异性试剂缺乏
豚鼠	松弛的皮肤	皮肤收缩	(1)体型小。(2)极其常见,易于获得。(3)成本低。(4)易于手术操作及术后维护。(5)不能产生内源性维生素C,因此可以通过膳食缺乏以研究胶原蛋白在伤口愈合中的作用	(1)现有研究不常用。(2)繁殖能力较差。(3)缺乏转基因方法,以及缺乏可利用的转基因株系

续表7.1

动物	皮肤类型	一期愈合机制	优点	限制
猪	紧致的皮肤	部分厚度伤口缺损的愈合主要依靠再上皮化和肉芽化,全层伤口愈合依靠收缩	(1)体型较大可以制造更多更大的伤口。(2)皮肤结构、毛发密度和伤口愈合的生理学过程与人类极其类似。(3)适合用于临床前研究	(1)成本较高。(2)麻醉操作复杂,需要一个熟练的兽医。(3)所有的外科手术通常都需要更高的技术和专业知识。(4)繁殖能力差。(5)遗传易驯化性差,可利用的转基因株系很少。(6)体积较大或较老的猪的真皮往往比人类的厚得多。(7)真皮的血管较少且缺乏汗腺,皮肤的所有体表特征与人类有较大差异
斑马鱼	不适用	再上皮化和肉芽组织再生	(1)体型小。(2)常见,易于获得。(3)成本低。(4)更强的遗传易驯化性。(5)愈合阶段是相互分离的,允许对特定过程(即上皮化)进行独立的研究。(6)可以用于再生愈合的研究	(1)伤口模型的建立尚未充分发展。(2)物种特异性试剂较少,如具有较少的抗体及细胞系类型

7.1　老鼠伤口模型

　　啮齿动物皮肤的独特之处在于其肌膜层(一种仅在人类颈阔肌中发现的薄肌肉层),它在皮肤受伤后能够使伤口产生快速收缩。相比之下,人类伤口的愈合主要通过再上皮化和肉芽组织形成,这是评估啮齿动物研究的相关性转化时需要考虑的重要差异。尽管老鼠和人类的皮肤在结构和生理上存在显著差异,但由于老鼠具有极佳的繁殖能力、易于饲养、处理和维护,而且有多种专门的试剂可供研究使用,因此基于大鼠和小鼠的伤口模型在研究中被最广泛地使用。本节将从基于大鼠和小鼠建立的不同伤口模型出发,从模型的优势、建立方法、评价方式及现有的优秀研究范例等方面对各种模型进行详细阐述,为未来研究模型的建立、动物模型的完善和更多新型模型的建立提供思路与准则。

7.1.1　常规急性伤口模型

　　常规急性伤口模型通常类似于真正的手术或创伤。"急性"一词是指快速引入损伤并相对快速的修复过程。急性伤口愈合是一个良好调控的过程,由分子、细胞和细胞外基质多个水平的相互作用共同决定,在几天或几周内伤口愈合的急性皮肤损伤有很多类型。本节将介绍文献中常见的两种类型:切口性伤口模型以及切除性伤口模型,从而说明治疗中需要解决的问题。

1. 切口性伤口模型

切口性伤口通常情况下是指由锋利的刀刃状器皿造成的附带损伤最小的组织破裂伤。从技术上讲,如果创面能够及时准确地对接,辅以良好的缝合或包扎手术,通常只会产生很小的瘢痕组织,其愈合也更容易达到完美的修复。切口性伤口模型的建立、治疗及评价愈合的方法如图 7.1(a)所示。首先用麻醉剂麻醉老鼠,将老鼠背部脱毛消毒后固定于手术台上,然后用手术器械在老鼠背部切开一个长条状伤口。随后根据分组的不同对伤口采取不同的治疗方式:阴性对照组伤口不做任何处理;阳性对照组对伤口的处理方式包括缝合、钉合以及商业生物胶水黏合;试验组使用新型伤口黏合剂以及缝合线等方法黏合或缝合伤口。伤口愈合结果的评价方法包括在特定时间点对创面进行拍照评价伤口的表面愈合情况(图 7.1(b)),以及伤口愈合后通过拉伸应变测试评价伤口愈合后皮肤的机械性能恢复情况等(图 7.1(c))。现有临床上切口性伤口的愈合也存在一些问题,如传统的组织缝合方式对创面附近的正常组织会产生创伤,对外观美观度影响较大,且拆线操作复杂等;常用的氰基丙烯酸酯组织黏合剂则易造成黏合层弹性不足,并且其降解后存在潜在毒性等问题。基于以上挑战,研究人员研发了一系列以切口性伤口愈合为导向的新型生物黏合剂伤口敷料以及具有促进伤口愈合能力的新型伤口缝合线。例如,研究人员基于聚癸二酸甘油—聚乙二醇—接枝—邻苯二酚预聚体和 2—脲基—4—嘧啶酮修饰的明胶开发了一种物理双网络水凝胶,水凝胶具有形状适应性、自愈合性、组织黏附性、抗氧化活性和近红外/pH 刺激响应性。Fe^{3+} 介导的邻苯二酚基团的交联和脲基嘧啶酮体系之间的四重氢键使水凝胶形成双网络。水凝胶具有极佳的组织黏附以及促进伤口愈合的能力,在图 7.1 所示的切口性伤口模型中,水凝胶黏附剂相较于缝合线和组织黏合剂具有更好的促进皮肤切口愈合的能力。此外,使用水凝胶黏合剂愈合后的皮肤显示出明显高于使用缝合线和医用胶水黏合后愈合皮肤的相对拉伸强度,接近正常皮肤[10]。

2. 切除性伤口模型

不同于切口性伤口,切除性创面通常存在大量组织缺损,因此常见的伤口治疗方式如缝合和钉合无法有效地闭合较大面积的切除性创面,对于切除性创面的治疗效果较差。因此,如何制备适用于切除性创面,能够有效地闭合且促进切除性创面愈合的伤口敷料成为皮肤工程领域的重大挑战。为了解决切除性创面难以闭合的问题,研究人员开发了多种新型的伤口敷料(包括水凝胶、薄膜、海绵

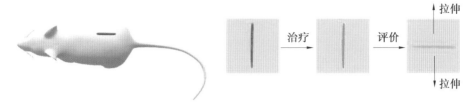

(a) 切口性伤口模型的建立、治疗及评价愈合的方法

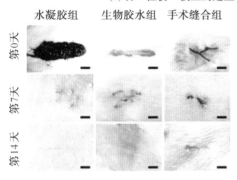

(b) 切口性伤口愈合中的皮肤表面代表性照片

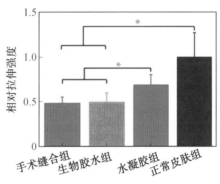

(c) 水凝胶黏附剂组伤口愈合后皮肤组织与
　　缝合线和生物胶水组伤口愈合后皮肤组
　　织的组织强度定量数据

图 7.1　切口性伤口模型的制备方法及优秀的研究范例

$*$ —$P<0.05$

等),进而建立了多种不同的切除伤口模型用于评价不同伤口敷料对切除性创面愈合的作用。

(1)全皮层皮肤缺损模型。

在各种切除性伤口模型中,以表皮层、真皮层和皮下脂肪层全部丢失的全皮层皮肤缺损模型应用最为广泛,目前大多数研究也都使用了这种伤口模型,该模型中的伤口愈合过程,是评价炎症、增殖和重塑阶段最典型的范例。全皮层皮肤缺损模型大多建立在老鼠背部,其建立、治疗及评价愈合的方法如图 7.2(a)所示。首先用麻醉剂麻醉老鼠,将老鼠背部脱毛消毒后固定于手术台上,然后用手术器械在老鼠背部除去一定区域内的表皮、真皮层和皮下脂肪,制备具有固定形状(常见为圆形或方形)的全皮层创面。包扎及覆盖法为全皮层创面的主要治疗方式,在试验中根据分组的不同选取不同的伤口敷料覆盖伤口:阴性对照组伤口不做任何处理;阳性对照组常使用商用伤口敷料(试验中最常见的为 Tegaderm™ 3M 薄膜)覆盖伤口;试验组使用新型伤口敷料(如新型水凝胶、海绵等伤口敷料)治疗伤口。伤口愈合结果的评价方法包括在特定时间点对创面进行拍照计算创面闭合率(图 7.2(b)、(c)),而更大的材料与组织接触面积使得从更大的横截面和体积中获得细胞、组织、RNA、渗出液和组织标本成为可能,这更有利于进一步检测一些生化和组织学参数。具体来说,可以通过苏木精-伊红染色观察真皮间隙、真皮厚度、肉芽组织厚度与面积、肉芽间隙、血管生成、毛囊形成等指标(图 7.2(a)中 B~E)评价伤口愈合程度;通过炎症细胞(非细菌引起)来评价伤口区域的炎症反应程度;通过马松染色或酶联免疫吸附测定(ELISA)试剂盒检测伤口区域的胶原沉积水平评价伤口愈合;通过免疫荧光染色评价伤口区域相关蛋白的表达(如免疫细胞因子 IL-6、血管内皮生长因子 VEGF、血小板-内皮细胞黏附分子 CD31 等)来评价切除性创面的愈合过程(包括炎症反应、血管再生程度等)。此外,还可以对愈合后的伤口组织进行生物力学测试(如张力测试),评价愈合后组织的生物力学恢复情况,也可以通过定量聚合酶链反应(qPCR)、微阵列或免疫印迹法(Western blotting)来评估伤口区域组织的基因表达。与此同时,现有处于研究初级阶段的前沿生物技术,如激光捕获显微切割也为研究伤口愈合提供了新的方法与思路。例如,研究人员基于季铵化壳聚糖(QCS)、聚多巴胺包被的还原氧化石墨烯(rGO-PDA)和聚(N-异丙基丙烯酰胺)(PNIPAm)制备了一种具有出色的热响应性自收缩和组织黏附特性的水凝胶伤口敷料,该水凝胶还具有极佳的自愈合、温度依赖性药物释放、抗感染、抗氧化和导电性等生化功能。在全皮层皮肤缺损模型中,水凝胶伤口敷料首先可以通过温敏自收缩促进创面闭合,如图 7.2(b)、(c)所示,水凝胶组创面的闭合速度明显快于 Tegaderm™ 3M 商用伤口敷料薄膜(阳性对照组)。与此同时,研究人员还通过多种生化及组织学检测评价了伤口愈合的具体程度,例如,羟脯氨酸 ELISA 试剂盒以及马松染色检测表明水凝胶敷料能够通过促进胶原沉积促进伤口愈合(图 7.2(d)和 7.3(b)、(f)),苏木精-伊红染色结果表明水凝胶能够通过有效促进上皮、肉芽组织以及毛囊的再生促进伤口愈合(图 7.3(a)、(d)、(e)),最终免疫荧光染色结果(图 7.3(c))表明水凝胶敷料组的伤口区域表现出更低水平的 IL-6 以及更高水平的 CD31,进而说明水凝胶敷料能够通过减轻伤口区域炎症以及促进血管再生促进伤口愈合[11]。

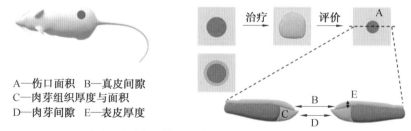

A—伤口面积　B—真皮间隙
C—肉芽组织厚度与面积
D—肉芽间隙　E—表皮厚度

(a) 全皮层皮肤缺损模型的建立、治疗及评价愈合的方法

图 7.2　全皮层皮肤缺损模型的制备方法及优秀研究范例[11]

$*$—$P<0.05$;$**$—$P<0.01$

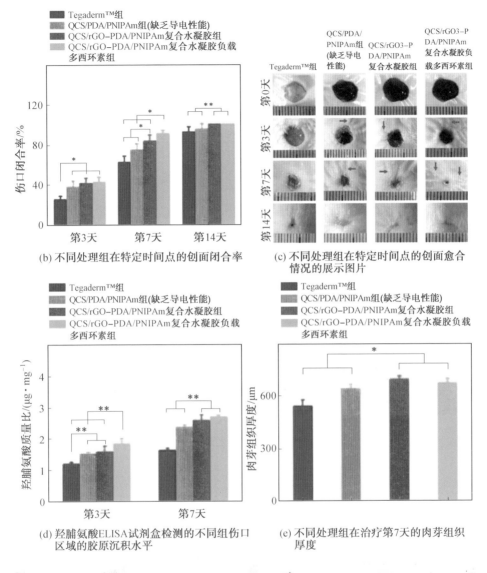

(b) 不同处理组在特定时间点的创面闭合率

(c) 不同处理组在特定时间点的创面愈合情况的展示图片

(d) 羟脯氨酸ELISA试剂盒检测的不同组伤口区域的胶原沉积水平

(e) 不同处理组在治疗第7天的肉芽组织厚度

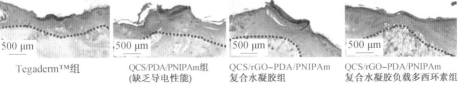

(f) 不同处理组在治疗第7天伤口区域的苏木精–伊红染色图片(蓝色虚线以上为肉芽组织区域)

续图 7.2

Tegaderm™组   QCS/PDA/PNIPAm组(缺乏导电性能)   QCS/rGO3–PDA/PNIPAm复合水凝胶组   QCS/rGO3–PDA/PNIPAm复合水凝胶负载多西环素组

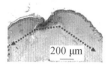 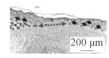  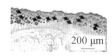

(a) 不同处理组在第14天皮肤伤口区域的苏木精–伊红染色图片
(真皮间隙：蓝色双箭头。毛囊：红色箭头)

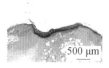   

(b) 不同处理组在第7天伤口区域的马松染色图片

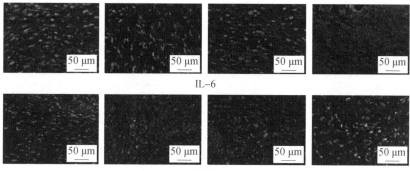

IL–6

CD31

(c) 用IL–6(绿色)和CD31(绿色)进行免疫荧光标记后第7天和第14天皮肤伤口
区域的代表性照片

■ Tegaderm™组
■ QCS/PDA/PNIPAm组(缺乏导电性能)
■ QCS/rGO3–PDA/PNIPAm复合水凝胶组
■ QCS/rGO3–PDA/PNIPAm复合水凝胶负载多西环素组

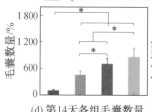 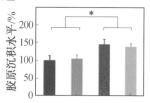

(d) 第14天各组毛囊数量，对照数设为100%

(e) 第14天所有组的真皮间隙长度

(f) 各组在第7天马松染色图片的亮度和蓝色面积的统计结果

图 7.3 不同处理组在特定时间点的伤口组织形态学评价[11]
∗—$P < 0.05$

（2）全皮层皮肤缺损夹板模型。

在全皮层皮肤缺损模型的基础上,研究人员使用特定的环状夹板装置固定全皮层皮肤缺损的创面四周以减少老鼠皮下肌膜层辅助的伤口收缩,建立了全皮层皮肤缺损夹板模型,用于更好地模拟人体皮肤的愈合过程。全皮层皮肤缺损夹板模型如图 7.4(a)所示,首先根据所需伤口面积使用打孔器制备大小合适的环状夹板,随后使用打孔器来标记需要切除的全皮层皮肤伤口的位置,用镊子将皮肤向上提起,用剪刀快速切除一块圆形的老鼠全皮层皮肤,然后使用生物胶水将夹板黏附在伤口四周,再通过缝合将夹板加固在伤口周围完整的组织上。与不加夹板的对照组相比,夹板加固能够有效地避免老鼠皮下肌膜层辅助的伤口收缩(图 7.4(b))。由于夹板加固能够保证伤口的闭合均来源于组织愈合,因此除了上述全皮层皮肤缺损模型中所使用的评价伤口愈合情况的生化和组织学参数,伤口面积及直径成为评价伤口愈合情况的重要指标(图 7.4(d)～(f))。例如,研究人员基于 F127 接枝聚乙烯亚胺(PEI)和醛基普鲁兰多糖(P)设计了一种热敏、可注射、自愈合、可黏附的多糖基席夫碱水凝胶支架(FEP),随后在水凝胶支架中负载脂肪间充质干细胞来源的外泌体(Exo)制备了 FEP@exo 水凝胶伤口敷料。体内动物试验表明,在全皮层皮肤缺损夹板模型中,FEP@exo 水凝胶伤口敷料能够通过负载的外泌体优化成纤维细胞的功能以及促进伤口区域的血管再生促进伤口愈合,与对照组(Tegaderm™ 3M 商用伤口敷料薄膜)相比,水凝胶伤口敷料能够显著提升伤口的闭合速率以及减少伤口直径(图 7.4(c)～(f))。综上所述,为了消除啮齿类动物皮肤与人体皮肤的最大差异(皮下肌膜层辅助的伤口收缩),研究人员对全皮层皮肤缺损进行了进一步优化,与原有模型相比,所得到的全皮层皮肤缺损夹板模型具有更加类似于人体皮肤的愈合方式[12]。

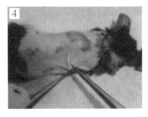
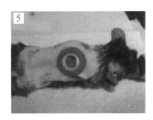

(a) 全皮层皮肤缺损夹板模型的制备方法

图 7.4　全皮层皮肤缺损夹板模型的制备方法,意义以及优秀的研究范例[12]

＊—$P<0.05$;＊＊—$P<0.01$

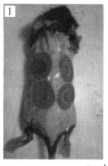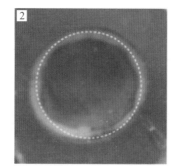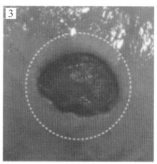

(b) 在全皮层皮肤缺损上使用夹板防止伤口收缩的效果展示

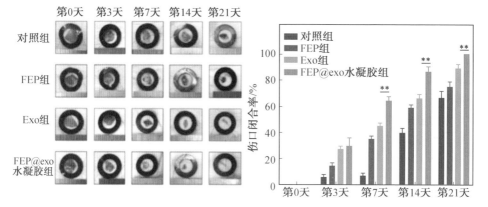

(c) 不同处理组在特定时间点的创面愈合情况的
　　展示图片

(d) 不同处理组在特定时间点的创面闭合率

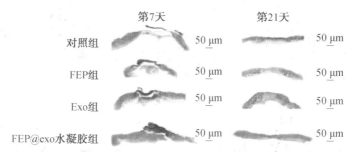

(e) 不同处理组在第7天、第21天皮肤伤口区域的苏木精–伊红染色图片

续图 7.4

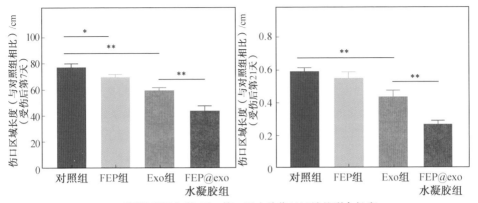

(f) 不同处理组在第7天、第21天皮肤伤口区域的剩余长度

续图 7.4

（3）头部全皮层皮肤缺损模型。

研究表明，由于头部皮肤下颅骨提供的夹板效应，在老鼠头部建立的头部全皮层皮肤缺损模型具有类似于全皮层皮肤缺损夹板模型的抑制伤口收缩的效果。如图 7.5(a)所示，头部全皮层皮肤缺损模型的制备方法如下：首先使用环钻在老鼠的头部钻出一个全皮层环状伤口，并用手术剪将环状伤口内的皮肤完全切除至头盖骨顶部。头部全皮层皮肤缺损模型的治疗方式以及伤口愈合情况的评价方式与上述全皮层皮肤缺损模型相同，此处不再赘述。由于皮肤下颅骨提供的夹板效应使伤口无法收缩，老鼠头部全皮层皮肤伤口的主要愈合方式为与人类切除性伤口类似的肉芽组织形成和再上皮化，因此头部全皮层皮肤缺损模型为评估人体皮肤切除性伤口的真皮和表皮修复过程提供了极佳的伤口数据。

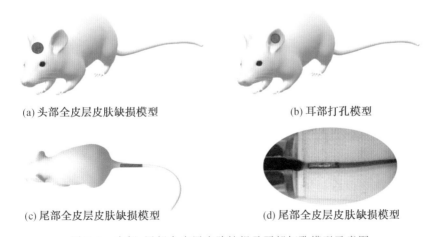

(a) 头部全皮层皮肤缺损模型

(b) 耳部打孔模型

(c) 尾部全皮层皮肤缺损模型

(d) 尾部全皮层皮肤缺损模型

图 7.5　头部、尾部全皮层皮肤缺损及耳部打孔模型示意图

（4）耳部打孔模型。

老鼠的耳部打孔模型的建立方法与上述多种全皮层皮肤缺损模型相同，即用环状打孔器在老鼠耳部制备一个环状切口，然后使用锋利的剪刀将其完全切除到耳软骨表面（图 7.5(b)）。耳部打孔模型的治疗方式以及伤口愈合情况的评价方式与上述全皮层皮肤缺损模型相同，此处不再赘述，但与全皮层皮肤缺损模型不同的是，耳部与其他解剖位置的皮肤层具有显著的结构差异，而皮肤结构的差异性从根本上将耳部打孔模型与全皮层皮肤缺损模型进行了区分。用于制备全皮层皮肤缺损的解剖位置的皮肤包括能够形成肉芽组织的真皮层，而耳部的皮肤基本上由一层薄薄的表皮组成，真皮层细胞成分较少，几乎不含皮下组织，因此耳部打孔模型中的伤口几乎完全通过再上皮化来愈合，为单纯评价皮肤的再上皮化提供了极佳的伤口模型。

（5）尾部全皮层皮肤缺损模型。

与头部全皮层皮肤缺损模型类似，尾部全皮层皮肤缺损模型建立的主要目的也是由于下方肌肉和骨骼提供的夹板效应，覆盖在啮齿动物尾部的开放性伤口表现出较差的收缩性。如图 7.5(c)所示，尾部全皮层皮肤缺损是在老鼠尾部的近端无毛处建立的，创面的深度为表皮到筋膜的上方。尾部全皮层皮肤缺损模型的治疗方式以及伤口愈合情况的评价方式与上述全皮层皮肤缺损模型相同，此处不再赘述。虽然尾部全皮层皮肤缺损模型具有天然的夹板结构，但伤口面积较小限制了其在研究领域的广泛应用。

7.1.2　慢性伤口模型

当愈合过程没有如预期那样发生，伤口在炎症期停滞，或者基质金属蛋白酶（MMP）和相关的金属蛋白酶组织抑制剂（TIMP）之间存在不平衡，特别是在组织形成阶段，它们被定义为慢性伤口。无法愈合的慢性伤口会给患者带来严重的情绪和身体压力，对患者和医疗保健系统造成重大经济负担。慢性伤口的病因多种多样，但 80% 以上与血管功能不全、高血压或糖尿病有关。尽管病因不同，但是发病机制基本相同，具体如下：局部组织缺氧、细菌定植/感染、反复缺血—再灌注损伤和全身基础性疾病，大多数慢性伤口表现出相似的愈合行为和进展。下面对基于老鼠建立的多种不同的慢性伤口模型的建立方法、意义以及评价方法进行详细阐述。

1. 糖尿病老鼠皮肤缺损模型

作为常见的代谢病，糖尿病给社会带来了严重的健康和经济问题，与此同时糖尿病患者的非愈合性溃疡占所有非创伤性截肢手术的大半。与正常伤口相比，糖尿病患者的伤口需要更长的愈合时间，严重的非愈合性溃疡甚至可能导致截肢,这使得促进糖尿病伤口愈合的新疗法变得尤为重要。具体来说,糖尿病创面的特点是高血糖、长时间炎症、缺氧、血管化、细胞浸润和肉芽组织形成较差,为了模拟人体糖尿病患者伤口的上述特点,研究人员基于多种糖尿病造模方式建立了如图 7.6(a)所示的糖尿病老鼠皮肤缺损模型。首先,老鼠的糖尿病造模方式包括以下几种:①采用腹腔大剂量注射四氧嘧啶以及链脲佐菌素等化学物质的化学诱导法,上述化学物质会破坏老鼠的胰岛 β 细胞,导致一种类似于未经治疗的人类 Ⅰ 型糖尿病的疾病表型。但是,链脲佐菌素等化学物质会导致老鼠的体重下降,免疫系统严重受损,且在高血糖状态下老鼠会变得非常虚弱,上述因素都会影响老鼠的皮肤愈合情况,进而影响糖尿病老鼠皮肤缺损模型的评价准确度。②先使用高脂高糖饲料喂养老鼠,导致胰岛素抵抗,继以小剂量链脲佐菌素腹腔注射诱导建立 Ⅱ 型糖尿病模型。③通过基因敲除制备遗传修饰的糖尿病老鼠模型,例如,基于瘦素(一种能调节能量摄入和消耗的蛋白质,功能性瘦素丧失将会使食欲失控,从而导致严重肥胖和异常代谢)敲除的老鼠的体重几乎是年龄相仿大鼠的两倍,且血清中胆固醇和甘油三酯水平升高,还显示出胰岛素抵抗的迹象,被广泛用于制备糖尿病老鼠皮肤缺损模型。其次,除了使用预先造模的糖尿病老鼠外,糖尿病老鼠皮肤缺损模型的建立以及评价伤口愈合程度的方法与正常的全皮层皮肤缺损模型相同,此处不再赘述。

糖尿病老鼠皮肤缺损具有开放性伤口收缩不良、愈合时间延长等特点。研究人员设计了多种新型伤口敷料用于促进糖尿病慢性创面愈合。例如,基于基质金属蛋白酶(MMP)在糖尿病慢性伤口部位的过度表达,研究人员制备了一种具有 MMP-9 响应的明胶微球(GM)负载姜黄素纳米颗粒(CNP)(CNP@GM)的水凝胶敷料(图 7.6(b)),用于抑制 MMP 在糖尿病慢性愈合伤口中的过度表达。如图 7.6(c)所示。研究人员使用链脲佐菌素诱导了糖尿病小鼠模型,在糖尿病小鼠背部制备了常规的全皮层皮肤缺损,随后使用水凝胶覆盖创面,然后在固定的时间点采用与常规的全皮层皮肤缺损模型相同的方法评价伤口愈合情况,包括通过统计伤口面积得到的伤口闭合率,通过苏木精-伊红染色评价再生皮肤及真皮层厚度,马松染色评价伤口区域的胶原沉积,以及通过免疫组织化学检测伤口区域关键细胞因子的表达,例如谷胱甘肽过氧化物酶(GPx)、CD31、α-平滑肌肌动蛋白(α-SMA)、细胞增殖相关抗原 ki67,以及 MMP-9 等。试验结果表明,水凝胶敷料能够有效地促进糖尿病伤口愈合[13]。

在美国 300 万与糖尿病相关的住院治疗中,大约有 20% 是由于足部溃疡及其并发症引起的[14]。而足部承担着人体的整个重量,并负责行进。这使得促进糖尿病患者足部溃疡伤口愈合的新疗法变得尤为重要[15]。为了模拟糖尿病患者的足部的慢性伤口,最近研究基于糖尿病老鼠足部建立了足部糖尿病皮肤缺损模型,如图 7.7(a)所示。糖尿病足模型的建立方法及伤口愈合情况的评价方式

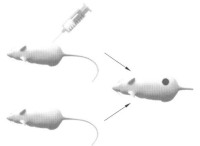

(a) 糖尿病老鼠皮肤缺损模型的制备方法

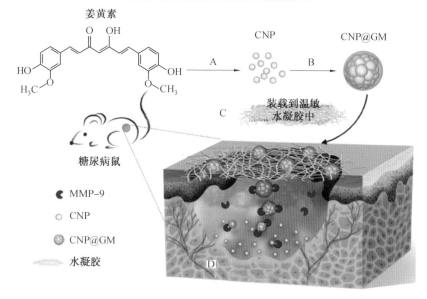

(b) 基于糖尿病老鼠皮肤缺损模型的水凝胶伤口敷料研究范例

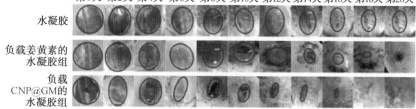

(c) 经过不同水凝胶伤口敷料治疗的糖尿病老鼠皮肤缺损在特定时间点的皮肤闭合图片

图 7.6　糖尿病老鼠皮肤缺损模型的制备方法以及优秀的研究范例[13]

A—通过溶液交换法制备纯 CNP；B—通过乳化法将 CNP 加载到 GM 中，得到 CNP@GM；C—CNP@GM 与温敏水凝胶混合并覆盖在糖尿病小鼠伤口上；D—在不愈合的伤口微环境下，GM 被 MMP 降解，药物被特异性释放

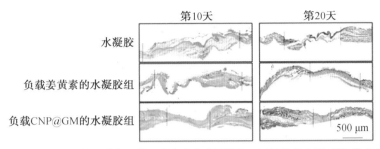

(d) 经过不同水凝胶伤口敷料治疗的糖尿病老鼠皮肤缺损伤口区域的苏木精–伊红染色图片

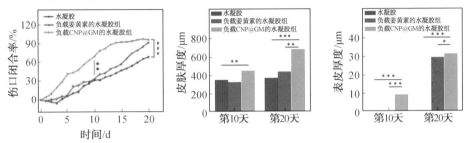

(e) 经过不同水凝胶伤口敷料治疗的糖尿病老鼠皮肤缺损伤口愈合情况的定量分析数据

*—$P<0.05$; **—$P<0.01$; ***—$P<0.001$

续图 7.6

与正常的糖尿病老鼠皮肤缺损模型相同,与老鼠头部及尾部的伤口类似,足部伤口下方的骨骼具有一定的夹板作用,能够降低伤口的收缩性。老鼠的糖尿病足模型能够有效地模拟人体糖尿病足部溃疡的伤口内外环境,对于评价糖尿病足新型的治疗方法具有极佳的借鉴意义。例如,研究表明内皮祖细胞(EPC)的功能受损和衰老以及高糖诱导的活性氧(ROS)可能加剧糖尿病足溃疡。在如图7.7(b)所示的试验中,研究人员发现在高糖环境中,分泌外泌体的脂肪干细胞(ASC)能够促进 EPC 的增殖和血管生成,而转录因子 Nrf2 的过表达能够进一步促进上述作用。用过表达 Nrf2 的 ASC 分泌的外泌体治疗糖尿病大鼠足部伤口时,溃疡面积显著减小(图 7.7(b))。创面中肉芽组织形成、血管生成和生长因子表达水平增加,炎症和氧化应激相关蛋白水平降低(图 7.7(c)、(d))。综上所述,研究表明来自 ASC 的外泌体可以潜在地促进糖尿病伤口愈合,特别是当 Nrf2 过表达时。因此外泌体的移植可能适用于临床上糖尿病足溃疡的治疗[16]。

糖尿病足模型

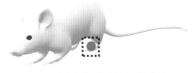

(a) 糖尿病足模型的制备方法

图 7.7　糖尿病足模型的展示图片以及优秀研究范例[16]

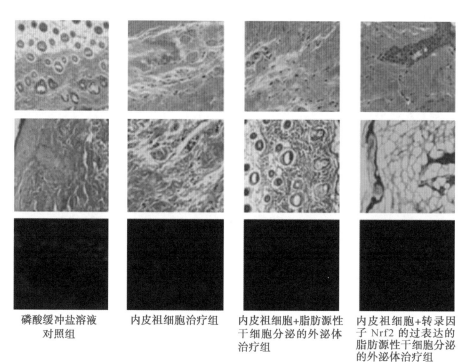

第0天　　　第7天　　　第14天

磷酸缓冲盐溶液对照组

内皮祖细胞治疗组

内皮祖细胞+脂肪源性干细胞
分泌的外泌体治疗组

内皮祖细胞+转录因子Nrf2的过表达的脂肪源性
干细胞分泌的外泌体治疗组

(b) 经过不同方法治疗的糖尿病足缺损在特定时间点的皮肤闭合图片

磷酸缓冲盐溶液
对照组

内皮祖细胞治疗组

内皮祖细胞+脂肪源性
干细胞分泌的外泌体
治疗组

内皮祖细胞+转录因
子 Nrf2 的过表达的
脂肪源性干细胞分泌
的外泌体治疗组

(c) 糖尿病足创面区域的组织染色结果（染色类型从上至下依次为苏木精–伊红、马松和DCH–DA）

续图 7.7

磷酸缓冲盐溶液对照组　　内皮祖细胞治疗组　　内皮祖细胞+脂肪源性干细胞分泌的外泌体治疗组　　内皮祖细胞+转录因子Nrf2的过表达的脂肪源性干细胞分泌的外泌体治疗组

(d) CD31免疫荧光染色显示微血管形成

续图 7.7

2. 烧伤模型

烧伤是最常见和最具破坏性的创面形式,通常伴有危及生命的严重感染、过度炎症、血管生成减少、细胞外基质产生不足以及生长因子激活不足。当皮肤受到高温影响时,会发生快速而危险的液体流失,包括免疫球蛋白在内的蛋白质的凝结和丢失可能导致不可逆转的组织损伤和感染易感性。此外,膜功能障碍可导致水和钠的分布发生严重变化,细胞外液丢失和钠的消耗可进一步导致血容量减少和电解质平衡的改变,最终导致烧伤患者死亡。尽管浅表烧伤愈合后瘢痕一般较少,但目前的治疗方法仍不能令人满意,因为Ⅱ度和Ⅲ度烧伤会损害表皮和真皮的许多重要功能[17]。为了研制更加优异的治疗Ⅱ度和Ⅲ度烧伤的方法,模拟人体烧伤患者伤口的上述特点,研究人员基于不同的烧伤方式建立了如图 7.8(a)所示的烧伤老鼠皮肤缺损模型。首先,老鼠皮肤的烧伤方式包括:①本生灯灼烧法。由于本生灯极高的火焰温度,本生灯灼烧法制备的皮肤烧伤多为Ⅲ度烧伤。②可控温电烙铁烫伤法。由于电烙铁的温度可控,使用电烙铁烫伤法制备的皮肤烧伤的程度可控。随后,除去烧伤部位的全皮层皮肤组织,制备类似于全皮层皮肤缺损模型的创面。烧伤模型评价伤口愈合程度的方法与正常的全皮层皮肤缺损模型相同,此处不再赘述。如图 7.8(b)、(c)所示,研究人员开发了一种负载血管内皮生长因子促进血管生成,同时负载白藜芦醇以达到抗炎效果的水凝胶敷料,水凝胶伤口敷料可以通过抗炎以及促进胶原沉积的方法促进烧伤伤口愈合[18]。

深度烧伤创面往往会失去较多的真皮血供量,因此新生血管的数量直接决

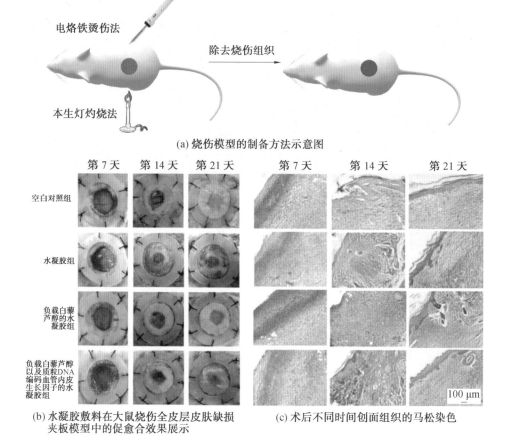

(a) 烧伤模型的制备方法示意图

(b) 水凝胶敷料在大鼠烧伤全皮层皮肤缺损夹板模型中的促愈合效果展示

(c) 术后不同时间创面组织的马松染色

图 7.8　烧伤模型的制备示意图以及优秀研究范例[18]

定了随后的愈合过程中营养和氧气供应是否充足,新生血管数量不足会阻碍创面愈合的进程,甚至会导致坏死和创伤性瘢痕形成。此外,过度炎症也是烧伤创面愈合和皮肤再生的主要障碍。因此,一些兼具抗炎和血管再生功能的水凝胶体系已被开发用于烧伤伤口愈合。例如,上述研究开发了一种负载血管内皮生长因子促进血管生成,同时包覆白藜芦醇以达到抗炎效果的水凝胶敷料用于促进烧伤创面愈合[18]。

　　复杂的烧伤伤口愈合过程还需要各种组织和细胞系的协同作用,以及细胞外和细胞内信号的协同作用。因此,许多细胞如角质形成细胞[19]、成纤维细胞[20]、ASC[21],以及细胞因子如表皮细胞生长因子(EGF)、血管内皮生长因子(VEGF)[22]、巨噬细胞集落刺激因子(rhGM-CSF)[23]等都被研究用于促进烧伤创面的愈合。

3. 感染伤口模型

创伤修复过程中,细菌感染不可避免,这对公众健康构成了严重威胁。因此,感染控制一直被视为生物材料应用中最关键的挑战之一,特别是在组织再生方面。细菌感染是伤口愈合中最常见、最不可避免的挑战。虽然细菌是皮肤菌群的正常部分,但是有研究指出细菌的临界阈值应该作为正常感染和临床相关感染之间的一个分界线,感染可能会阻碍伤口愈合。当伤口受到感染时,细菌会在感染部位引起持续的炎症反应,在炎症阶段延迟愈合过程,严重的炎症常常导致伤口愈合不成功,甚至可能导致包括脓毒症在内的严重并发症。尽管抗菌药物的临床应用能达到良好的感染控制效果,但细菌耐药性问题日益突出。所以寻找更好的伤口抗菌策略一直是一个备受关注的课题。虽然研究人员已经研发了多种抗菌创面敷料,如抗菌半透膜、泡沫和水凝胶敷料,但是在控制伤口愈合感染方面还没有完善的方法。为了模拟人体感染伤口的上述特点,研究人员基于多种伤口常见细菌(如大肠杆菌、金黄色葡萄球菌,以及绿脓杆菌等)制备了多种感染伤口模型。感染伤口模型的制备方法如下:首先建立全皮层皮肤缺损模型,随后使用特定的细菌感染伤口,快速感染模型的伤口立即使用各种方法治疗,慢性感染伤口需要使用细菌感染特定时间(常见的为 12 h 或 24 h)后再进行治疗,除了正常伤口模型的伤口愈合评价方法外,炎症反应为感染伤口愈合情况的重要评价指标。

4. 营养不良伤口模型

在伤口愈合过程中,随着受损组织结构和功能完整性的恢复,对营养物质的代谢需求会逐渐增加。蛋白质-能量营养不良(PEM)会引起皮肤显著的形态和功能改变,使皮肤易发生损伤(溃疡),进而影响伤口的愈合进程。此外,营养不良还会引起炎症反应、免疫功能和组织修复的变化,导致促炎细胞因子增加、愈合过程延迟和更大的感染风险。研究人员研究了营养不良对消瘦症大鼠皮肤的影响。这些动物被随机分配到大鼠自由饮食(营养良好组)或一半的日常饮食(营养不良组),并进行了两个月的随访。组织学评价结果显示,营养不良动物的真皮明显较营养良好动物薄,胶原含量较低。在另一项研究中,研究人员使用相同的试验模型,通过溃疡愈合率(UHR)和胶原的组织学分析,分析营养不良对皮肤伤口愈合的影响。结果显示营养不良严重影响了皮肤伤口愈合,组织学上观察到胶原蛋白的沉积水平降低。他们的发现证实了先前的研究,即营养不良会通过阻碍胶原蛋白的合成延缓伤口愈合的过程。

5. 代谢综合征/肥胖伤口模型

其他机体系统性因素如代谢性疾病(代谢综合征、肥胖等)会增加 ROS 的浓度并延缓伤口愈合过程[24]。代谢性疾病会长期干扰伤口愈合炎症期的血管肉芽组织再生能力,并延迟伤口的上皮化进程。此外,细胞氧化还原环境的改变导致氧化应激,这可能会引起重要的细胞行为变化从而延缓伤口愈合过程。代谢疾病的发展大多是由高热量饮食引起的,许多研究已经通过给动物喂食高脂肪膳食模拟人体的这些代谢变化。例如,研究人员利用高脂饮食的试验模型来研究大鼠的伤口愈合过程,目的是模拟代谢紊乱/肥胖患者的慢性伤口。正常和高脂饮食 45 d 后,分析大鼠的营养状况,并在大鼠背部建立全皮层皮肤缺损创面。与对照组相比,食用高脂肪食物的大鼠的血糖、甘油三酯和总胆固醇都有所增加。此外,高脂饮食组的羟脯氨酸含量较低,丙二醛(MDA)水平升高,还原性谷胱甘肽(GSH)水平较低,这反映了与代谢异常(高脂血症引起的代谢改变)相关的氧化应激,上述因素都会延缓伤口的愈合过程[25]。

6.压疮及缺血再灌注模型

压疮一直是护理学领域的重点难题之一,已有研究表明,压疮发生的本质是局部组织长期受压,引起神经营养紊乱、血液循环障碍以至局部组织持续缺血,最终导致软组织坏死。压力和营养因素在压疮的发生及发展过程中起着关键作用,但临床中即使解除了压力和营养因素,压疮与一般溃疡相比仍具有较明显的难愈合性,这一直是临床尚未解决的难题。为了研究压疮形成的机制,研发更优的压疮治疗方法,国内外学者基于多种动物建立了实验室动物压疮模型。缺血再灌注损伤被认为是压疮形成过程中最重要的致病因素之一,因此近年来压疮及缺血再灌注模型已成为压疮动物模型的研究主流。该模型仍是以鼠类作为最主要的试验动物,提供压力的方式由过去单一的机械压迫转为磁力压迫、压缩空气压迫及计算机控制施压等多元途径。如图 7.9(a)所示,目前此类模型中最常见的造模方式为在鼠类背部皮下埋置铁片,体外采用磁铁间歇性施加压力形成压疮及缺血再灌注模型。这种方法成模时间短、组织损伤明显、技术也较易掌握,而且更接近临床压疮形成的实际情况。此外,图 7.9(b)为改进的外置磁铁制备的压疮及缺血再灌注模型,该模型具有较快的造模速度,在第 5 天就能形成皮肤 3 期溃疡。

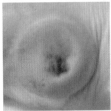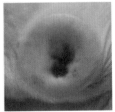

(a) 压疮模型

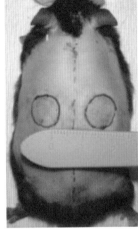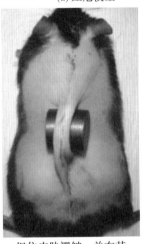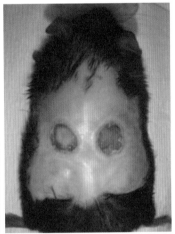

用模板标出磁铁需要放置的　捏住皮肤褶皱，并在其　第5天显示双侧3期溃疡的
位置。注意磁铁放置的位置　周围放置磁铁　　　　代表性动物
之间应预留有1 cm的皮肤桥

(b) 缺血再灌注模型

图 7.9　压疮及缺血再灌注模型

7.2　猪伤口模型

　　老鼠伤口模型已经被用于模拟研究切除性伤口、糖尿病模型伤口、瘢痕和烧伤伤口的愈合机制以及新型促愈合方法,但老鼠模型与人类损伤反应的相似性有限,例如人类与老鼠的先天免疫系统和适应性免疫系统存在显著差异。由于免疫在伤口愈合中的核心作用,这极大地限制了基于老鼠的伤口模型的实用性,啮齿类动物可能仍然是伤口愈合研究人员的重要资源,作为检验假说驱动研究的机制方法的工具,但它们显然不能被认为是临床前研究的最佳标准。因此,需要考虑建立与人类病理生理学更接近的伤口模型[26-28]。猪和人类皮肤的相似之处使猪模型成为皮肤伤口愈合最合适的模型[29-30]。猪同人类一样,有着相对较厚的表皮、独特的网突、真皮乳头和真皮中致密的弹性纤维[31];表皮角蛋白 10 和16、真皮胶原Ⅳ、纤维连接蛋白和波形蛋白的组织学位置也相似[32];猪胶原蛋白

的生化结构与人胶原蛋白同样相似;而且猪也有稀疏的头发,而不是毛皮[33]。啮齿类、兔类和犬科动物的皮肤是松散的,并可在皮下筋膜上滑动,猪的皮肤与下面的结构相黏附,类似于人的皮肤[34],猪表皮的周转期和人表皮一样,大约为30 d[35]。此外,猪皮肤中的免疫细胞,包括树突状细胞也与人皮肤中的免疫细胞相似[36]。虽然有这些相似之处,但猪和人的皮肤也有重要的区别。猪的真皮和毛囊血管较少,皮肤血管内皮不产生碱性磷酸酶[37],尽管有这些差异,猪伤口模型也已经成为最佳的模拟人类伤口愈合的模型。Sullivan 比较了用于伤口治疗研究的不同动物模型,发现猪模型与人类模型的一致性为 78%,这远超其他动物模型的 53%[38]。猪在解剖学和生理学上与人类相似,并已被用于研究许多其他疾病,包括糖尿病、心血管疾病、肺部疾病、神经系统疾病、胃肠道疾病和感染。因此,猪模型已经被开发出来用于研究多种伤口愈合的病理过程,包括慢性伤口、糖尿病伤口、感染伤口、烧伤和增生性瘢痕。

猪皮肤伤口愈合是人类皮肤伤口愈合的常用模型。本节描述了基于猪建立的慢性伤口、糖尿病伤口、烧伤和增生性瘢痕的模型。此外,将重点关注使用猪来评估伤口愈合的优秀研究案例[29]。

7.2.1　慢性伤口模型

慢性皮肤伤口是指伤口未能及时通过正常愈合恢复受损皮肤结构的生理和解剖功能的皮肤伤口。慢性皮肤伤口的创面病理生理机制复杂,但主要的致病因素有缺血、糖尿病、放疗、异物、长期外压等。慢性伤口对公众健康的危害巨大,治疗慢性伤口需要花费高昂的医疗费用,这一问题急需解决。多年来,基础和临床研究揭示了许多有关单个分子和细胞促进伤口愈合的过程,试图通过增强、抑制或调节伤口愈合过程等方面来加速或改善慢性伤口愈合。基于猪建立的慢性伤口模型是了解组织修复基本过程、开发和验证临床治疗策略的重要生物学工具。

1.慢性组织缺血伤口模型

Roy 基于猪建立了一种新的模型用于研究组织缺血导致的慢性伤口(图7.10)。在家猪的背部制作了双蒂皮瓣为 15 cm×5 cm(长宽比为 3∶1 是为了满足能够存活 4~6 周而优化后的模型尺寸)的皮肤皮瓣,然后用硅胶片将皮瓣与下方的肌肉分离,以防止再粘连和血管重建,随后在皮瓣中心做全层切除创口。激光多普勒成像显示皮瓣切口边缘无血液供应,双蒂边缘呈分级缺血,皮瓣中心区域缺血最多。双蒂皮瓣的皮肤灌注压(SPP)测定与人类慢性创面的 SPP 一致。高光谱分析是一种测量氧合血红蛋白与脱氧血红蛋白比值的无创技术,显示皮瓣组织氧合率为完整皮肤的 1/3,与人类慢性缺血创面相似。缺血创面上皮细胞受损,表征创面未愈合,巨噬细胞浸润延迟,说明炎症反应受损,von Willebrand 免疫定位也证实了血管生成受损。在转录组分析中,确定了 33 个在缺血创伤中过表达的基因,大多数与巨噬细胞、血小板和一氧化氮的调节有关。因此,该研究证实了缺血创面炎症反应和创面愈合明显受损,从而建立了慢性缺血伤口模型[39]。

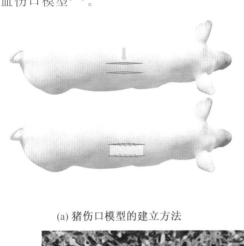

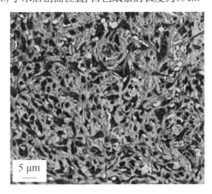

双蒂皮瓣

(a) 猪伤口模型的建立方法　　(b) 手术后创面位置,白色纸条的长度为10 cm

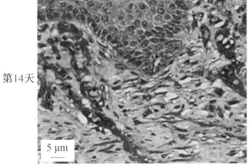

(c) 缺血和非缺血伤口的组织切片染色,棕色显示巨噬细胞

图 7.10　猪组织缺血模型及其表征

HE—增生过多的上皮;GT—肉芽组织;WE—伤口边缘方向

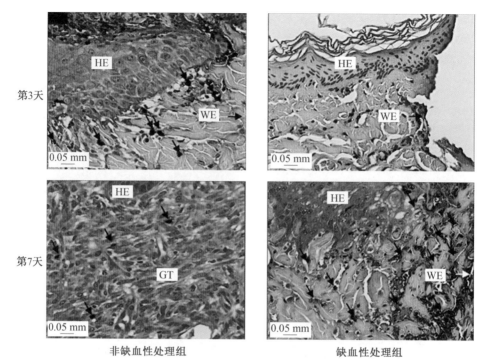

(d) 苏木精-伊红组织切片染色图片

续图 7.10

2. 慢性感染伤口模型

慢性感染伤口延迟愈合的原因是存在局部缺血、感染、坏死组织或异物。2013 年,Jung 及其同事旨在创建适应性内在因素诱导的慢性感染伤口愈合猪模型[40]。将一种会引起异物反应、组织局部缺血和局部伤口感染的硅树脂制成的块状材料埋植在猪后背表皮内。在猪的脊柱两侧分别开 5 个伤口,随机植入 5 个材料组,剩余的为对照组(图 7.11)。所有对照组和试验组伤口在第 1 周至第 4 周添加革兰氏阳性和革兰氏阴性菌,用 API-20E 细菌检测试剂盒对伤口区域的大肠杆菌、芽孢杆菌、金黄色葡萄球菌、羊肠杆菌进行鉴定。对照组在手术后 1 周伤口创面开始上皮化,在第 2 周时开始伤口收缩,到手术后第 3 周,上皮化和伤口收缩迅速,手术后第 4 周伤口上皮几乎完成。在试验组中,手术后长达 2 周未检测到上皮化和伤口收缩;在第 3 周,伤口面积远超对照组,且伤口已达到最大,并且显示出严重的感染和边缘坏死;在第 4 周(在第 3 周去除材料阻滞),观察到伤口快速上皮化和收缩,但是仍未实现完全伤口愈合。伤口活检显示慢性炎症、肿瘤坏死因子(TNF-α)、白介素-1β(IL-1β)和 IL-6 表达升高。激光多普勒评价显示,与对照组相比,试验组的伤口边缘组织产生了与人类的慢性伤口类似的灌注减少。

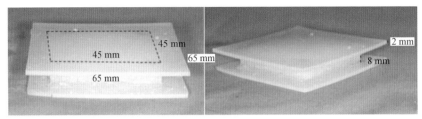

(a) 硅树脂块状材料尺寸

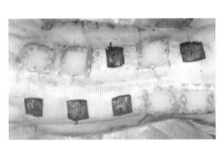

(b) 猪后背实际伤口

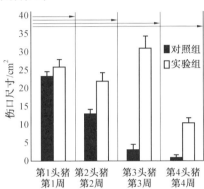

(c) 实验组和对照组伤口尺寸的比较

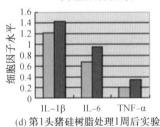

(d) 第1头猪硅树脂处理1周后实验
　　组和对照组的细胞因子水平

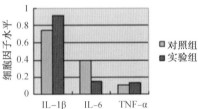

(e) 第2头猪硅树脂处理2周后实验
　　组和对照组的细胞因子水平

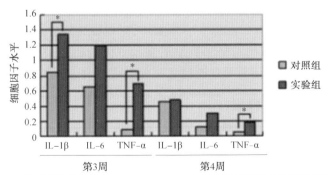

(f) 第3头猪的埋植组中，IL-1β、IL-6、TNF-α在第3周和第4周时实验组和
　　对照组的水平

图 7.11　猪慢性感染伤口模型及其表征

$*$——$P < 0.05$

3.慢性辐射损伤伤口模型

对于癌症治疗的患者,辐射损伤也会导致伤口愈合受损。在 1998 年,Bernatchez 及其同事在麻醉后的猪的后背一侧单次注射 1 500 rad 的钴-60(Co-60),另一侧不加辐射作为对照组。在临床上观察肉芽组织、再上皮化和创面面积的愈合指标,分别观察第 1、2、3、4 周的组织学数据,与未照射的伤口相比,照射后伤口的上皮化和肉芽组织的形成延迟了 50%,且在创伤后 1 周观察到最大的差异。使用层粘连蛋白作为血管标记物进行免疫组化,测量肉芽组织中发现的血管的数量、大小和循环度,结果显示:辐射侧的血管比对照侧的血管更大,形状更不规则,2 周后愈合恢复,说明诱导的损伤并非不可逆的;辐射后伤口的血管明显减少,说明辐射引起的伤口延迟愈合是由微血管功能障碍所致。这些结果表明,该模型可以用于测试慢性辐射伤口治疗方法的治疗效果。同时,该模型证明了焦点辐射束不会散射到动物的另一侧,也就是说,动物可以自身作为对照组,从而减少动物的数量和研究的成本。

4.慢性伤口无法愈合——压疮模型

压疮的主要原因是由于长时间的机械压力引起的反复缺血再灌注损伤,特别是在骨突出处。压疮会使护理更加复杂,使发病率升高,同时治疗成本大大增加。造成压疮的主要原因包括:剪切力、摩擦、湿度、年龄、营养、感觉下降、流动性和温度。因为猪的皮肤紧绷,所以猪是模拟年轻人压疮的良好动物。临床上有关褥疮发展的模型使用的是单侧瘫痪猪,其单侧横切了 L1 至 S2 的神经根(Hyodo 等,1995)。在第 5~14 天,对失去神经的皮肤施加 800 mmHg 的压力,用直径 3 cm 的圆盘在恒压下施加在去神经的皮肤上,持续 48 h,造成四级伤口并延伸到骨骼(图 7.12)[41]。伤口的表面积和体积要保持相对均一,然后对伤口进行断流组织清创,通过测量填补伤口缺损所需的生理盐水的体积来获得伤口容积。所有猪均出现大小一致的全层溃疡,无死亡或并发症。创面面积和创面体积先增加后达到峰值,然后呈指数型下降。该模型相对于截瘫模型(Daniel,1981;Dinsdale,1974)具有重要的改进意义。

7.2.2 烧伤伤口模型

1.烧伤创面愈合模型

烧伤创面愈合模型可以通过水烫伤或热损伤产生。在第一种模型中,水疱是通过将皮肤的固定区域暴露在热水中而产生的,而第二种模型则是通过热金属板直接对皮肤施加热量。在这两种模型中,都需要去除水疱,暴露真皮,留下开放性伤口。

烧伤引起的中央组织坏死区域被局部缺血包围,可能会发展为局部坏死,防

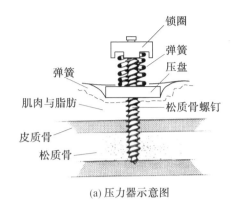

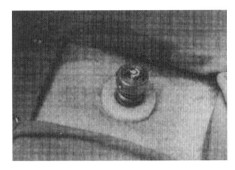

(a) 压力器示意图　　　　　　　　(b) 手术加压示意图

图 7.12　压疮模型

止这种发展趋势是目前烧伤伤口护理的主要目标。Singer、McClain 等建立了用铜梳接触灼伤后产生局部缺血区域的烫伤猪模型,将黄铜梳子在 100 ℃沸水中预热 5 min,无压力条件下接触一侧的背部皮肤,持续 30 s,产生 4 个独特的烧伤部位,并有 3 个未烧伤的皮肤空隙隔开(图 7.13)[42]。这些间隙不会直接受伤,在经历 24～48 h 后,由缺血导致了间隙的坏死,在 7 d 的时间内,梳子间隙之间的未烧伤组织发展为全层坏死。损伤后 7 d,用苏木精—伊红染色评价间隙的全层活检,以对组织坏死进行评估。该模型可用于建立烧伤间隙中缺血导致坏死的伤口模型。除此之外,该模型还可用于评估导致烧伤创面进展的机制并评估新疗法。

为了探究小于 20% 烫伤的小伤口是否需要通过手术切除来治疗,Wang 等在 2008 年建立了一种猪烫伤模型来研究清创和使用水凝胶或银敷料进行局部治疗对愈合效果的影响。该模型是将 92 ℃ 的水放入瓶中,底部用保鲜膜代替,然后与皮肤持续接触 15 s。烫伤后,立即用多功能手术器械将伤口清除至真皮水平,分别使用银敷料和水凝胶敷料治疗伤口,不做任何处理的手术组作为对照。根据临床表现和组织学表征发现,清创后加上水凝胶组的伤口愈合情况得到改善,且瘢痕形成较少。这些使用猪模型的观察结果为重点临床试验提供了理论基础(图 7.14)[43]。

烧伤后会导致肥厚性瘢痕的生成,皮肤愈合时间延长。为了防止这种情况的发生,应尽早切除烧伤皮肤并进行皮肤移植手术。在 2012 年,Chan 等就烫伤后皮肤移植的最佳时机做了进一步研究。首先使用上述烫伤方法制造了烫伤模型,区别在于热水瓶与皮肤接触时间增长为 20 s,然后分别在第 3、14、21 天进行伤口切除和皮肤移植手术,对照组仅使用伤口敷料。温哥华瘢痕量表评分和组织病理学分析表明,第 3 天移植的区域纤维化和瘢痕最少,这也就证明了皮肤烫伤早期移植是最优的方案[44]。

(a) 黄铜梳子模型

(b) 由黄铜梳子造成的伤口

(c) 1周后造成的烧伤间隙伤口

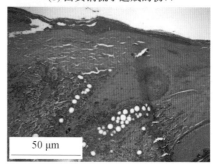

(d) 7天后苏木精–伊红组织活检染色

图 7.13　烧伤模型及其表征

2. 猪烧伤感染伤口模型

在烧伤伤口模型的基础上，Breuing 等还建立一种烧伤伤口脓毒症模型，用加热板将约克夏猪皮肤烫伤后，用不透水的伤口敷料覆盖伤口区域。将甲氧西林敏感金黄色葡萄球菌的悬浮液注射到伤口区域并孵育 24 h。在烧伤后第 1、3、5 天接种创面的组织活检和创面液中发现了金黄色葡萄球菌。第 5 天，接种创面脓性严重，真皮深层坏死，真皮浅层炎症严重，而未注射金黄色葡萄球菌的对照创面仅出现浅层坏死。这些发现与侵袭性烧伤伤口脓毒症相一致，表明该模型可用于临床前评估烧伤伤口感染的可能治疗方法[45]。

7.2.3　糖尿病伤口模型

Velander 和他的同事在 2008 年建立了猪糖尿病伤口模型。他们使用链脲佐菌素诱发糖尿病，这种化疗药物对分泌胰岛素的胰腺 β 细胞有毒，之前一直用于在大鼠中诱发糖尿病。在注射链脲佐菌素 22 h 后，约克夏母猪出现持续高血糖，且血糖水平大于 350 mg/dL。在使用链脲佐菌素 14 d 后，在猪的背部制造全层的切除伤口，收集伤口渗出液用于分析葡萄糖浓度、生长因子和细胞因子。与非糖尿病猪相比，糖尿病猪创面渗出液中类胰岛素生长因子－1（IGF－1）、转化

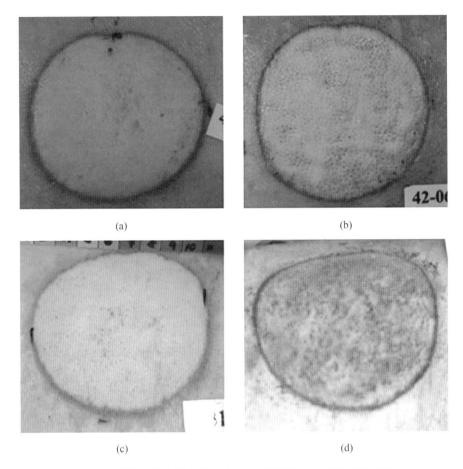

(a)　　　　　　　　　　　　(b)
(c)　　　　　　　　　　　　(d)

图 7.14　热水瓶底烧伤模型的建立方法(圆形伤口的直径约为 938 cm)

生长因子－β(TGF－β)浓度显著降低,而血小板衍生生长因子(PDGF)的浓度没有降低。伤口活检证实,糖尿病猪的伤口在 14 d 后上皮化程度明显较低。糖尿病猪皮肤中 IGF－1 的表达水平降低,这与糖尿病患者皮肤中 IGF－1 的低表达水平相似。研究结果还发现,糖尿病患者伤口愈合不良并不是糖尿病的长期并发症(如神经病变)造成的,因为高血糖猪仅在高血糖两周后伤口愈合不良(图 7.15)[46]。

2018 年 Robin 等研究在糖尿病猪模型中,脂肪干细胞(ASC)、内皮细胞分化的脂肪干细胞(EC/ASC)和局部条件培养基(CM)疗法对伤口愈合的影响(图 7.1(b))。在静脉注射的链脲佐菌素诱导的约克夏猪糖尿病模型中,从侧面脂肪中收获 ASC,在 M199 或 EGM－2 培养基中进行培养。在每头猪上通过手术创建了一系列重复的七个全皮层背侧伤口,细胞治疗组的伤口在第 0 天进行小剂量或大剂量 ASC 或 EC/ASC 的注射,并在第 15 天重复注射初始剂量的一半,给

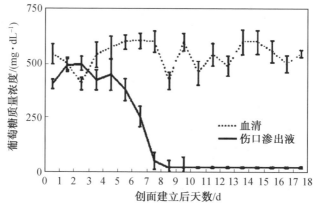

(a) 创面渗出液葡萄糖浓度与血清葡萄糖浓度之间的关系

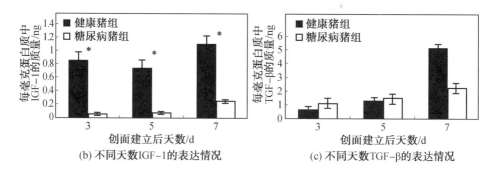

(b) 不同天数IGF-1的表达情况　　　　(c) 不同天数TGF-β的表达情况

图 7.15　糖尿病模型的血糖水平及蛋白的表达

$*$—$P<0.05$

局部 CM 治疗的伤口覆盖有 2 mL 由 ASC 引发的无血清 M199 培养基或人脐静脉内皮细胞(HUVEC)。在第 0、10、15、20 和 28 天评估伤口,使用 ImageJ 软件评估伤口闭合率。对受伤的皮肤进行组织学、反转录聚合酶链反应和酶联免疫吸附试验,以评估血管生成和炎症的标志物。结果发现,与未治疗的对照伤口相比,基于细胞的治疗和局部疗法在各个点的伤口闭合率百分比均增加。组织学、信使 RNA 和蛋白质分析的结果表明,处理过的伤口显示出血管生成增加和较低的炎症反应。使用 ASC、EC/ASC 和局部 CM 进行细胞疗法可加速糖尿病伤口的愈合,增强血管生成和免疫调节可能是促进糖尿病伤口愈合的关键因素[47]。

1. 猪糖尿病感染伤口模型

在建立猪糖尿病伤口模型的基础上,Hirsch 和他的同事构建了糖尿病感染伤口模型来研究细菌感染对糖尿病伤口愈合的影响,首先在糖尿病伤口和正常伤口区域接种金黄色葡萄球菌,并孵育 48 h。4 d、8 d、12 d 后糖尿病伤口区域的细菌计数均显著高于非糖尿病伤口。非糖尿病伤口组织在第 4 天细菌计数较

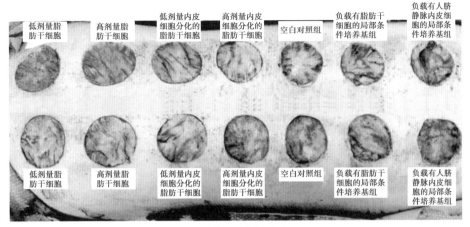

（a）猪背部的全层伤口

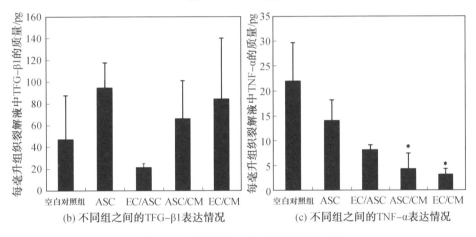

（b）不同组之间的TFG-β1表达情况　　　　（c）不同组之间的TNF-α表达情况

图 7.16　糖尿病伤口模型及蛋白的表达

高，随后下降，第 10 天无明显感染，在第 12 天消失，糖尿病创面组织在第 12 天感染情况依然存在。以上皮化程度为伤口愈合的衡量标准，细菌感染的糖尿病创面与未感染的糖尿病创面以及细菌感染的非糖尿病创面相比，伤口愈合速度明显延迟。这些发现表明糖尿病的伤口环境促进了感染，而这些感染延迟了伤口愈合[48]。

2. 猪糖尿病足感染模型

糖尿病足感染（DFI）是糖尿病常见的严重并发症，并且是非创伤性下肢截肢的主要原因。在当前的临床实践中，DFI 治疗包括清创术和全身性抗生素治疗。然而，由于血管生成不足和局部抗生素浓度不足，这些治疗通常无效。Mendes 等在 2013 年评估了在两种糖尿病动物模型中局部递送噬菌体对抗慢性细菌感染的可行性[49]。将链脲佐菌素诱导后的糖尿病猪麻醉，在脊椎每侧用 6 mm 的活检打孔器创建 9 个全层切除伤口,向伤口注射 2×10^6 CFU 的金黄色葡萄球菌、铜绿假单胞菌或鲍曼不动杆菌,空白对照注射 $100~\mu L$ 的生理盐水。4 d 后使用 $100~\mu L$ 噬菌体处理创面,每 4 h 一次,持续 24 h。在第 5~8 天每天两次施用噬菌体,每次间隔 12 h,对照组接受无菌生理盐水处理。比较了在有无局部噬菌体治疗的清创感染伤口中的微生物学、平面和组织学参数,对细菌进行稀释定量。数据显示:对于金黄色葡萄球菌和铜绿假单胞菌感染的伤口,噬菌体治疗可有效减少细菌菌落计数并改善伤口愈合(如较小的上皮和真皮间隙),但对鲍曼不动杆菌的治疗效果不佳。

3. 猪糖尿病烧伤伤口模型

在建立猪糖尿病伤口模型的基础上,Singer、Taira 和同事于 2009 年使用了糖尿病烧伤模型来研究糖尿病患者的烧伤情况。猪被用链脲佐菌素诱导后,用加热棒制造烧伤伤口。研究人员观察到,链脲佐菌素诱导的成功与否取决于猪的大小,与较小的猪(25~30 kg)相比,在较大的猪(45~50 kg)中诱导的高血糖更一致。创伤后第 7、10 和 14 天,与正常烧伤伤口相比,糖尿病创面的伤口上皮化显著降低;然而,所有的伤口在第 21 天完全上皮化。该模型的一个缺点是相对烧伤深度不一致:糖尿病猪和对照组猪的初始烧伤深度相同,但糖尿病猪在 6 周的试验中皮肤变薄[50]。

4. Ⅱ型糖尿病猪烧伤伤口(T2DM)模型

上述例子皆针对Ⅰ型糖尿病,而Ⅱ型糖尿病的患者更多,Ⅱ型糖尿病的主要特征是胰岛素分泌不足和胰岛素抵抗,成熟的人胰岛淀粉样多肽(hIAPP)具有很强的错误折叠趋势,从而引起胰岛淀粉样蛋白变化,而 hIAPP 的沉积也是引起Ⅱ型糖尿病的主要原因。小型猪是非常适合用于基因功能和人类糖尿病研究的试验动物模型。Zou 等在 2019 年通过 CRISPR/Cas9 系统和体细胞移植技术实现了小型猪的胰岛淀粉样多肽基因人源化,在 hIAPP 猪的胰腺中检测 hIAPP 蛋白在转录和翻译水平上的表达(图 7.17)。此外,胰岛素抵抗稳态模型评估结果(HOMA－IR)显示,从 3 个月大开始,hIAPP 猪的 IR 指数显著高于原型猪,表明 hIAPP 猪具有降低胰岛素敏感性和增加胰岛素抵抗的能力。总体来说,3 个月大的 hIAPP 猪表现出高血糖,降低了葡萄糖利用率和增加了胰岛素耐受性,表明在 hIAPP 猪中成功进行了Ⅱ型糖尿病建模,为研究人类Ⅱ型糖尿病及其并发症提供了新的模型,可用于阐明发病机理和特征的遗传表型(图 7.17)[51]。

7.2.4 肥厚性瘢痕

肥厚性瘢痕通常表现为凸起的、红色的、发痒的、坚固的病变,它们会导致皮肤外观和功能上的畸形,对受害者的生活质量造成毁灭性的影响。尽管多年来

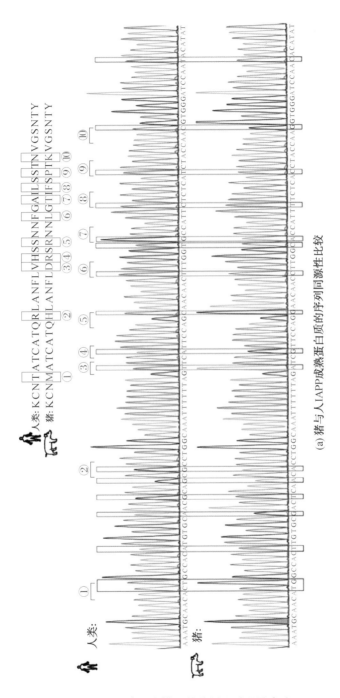

图 7.17　Ⅱ型糖尿病模型的基因比对以及表达

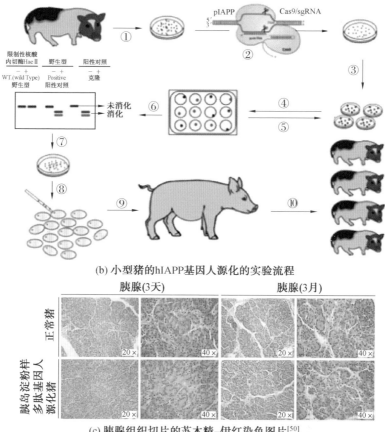

(b) 小型猪的hIAPP基因人源化的实验流程

(c) 胰腺组织切片的苏木精-伊红染色图片[50]

续图 7.17

人们使用人类样本、体外模型和植入免疫缺陷小鼠的增生性瘢痕体内模型来研究纤维增生,但对增生性瘢痕的病理生理学仍知之甚少。其缺乏进展的重要原因是缺乏可靠的、经验证和可复制的动物模型。然而,在过去的 20 年里,几个研究小组创新性地建立了红色杜洛克猪肥厚性瘢痕模型。该模型最初是在 20 世纪 70 年代被发现的,Silverstein 等在 12 头雌性红色杜洛克猪皮肤深层次受伤后发现了过度瘢痕[52]。但由于无法在后续研究中重现过度瘢痕,该模型当时没有被广泛采用。然而,后续的研究使用了不一致的伤口深度对过度瘢痕的产生进行了研究,这一变量现在被认为是过度纤维增生反应的关键。红色杜洛克猪的增生性瘢痕只发生在有残留真皮的深层皮肤伤口中,但是这些伤口很难形成。最近的一些研究已经证实红色杜洛克猪实际上是一个研究人类肥厚性瘢痕非常恰当的模型。

Zhu 等在 2003 年使用一种电皮肤器在红色杜洛克猪的背上制造了不同厚

度的深层次伤口。使用标准的电动 Padgett 皮肤刀创建 8 cm×8 cm 的正方伤口,深度分别为 0.015 in、0.030 in、0.045 in、0.060 in、0.075 in、0.090 in、0.105 in 和 0.120 in(1 in＝2.54 cm),在每只猪的背部创建 8 个伤口。他们发现,红色杜洛克猪的瘢痕大体外观与人类增生性瘢痕相似:瘢痕较厚、无毛、坚硬、色素减退或增生性瘢痕,但隆起程度和红斑较少。红色杜洛克猪的瘢痕也有螺旋状无序胶原束,与人类增生性瘢痕的组织学外观一致,也有类似的 IGF－1、TGF－β1、多功能蛋白聚糖和核心蛋白聚糖的免疫定位[53]。在 2004 年,Zhu 等对伤口中上述愈合介质的表达做了进一步的研究,在经过长达 5 个月的研究中他们发现,IGF－1、TGF－β1、多功能蛋白聚糖的表达增加,而核心蛋白聚糖的表达减少,这与人类增生性瘢痕的结果相似。此外,还有大量的肌成纤维细胞和胶原结节的形成。

在 2017 年,Britani 等首次建立了基于猪的过度烧伤致瘢痕动物模型(图 7.18)。在猪的背部创建伤口模型,使用长 5 cm、宽 3 cm 的钢板创建切口,深度为 0.06 in,再把 5 cm 长、3 cm 宽、5 cm 高的不锈钢触针加热到 108 ℃,以 8 896.44 Pa 的压力施加在皮肤上 40 s,然后再对烧伤创面进行活检以检查烧伤的初始深度。对第 0 天、第 10 天、第 28 天、第 90 天、第 150 天的瘢痕进行拍照表征,以及 150 d 后

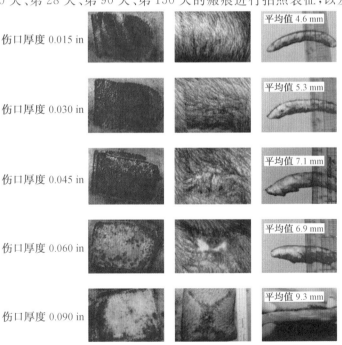

(a) 不同尺寸的急性伤口、5个月后愈合的伤口及疤痕的横截面

图 7.18　过度烧伤模型及愈合表征

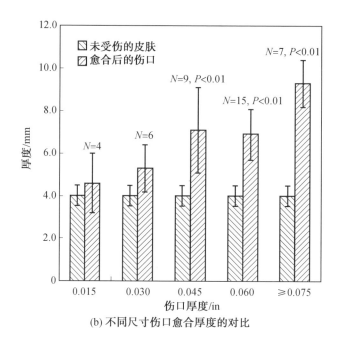

(b) 不同尺寸伤口愈合厚度的对比

续图 7.18

进行组织切片和体内生物力学表征,与正常皮肤伤口对比发现:过度烧伤伤口愈合速度更慢、收缩更加明显、瘢痕的弹性和柔软度较低,愈合介质的表达与上述结果一样。因此,该烧伤模型可能为研究烧伤相关增生性瘢痕的病理生理学,研究当前抗瘢痕治疗和开发具有更大临床效益的新策略提供了一个改进的平台[54]。

7.3　兔子伤口模型

兔子的饲养条件和成本相对较低,繁殖速度惊人,兔子皮肤相对松弛,兔子和人类皮肤对衰老、延迟愈合和各种外用药物的反应类似,而且兔耳伤口模型没有收缩,具有得天独厚的优势,因此兔子伤口模型具有用于评价人类伤口愈合过程的巨大优势。

7.3.1　兔耳缺血伤口模型

早在 1990 年,Ahn 和 Mustoe 首次提出了兔耳伤口模型用于研究缺血对伤口愈合的影响(图 7.19)[55]。兔耳中共有三条主动脉血管,通过环形切口将位于耳基部的一条侧动脉和中央动脉结扎,形成缺血区域,从而在维持静脉的同时破坏了皮肤动脉循环。用 6 mm 穿透软骨的穿刺活检针造成一个全层的伤口,没有血管基底并且侧血管供应非常有限。由于兔耳的真皮与软骨紧密相连,无血管的创面不能通过收缩闭合,而是通过形成上皮和肉芽组织而愈合。然而,缺血是可逆的,侧支循环在大约 14 d 内形成。兔耳的表面积也很大,可以在同一只耳朵上做多个伤口,把对侧耳朵作为对照组,可以减少兔子的使用数量。此外,兔耳开放性伤口上的上皮细胞作为肉芽组织的一个独立变量,易于定量。

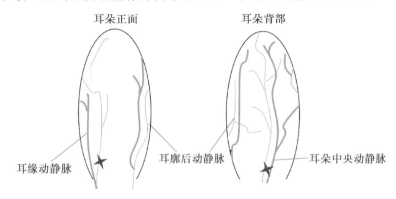

图 7.19　兔耳缺血伤口模型

1999 年,Xia 等将兔耳模型用于研究角质形成细胞生长因子(KGF－2)在促进慢性伤口愈合中的作用。选用 4～6 个月的幼兔和 50～60 个月的老龄兔,兔耳模型与 Ahn 和 Mustoe 建立的模型相同。在制造伤口后,立即使用 15 μg 的 KGF－2 处理伤口,使用安慰缓冲剂作为对照组,伤口在 7 d 后切除进行马松三色染色。伤口的组织学分析显示,KGF－2 显著促进幼龄和老龄动物的再上皮化和肉芽组织形成,且不会造成明显的瘢痕,只是与幼龄兔相比,老龄兔伤口愈合有所延迟[56]。

7.3.2　兔子后背伤口模型

2018 年,Zahra 在兔子的后背制作了伤口,用于研究蜘蛛丝对伤口愈合的影响(图 7.20)。在背部制作了直径为 15 mm 的伤口,深度为 4 mm。试验分为三组,A 组为标准对照组,不接受任何特殊治疗,仅局部应用生理盐水和凡士林;B 组作为阳性对照组,局部使用 1% 苯妥英软膏薄膜;C 组为治疗组,在伤口表面覆盖一层蜘蛛丝蛋白薄膜。在第 1、10、20 天进行采样,对组织切片进行评价,测定创面闭合面积、坏死组织、创面愈合速度、表皮厚度。他们发现:蜘蛛丝由于其支架结构,能够促进成纤维细胞和血管生成内皮细胞生长,且蜘蛛丝中存在的蛋白能够诱导碱性成纤维细胞生长因子(BFGF)和羟脯氨酸的分泌增加,进而促进皮肤伤口愈合[57]。

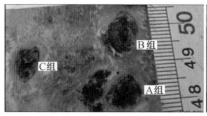
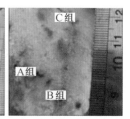

(a) 第7天不同组的伤口皮肤照片　(b) 第14天不同组的伤口　(c) 第21天不同组的伤口
　　　　　　　　　　　　　　　　皮肤照片　　　　　　　皮肤照片

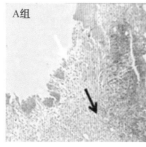
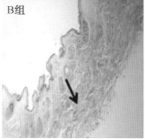
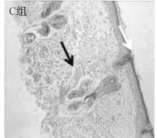

(d) 第10天各组皮肤横切面苏木精–伊红染色图片

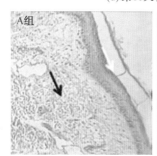
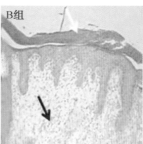
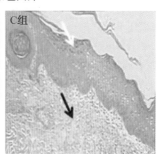

(e) 第21天各组皮肤横切面苏木精–伊红染色图片

图 7.20　兔子后背伤口模型及其表征(放大 10 倍观察拍照。白色箭头表示真皮上皮,黑色箭头表示结缔组织)

7.4　斑马鱼伤口模型

斑马鱼作为伤口模型载体的天然优势是它们没有知觉,没有意识。斑马鱼同时拥有可以再生组织和器官的功能,可以在成年的斑马鱼的侧面快速、可重复地创建全厚度伤口模型。斑马鱼的伤口可以在数小时内快速地再上皮化,不受凝血和炎症的影响,且立即清除形成的肉芽组织可以导致最小的伤疤形成。斑马鱼的伤口愈合过程不同于哺乳动物的重叠,而是依次进行,能够更好地识别由化学或基因引起的影响,这也为高通量小分子药物筛选提供了可能[58]。

本章参考文献

[1] HASAMNIS A，MOHANTY B，MURALIKRISHNA，et al. Evaluation of wound healing effect of topical phenytoin on excisional wound in albino rats[J]. J Young Pharm,2010,2(1):59-62.

[2] JAFFARY F, NILFOROUSHZADEH M A, SHARIFIAN H，et al. Wound healing in animal models: review article[J]. Tehran University of Medical Sciences Journal, 2017, 75(7): 471-479.

[3] GURTNER G C,WERNER S,BARRANDON Y,et al. Wound repair and regeneration[J]. Nature,2008,453(7193):314-321.

[4] MARTIN P. Wound healing: aiming for perfect skin regeneration[J]. Science,1997,276(5309):75-81.

[5] SINGER A J,CLARK R A. Cutaneous wound healing[J]. N Engl J Med, 1999,341(10):738-746.

[6] CHEN J S,LONGAKER M T,GURTNER G C. Murine models of human wound healing[J]. Methods Mol Biol,2013,1037:265-274.

[7] BLANPAIN C. Skin regeneration and repair[J]. Nature,2010,464:686-687.

[8] GRADA A,MERVIS J,FALANGA V. Research techniques made simple: animal models of wound healing[J]. J Invest Dermatol,2018,138(10):2095-2105. e1.

[9] WICHAI-UTCHA N,CHAVALPARIT O. 3Rs Policy and plastic waste management in Thailand[J]. J Mater Cycles Waste Manag,2019,21(1):10-22.

[10] ZHAO X，LIANG Y P，HUANG Y，et al. Physical double-network hydrogel adhesives with rapid shape adaptability, fast self-healing, antioxidant and NIR/pH stimulus-responsiveness for multidrug-resistant bacterial infection and removable wound dressing[J]. Advanced Functional Materials，2020，30(17): 1910748.

[11] LI M，LIANG Y P，HE J H，et al. Two-pronged strategy of biomechanically active and biochemically multifunctional hydrogel wound dressing to accelerate wound closure and wound healing[J]. Chem Mater, 2020,32(23):9937-9953.

[12] WANG M，WANG C G，CHEN M，et al. Efficient angiogenesis-based diabetic wound healing/skin reconstruction through bioactive antibacterial adhesive ultraviolet shielding nanodressing with exosome release[J]. ACS

Nano,2019,13(9):10279-10293.

[13] LIU J, CHEN Z Q, WANG J, et al. Encapsulation of curcumin nanoparticles with MMP9-responsive and thermos-sensitive hydrogel improves diabetic wound healing[J]. ACS Appl Mater Interfaces,2018,10 (19):16315-16326.

[14] LINDHOLM C, SEARLE R. Wound management for the 21st century: combining effectiveness and efficiency[J]. Int Wound J,2016,13(Suppl 2):5-15.

[15] ARMSTRONG D G, BOULTON A J M, BUS S A. Diabetic foot ulcers and their recurrence[J]. N Engl J Med,2017,376(24):2367-2375.

[16] LI X, XIE X Y, LIAN W S, et al. Exosomes from adipose-derived stem cells overexpressing Nrf2 accelerate cutaneous wound healing by promoting vascularization in a diabetic foot ulcer rat model[J]. Exp Mol Med,2018,50(4):1-14.

[17] HUANG W J, WANG Y X, HUANG Z Q, et al. On-demand dissolvable self-healing hydrogel based on carboxymethyl chitosan and cellulose nanocrystal for deep partial thickness burn wound healing[J]. ACS Appl Mater Interfaces,2018,10(48):41076-41088.

[18] WANG P, HUANG S B, HU Z C, et al. In situ formed anti-inflammatory hydrogel loading plasmid DNA encoding VEGF for burn wound healing [J]. Acta Biomater,2019,100:191-201.

[19] LOH E Y X, MOHAMAD N, FAUZI M B, et al. Development of a bacterial cellulose-based hydrogel cell carrier containing keratinocytes and fibroblasts for full-thickness wound healing[J]. Sci Rep,2018,8(1):2875.

[20] MOHAMAD N, LOH E Y X, FAUZI M B, et al. In vivo evaluation of bacterial cellulose/acrylic acid wound dressing hydrogel containing keratinocytes and fibroblasts for burn wounds[J]. Drug Deliv Transl Res, 2019,9(2):444-452.

[21] ORYAN A, ALEMZADEH E, MOHAMMADI A A, et al. Healing potential of injectable Aloe vera hydrogel loaded by adipose-derived stem cell in skin tissue-engineering in a rat burn wound model[J]. Cell Tissue Res,2019,377(2):215-227.

[22] RIBEIRO M P, MORGADO P I, MIGUEL S P, et al. Dextran-based hydrogel containing chitosan microparticles loaded with growth factors to be used in wound healing[J]. Mater Sci Eng C Mater Biol Appl,2013,33

(5):2958-2966.

[23] YAN H,CHEN J,PENG X. Recombinant human granulocyte-macrophage colony-stimulating factor hydrogel promotes healing of deep partial thickness burn wounds[J]. Burns,2012,38(6):877-881.

[24] BOUCEK R J. Factors affecting wound healing[J]. Otolaryngol Clin North Am,1984,17(2):243-264.

[25] LEITE S N,LEITE M N,CAETANO G F,et al. Phototherapy improves wound healing in rats subjected to high-fat diet[J]. Lasers Med Sci,2015, 30(5):1481-1488.

[26] KISCHER C W, PINDUR J, SHETLAR M R, et al. Implants of hypertrophic scars and keloids into the nude (athymic) mouse:viability and morphology[J]. J Trauma,1989,29(5):672-677.

[27] RAMOS M L C, GRAGNANI A, FERREIRA L M. Is there an ideal animal model to study hypertrophic scarring? [J]. J Burn Care Res,2008, 29(2):363-368.

[28] MESTAS J,HUGHES C C W. Of mice and not men:differences between mouse and human immunology[J]. J Immunol,2004,172(5):2731-2738.

[29] SEATON M,HOCKING A,GIBRAN N S. Porcine models of cutaneous wound healing[J]. ILAR J,2015,56(1):127-138.

[30] GORDILLO G M, BERNATCHEZ S F, DIEGELMANN R, et al. Preclinical models of wound healing:is man the model? Proceedings of the wound healing society symposium[J]. Adv Wound Care (New Rochelle), 2013,2(1):1-4.

[31] LINDBLAD W J. Considerations for selecting the correct animal model for dermal wound-healing studies[J]. J Biomater Sci Polym Ed,2008,19(8): 1087-1096.

[32] WOLLINA U, BERGER U, MAHRLE G. Immunohistochemistry of porcine skin[J]. Acta Histochem,1991,90(1):87-91.

[33] HEINRICH W, LANGE P M, STIRTZ T, et al. Isolation and characterization of the large cyanogen bromide peptides from the alpha1-and alpha2-chains of pig skin collagen[J]. FEBS Lett,1971,16(1):63-67.

[34] DAVIDSON J M. Animal models for wound repair[J]. Arch Dermatol Res,1998,290(1):S1-S11.

[35] WEINSTEIN G. Comparison of turnover time and of keratinous protein fractions in swine and human epidermis [J]. Swine in biomedical

research，1966：287-289.

[36] SUMMERFIELD A，MEURENS F，RICKLIN M E. The immunology of the porcine skin and its value as a model for human skin[J]. Mol Immunol,2015,66(1):14-21.

[37] MONTAGNA W，YUN J S. The skin of the domestic pig[J]. J Invest Dermatol,1964,42:11-21.

[38] SULLIVAN T P，EAGLSTEIN W H，DAVIS S C，et al. The pig as a model for human wound healing[J]. Wound Repair Regen,2001,9(2): 66-76.

[39] ROY S，BISWAS S，KHANNA S，et al. Characterization of a preclinical model of chronic ischemic wound[J]. Physiol Genomics,2009,37(3): 211-224.

[40] JUNG Y，SON D，KWON S，et al. Experimental pig model of clinically relevant wound healing delay by intrinsic factors[J]. Int Wound J,2013, 10(3):295-305.

[41] HYODO A，REGER S I，NEGAMI S，et al. Evaluation of a pressure sore model using monoplegic pigs[J]. Plast Reconstr Surg,1995,96(2): 421-428.

[42] SINGER A J，MCCLAIN S A，TAIRA B R，et al. Validation of a porcine comb burn model[J]. Am J Emerg Med,2009,27(3):285-288.

[43] WANG X Q, KEMPF M, LIU P Y，et al. Conservative surgical debridement as a burn treatment:supporting evidence from a porcine burn model[J]. Wound Repair Regen,2008,16(6):774-783.

[44] CHAN Q E，HARVEY J G，GRAF N S，et al. The correlation between time to skin grafting and hypertrophic scarring following an acute contact burn in a porcine model[J]. J Burn Care Res,2012,33(2):e43-e48.

[45] BREUING K，KAPLAN S，LIU P，et al. Wound fluid bacterial levels exceed tissue bacterial counts in controlled porcine partial-thickness burn infections[J]. Plast Reconstr Surg,2003,111(2):781-788.

[46] VELANDER P，THEOPOLD C，HIRSCH T，et al. Impaired wound healing in an acute diabetic pig model and the effects of local hyperglycemia[J]. Wound Repair Regen,2008,16(2):288-293.

[47] IRONS R F，CAHILL K W，RATTIGAN D A，et al. Acceleration of diabetic wound healing with adipose-derived stem cells,endothelial-differentiated stem cells, and topical conditioned medium therapy in a swine

model[J]. J Vasc Surg,2018,68(6S):115S-125S.

[48] HIRSCH T,SPIELMANN M,ZUHAILI B,et al. Enhanced susceptibility to infections in a diabetic wound healing model[J]. BMC Surg,2008,8:5.

[49] MENDES J J, LEANDRO C, CORTE-REAL S,et al. Wound healing potential of topical bacteriophage therapy on diabetic cutaneous wounds [J]. Wound Repair Regen, 2013,21(4): 595-603.

[50] SINGER A J,TAIRA B R,MCCLAIN S A,et al. Healing of mid-dermal burns in a diabetic porcine model[J]. J Burn Care Res,2009,30(5): 880-886.

[51] ZOU X D,OUYANG H S,YU T T,et al. Preparation of a new type 2 diabetic miniature pig model via the CRISPR/Cas9 system[J]. Cell Death Dis,2019,10(11):823.

[52] SILVERSTEIN P, GOODWIN JR M, RAULSTON G. Hypertrophic scarring, etiology and control of a disabling complication in burned soldiers[J]. Annual Research Progress Report of the US Army Institute of Surgical Research Section, 1972, 37(30): 1-5.

[53] ZHU K Q,ENGRAV L H,GIBRAN N S,et al. The female,red Duroc pig as an animal model of hypertrophic scarring and the potential role of the cones of skin[J]. Burns,2003,29(7):649-664.

[54] BLACKSTONE B N,KIM J Y,MCFARLAND K L,et al. Scar formation following excisional and burn injuries in a red Duroc pig model[J]. Wound Repair Regen,2017,25(4):618-631.

[55] AHN S T,MUSTOE T A. Effects of ischemia on ulcer wound healing:a new model in the rabbit ear[J]. Ann Plast Surg,1990,24(1):17-23.

[56] XIA Y P,ZHAO Y,MARCUS J,et al. Effects of keratinocyte growth factor-2 (KGF-2) on wound healing in an ischaemia-impaired rabbit ear model and on scar formation[J]. J Pathol,1999,188(4):431-438.

[57] SETOONI Z, MOHAMMADI M, HASHEMI A,et al. Evaluation of wound dressing made from spider silk protein using in a rabbit model[J]. Int J Low Extrem Wounds,2018,17(2):71-77.

[58] HOODLESS L J, LUCAS C D, DUFFIN R, et al. Genetic and pharmacological inhibition of CDK9 drives neutrophil apoptosis to resolve inflammation in zebrafish in vivo[J]. Sci Rep,2016,6:36980.

第 8 章

皮肤组织修复临床案例

　　临床医学研究是指在临床医学领域内引入科学研究,即按照严格的设计、测量和评价方法,从患者的个体诊治扩大到相应的群体,探讨疾病病因、诊断、治疗和预后的规律的研究。临床研究用科学的方法和标准来研究和评价疾病的病因、诊断方法、治疗和防治措施,使临床医学得到不断的发展和进步。此外,临床研究可以确定一些防治措施、药物不良反应的发生率,以及对患者的影响程度。然后将这些措施的益处与弊端进行比较,确定该措施是否可以继续使用。同时,通过比较、评价、鉴定临床研究结果,确定该措施的价值,并确定成本效益比,决定研究成果能否在临床实践中推广应用以及应用的范围。最后,临床研究可以通过发现问题、提出问题、查阅文献、进行研究到解决问题等过程,使临床医生得到科学研究的训练,使他们的临床经验不断得到积累,临床技能不断得到提高。临床研究的主要目的是根据有限的样本病例所得到的结果,来决定是否及如何将某治疗方案用于整个患者群体,使他们得到安全和有效的处理。

　　案例是人们对生产活动中富有典型性、代表性事件的叙述,人们可从中找到事件发生的普遍性规律,案例运用于教育领域的历史源远流长,最早可追溯到美国医学会基于临床案例的情境模拟式学习。教育学家指出,案例教学是基于临床案例的、区别于传统教学方式的新手段,在一定程度上可弥补教师的专业性欠缺及经验匮乏的缺陷,同时也可有效培养学生的批判性思维和解决问题的能力。因此,促进临床案例教学化发展非常必要,旨在用实际的案例使学生提高综合分析判断和处理问题的能力。

　　本章汇总了近年来国内外成功治愈罕见的或难以应对的皮肤病的经典案例。希望能为临床医生提供经验,在今后出现相似的病例时能够快速有效地治愈患者,减轻患者的痛苦并节省医疗成本。

8.1 细菌或病毒感染引起的皮肤病变

案例一:结核分枝杆菌引起的皮肤感染[1]

【病史摘要】

基本信息:女,61 岁。

病情介绍:食指关节上覆有黑色大结节,并伴有肿胀(图 8.1)。检查显示食指的背面出现急性炎症组织覆盖在慢性炎症组织上的区域,与急性化脓性细菌感染一致。有关节滑膜炎且关节活动受限的症状,没有局灶性淋巴结肿大和孢子状体扩散的迹象。

图 8.1 治疗前右手食指背部的病变

诊断分析:血液测试显示白细胞计数为 9.5 g/L,C 反应蛋白为 75 mg/L。干扰素 γ 检查结果呈阴性,其他血液检查均正常。磁共振成像表现为轻度滑膜炎和软组织异常。病灶活检标本的分枝杆菌和真菌培养,以及 16S 和 18S DNA 测序结果均为阴性。组织病理学结果显示肉芽肿发炎,与急性和慢性混合性炎症反应一致。肉芽肿区域可见中央坏死的多核巨细胞。由最初的高氧形态向外周延伸而生长形成渗出角蛋白物质的裂痕,病变的外周愈合缓慢,这与皮肤结核的特征相似。

病史信息:该病灶最初为高氧血症,逐渐变色并破裂,并伴有指骨中部肿胀。患者的父亲早年患有结核病,但无个人结核病史。患者否认盗汗、疲劳和体重减轻。

【治疗方式】

在活检和清创术之前,使用多西环素(每日 2 次,每次 100 mg)治疗 2 周,以应对继发感染。后续进行经验性抗分枝杆菌治疗,治疗药物包括每日 300 mg 异烟肼、600 mg 利福平、800 mg 乙胺丁醇、1.5 g 吡嗪酰胺和 25 mg 吡哆醇。治疗

1个月后,因丙氨酸氨基转移酶从32 U/L升高至1 120 U/L而停止使用异烟肼;因关节疼痛而停止使用吡嗪酰胺;因患者未能参加眼科检查而停止使用乙胺丁醇。因此,抗结核疗法用药改为每日使用400 mg莫西沙星和800 mg克拉霉素(每日2次)。图8.2所示为治疗10周后右手食指背部病变恢复情况。

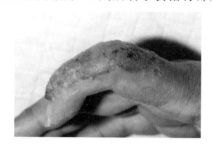

图8.2　治疗10周后右手食指背部病变恢复情况

【恢复情况】

在异烟肼和吡嗪酰胺停止治疗6周后,患者关节疼痛消失,且丙氨酸氨基转移酶恢复至127 U/L。为期6个月的治疗过程结束时,病变已完全解决。

【案例总结】

皮肤分枝杆菌感染的临床表现是高度可变的,任何无法解释的皮肤病变,尤其是那些具有结节性或溃疡性成分的皮肤病变,都可能是结核杆菌引起的。即使在组织培养物中未能鉴定出结核分枝杆菌也不能排除皮肤分枝杆菌感染,因为结核分枝杆菌仅在高于50%的情况下培养才会呈阳性。杆菌的显微镜检查和培养在菌量少的条件下敏感性较低,需要数周才能得到结果,容易延迟治疗。在怀疑皮肤分枝杆菌感染的情况下,尽管实验室检查结果为阴性,也可以考虑进行抗结核治疗。

案例二:传染性皮肤结核病[2]

【病史摘要】

基本信息:女,12岁。

病情介绍:双侧颈部出现肿胀,有脓性分泌物,皮肤溃疡持续3个月。干咳、低烧、食欲不振、出汗,并且体重严重减轻,伴有头痛,偶发吞咽性呕吐。身体检查发现前颈和耳后淋巴结肿大并伴有窦道,左上颈多发性皮肤溃疡(图8.3)。颈部僵直,但不存在神经功能损伤。

诊断分析:全血细胞计数、尿液分析和生化分析的结果均正常。人类免疫缺陷病毒抗体测试结果为阴性。脑脊液分析显示105个细胞中有65个淋巴细胞,在革兰氏染色和抗酸杆菌染色上未检测到任何生物。胸部X射线检查发现右上肺叶和中肺叶不清(图8.4)。皮肤分泌物分析显示有革兰氏阳性双球菌,并使用

图 8.3　左上颈多发性皮肤溃疡

Xpert MTB/RIF 检测到结核分枝杆菌。细针穿刺细胞学检查仅显示干酪样坏死,无肉芽肿,溃疡病灶的切片显示炎性细胞。根据皮肤活检诊断为皮肤结核。

病史信息:未接种过疫苗,也从未与任何结核病或慢性咳嗽患者接触。

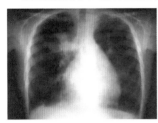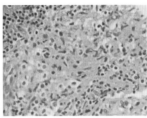

图 8.4　患者胸部 X 射线片和组织病理学切片

【治疗方式】

使用利福平、异烟肼、吡嗪酰胺、乙胺丁醇(每天 4 片)、泼尼松龙($3 \mathrm{~mg/(kg \cdot d)}$)和吡哆醇($25 \mathrm{~mg/d}$)进行抗结核治疗,同时进行伤口护理。

【恢复情况】

皮肤病变开始干燥并逐渐愈合。入院期间未观察到与药物相关的副作用。患者完全康复,没有重大神经系统疾病,皮肤病灶已治愈。

【案例总结】

该报告介绍了一例罕见的肺外结核病患者,出现皮肤病灶或分泌物的儿童应考虑为皮肤结核,并进行组织病理学诊断,以排除其他皮肤疾病,防止治疗延迟。除此之外,还需要加强包括疫苗接种在内的结核病预防。

案例三:耐药结核分枝杆菌皮肤感染导致截肢[3]

【病史摘要】

基本信息:女,73 岁。

病情介绍:左手食指出现严重的红斑肿胀,在手指的内侧可见直径为 0.8 cm 的圆形溃疡和清晰的边界以及硬皮(图 8.5)。

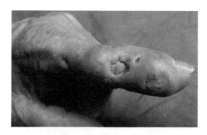

图 8.5　左手食指出现红斑肿胀、溃疡和痂

诊断分析:该患者主诉手指疼痛。常规检查未发现任何病变,特别是未记录到腋窝淋巴结肿大。实验室检查发现白细胞增多,红细胞沉降速率增加,C 反应蛋白为 9 mg/dL,α1－酸性糖蛋白为 4.1 mg/mL。包括免疫学检查在内的其他所有实验室检查均在正常范围内或为阴性。X 射线显示第二指骨的骨膜轻度受损。超声检查显示皮肤肿胀。神经系统检查结果为阴性。组织病理学检查显示结核样肉芽肿,发现一些朗格汉斯细胞,并伴有淋巴细胞和嗜中性粒细胞的炎症浸润。三种培养中有两种对海洋分枝杆菌呈阳性。聚合酶链式反应(PCR)证实了病原体为海洋分枝杆菌。真菌学检查结果为阴性。未进行体外药物敏感性测试。

病史信息:患者除了轻度的原发性高血压外,身体状况良好。患者指出肿胀出现在 2 年前,然后在 6 个月后出现了溃疡。患者在皮肤病学中心接受活检,诊断为分枝杆菌病,并接受米诺环素治疗(100 mg/d,持续 3 个月)。由于病症并未减轻以及出现头痛、头晕和耳鸣的现象,停止使用该治疗方法。该患者在第二中心接受多西环素(100 mg/d,持续 3 个月)和非甾体类抗炎药治疗,但病情并未缓解。随后,转到第三中心,使用利福平(600 mg/d)和乙胺丁醇(400 mg/d)治疗 4个月,病症仍没有得到缓解。

【治疗方式】

患者用克拉霉素治疗(500 mg/d,连续 10 天/月,连续 5 个月);配合口服双氯芬酸(100 mg/d)。这种疗法仅使症状略有改善,且造成患者剧烈疼痛。因此,患者被转到整形外科进行手指截肢术。此后没有使用额外的抗生素治疗。

【案例总结】

克拉霉素是治疗肉芽肿的最有效的抗生素。然而,根据相关文献报道,海洋分枝杆菌在体外和体内通常对几种抗生素具有抗性。此外,体外敏感性并不总是与体内敏感性相关。总之,不存在确定的选择疗法,也没有发表基于大量患者的疗法研究。该患者的病史证明了海洋分枝杆菌可能对几种抗生素具有抗性,并且有时皮肤感染可能非常严重,以至于需要对手指进行截肢。

案例四:溃疡分枝杆菌引起的布鲁里溃疡[4]

【病史摘要】

基本信息:女,1 岁。

病情介绍:右前胸壁和颈部出现丘疹并伴有水肿,后来出现溃疡,并伴有发烧和营养不良。临床检查发现右前胸壁边缘破坏,溃疡大小为 11 cm×7 cm,延伸至右颈部以及耳前和耳后区域,但是颈部运动没有受到任何限制。

诊断分析:拭子样本对溃疡分枝杆菌的 IS2404 重复序列的 PCR 呈阳性,诊断为布鲁里溃疡(图 8.6)。

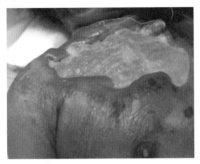

图 8.6 治疗前患者前胸的布鲁里溃疡

【治疗方式】

每日进行利福平和克拉霉素(分别为 10 mg/kg 和 15 mg/kg 的剂量)治疗,并适当地使用伤口敷料治疗,持续 8 周。

【恢复情况】

对抗生素治疗的耐受性良好。在抗生素治疗结束后,溃疡已经完全治愈,但出现了瘢痕(图 8.7)。

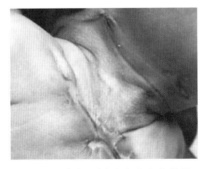

图 8.7 治疗 8 周后溃疡愈合状况

【案例总结】

布鲁里溃疡是由溃疡分枝杆菌感染引起的一种疾病,是容易被忽略但能治疗的热带病之一。感染导致皮肤和软组织破坏,通常在腿部和臂部形成大面积溃疡。口服利福平和克拉霉素治疗对新生儿有效,避免了每天使用链霉素注射液治疗带来的痛苦及相关的耳毒性。布鲁里溃疡应包括在具有特征性病变的新生儿的鉴别诊断中,因为在这个年龄段中,布鲁里溃疡的潜伏期可能比成人的潜伏期短。

<h3 style="text-align:center">案例五:水肿性布鲁里溃疡病[5]</h3>

【病史摘要】

基本信息:女,91 岁。

病情介绍:右脚踝前部疼痛 3 周,检查发现直径为 21 cm×12 cm 的硬性水肿病灶,中央坏死灶直径为 2 cm×1 cm。

诊断分析:根据病变的临床观察和病变拭子的分枝杆菌 PCR 呈阳性,诊断为水肿性布鲁里溃疡(图 8.8)。

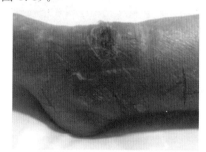

图 8.8　治疗前出现严重的水肿性布鲁里溃疡

【治疗方式】

开始服用 450 mg 利福平和 500 mg 环丙沙星进行治疗,每天 2 次。为避免组织有进一步坏死的风险,服用 30 mg(0.5 mg/(kg·d))的泼尼松龙。在治疗第 3 天患者感到恶心,将环丙沙星的剂量减少至 250 mg,每天 2 次。在服用 26 d 后,出现了皮疹,将环丙沙星替换为克拉霉素(250 mg,每天 2 次)。泼尼松龙容易产生耐药性,因此在服用 44 d 后停用。由于与病变有关的硬结增加,因此在抗生素治疗 83 d 后重新开始以低剂量(每天 5 mg)服用,然后在抗生素治疗 130 d 后停止使用。

【恢复情况】

治疗 3 d 后,与病变有关的硬结减少了 74%,直径降至 12 cm×5.5 cm。治疗 6 d 后硬结进一步减少。使用抗生素治疗 10 个月后病灶完全愈合(图 8.9)。踝关节没有永久性残疾或活动受限。12 个月后没有复发。

【案例总结】

皮质类固醇有可能用于治疗矛盾反应,而不会降低抗生素治疗的有效性。

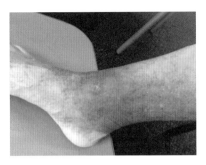

图 8.9　治疗 10 个月后病灶完全愈合,无明显瘢痕

因此如果在抗生素治疗中,矛盾反应是水肿性布鲁里溃疡组织进一步病变的原因,而泼尼松龙的使用可能会阻止它,目的是尽量减少组织坏死的发生和长期潜在的并发症。尽管进行了适当的抗生素治疗,但溃疡持续存在的原因尚不清楚。可能是由包括组织肿胀和浅表皮肤组织的继发性缺血引起,或者是由持续存在的分枝杆菌内酯(一种由溃疡分枝杆菌产生的对组织有毒的强效外毒素)的延迟作用引起。

案例六:诺卡菌引起的皮肤坏疽[6]

【病史摘要】

基本信息:男,23 岁。

病情介绍:左踝及左足背有明显红肿,左踝内侧可见 8 cm×6 cm 凸起溃疡(图 8.10),有明显的波动感和触痛感,有大量黄白色脓液渗出。左侧足背动脉搏动较右侧稍弱,左足趾远端血流正常,左踝关节、左足各趾因疼痛活动受限,右足未见异常。

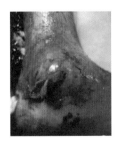

图 8.10　左踝关节溃疡、流脓

诊断分析:胸片肺心膈无异常,心电图无异常。足分泌物检查:红细胞计数 4+,白细胞计数 3+;血清白蛋白为 32.9 g/L;C 反应蛋白为 115.92 mg/L;血常规白细胞计数为 $19.15×10^9$/L。住院后进行分泌物细菌培养并涂片检查。分泌物培养的第 3 天,血平板培养基上长出白色干燥细小菌落,培养的第 7 天菌落变

中等大小,菌落由干燥逐渐变湿润,颜色由白色变黄色。经涂片和革兰氏染色,显微镜下形态呈革兰氏阳性、着色不均匀的丝状杆菌,菌丝可缠绕成团,形成类似放线菌的颗粒,弱抗酸染色阳性,经质谱鉴定为诺卡菌。

病史信息:患者自述 25 d 前无明显诱因导致左踝红肿疼痛,呈持续性胀痛,无放射性疼痛,畏寒、发热、潮热、咳嗽、咳痰、盗汗等,5 d 前红肿疼痛加重,并伴破溃、流脓、发热,最高体温 39.8 ℃,有畏寒、寒战,无胸闷、气促、盗汗、午后潮热等。患者曾在其他医院接受脓肿穿刺吸脓、抗感染(具体不详)等治疗,症状无明显改善,仍反复发热、左踝持续流脓。患者自发病以来,精神、体力、食欲、食量、睡眠均欠佳,体重无明显变化,大小便正常,既往体健,否认有肝炎、结核、传染病史,否认有高血压、糖尿病、手术、外伤输血史。

【治疗方式】

住院当天进行急诊手术切开肿胀排出脓液,进行溃疡创面清创术治疗,术后加强抗感染治疗,服用哌拉西林他唑巴坦和左氧氟沙星。致病菌鉴定为诺卡菌后,由于治疗该菌的经验用药是磺胺甲噁唑,医生停用哌拉西林他唑巴坦,改服用磺胺甲噁唑(每次 3 片,每日 3 次)和左氧氟沙星(每次 0.5 g,每日 1 次)治疗。

【恢复情况】

治疗 1 周后,血常规白细胞计数为 $9.52×10^9$/L;C 反应蛋白为 0.57 mg/L。患者经治疗清洁换药后,左踝伤口创面鲜红,可见新鲜肉芽组织,无明显分泌物,治疗有效,疼痛明显缓解,左踝内侧及左侧足背波动感消失,无畏寒、发热,允许出院。

【案例总结】

诺卡菌病的经验用药是磺胺甲噁唑/甲氧苄啶,用磺胺甲噁唑/甲氧苄啶联合亚胺培南、阿米卡星或者环丙沙星是临床上常用的治疗方案,利奈唑胺也有良好疗效。目前国内外均存在皮疽诺卡菌对磺胺类药物的耐药情况,但耐药率存在明显地域差异,由于诺卡菌属临床表现缺乏特异性,容易造成漏诊、误诊,故在常规抗感染治疗出现抵抗时,需考虑有无诺卡菌或其他特殊致病菌感染。而对于已形成的脓肿,往往需要外科切开引流治疗,从而有效减轻患者疼痛症状,并促进皮疹消退。

案例七:诺卡菌皮肤感染[7]

【病史摘要】

基本信息:男,53 岁。

病情介绍:左臂发红、疼痛和肿胀。手臂没有受伤,但是 1 周前修剪了灌木(园艺活动可能造成感染)。间歇性发烧和发冷。服用环孢素和霉酚酸酯进行免疫抑制,但没有使用皮质类固醇。皮肤检查显示左臂和前臂内侧呈红斑、压痛和肿胀(图 8.11)。淋巴结没有明显肿大,对其他系统的检查没有异常。

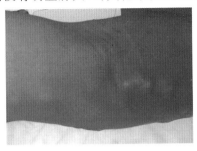

图 8.11　左臂和前臂的孢子菌样病变

诊断分析:将患者的脓肿切开引流,并进行真菌和分枝杆菌培养。在等待培养结果的同时,进行经验性静脉注射哌拉西林/他唑巴坦和万古霉素治疗。11 d后,脓液的真菌培养物在不含氯霉素的沙保氏培养基上,分离出淡黄色的白色菌落,通过 16S rRNA 测序鉴定为巴西诺卡氏菌。

病史信息:16 a 前接受了供体肾脏移植手术。

【治疗方式】

每天接受 2 次阿莫西林/克拉维酸治疗,持续 6 个月,以彻底治疗诺卡氏菌感染。

【恢复情况】

治疗 4 周后,左前臂伤口基本愈合(图 8.12)。出院后 3 周,孢子体样病变明显改善,脓肿伤口显示出良好的愈合迹象。在 6 个月后的复查中,已完全康复,没有残留病变。

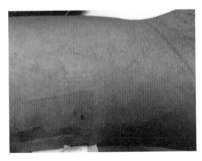

图 8.12　脓肿引流治疗 4 周后愈合的左前臂伤口

【案例总结】

皮肤诺卡氏菌病的感染通常有两个方面:园艺或类似活动后直接感染;从其他全身性来源传播到皮肤。患者可能因从事园艺活动受到了感染,而免疫功能低下的状态增加了感染风险。

案例八:芽孢杆菌引发的无痛疣状皮肤病变[8]

【病史摘要】

基本信息:男,57 岁。

病情介绍:10 cm×3 cm 凸起的红色疣状斑块(图 8.13),干燥的鳞状凸起的棕色边框。

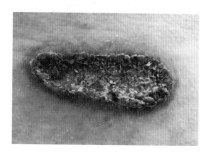

图 8.13　无痛疣状皮肤病变

诊断分析:实验室检查和胸部 X 射线检查均正常。对该病灶进行活检,在真皮中显示厚壁的真菌孢子,伴随着与芽孢杆菌一致的广泛的酵母菌出芽。患者的尿液和血清芽孢杆菌抗原均为阴性。

病史信息:腰部无瘙痒和无痛的皮肤病变已有 1 年,并逐渐扩大。外用类固醇使病灶恶化。

【治疗方式】

每天口服 2 次 200 mg 伊曲康唑。

【恢复情况】

在 3 个月后复查,病灶变得平坦且鳞片少。在 6 个月后复查,病灶褪色且光滑(图 8.14)。

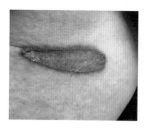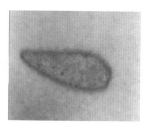

图 8.14　治疗 3 个月后和 6 个月后的伤口愈合情况

【案例总结】

出现流行区域无痛性疣状皮肤斑块时应考虑为芽生菌病,并迅速进行组织活检。对于芽孢杆菌引发的无痛疣状皮肤病变,伊曲康唑是首选的治疗药物。

案例九：多重耐药的铜绿假单胞菌感染[9]

【病史摘要】

基本信息：女，85 岁。

病情介绍：体格检查发现溃疡为 4 cm×5.5 cm，边界肿胀，基底化脓带绿色渗出液和发炎性水肿（图 8.15），容易出血，剧烈疼痛并伴有低烧（37.5 ℃）。

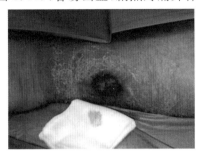

图 8.15　入院时水肿性溃疡

诊断分析：C 反应蛋白为 10.41 mg/L（正常值＜5 mg/L）。下肢的计算机断层扫描显示皮下积液，小气泡到达肌肉平面。病灶活检结果显示多重耐药的铜绿假单胞菌仅对阿米卡星（最小抑菌质量浓度（MIC）≤4 μg/mL）、庆大霉素（MIC＝4 μg/mL）和黏菌素（MIC＝1 μg/mL）敏感，对美罗培南（MIC＝8 μg/mL）中等敏感。

【治疗方式】

由于患者年龄高，肾功能和听觉减退，每 8 h 以 1/0.5 g 的剂量开始静脉注射头孢洛扎/他唑巴坦用于治疗革兰氏阴性菌引起的感染。

【恢复情况】

抗生素治疗 14 d 后，病情有一定的临床改善（图 8.16）。疼痛和肢体水肿消失，溃疡尺寸显著减小（3 cm×1.5 cm），溃疡边缘已经愈合，基底已清理，炎症指数恢复正常。伤口在 1 个月后完全消退。

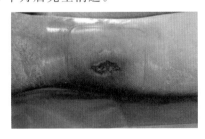

图 8.16　治疗 14 d 后，水肿消失

【案例总结】

头孢洛扎/他唑巴坦能够规避多种细菌耐药性机制（包括青霉素结合蛋白的突变、药物外排泵、膜孔蛋白的缺失）。此外，它具有良好的药代动力学（线性）和安全性特征（低积累和低蛋白结合特性）。

案例十：艾滋病/肺结核共感染的皮肤溃疡[10]

【病史摘要】

基本信息：男，38 岁。

病情介绍：右腋窝出现多处溃疡，延伸至右胸壁并伴有脓性分泌物，肿胀约 4 cm×3 cm。

诊断分析：空腹血糖水平为 90 mg/dL，血红蛋白为 6.1 g/dL，第 1 小时的红细胞沉降率为 138 mm/h，外周血涂片显示小细胞性低铬性贫血，血小板充足，其他参数均在正常范围内。X 射线胸部检查：肺部清晰。溃疡性病变的细针穿刺细胞学检查显示出急性炎症细胞。革兰氏脓液染色显示大量革兰氏阳性球菌成簇排列。在常规培养中，分离出耐甲氧西林金黄色葡萄球菌。考虑到较高的红细胞沉降率，并且由于溃疡未愈合，因此从溃疡的边缘和底部收集分泌物，并用 20% 的硫酸进行齐尔－尼尔森染色。在涂片中存在大量的耐酸杆菌，在外观上呈串珠状。在同一天，对患者的痰液样本进行了检查，结果发现耐酸杆菌属阴性。第 2 天早上，收集诱导痰，涂片显示大量耐酸性杆菌，呈串珠状。由于患者为耐酸杆菌阳性，对患者的血清进行了艾滋病病毒（HIV）抗体检测，发现该患者为阳性。

病史信息：患者有右腋窝肿胀的病史，6～8 个月后肿胀逐渐增大且疼痛。有外伤史或刺病史。有 3～4 个月的持续咳嗽史。没有减肥史。患者经过多个医生的治疗，但是没有恢复。在私人疗养院被诊断为腋窝脓肿，两个半月后进行了切开引流，未将脓液进行任何检查，并已对患者进行了抗生素治疗。由于患者患有贫血，因此在疗养院中输血 2 瓶。一个半月内出现了其他腋窝肿胀和溃疡。

【治疗方式】

患者接受利奈唑胺治疗，但溃疡无法治愈。检查到患者 HIV 阳性和结核分枝杆菌呈阳性后，开始了抗反转录病毒疗法和抗结核药物治疗。

【恢复情况】

3 个半月后皮肤溃疡完全愈合。

【案例总结】

抗反转录病毒疗法可以降低人的病毒载量并恢复免疫系统，因此可以大大减少 HIV 和结核病。世界卫生组织在 2011 年建议所有 HIV/结核病共感染的患者，不论 CD4 计数如何，都应尽早接受抗病毒治疗，使 CD4 计数≤350，并立即开始抗病毒治疗。为了早期发现 HIV/结核病共感染的病例,需要对医护人员进行适当的培训和医学教育。在发展中国家,必须对常规抗生素无反应的无法治愈的皮肤溃疡进行结核病筛查,如果呈阳性,则必须对患者进行 HIV 筛查。

案例十一:单纯疱疹病毒[11]

【病史摘要】

基本信息:女,3 岁。

病情介绍:左手集中出现融合的囊泡和浅溃疡,并在右手分散(图 8.17)。

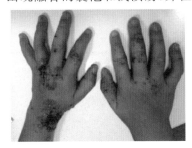

图 8.17　双手的浅溃疡,左手聚集、右手分散

诊断分析:病灶拭子的 PCR 检测呈 1 型单纯疱疹病毒阳性,细菌培养呈阴性。没有发烧或其他症状。

病史信息:有特应性皮炎的个人病史,表现为融合性水疱和浅溃疡瘙痒性皮疹。没有疱疹感染的个人或家族史。

【治疗方式】

尝试使用局部抗生素、局部皮质类固醇和口服抗组胺药治疗,但无改善。当怀疑是超级感染的病毒性皮疹或大疱性脓疱病时,口服阿莫西林和克拉维酸,并局部使用夫西地酸治疗。1 周后,皮疹继续发展,开始口服阿昔洛韦和头孢呋辛。

【恢复情况】

口服阿昔洛韦和头孢呋辛 10 d 后病灶完全消退。

【案例总结】

急性疱疹性龈沟炎是 6 个月至 5 岁儿童最常见的单纯疱疹病毒原发性感染的临床表现。疱疹是一种在特应性皮肤上快速传播的单纯疱疹病毒感染,容易被金黄色葡萄球菌或化脓性链球菌感染。单纯疱疹病毒 PCR 检测是确认单纯疱疹病毒感染的最灵敏方法。

8.2 药物及其他疾病引发的皮肤病变

案例一：华法林诱发的皮肤坏死[12]

【病史摘要】

基本信息：男,74 岁。

病情介绍：脚趾到膝盖的皮肤浮肿、发炎,形成出血大疱,伴大量渗出液(图 8.18)。

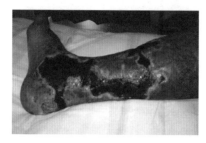

图 8.18　患者入院时的腿部情况

诊断分析：影像学检测未见潜在恶性肿瘤。多普勒超声检测未见深静脉血栓。血检查显示：抗中性粒细胞胞浆抗体、抗核抗体、冷冻球蛋白、JAK2、阵发性夜间血红蛋白尿、抗心磷脂、抗磷脂均呈阴性；血细胞计数、补体、免疫球蛋白均正常。病毒学检测显示：乙型肝炎病毒、丙型肝炎病毒、HIV1、HIV2 呈阴性。

病史信息：曾有深部静脉血栓病史,使用华法林治疗。左小腿血栓复发,再次使用华法林 7～10 d 后,左脚出现水疱和肿胀,接着发展到左小腿近端和右小腿。停用华法林后皮肤损伤停止发展,但损伤部位已形成出血性大疱。脚部血液灌输正常,脚底皮肤正常。

【治疗方式】

静脉注射 1 g 氟氯青霉素和 600 mg 克林霉素治疗,每天 4 次。停用华法林,并用低分子量肝素进行抗凝治疗。每天使用 10 mg 类固醇药物,并服用维生素 K。使用普瑞巴林控制疼痛。起初进行外科手术清创并使用负压敷料,准备进行皮肤移植,但清创后皮肤情况仍不支持移植。后来使用 *Phaenicia sericata* 蝇幼虫进行 7 d 的蛆虫清创治疗,使用麦卢卡蜂蜜涂覆清创后的伤口。最后采用负压引流技术(VAC)为皮肤移植做准备。

【恢复情况】

成功进行皮肤移植,患者皮肤情况稳定。

【案例总结】

该案例中,最初根据组织学检查结果诊断为血管炎;然后根据临床依据,最终诊断为华法林诱发的皮肤坏死。最终临床诊断是根据病情与华法林给药的时间关系以及患者肢体宏观病变特征的发展(瘀斑和出血性大疱)做出的。此外,一旦患者停止使用华法林,病情不再恶化,重新使用华法林时,病情再次恶化。关于华法林诱发的皮肤坏死的治疗,普遍共识是停用华法林和使用维生素 K 或新鲜血浆逆转华法林的影响,通常还需进行清创手术,但其他的治疗方法研究甚少。本案例中,使用外科清创手术、蛆虫清创治疗和 VAC 结合疗法保护了患者肢体,而后患者成功进行皮肤移植,避免了截肢。

案例二:肝素引起的皮肤坏死[13]

【病史摘要】

基本信息:女,83 岁。

病情介绍:因股骨右颈部股骨转子间骨折而被送进骨科进行动态髋螺钉固定手术,入院第 1 天起每天皮下注射 5 000 U 的达肝素注射液。达肝素注射 30 d后,在小腹的注射部位发现了多个红斑性皮下结节,初步诊断为皮下血肿。皮肤状况持续恶化,并在 5 d 内出现了 5 cm×4 cm、4 cm×4 cm、4 cm×3 cm 和 3 cm×2 cm 的多发性水疱性病变,并出现了区域坏死(图 8.19)。在第 35 天征求皮肤科医生的意见,进行了肝素诱导的皮肤坏死的临床诊断。

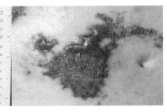

图 8.19　注射部位出现多处紫水泡性病变

诊断分析:入院时发现患者的血小板计数为 $290×10^9$/L。复查当天的血小板计数为 $142×10^9$/L,蛋白 C、蛋白 S 和凝血筛查正常。腹部超声检查显示皮下层增厚,没有潜在的血肿或聚集。ELISA 检测显示抗肝素-血小板因子 4 抗体在光密度为 2.4 单位时呈阳性,并诊断出肝素诱导的血小板减少症。未进行利斯托菌素诱导的血小板聚集测定和血小板血清素释放测定。

病史信息:病史包括Ⅱ型糖尿病、骨质疏松症、甲状腺功能减退症和高体重指数(身体质量指数(BMI)为 35 kg/m²)。

【治疗方式】

第 35 天停用达肝素注射液,改用每日 2.5 mg 的磺达肝癸钠注射液。

【恢复情况】

肝素治疗中止 30 d 后,皮肤损伤恢复良好(图 8.20),并在第 65 天出院。

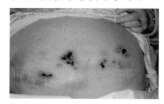

图 8.20　肝素治疗中止 30 d 后皮肤损伤恢复良好

【案例总结】

BMI 高(>25 kg/m²)的女性肝素治疗时间长(>9 d)易发生肝素诱发的皮肤病,发病率高达 7.5%。在肝素-血小板因子 4 抗体阳性的患者中,即使停止肝素治疗长达 3 个月,血栓形成并发症(全身血栓栓塞、皮肤坏死)的风险仍然存在。与肝素诱导的血小板减少症相关的皮肤坏死通常在血小板计数没有明显下降的情况下发生,但血小板减少(<150×10⁹/L)也不能排除肝素诱导的血小板减少症。当未指示完全抗凝时,预防性磺达肝癸钠是肝素诱导的皮肤坏死患者的安全有效替代物。

案例三:渗漏性损伤引发的皮肤溃疡[14]

【病史摘要】

基本信息:女,47 岁。

病情介绍:伤口约 8 cm×5 cm,皮下有裸露的脂肪。

病史信息:患者患有潜在的糖尿病和高血压,表现为嗜睡、身体虚弱和呼吸急促。被视为具有急性运动性轴索型神经病和溶血性链球菌菌血症的吉兰-巴雷综合征。通过中央静脉导管施用免疫球蛋白以及 2 个疗程的抗生素治疗(头孢他啶和阿莫西林克拉维酸,然后是美罗培南)。在入院的第 2 周,出现了上消化道出血,需要正性肌力支持和内窥镜检查。静脉(苯二氮卓、丙泊酚和芬太尼)镇静后,在上躯干上出现皮疹,因此进行了输血。2 d 后,注意到在先前放置的静脉插管的右肘窝上方出现一个 6 cm×5 cm 的蓝色水疱(图 8.21)。

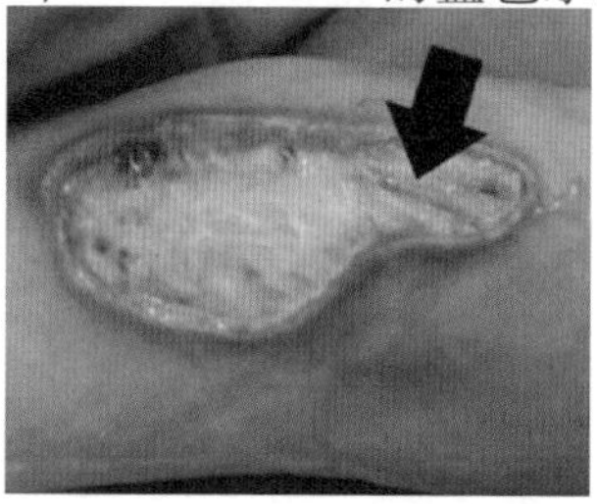

图 8.21　右肘窝蓝色水疱

【治疗方式】

每隔 1 d 用嘌呤凝胶和泡沫包扎伤口。3 周后,伤口变软,实施伤口清创术。尽管定期换药,但仍没有治愈。患者被转交给整形科进行进一步的伤口处理。对患者进行伤口清创术、基底静脉结扎术和真空敷料包扎(图 8.22)。1 个周期后,再次进行清创。

图 8.22　右肘窝真空包扎,伤口清创

【恢复情况】

浮肿最终消退,并在术后第 14 天移除缝线,患者的右上肢能够全程运动。出院后伤口愈合良好,没有功能障碍。

【案例总结】

外渗损伤是由于静脉输液过程中溶液从血管逸出到周围结构中引起的病变。预防胜于治疗,医护人员在插管和给药期间应始终采取预防措施。如果发现外渗损伤,则应立即停止输液,并抽吸外渗药物,包括 3~5 mL 血液,然后根据外渗药物输入逆转剂/解毒剂。镇痛很重要,因为外渗损伤可能像烧伤一样痛苦。在感染的伤口中,应使用抗生素治疗。外渗损伤可能导致严重的发病和残疾,但它很容易被忽视,尤其是在重症监护期间。意识、预防和定期监测对于插管护理至关重要。在严重的外渗损伤中,应定期监测伤口。

案例四:痛风伴多发溃疡[15]

【病史摘要】

基本信息:男,75 岁。

病情介绍:左脚的脚趾关节上有一个灰白色的、体积大的溃疡性结节,内含白垩质物质(图 8.23)。经身体检查,体温为 37.8 ℃。进一步检查发现多个位置(如左右手关节、肘关节和脚后跟)存在痛风石。

诊断分析:实验室检查显示白细胞增多(14.524/mm³),C 反应蛋白升高(7.21 mg/dL)和血清尿酸升高(14 mg/dL)。足部 X 射线照片显示软组织肿胀,脚趾关节被完全破坏。

病史信息:在过去的 5 年中长期患有痛风,并多次发作关节炎。

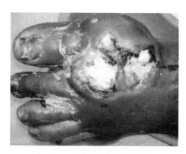

图 8.23　左脚第一跖趾关节灰白色大体积溃疡性结节

【治疗方式】

开始使用环丙沙星（800 mg/d）进行抗生素治疗，并静脉注射氯诺昔康（16 mg/d）。进行手术清创并洗净关节。5 d 后开始用别嘌醇（300 mg/d）治疗。在接下来的 33 d 里，使用含银泡沫敷料（CELLOSORB® Ag）和异源冻干胶原蛋白（BIOPAD®）进行治疗。

【恢复情况】

溃疡在 40 d 后完全愈合（图 8.24）。治疗 6 个月后，无复发。

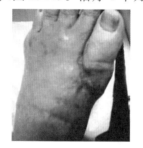

图 8.24　治疗 40 天后溃疡完全愈合

【案例总结】

天然 I 型胶原蛋白在组织修复、促进成纤维细胞沉积、刺激血管生成、促进肉芽组织形成和再上皮化方面具有明显的作用。在慢性伤口处理中，这是一种有效的治疗策略。虽然患者在接受治疗后第一个脚趾仍然没有功能，但它能够维持足部的机械支撑。

案例五：结节病引发的面部和头皮溃疡[16]

【病史摘要】

基本信息：男，67 岁。

病情介绍：头皮和脸部出现大面积溃疡，相关症状包括瘙痒、红斑和分泌物产生的恶臭（图 8.25）。在就诊中出现晕厥，因心脏结节病和心律不齐入院。

诊断分析：对头皮的组织培养物进行打孔活检，证实了铜绿假单胞菌和耐药

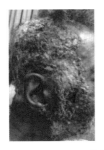

图 8.25　诊断当天的伤口状况

性金黄色葡萄球菌的存在。心电图显示右束支传导阻滞。磁共振成像显示心肌中部 T2 加权信号异常,累及左心室的顶基－基底前壁和基底中下壁,整个心脏延迟。射血分数轻微降低了 45%,诊断为心脏结节病。

病史信息:患者几周前开始出现皮疹,尝试使用酮康唑洗发水和非处方类固醇软膏治疗,但未见改善。到诊所就诊,组织培养物显示铜绿假单胞菌和耐甲氧西林金黄色葡萄球菌,且组织检查显示组织细胞和巨噬细胞真皮浸润,肉芽肿随机分布在真皮中。诊断为皮肤结节病。活检也被送去进行耐酸染色,结果为阴性。开始口服多西环素 2 周,每天 2 次,每次 100 mg。患者未遵医嘱使用抗微生物剂,皮肤检查结果恶化。开始使用 40 mg 泼尼松,每周减少 10 mg。重新开始使用多西环素,并开始口服环丙沙星。尽管进行了这些治疗,但头皮和面部的溃疡恶化。该患者具有多器官结节病病史。

【治疗方式】

使用泼尼松治疗,每天 100 mg×14 d,每周减少 10 mg。每 8 h 静脉注射 2 g 头孢吡肟,共 10 d。口服利奈唑胺 600 mg,每天 2 次,共 10 d。

【恢复情况】

出院 4 周后表现出出色的康复能力(图 8.26),溃疡愈合和瘢痕性脱发已治愈。

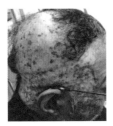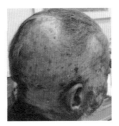

图 8.26　治疗 1 个月和 5 个月后的恢复情况

【案例总结】

皮肤结节病可伴有严重的头皮和面部溃疡。如果蜂窝组织炎未引起严重的全身症状,则持续使用类固醇是可行的。对于严重的溃疡性皮肤结节病发作,泼尼松治疗的合理剂量为 1 mg/(kg·d)。

案例六:剖腹产后腹部伤口脂肪液化、皮肤坏死[17]

【病史摘要】

基本信息:女,40 岁。

病情介绍:体温 38.9 ℃,腹部脂肪液化 6 d。存在长而深的皮肤切口缺陷,尺寸约为 5 cm×12 cm。两侧的皮肤坏死尺寸为 18 cm×55 cm,有大量的黄色液体渗出,明显肿胀(图 8.27)。

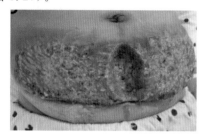

图 8.27　患者腹部脂肪液化,大面积皮肤坏死

诊断分析:伤口组织分泌物没有细菌和真菌的生长,血液和生化检测结果:白细胞为 $36.43×10^9$/L、血红蛋白为 100 g/L、血小板为 $544×10^9$/L、C 蛋白为 76.41 mg/L、总蛋白为 46.4 g/L、白蛋白为 23.5 g/L、碱性磷酸酶为 152 U/L。入院后第 2 天,对伤口进行清创,一些脂肪退化,有大量的黄白液体渗出,几乎没有肉芽组织生长。

【治疗方式】

通过 VAC 完全清除坏死的液化组织。术后,静脉注射美罗培南(0.5 g/8 h)、替考拉宁(0.2 g/8 h)和一定量的营养液。术后患者出现间歇性发烧,体温升高至 38.1～38.4 ℃。第 6 天,右腹部发现少量黄色渗出液,使用 VAC 对大量残留的液化和坏死组织以及黄色液体渗漏进行了清创。术后体温逐渐下降至正常水平,停止使用替考拉宁。第 14 天,将自体皮肤移植与 VAC 相结合,将美罗培南静脉注射改为头孢米诺钠(2 g/8 h)。在 5 d 内移除 VAC 设备后,移植的皮肤得以留存。将头孢米诺钠换成美洛西林钠(2.5 g/8 h),并使用常规伤口敷料。

【恢复情况】

第 25 天,患者康复出院(图 8.28)。

【案例总结】

手术期间使用高频电刀可能会导致脂肪细胞破裂,并通过渗透作用沿腹部两侧释放大量脂肪酸。因此,应避免使用电刀以减少脂肪坏死的发生。使用电刀时应特别注意腹部肥胖者。近年来,VAC 已用于各种伤口治疗,包括闭合切

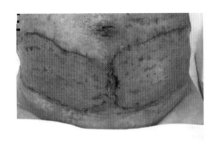

图 8.28　伤口愈合

口、急慢性伤口和烧伤,可以显著加速伤口愈合。VAC 可以清除脂肪坏死以及完全清除促炎性介质,从而减少污染、浮肿和炎症。VAC 还可以增加皮肤血流量,消除间隙并固定伤口,从而促进愈合并为植皮创造优势。

案例七:抗磷脂综合征引起的腹壁溃疡[18]

【病史摘要】

基本信息:女,58 岁。

病情介绍:无发热,血流动力学稳定,前腹壁有五个溃疡,最大的溃疡在右肋上方,边缘不规则,周围有红斑。11 d 后,症状恶化,溃疡未愈合,疼痛加剧。腹部溃疡大小和深度增加,有出血性结节、黑色焦痂和黄色渗出液。左乳房和肩胛骨间区域出现新的溃疡。伤口拭子证实了耐甲氧西林金黄色葡萄球菌的存在。

诊断分析:轻度贫血,并伴有稳定的慢性肾功能衰竭,即肌酐为 134 μmol/L,肾小球滤过率为 38 mL/min。C 反应蛋白为 250 mg/L,标志着炎症升高。伤口拭子培养后发现对环丙沙星敏感的阴沟肠杆菌。腹部溃疡的皮肤活检显示缺血和皮下脂肪坏死。有血栓闭塞性物质,但没有钙化。右肋腹的第 2 次皮肤活检显示皮下脂肪的血管中有大量微血栓。局灶性脂肪坏死,轻微的脂肪发炎,并伴有罕见的革兰氏阳性菌。

病史信息:27 年前,诊断出系统性红斑狼疮,血液测试显示抗核抗体阳性,抗双链脱氧核糖核酸抗体(dsDNA)滴度升高,补体(C3 和 C4)水平低。根据狼疮抗凝物阳性和复发性深静脉血栓的病史,诊断为继发性抗磷脂综合征。此外,患者还患有肺炎、黄斑疹和肾功能衰竭,并具有肥胖、阻塞性睡眠呼吸暂停、饮食控制的 Ⅱ 型糖尿病、高血压、3B 期中度慢性肾脏病、脂肪肝、子宫内膜癌。入院前 2 个月,前腹壁出现溃疡性病变,这与腹部肾结石有关。常规使用药物包括华法林、阿替洛尔、羟氯喹、羟考酮、纳洛酮、对乙酰氨基酚和多种维生素。

【治疗方式】

开始使用万古霉素治疗,并加强了华法林的抗凝作用。后续将抗凝药从华法林改为阿哌沙班。随后患者因脓毒症而多次入院,并因溃疡而出血,肾功能恶化。入院后,接受了输血和抗生素治疗,尝试了血浆置换和静脉注射免疫球蛋白以及溃疡清创术,但治疗效果不明显。由于肾功能下降和对阿哌沙班无反应,再次改用华法林抗凝治疗。在最后 1 次入院期间(从第 1 次就诊开始 6 个月),被表皮葡萄球菌感染,开始使用万古霉素治疗。入院期间进行的结肠镜检查显示痔疮出血,进行了保守治疗。由于复发性出血需要再次输血,咨询患者后,决定停止抗凝治疗。

【恢复情况】

尽管使用了华法林及多种方式进行治疗,但皮肤溃疡仍未愈合。

【案例总结】

该病例表现出罕见的抗磷脂综合征相关微血管血栓形成晚期并发症,尽管使用华法林进行了充分的抗凝治疗,但皮肤溃疡仍未愈合。当前,在抗磷脂综合征患者中治疗复发性血栓栓塞事件的治疗选择受到限制。新型抗凝药的功效仍在研究中。

案例八:亚甲基四氢叶酸还原酶突变继发的坏疽性脓皮病[19]

【病史摘要】

基本信息:女,59 岁。

病情介绍:右腿显示 15 cm×20 cm 不对称溃疡,带不规则的紫胶状边界,存在血液分泌物。右腿上出现粉红色和黄色的肉芽肿,覆盖了整个胫骨(图 8.29)。溃疡周围没有水肿。

图 8.29 右下肢黄粉红色肉芽基底

诊断分析:该患者之前进行了 3 例皮肤活检,主要表现为血管壁病变坏死,坏死淋巴细胞浸润从真皮延伸到皮下组织。这 3 例活检显示出相似的观察结果,因此在评估时未进行皮肤活检。患者的全血细胞计数、尿液分析、肝肾功能检查均在正常范围内。定量免疫球蛋白、T 细胞和 B 细胞亚群、免疫复合物、补体水平、核周型抗中性粒细胞胞浆抗体、抗核抗体、冷冻球蛋白、莱登第五因子、抗凝血酶Ⅲ抗原、肝炎和 HIV 检测均正常。检查显示出高半胱氨酸血症。遗传分析表明,MTHFR 基因中 C677T 和 A1298C 处存在复合杂合突变。

病史信息:右腿上出现的坏疽性脓皮病样病变超过 5 年,接受过剂量为 60 mg/d 的泼尼松治疗,伤口有所改善。但随着剂量的减少,病灶逐渐恶化。因此,泼尼松的剂量增加至 3 g/d,并加入霉酚酸酯。但在 3 个月内,病变恢复到其原始程度。对伤口中心进行了局部治疗,包括使用药物和特殊敷料,同时配合羟氯喹(400 mg/d)的治疗,但这些措施并未显示出明显的益处。尽管使用全身性皮质类固醇治疗了 5 年,并采用了积极的免疫抑制局部治疗,但难以持续缓解病情。患者被转到皮肤病学中心进行进一步治疗。

【治疗方式】

每日使用 400 μg 维生素 B6、100 mg 维生素 B12 和 1 000 μg 叶酸甲酯进行治疗。

【恢复情况】

病灶从侧面开始填充,病灶开始缩小,并且缓解了不适感和疼痛感。但如此大的病变要完全康复会花费很长时间。

【案例总结】

建议在慢性腿部溃疡的鉴别诊断中考虑亚甲基四氢盐还原酶突变和高流细胞血症。叶酸甲酯是一种天然并具有生物学活性的叶酸形式。亚甲基四氢盐还原酶突变的患者需要使用叶酸甲酯而不是合成叶酸治疗,因为过量的叶酸摄入可能导致中毒。坏疽性脓皮病样病变和亚甲基四氢盐还原酶突变的患者可能需要终身口服维生素 B6、维生素 B12 和叶酸甲酯。

8.3　烧伤、糖尿病皮肤损伤、坏疽性脓皮病等常见皮肤病

案例一:家用低压电流导致的电击烧伤[20]

【病史摘要】

基本信息:女,13 岁。

病情介绍:由 240 V 交流电(荷兰的标准电压)电击引起的深部烧伤。在右手拇指和食指之间的手掌中央区域有约 1 cm×1 cm 的椭圆形病变,上腹部区域出现条纹皮肤裂伤,约 1 cm×12 cm,伤口周围充血(图 8.30)。患者的总烧伤表面积小于 0.5%。

诊断分析:患者的血清肌酸激酶水平严重升高,为 1 294 U/L。心电图未见异常。患者被送往儿科病房进行观察和检查。入院后第 2 天,血清肌酸激酶水平升高至 1 400 U/L。对尿液进行了肌红蛋白检查,没有横纹肌溶解的迹象。此外,该患者在检查时没有任何不适或其他异常情况,因此在第 2 天出院。

 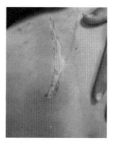

图 8.30　右手手掌和上腹部附近有烧伤伤口

【治疗方式】

最初,用磺胺嘧啶银乳霜保守治疗,1周后改用夫西地酸乳霜。这种治疗足以治愈手上的烧伤伤口。21 d后,腹部烧伤并未充分愈合,因此,进行了手术切除和皮肤移植。

【恢复情况】

伤口愈合良好,几乎没有瘢痕(图 8.31)。

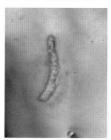 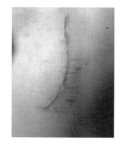

图 8.31　伤口闭合后的瘢痕

【案例总结】

大多数电击烧伤发生在家庭环境中,由低压电流引起。电击就诊后,应立即检查血清肌酸激酶水平和尿液肌红蛋白,这些指标可以判断内脏是否损害。另外,应考虑检测血清乳酸脱氢酶、转氨酶、钾和血磷水平以判断是否存在肾脏疾病。尽管该患者尿液中没有检查出肌红蛋白,但因其血清肌酸激酶水平升高,仍可能存在轻度的横纹肌溶解症。

案例二:聚氨酯泡沫处理烧伤伤口[21]

【病史摘要】

基本信息:女,2岁。

病情介绍:伤口检查发现感染的伤口上覆有焦痂,横穿膝关节。患者的烧伤总面积约为5%。

诊断分析:血液参数在正常的范围内,伴有发热。

病史信息：没有服用任何药物，也没有过敏史。

【治疗方式】

进行水疗及高级的伤口护理。水凝胶用作主要敷料，而 SMARTPORE Technology 聚氨酯泡沫在前 5 天作为次要敷料。每次换药时都要进行水疗并使用消毒液和生理盐水进行伤口清洗。

【恢复情况】

入院第 3 天，发热得到缓解。连续使用敷料护理 24 d 后，伤口愈合。

【案例总结】

SMARTPORE Technology 聚氨酯泡沫是专为处理部分和全层伤口渗出液而设计的。除伤口敷料外，多学科护理在全面评估和治疗伤口中也起着重要作用。因此，SMARTPORE Technology 聚氨酯泡沫作为伤口敷料与多学科护理相结合，可带来良好的治疗效果。

案例三：芦荟凝胶治疗烧伤皮肤[22]

【病史摘要】

基本信息：女，17 岁。

病情介绍：入院 40 d 前患者经历了烧伤面积为 30％～40％ 的 Ⅱ 级烧伤（图 8.32），烧伤部位包括上肢、颈部、面部、耳朵、头皮、眼睑和前胸。入院时胸骨前区域、耳朵和脐前的伤口已结痂。其余烧伤部位的皮肤呈浆液分泌的红斑状态。

图 8.32　慢性皮肤烧伤

诊断分析：患者呼吸急促、发烧、生命体征不稳、氧饱和度波动、轻度的喘鸣和双肺底部出现爆破声。胸部 X 射线检查显示双侧朦胧和肺泡浸润，可能是肺炎。胸部多排螺旋计算机体层摄影（MDCT）扫描显示右上叶斑片状玻璃浸润和下叶上段增生，诊断出细菌性肺炎。颈部 MDCT 扫描显示，在胸腔入口处气管腔变窄、气管钙化、喉结构正常。患者由于气管烧伤而呼吸窘迫。除红细胞沉降率、白细胞计数升高和血红蛋白降低外，其他均在正常范围内。

病史信息：此前在其他医院接受烧伤治疗，整形外科医生从大腿上提取健康的皮肤完成了前胸的皮肤移植手术,但在 5 d 后产生了免疫排斥反应,皮肤移植失败。皮肤损伤处有浆液性分泌物,由凡士林包裹。

【治疗方式】

通过静脉注射抗生素(如美罗培南、万古霉素、左氧氟沙星)治疗细菌性肺炎。入院 14 d 后,停止抗生素治疗,胸部 X 射线检查未显示出肺炎的病理表现,也没有呼吸道不适。对于烧伤皮肤,每隔 12 h 使用芦荟凝胶敷料(代替凡士林)进行局部治疗。在所有烧伤部位使用芦荟凝胶敷料治疗 21 d。

【恢复情况】

治疗 21 d 后,新的皮肤在颈部和肘部等受伤区域变得坚韧而紧致(图8.33)。在治疗过程中未发现皮肤感染。此外,芦荟凝胶的使用没有产生过敏反应和瘙痒等副作用。虽然伤口浆液分泌减少,但皮肤纤维化仍导致皮肤张力增加。在芦荟凝胶治疗 40 d 后患者开始进行适当的物理治疗。此外,对患者进行了其他整容手术,以便减轻皮肤张力并改善上肢关节的活动范围。

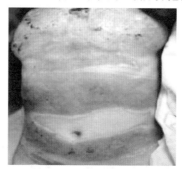

图 8.33　芦荟凝胶治疗 21 d 后开始形成上皮

【案例总结】

尽管患者患有慢性皮肤烧伤和皮肤移植免疫排斥反应,但芦荟凝胶治疗 3 周后红斑和伤口分泌减少,且没有发生皮肤感染。芦荟凝胶具有显著的促伤口愈合效果。尽管芦荟凝胶在治疗伤口的过程中存在皮肤愈合失败的情况,但可以通过局部添加涩味溶液(如高锰酸钾)来解决。

案例四:皮肤拉伸治疗全层头皮烧伤[23]

【病史摘要】

基本信息:女,21 岁。

病情介绍:头皮有烧伤缺损,伤口的尺寸为 10 cm×5 cm(图 8.34)。

诊断分析:溃疡区域拭子微生物学检查发现中等程度的铜绿假单胞菌。

【治疗方式】

静脉注射环丙沙星治疗铜绿假单胞菌感染。在 12 d 的时间内进行增量皮肤

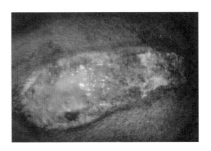

图 8.34　后枕部全层头皮伤口

拉伸,直到伤口闭合。皮肤拉伸的方法为沿伤口缺损的长轴方向,在距伤口边缘 2 cm 处插入 2 根 1.6 mm 的克氏针,并在伤口边界处通过皮下层沿伤口缺损方向插入成对的螺线(线规 23),在两侧扭绞成对的金属丝线开始拉伸,重复此过程,使伤口边缘接近,以便将它们缝合在一起。通过使用 4/0 Vicryl 皮肤缝合线和 4/0 Mersilk 皮肤缝合线进行简单的间断缝合(图 8.35)。

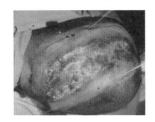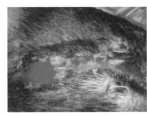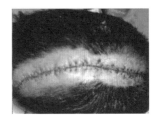

图 8.35　伤口治疗过程

【恢复情况】

术后 2 年从患者相邻头皮提取毛囊,将毛囊移植到瘢痕组织中以进行美学改善。

【案例总结】

大的皮肤缺损对外科医生来说是一个挑战。此前,治疗大的皮肤缺损通常需要使用移植物或皮瓣。随着对皮肤生物力学特性的研究,出现越来越多的关于预缝合技术和其他软组织扩张的报道。这些方法在有限的手术区域内操作皮肤,以促进伤口闭合。使用皮肤拉伸装置闭合头皮创口会出现边缘性脱发,毛囊移植可以减轻头皮瘢痕和脱发。

案例五:雷击烧伤[24]

【病史摘要】

基本信息:女,10 岁。

病情介绍:右臂、腹部、右大腿外侧部分和左大腿内侧部分遭受 Ⅱ 级烧伤。烧伤总面积约为 9%,烧伤区域伴有水疱红斑。

诊断分析:患者体重 25 kg,伴有发热,但没有脱水,也没有黄疸。血压、脉搏和呼吸频率正常。肠胃、心血管和神经系统检查都正常。初步实验室检查结果显示白细胞增多,血清尿素(4 mmol/L)、肌酐(80 μmol/L)、钠(138 mmol/L)和钾(4.1 mmol/L)均正常。常规尿液检查正常。但是,医院缺乏伤口拭子和血液培养及敏感性检查的能力。

【治疗方式】

静脉注射广谱抗生素(每天 1 g 头孢曲松)治疗 7 d,每 8 h 口服 500 mg 对乙酰氨基酚,持续 5 d。为减轻疼痛,每 8 h 口服 25 mg 双氯芬酸,持续 5 d。为保持患者血流动力学稳定,在最初的 24 h 内静脉注射 900 mL 乳酸林格氏液(前 8 h 内将一半体积的乳酸林格氏液注入,其余的在接下来的 16 h 内注入)。每天用浸有凡士林和磺胺嘧啶银的消毒纱布包扎伤口。此外,患者每天进行物理治疗,以防止四肢挛缩。

【恢复情况】

治疗 48 h 后,体温恢复正常。治疗的第 16 天,烧伤几乎完全愈合,没有挛缩,全血细胞计数正常。出院后,每 8 h 口服 500 mg 阿莫西林,持续 5 d。在治疗的第 21 天,烧伤被完全治愈,停止治疗。

【案例总结】

病例报告揭示了在缺乏基本诊断设备和后勤保障的情况下,提供初级保健将是多么艰难的挑战。但是,在资源有限的情况下,凡士林和磺胺嘧啶银可用于烧伤治疗。

案例六:早产儿葡萄球菌烫伤样皮肤综合征[25]

【病史摘要】

基本信息:妊娠 34 周时通过剖腹产出生的早产儿。

病情介绍:出生大约 23 h,嘴巴周围出现弥漫性红斑,随后在上背部和下颈部出现大疱性病变。大疱破裂,表皮脱落,显示出大片红斑的裸露皮肤(图 8.36)。该裸露区域在几小时内延伸到右肩区域。

诊断分析:生长参数适合胎龄,出生体重在相同胎龄胎儿平均体重的第 25 百分位(2 080 g),体长在第 25 百分位,头围在第 50 百分位。生命体征稳定,体温为 36.8 ℃,心率为 162 次/min,呼吸率为 46 次/min,血压为 52/16,平均动脉压为 30 mmHg,氧饱和度为 96%。胸部 X 射线检查显示双侧下肺野有轻度颗粒,肺体积略有减少,显示出轻度透明膜病。毛细血管血气分析显示 pH 为 7.27,二氧化碳为 50,碳酸氢盐为 23。因血压偏低推注了一次生理盐水,剂量为 10 mL/kg,此后,血压保持稳定,周围组织灌注良好。全血细胞计数显示白细胞以嗜中性粒细胞为主,为 20 500/μL;血红蛋白为 15.8 g/dL;血小板为 306 000/μL。

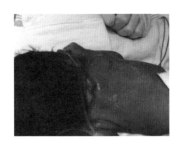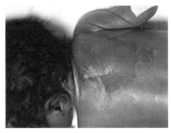

图 8.36　破裂的大疱性病变留下大面积裸露的皮肤

对葡萄球菌烫伤样皮肤综合征进行临床诊断,尼氏征(对皮肤施加柔和压力导致上表皮分离)表现为阳性;血液、尿液和脑脊液培养后未见金黄色葡萄球菌,但伤口渗出液培养后发现金黄色葡萄球菌。对血液、脑脊液进行单纯疱疹病毒(HSV 1 和 HSV 2)荧光 PCR 测定,结果为阴性。

【治疗方式】

用凡士林和无菌敷料覆盖伤口区域,通过静脉输液(以补偿伤口表面的液体蒸发)和万古霉素治疗 10 d。在治疗的前 5 d 添加克林霉素以减少毒素的产生。最初使用了阿昔洛韦治疗,在血液和脑脊液进行单纯疱疹病毒(HSV 1 和 HSV 2)荧光 PCR 测定和培养的结果为阴性后停用。

【恢复情况】

出生后第 5 天开始上皮化,并在第 7 天完成。出生后第 12 天出院,出院时皮肤完整,没有瘢痕。在 4 个月后的复查中发现患者状况良好,皮肤没有瘢痕,且发育正常。

【案例总结】

葡萄球菌烫伤样皮肤综合征是一种由金黄色葡萄球菌外毒素、表皮剥脱毒素 A 和表皮剥脱毒素 B 引起的罕见皮肤病。这些毒素会导致桥粒中的桥粒芯蛋白 1 复合物裂解,从而导致松弛的容易破裂的大疱形成。40 岁以上的成年人有 91% 具有表皮剥脱毒素 A 抗体,而 2~5 岁的儿童中只有 41% 的人具有表皮剥脱毒素 A 抗体。这些毒素在新生儿肾脏中的清除率更低,因此更容易传播这些剥脱性毒素。该病通常发生在新生儿出生 3~16 d,但也可能会罕见地发生在出生 24 h 内。

案例七:烧伤创面感染引起的葡萄球菌皮肤烫伤综合征[26]

【病史摘要】

基本信息:男,8 个月。

病情发展及对症治疗:热水烫伤了胸部和上臂,所有的烧伤都是局部烧伤,涉及身体总表面积的 10%。血液检查显示白细胞计数为 15 600/μL,C 反应蛋白为 0.11 mg/dL。所有检查均未发现感染。以 480 mL/d 的剂量开始进行液体治疗（乳酸林格氏液）。清洁烧伤创面后，用重组人碱性成纤维细胞生长因子喷雾和含银聚氨酯泡沫治疗。第 2 天，口服 600 mL 水后结束输液治疗。在第 3 天，伤口开始上皮化且没有感染。在第 4 天，腹部突然发生表皮脱落，体温升至 39.3 ℃。在第 5 天，体温进一步升高至 41.3 ℃。胸部周围的尼氏征呈阳性。血液检查显示白细胞计数为 16 900/μL，C 反应蛋白为 17.68 mg/dL。此时怀疑患有葡萄球菌皮肤烫伤综合征。从喉咙、手臂和胸部获得了拭子，并收集了血液样本。开始进行抗生素治疗，包括静脉注射头孢唑啉和万古霉素。由于患者脱水，重新开始液体疗法（800 mL/d；乳酸林格氏液）。在第 6 天，脱落的区域包括头部、颈部、胸部、腹部、两臂，损伤区域高达身体总表面积的 36%。血液检查显示白细胞计数为 14 500/μL，C 反应蛋白为 23.93 mg/dL。在此期间，C 反应蛋白处于最高水平。在第 7 天，表皮脱落部位已结痂。血液检查显示白细胞计数为 16 100/μL，C 反应蛋白为 9.40 mg/dL。在第 10 天，大部分伤口被上皮化，完成了抗生素治疗和液体治疗。在进行液体疗法时，将尿量维持在 1.5 mL/h 以上。在第 12 天，所有伤口均愈合（图 8.37）。从胸部拭子中培养出金黄色葡萄球菌，从两臂的拭子中培养出金黄色葡萄球菌和链球菌，喉咙或血液样本的拭子中没有培养出病原体。诊断为葡萄球菌皮肤烫伤综合征。

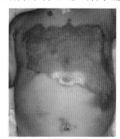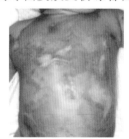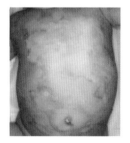

图 8.37　局部烧伤发展进程

【案例总结】

金黄色葡萄球菌和耐甲氧西林金黄色葡萄球菌会引起葡萄球菌皮肤烫伤综合征。病原体是耐甲氧西林金黄色葡萄球菌时最好将头孢唑林和万古霉素同时用于治疗葡萄球菌皮肤烫伤综合征。如果不是应对耐甲氧西林金黄色葡萄球菌，应尽早终止万古霉素注射。患者在烧伤治疗期间突然脱落皮肤时，临床医生应将其视为葡萄球菌皮肤烫伤综合征的症状。如果确定为葡萄球菌皮肤烫伤综合征，临床医生则应尽早使用合适的抗生素进行治疗。建议首先选择治疗耐甲氧西林金黄色葡萄球菌的抗生素，直到确定病因不是耐甲氧西林金黄色葡萄球菌。

案例八:糖尿病皮肤溃疡[27]

【病史摘要】

基本信息:男,85 岁。

病情介绍:右脚后跟出现 2 cm 溃疡。右踝弯曲处还出现了三个褥疮性病变,轮廓清晰,外观呈坏死状,无肉芽组织,并被脓性渗出液覆盖。

诊断分析:皮肤检查显示足跟溃疡,根据 Wagner 评分系统评估为Ⅲ级。

病史信息:进行了适当的伤口护理和血糖控制,但溃疡的大小仍在增加。不到 3 个月,该患者无法行走,随后因充血性心力衰竭入院。患有Ⅱ型糖尿病已有 30 年。患有高血压。曾通过放射疗法成功治疗了前列腺癌。

【治疗方式】

每 12 h 口服 1 次 500 mg 环丙沙星,持续 2 个月。3 个月后,用克拉维酸和阿莫西林(875 mg,每天 3 次)继续治疗 15 d。该患者还口服了己酮可可碱(600 mg,每天 2 次)治疗。每周用 Iruxol、Intrasite 水凝胶进行机械和酶促清创,但溃疡仍在恶化。因此,使用波生坦进行治疗,并停止抗生素治疗。考虑到患者的年龄和心脏病史,波生坦的起始剂量为 62.5 mg,每天 1 次,持续 1 周,然后每天 2 次,每次剂量仍为 62.5 mg。

【恢复情况】

在使用波生坦治疗 2 周后,所有溃疡均得到改善,足跟溃疡和右踝弯曲处的溃疡明显可见肉芽组织。骶骨和外踝溃疡均迅速愈合,且患者的总体状况得到改善。治疗 21 周后,右脚踝弯曲处和足跟溃疡已愈合,患者可以使用助行器行走。溃疡愈合后停服波生坦,迄今未见复发。

【案例总结】

结果表明,改善波生坦给药的时机,从而支持内皮素在其发病机理中的作用(可以用波生坦对糖尿病皮肤微血管病的作用来解释)。糖尿病皮肤微血管病的其他表现已经显示了双重内皮素受体拮抗作用的功效。波生坦可能通过改善血糖控制和促进伤口愈合,对患者的预后产生积极影响。

案例九:糖尿病足溃疡[28]

【病史摘要】

基本信息:男,61 岁。

病情介绍:检查时发现股骨、腘动脉和前胫骨有明显的脉搏,但后胫骨没有脉搏。溃疡面苍白,纤维蛋白增多,边缘有坏死区域,没有感染迹象。血管造影显示胫骨后动脉闭塞以及胫骨前和腓骨动脉未闭塞。在治疗 3 个月后,通过动脉多普勒超声检查观察到远端血流以及闭塞后血流相的存在。在治疗 6 个月的动脉多普勒检查中,观察到更突出的侧支网络,胫骨远端后动脉中存在血流。

诊断分析:动脉多普勒超声检查检测胫骨后动脉的阻塞情况,以及胫骨和胫前动脉的血流是否保持正常。

病史信息:Ⅱ型糖尿病、动脉高血压、血脂异常、慢性动脉供血不足、左下肢截肢。

【治疗方式】

开始用纤维素膜进行一次覆盖,然后用纱布和光生物调节相关的纱布通过激光进行两次覆盖,每周敷用一次,总共在胫骨后段进行 33 次治疗,在溃疡上进行 28 次治疗。

【恢复情况】

尽管该部位血液供应逐步改善,但患者在光生物调节治疗期间仅表现出部分愈合。在治疗开始时,溃疡的面积为 3.04 cm²,在 33 次疗程结束时,病变较浅,面积为 2.15 cm²,治疗率为 29.2%。

【案例总结】

光生物调节疗法能够促进闭塞血管床的侧支循环,但它仅呈现溃疡的部分愈合。

案例十:糖尿病下肢皮肤感染[29]

【病史摘要】

基本信息:男,52 岁。

病情介绍:左侧胫腓骨骨折,胫骨髓固定 1 年后,皮肤破溃感染。左侧下肢膝关节下有皮肤大水泡伴青紫自行破溃,部分有血痂,周围稍红肿,下肢无水肿(图 8.38)。

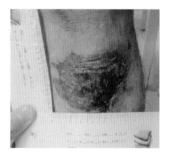

图 8.38 左侧下肢膝关节皮肤感染

诊断分析:诊断为Ⅱ型糖尿病,糖尿病周围神经病变伴左下肢皮肤感染。

病史信息:有糖尿病史 7 年,3 年前给予门冬胰岛素 30 注射液+二甲双胍+阿卡波糖降糖处理,未正规监测血糖,近 2 周来,多饮多尿,症状加重,四肢麻木发冷,自测周期血糖提示 20～30 mmol/L。

【治疗方式】

使用门冬胰岛素 30 注射液＋甘精胰岛素＋二甲双胍降糖治疗。同时针对患者局部皮肤破溃感染处使用敏感的抗炎药物和活血药物治疗,使用碘伏进行消毒。使用 0.9％的生理盐水清洗创面及周围的皮肤,用棉签将复方多黏菌素 B 软膏均匀地涂抹在创面上,用 3～4 层无菌纱布覆盖。在使用复方多黏菌素 B 软膏时应注意,涂抹药物时,厚度不应超过 0.5 mm,涂抹药物要均匀,每日 3 次,每次涂抹前应将上次残留的药物用 0.9％的生理盐水清洗干净。当纱布吸收渗出液较多,达到饱和时应及时更换。

【恢复情况】

7 d 后治愈出院,出院 4 周后表现出出色的康复能力,溃疡和瘢痕性脱毛均已治愈(图 8.39)。

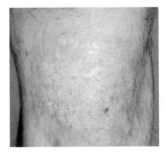

图 8.39 治疗 7 d 后伤口情况

【案例总结】

皮肤感染是糖尿病患者最常见的皮肤病变,高达 30％以上的糖尿病患者容易出现不同程度的皮肤损害。若病变部位位于胫前区,此处血液供应主要来自胫前动脉分支,无肌肉附着此部位,血液循环较差,伤口一般不易愈合。复方多黏菌素 B 软膏的主要成分为:硫酸多黏菌素 B、硫酸新霉素、杆菌肽、盐酸利多卡因。复方多黏菌素 B 软膏抗菌谱广,且由于抗生素间的协调与叠加效应,可大大增强其抗菌活性。制剂中含有盐酸利多卡因,可缓解患者创面疼痛。此外,复方多黏菌素 B 软膏不仅有助于改善组织缺氧,而且具备湿润伤口促愈合的功能,它能够迅速地促进肉芽组织生长,加速组织再生和修复的功能,有利于创面很好地愈合,并且伤口仅留下微瘢痕。使用复方多黏菌素 B 软膏,不仅操作方便,主要是可以减轻患者的痛苦,提高患者生存质量,节约医疗成本和人力资源,值得临床推广应用。

案例十一：自身皮肤移植治疗糖尿病足部溃疡[30]

【病史摘要】

基本信息：男，65岁。

病情介绍：足部大面积软组织缺损。

诊断分析：皮肤损伤因受压而不易愈合。患者的踝肱指数值为0.7，多普勒超声显示没有显著的动脉狭窄迹象。

病史信息：长病程Ⅱ型糖尿病患者，同时存在大血管和微血管并发症。

【治疗方式】

初始的管理措施包括：①优化血糖控制；②治疗并发症（慢性心脏病和肾病）；③广泛清创术；④抗感染（根据伤口病原体培养结果进行抗生素治疗）；⑤创面使用湿润敷料和避免重压。该患者保守治疗后进行了皮肤组织单独移植，选取患者大腿部位皮肤作为植皮皮肤。移植的皮肤能否成活主要取决于移植的皮肤与受皮组织是否建立了有效的血液循环。供皮组织（大腿部位皮肤）用乙醇溶液清洗，并用无菌生理盐水湿润。取皮时，皮区皮面保持平坦和紧张。皮片切取有两种方法，即手动使用切皮刀和切皮机机械取皮。供皮组织轻微拉开后敷在受皮区，在上面覆盖加强敷料。5 d后更换外层敷料，内层敷料不动。

【恢复情况】

数周后受皮部位痊愈，20 d后患者出院。

【案例总结】

自身皮肤移植通常用于严重烧伤。然而，最近有多项研究报告显示，对糖尿病足溃疡患者进行外科皮肤移植，可使大面积组织缺损获得较好的治疗。这个案例说明糖尿病足溃疡的治疗和糖尿病患者的护理仍是一个挑战，因为它需要通过多学科途径来治疗，涉及的专家包括内科医生、外科医生、物理治疗师、专业足部护理人员和矫形师。

案例十二：罕见的坏疽性脓皮病[31]

【病史摘要】

基本信息：女，3.5岁。

病情介绍：胸部、背部、腹壁和大腿上方有大瘢痕。左肘有大溃疡，边界不规则，边缘卷起，基部被坏死物质覆盖。住院期间，右脚的背部形成了一个小脓疱（图8.40）。

诊断分析：抗核抗体、细胞质抗体、抗磷脂抗体、肝炎表面抗原和抗丙型肝炎病毒均为阴性；肝脏状况正常；尿液分析和胸部X射线检查正常；结肠镜检查正常。全血细胞计数显示白细胞总数增加，出现中性粒细胞反应，红细胞指数显示

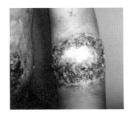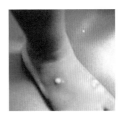

图 8.40　治疗前伤口状况

缺铁性贫血。皮肤活检显示慢性化脓性炎症,血管周围出现中等密度的淋巴细胞溶质浸润。上表皮显示牛皮癣样增生,大量的纤维化存在于真皮中。这些临床特征与坏疽性脓皮病一致。

病史信息:1 年前,在胸部的后部和上部形成脓疱,自然破裂后自发地形成了溃疡。在村医的治疗下(没有提供治疗的详细信息),病情没有得到缓解,溃疡的大小逐渐增加,并在身体的各个部位出现了更多的此类病变。随后因溃疡未愈合而入院,4 个月后计划进行一次皮肤移植手术,但出于某些原因无法进行。有在小创伤上出现新病灶的病史。发病前无药物摄入史,无家族史。

【治疗方式】

除了局部伤口护理外,接受剂量为 2 mg/kg 的泼尼松治疗。由于承担不起类固醇药物的费用,因此没有使用。

【恢复情况】

治疗后表现出良好的恢复情况,在 4 d 内左肘溃疡开始愈合,住院期间出现的病变没有发展为溃疡。

【案例总结】

坏疽性脓皮病是一种皮肤发炎性疾病,起初是脓疱或囊性小脓疱,然后逐渐发展为溃疡或深层糜烂,并伴有紫色的突起或边界受损。但坏疽性脓皮病通常存在于成年人中,在儿童中非常罕见。该病的病因尚不清楚,但一些研究表明嗜中性粒细胞趋化异常是该病形成的主要过程。该案例表明口服泼尼松可以很好地控制该疾病。儿童对该病的治疗表现出良好的恢复情况,通常可以治愈。

案例十三:腹壁坏疽性脓皮病[32]

【病史摘要】

基本信息:女,60 岁。

病情介绍:左下腹出现一个 15 cm×6 cm 大的坏死性出血溃疡,边界不规则,伴有恶臭(图 8.41)。

诊断分析:诊断主要是鉴别患者所患的病为华法林坏死还是坏疽性脓皮病。活检标本显示鲜红的慢性炎症延伸到整个真皮并进入皮下脂肪组织,诊断为坏

图 8.41　左下腹坏死性出血溃疡

疽性脓皮病。

病史信息:2 个月前大的外伤发展成为溃疡。病史包括溃疡性结肠炎(服用过华法林)、乳腺癌、中风和房颤。

【治疗方式】

口服泼尼松和氨苯砜。

【恢复情况】

伤口区域显示出良好的愈合迹象,边界更平整,有收缩的迹象。

【案例总结】

坏疽性脓皮病属于嗜中性皮肤病的范围,嗜中性皮肤病是常见的致病性炎症。腹壁坏疽性脓皮病很少,需要仔细的临床观察和组织病理学评估。尽管坏疽性脓皮病可累及腹壁,但皮肤科医生早期介入对于治疗非常有效。

案例十四:坏疽性脓皮病[33]

【病史摘要】

基本信息:男,94 岁。

病情介绍:左踝外侧发现明显的原发性溃疡,大小为 6 cm×4 cm,最大深度大约 5 mm,观察到光泽的紫色边缘伴有深层发炎(图 8.42)。观察到腿上其他地方还具有新的带有紫色边缘的黑色区域。

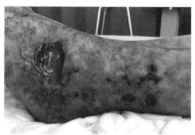

图 8.42　左踝外侧溃疡

诊断分析:常规血液分析显示白细胞计数和 C 反应蛋白升高,血管炎筛查呈阴性。伤口拭子混合厌氧菌呈阳性。皮肤活检显示载有血红素铁蛋白的巨噬细胞和纤维蛋白,角化不全和表皮海绵状改变,并伴有炎症浸润、间质性出血。诊断为坏疽性脓皮病,考虑并排除了静脉溃疡、动脉溃疡、继发感染、皮肤血管炎和恶性肿瘤。

病史信息:入院前 2 周出现很小的黑色区域并迅速破裂,导致溃疡性疼痛。病史包括缺血性心脏病、前列腺癌、干燥综合征和腿溃疡。

【治疗方式】

入院最初接受磺胺嘧啶银、氟氯西林和氨苄青霉素的治疗。微细菌学检查后改用甲硝唑,开始口服类固醇激素(最初每天 20 mg,每 2 周减少 5 mg)进行治疗。当临床怀疑是坏疽性脓皮病时,使用 Dermovate 美肤膏和磺胺嘧啶银混合物局部治疗,并使用 DuoDERMK® 敷料。

【恢复情况】

在口服泼尼松之前,尽管定期进行局部治疗,但皮肤仍继续恶化。在使用类固醇治疗后的几天内,腿部疼痛减轻,腿部炎症逐渐缓解。3 个月后复查发现病变区域已被填满,边缘呈粉红色,外观健康。

【案例总结】

坏疽性脓皮病是一种罕见的嗜中性皮肤病,表现为溃疡性皮肤病。它通常被认为是快速扩大的溃疡,边界被破坏且呈紫红色。该病例突出了评估腿部溃疡时病史和检查的重要性。医务人员必须了解常见的溃疡病因,并能够确定病史或检查中的相关特征,以便进行适当的转诊并及时进行诊断和管理。此外,必须完成对溃疡外观的定期检查和记录,确保以适当的方式识别和解决任何恶化情况。坏疽性脓皮病的主要治疗原则是免疫抑制,在这种情况下,最常见的治疗方法是使用皮质类固醇。然而在某些情况下,仅局部使用强效类固醇也可能会促进伤口修复。如果没有适当和及时的治疗,溃疡可能会严重恶化并最终形成瘢痕。

案例十五:坏疽性脓皮病[34]

【病史摘要】

基本信息:男,5 岁。

病情介绍:皮肤检查显示溃疡广泛分布,呈离心性扩张,边缘隆起,部分区域有化脓。病变在左右大腿的内侧。右侧锁骨凹处也有溃疡,其长轴延伸至胸部,直径约为 7 cm。触摸右膝溃疡和关节时也有疼痛。其余检查正常。

诊断分析:血常规显示严重贫血(血红蛋白为 6 g/dL),血清铁含量低,中性粒细胞数增多。网织红细胞率正常。组织学显示在真皮的较深层中有丰富的中性粒细胞浸润。

病史信息:既没有腹泻,也没有关节痛。

【治疗方式】

用泼尼松(1 mg/(kg・d))进行了为期 2 个月的分散治疗,并进行局部伤口护理。进行了输血,并接受了右膝盖的整形手术,随后进行康复治疗。

【恢复情况】

2 个月结束时,伤口愈合良好,但广泛的溃疡形成了难看的瘢痕。局部疼痛溃疡消失,贫血得到改善,行走已经恢复。

【案例总结】

该案例报告了小儿溃疡性坏疽性脓皮病的观察结果。病变的广泛性、贫血的严重性导致诊断困难,进而导致诊断延迟并影响自身功能。

8.4 其他皮肤病变

案例一:肉芽肿性血管炎的皮肤溃疡[35]

【病史摘要】

基本信息:男,49 岁。

病情介绍:左脚踝外侧上方有单个溃疡,溃疡长 4 cm,边界清晰,基部有轻度感染(图 8.43)。

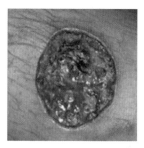

图 8.43　左腿外踝外侧上方发现溃疡

病情诊断:除了有溃疡,身体检查正常。在溃疡的活检中观察到白细胞碎裂性血管炎的特征,细胞质抗中性粒细胞胞浆抗体和抗 PR3 自身抗体血清学检测呈阳性。诊断出肉芽肿性血管炎。

病史信息:首次治疗前 4 个月出现间断的肌肉骨骼疼痛,疼痛涉及胸廓、颈椎、手、肩膀和膝盖。首次治疗后病情缓解。4 年后出现全身发热性疾病以及相关的耳和眼发炎,胸部 X 射线检查显示右肺中部不透明。对肉芽肿性血管炎复发进行了诊断,注意到细胞质抗中性粒细胞胞浆抗体检测仍呈阳性,再次接受了免疫抑制药物的治疗。

【治疗方式】

口服环磷酰胺和泼尼松龙治疗。

【恢复情况】

接受药物治疗后的第 4 年恢复状态良好,无须继续接受治疗(图 8.44)。

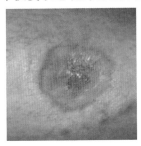

图 8.44　免疫抑制治疗后病变几乎完全愈合

【案例总结】

这个案例说明了肉芽肿性血管炎如何以非典型的方式出现以及这种疾病的多变性,体现了细胞质抗中性粒细胞胞浆抗体检查的价值,因为在没有阳性抗体检测的情况下,在首次出现时不一定能做出正确的诊断。

案例二:双脚皮肤水疱[36]

【病史摘要】

基本信息:男,50 岁。

病情介绍:双脚出现水疱,显示出近端脚趾和趾间间隙溃疡,疼痛、灼痛、瘙痒,有渗出液流出(图 8.45)。

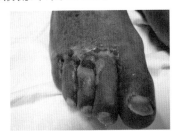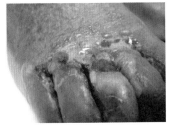

图 8.45　在近端脚趾和趾间间隙有溃疡

诊断分析:细菌培养发现致病病原体为铜绿假单胞菌。全血细胞计数和化学检查均在正常范围之内。

病史信息:2 个月前诊断出患有足癣,接受拉米西尔局部治疗后,足部瘙痒得到缓解。病史包括慢性肾病Ⅲ期和高血压,没有糖尿病史。

【治疗方式】

口服环丙沙星治疗,局部使用硝酸铝和中效类固醇浸泡用于减轻炎症。

【恢复情况】

环丙沙星疗程结束后,患者的病情明显改善。

【案例总结】

长期存在的足癣会导致细菌过度感染。皮肤癣菌滋生会侵蚀角质层,导致继发细菌和酵母菌增殖。革兰氏阴性细菌可以通过受感染组织的病灶进入血液最终导致败血症。

案例三:坏死性溃疡[37]

【病史摘要】

基本信息:男,63岁。

病情介绍:入院前 20 d,出现发烧和嗓子疼,自行口服了阿莫西林。67 d 后,发现胸骨上出现红斑性皮肤病变。喉咙痛缓解,但皮肤病恶化。入院时发烧(37.2 ℃),血流动力学稳定。体格检查发现胸骨上有两处坏死性溃疡,边缘充血(图 8.46)。病变约为 6 cm×4 cm 和 2 cm×1 cm。

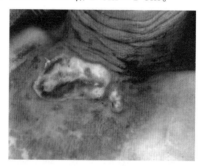

图 8.46　皮肤腐烂、坏死性溃疡

诊断分析:白细胞计数为 12.700/mm³,血红蛋白为 10.8 g/dL,血小板计数为 561 000/mm³。红细胞沉降速率为 78 mm/h,血清 C 反应蛋白为 5.6 mg/L(范围 0～5 mg/L)。肝功能检查、血尿素氮和血清肌酐水平以及胸部 X 射线检查均正常。活检材料的病理学检查显示溃疡性炎症细胞浸润,血管增生和坏疽性坏死。血液培养显示无菌,但是活检材料的培养物出现了铜绿假单胞菌。

病史信息:无免疫抑制疾病或治疗史。

【治疗方式】

在等待培养结果的同时,开始使用亚胺培南(每 6 h 静脉注射 500 mg)进行抗生素治疗,持续 14 d 之后患者被送至整形外科进行皮肤移植。

【恢复情况】

2 个月后,皮肤已经愈合。1 年后,无复发。

【案例总结】

病变开始时为无痛的红色黄斑,继续扩大并变成略微升高的丘疹,最后变成破裂的出血性疱疹,形成了一个坏疽性溃疡,周围有红黑晕圈。早期诊断和积极治疗对坏疽性坏死的处理很重要。经组织培养和显微镜检查诊断后,可用适当的抗生素进行治疗。

案例四:难治性皮肤溃疡[38]

【病史摘要】

基本信息:女,74 岁。

病情介绍:胸部发现有瘘管(1.5 cm×3 cm),左胸壁有脓液渗出,病变周围的皮肤发红、肿胀,并伴有瘢痕。

诊断分析:细菌鉴定测试结果为革兰氏阳性金黄色葡萄球菌。肺功能测试显示肺部受阻,胸部 X 射线检查显示心脏增大,胸部 MDCT 显示无囊性病变,位于左胸壁的瘘管未侵入胸腔。该患者被诊断为放射线诱发的皮肤溃疡。

病史信息:2012 年前往医院接受放射治疗,用卡多姆碘酒软膏治疗皮肤溃疡。2013 年 1 月观察到瘘管有脓液排出。病史还包括急性心肌梗死、耳痛、耳部充血、听力下降、耳鸣、眩晕和头晕。

【治疗方式】

利用高压氧进行治疗,每次治疗 105 min,包括加压 15 min 和减压 20 min。

【恢复情况】

治疗 25 个疗程后,在溃疡的边缘观察到肉芽组织,但仍有大量脓液排出。治疗 86 个疗程后,观察到上皮化,脓液消失。治疗 101 个疗程后,溃疡完全愈合。6 个月后皮肤溃疡未复发。

【案例总结】

高压氧治疗有几个禁忌证,绝对禁忌证包括阿霉素治疗(由于心脏毒性)、醋酸磺胺米隆治疗(由于中枢血管收缩)和未经治疗的气胸。高压氧治疗在短期内能够改善伤口愈合,但不能长期使用。

案例五:头皮坏死[39]

【病史摘要】

基本信息:男,77 岁。

病情介绍:头皮伤口被感染,头皮坏死。

病史信息:Ⅱ型糖尿病、高血压、高血脂,患有动脉粥样硬化,曾接受过血管造影和支架植入术。在车祸中伤到了头皮,最初的临床检查结果正常,脑部 X 射线检查发现颅骨外伤和颅骨骨折。接受了头皮伤口的重建手术,导致头皮伤口被感染,手术后 4 d 出现头皮坏死的情况。

【治疗方式】

首先,通过自溶清创术清除坏死组织,并暴露颅骨。然后使用蛆虫疗法对细菌感染的伤口进行进一步的清创和消毒,来增加伤口上的肉芽组织。经过 4 次蛆虫疗法后,将含银敷料和 VAC 敷在伤口上 7 个月。在治疗的最后 1 个月,采用羊膜移植术用于加速伤口的上皮形成。

【恢复情况】

头皮伤口恢复良好并完全闭合,患者出院后情况良好,在治疗干预期间或之后没有不良反应。

【案例总结】

蛆虫疗法对慢性不愈合伤口有积极影响。除此之外,应用 VAC 可以增加局部血流量,减少组织水肿,消除渗出液,促进细胞增殖并防止细菌生长。羊膜移植术通过抗菌、减少炎症,并为细胞增殖提供基质来促进愈合过程和减少瘢痕形成。通过蛆虫疗法与其他治疗策略(如 VAC 和羊膜移植术)的结合使用可以有效治疗坏死性伤口,特别是在患有潜在健康问题(如糖尿病)的患者中。

案例六:爆炸受损伤口的修复[40]

【病史摘要】

基本信息:男,41 岁。

病情介绍:因意外爆炸而导致缺损皮肤伤口的感染。右臂的伤口约 40 cm×35 cm,入院时伤口已出血,外观变暗,表面有金属异物。

诊断分析:进行了相关的实验室检查。全血细胞计数如下:白细胞计数为 10 940/μL,红细胞数量为 153 000/μL。D—二聚体为 5 678 mg/L。总蛋白为 45.7 g/L,其中白蛋白和球蛋白分别为 21 g/L 和 24.7 g/L。肾功能血清学检查结果正常。进行血液以及需氧和厌氧细菌培养,在血液培养物中,未发现微生物,在受伤组织的分泌物中检测到少量革兰氏阳性细菌(枯草芽孢杆菌)。

病史信息:轻度肥胖,没有慢性病史,没有传染病史,没有不良嗜好,也没有家族遗传病史。

【治疗方式】

静脉注射抗生素进行治疗。爆炸 6 h 后在全身麻醉下进行右臂清创术。第 3 天,进行了第 2 次手术,切除坏死组织,然后用间断的缝合线闭合伤口,以将缺损部位缩短至 12 cm×40 cm。伤口周围皮肤健康,仅有轻度水肿,表明皮肤具有一定的活动性,因此可以被充分拉伸。在第 12 天,使用皮肤拉伸装置和 VAC 联合治疗。21 d 后,仍利用联合使用策略进行治疗。

【恢复情况】

时间	6 h	3 d	12 d	21 d	39 d	术后 3 个月	术后 6 个月
治疗	右臂清创	切除坏死组织	皮肤拉伸和 VAC 联合治疗	皮肤拉伸和 VAC 联合治疗			
结果					无感染	伤口已完全愈合	可正常生活和工作
伤口大小 /cm²	40×35	12×40	5×38	4.5×35	1.0×0.8	0	0

【案例总结】

该病例报告介绍了通过皮肤拉伸装置与 VAC 联合使用,治疗因意外爆炸引起的缺陷皮肤感染的方法。皮肤拉伸装置通过在伤口周围边缘反复施加间歇性和受控的拉伸,获得健康的皮肤,而不损害血液供应或拉伸皮肤的质量。VAC 通过局部减压封闭,可以使伤口保持相对的清洁,不仅可以减少伤口中的细菌,防止感染,还可以减轻组织水肿,增加输血量。而两种策略联合治疗,使伤口修复效果更好,从而避免了皮肤移植和瘢痕形成的风险。

案例七:血小板浓缩凝胶治疗感染伤口[41]

【病史摘要】

基本信息:男,61 岁。

病情介绍:手术部位大量失血,用止血带止血。左前臂出现水肿,病灶周围皮肤发炎,伤口没有愈合。术中检查发现手术部位有脓性积液,血管周围有较大的血凝块。缺损部位横向直径为 10 cm。

诊断分析:在手术之前,先进行伤口拭子检查。检测到耐甲氧西林金黄色葡萄球菌菌落,但未建立特异性抗生素疗法。

病史信息:患有终末期肾脏疾病,接受了右肾移植和动静脉内瘘治疗,因脑炎而患有智力障碍,上肢和下肢有血栓形成,20 d 前接受了动脉瘤切除术。

【治疗方式】

感染部位被清除,由于皮肤边缘皱缩,选择了二期愈合来恢复正常的局部状况。手术部位用聚维酮碘治疗,并用无菌纱布覆盖,持续治疗 22 周。为了促进愈合,在 14 d 后,应用 10 mL 同源血小板浓缩凝胶,每周进行一次药物治疗,持续 7 周。在使用同源血小板浓缩凝胶前,根据需要通过清创术来清除伤口,以去除坏死组织,然后每次用生理盐水溶液清洗。使用后,用不黏的无菌敷料覆盖伤口。

【恢复情况】

治疗的第 2 周,伤口的横向直径为 5 cm,宽为 3 cm。治疗第 5 周,伤口尺寸为 3.5 cm×0.7 cm。应用 7 次同源血小板浓缩凝胶后,伤口完全恢复,无须进行外科手术。

【案例总结】

伤口愈合是一个复杂而动态的过程。急性和慢性伤口的愈合可能会因患者因素或伤口因素(即感染)而受损。再生药物产品,例如自体/同源的富含血小板的血浆凝胶可能会加速愈合过程。自体/同源富含血小板血浆是一种先进的伤口疗法,用于难以治愈的急性和慢性伤口。富含血小板的血浆中所含的细胞因子和生长因子在愈合过程中起着至关重要的作用。

案例八:顺势疗法治疗脓疱疮[42]

【病史摘要】

基本信息:男,7 岁。

病情介绍:左鼻孔被蜂蜜色的硬皮完全阻塞,变成坚硬的硬结,脓液从两个鼻孔下方的皮肤排出(图 8.47)。面部和身体上出现了更多的小病灶。

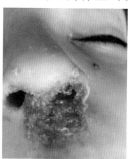

图 8.47 治疗前伤口状态

诊断分析:诊断为脓疱疮。

病史信息:病变是在冷水池中游泳和潜水后发生的,病变 1 d 内在面部、鼻子和手臂上迅速扩散。

【治疗方式】

首先使用 200 mL 的稀释水银治疗,但未见好转。随后使用 30 mL 的硫化锑治疗。

【恢复情况】

第 23 天早晨,所有小硬皮从面部和鼻子消失,出现了绿色的鼻分泌物,并且大型硬皮开始出血。给予 200 mL 的硫化锑治疗后,1 d 之内治愈了所有病变(图

8.48)。

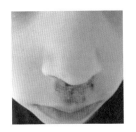

图 8.48 治疗后伤口状态

【案例总结】

顺势疗法是替代医学的一种。顺势疗法的理论基础是"同样的制剂治疗同类疾病",意思是为了治疗某种疾病,需要使用一种能够在健康人中产生相同症状的药剂。在皮肤疾病患儿中,硫化锑可帮助减少抗生素的使用,这是抗生素耐药性时代的可喜发展。该药物在顺势疗法中与皮肤病学状况的相关性需要进一步研究。

案例九:尸体皮肤移植治疗坏死性软组织感染大伤口[43]

【病史摘要】

基本信息:女,50 岁。

病情介绍:大面积的皮肤变色并在左臀大肌上形成水疱,向远端延伸到左大腿,向近端延伸到下背部,并向前延伸到耻骨和会阴区域。坏死皮肤上有多个筋膜切开术切口(图 8.49),伤口分泌物有一股恶臭,死皮没有光泽,但周围的红斑皮肤非常鲜艳。

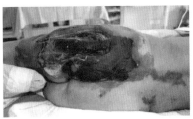

图 8.49 患者出现多个切口

诊断分析:左腿远端神经血管检查正常。多普勒检查左下肢正常。

病史信息:有Ⅱ型糖尿病病史。患者主诉为左臀部和大腿区域皮肤疼痛和变色,持续 4 d,且逐渐加重。7 d 前,因坐骨神经痛有左侧臀部肌肉注射史,在左臀大肌区域做了多个筋膜切开术。当时没有发烧,但 2 d 前有发热史。

【治疗方式】

开始使用广谱抗生素治疗。入院后 24 h 内对左臀大肌和左大腿的所有不健康组织进行清创。入院后 48 h 内爱尔兰综合征评分为 10 分,糖化血红蛋白为 8.2。培养报告显示金黄色葡萄球菌对甲氧西林敏感,抗生素治疗也进行调整。在第 4 天,注意到伤口边缘的皮肤变色,再次对患者进行清创,清除所有不健康的组织。几天后,伤口边缘的皮肤再次变色,耻骨区域出现水疱。在第 8 天,对所有不健康的组织进行清创(图 8.50)。在第 14 天,尸体皮肤同种异体移植物覆盖伤口,同种异体移植物是为适应伤口而特制的。患者对同种异体移植物治疗反应良好。2 周后开始排斥同种异体移植物。最后,患者在第 32 天接受了清创术和自体皮肤移植。

图 8.50　对不健康组织进行清创后

【恢复情况】

供区愈合良好,无严重感染和伤口并发症。患者在入院第 38 天出院,愈合情况良好(图 8.51)。

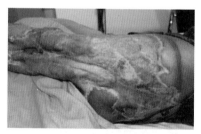

图 8.51　伤口几乎愈合,皮肤供体部位完全愈合

【案例总结】

尸体皮肤同种异体移植物是治疗坏死性软组织感染后大面积伤口的良好选择。目前的挑战是尽快移除所有坏死的软组织,并暂时覆盖清创伤口。当自体移植供体有限时,尸体同种异体皮肤在这一挑战中起着关键作用。尸体皮肤同种异体移植物的使用减少了疼痛,减少了伤口水分、蛋白质和电解质的损失,为优化患者状况提供了充足的时间。可获得性和感染风险是尸体同种异体皮肤移植的两个缺点。

本章参考文献

[1] LAIDLER N. Cutaneous infection with paucibacillary Mycobacterium tuberculosis treated successfully with a modified antituberculous drug regimen[J]. BMJ Case Rep,2017,2017:bcr-2017-221938.

[2] TADELE H. Scrofuloderma with disseminated tuberculosis in an Ethiopian child:a case report[J]. J Med Case Rep,2018,12(1):371.

[3] VERALDI S,PONTINI P,NAZZARO G. Amputation of a finger in a patient with multidrug-resistant Mycobacterium marinum skin infection [J]. Infect Drug Resist,2018,11:2069-2071.

[4] AMOAKO Y A,FRIMPONG M,AWUAH D O,et al. Providing insight into the incubation period of Mycobacterium ulcerans disease:two case reports[J]. J Med Case Rep,2019,13(1):218.

[5] O'BRIEN D P,HUFFAM S. Pre-emptive steroids for a severe oedematous Buruli ulcer lesion:a case report[J]. J Med Case Rep,2015,9:98.

[6] 梁辉苍,黄春兰,马丽梅. 皮疽诺卡菌引起的皮肤坏疽一例[J]. 中国麻风皮肤病杂志,2019,35(5):289-290.

[7] AYOADE F,MADA P,JOEL CHANDRANESAN A S,et al. Sporotrichoid skin infection caused by Nocardia brasiliensis in a kidney transplant patient [J]. Diseases,2018,6(3):68.

[8] BUTT S. Blastomycosis presenting as an isolated progressive painless verrucous skin lesion[J]. Clin Case Rep,2020,8(4):778-779.

[9] CASTALDO N,GIVONE F,PEGHIN M,et al. Multidrug-resistant Pseudomonas aeruginosa skin and soft-tissue infection successfully treated with ceftolozane/tazobactam [J]. J Glob Antimicrob Resist,2017,9:100-102.

[10] Rajurkar M N,Basak S. Non-healing skin ulcer in HIV/tuberculosis co-infection:a case report[J]. International Journal of Current Research and Review,2012,04(17):152-158.

[11] MEDEIROS I,MAXIMIANO C,PEREIRA T,et al. Herpes simplex virus type 1:an atypical presentation of primary infection[J]. BMJ Case Rep,2018,2018:bcr-2018-224967.

[12] BISCOE A L,BEDLOW A. Warfarin-induced skin necrosis diagnosed on clinical grounds and treated with maggot debridement therapy[J]. BMJ Case Rep,2013,2013:bcr2012007455.

［13］ GAN W K. Delayed-onset heparin-induced skin necrosis：a rare complication of perioperative heparin therapy［J］. BMJ Case Rep,2017, 2017：bcr-2017-221388.

［14］ CHONG H C,FONG K K,HAYATI F. Skin ulceration as a complication from unexpected extravasation injury：a case report［J］. Ann Med Surg (Lond),2021,64：102267.

［15］ FALIDAS E,RALLIS E,BOURNIA V K,et al. Multiarticular chronic to-phaceous gout with severe and multiple ulcerations：a case report［J］. J Med Case Rep,2011,5：397.

［16］ FRAM G,KOHLI S,JIANG A,et al. Sarcoidosis presenting as facial and scalp ulceration with secondary bacterial infection of the skin［J］. BMJ Case Rep,2019,12(11)：e231769.

［17］ ZHANG M S,SUN P Y,LIU M Z,et al. A case report of a woman after childbirth with a dehisced abdominal wound as well as fat liquefaction and large skin necrosis［J］. Ann Palliat Med,2020,9(2)：493-496.

［18］ SHARMA Y, HUMPHREYS K, THOMPSON C. Extensive abdominal wall ulceration as a late manifestation of antiphospholipid syndrome：a case report［J］. J Med Case Rep,2018,12(1)：226.

［19］ TURKOWSKI Y,RAZVI S,AHMED A R. Pyoderma gangrenosum-like lesion secondary to methylenetetrahydrofolate reductase mutation：an unusual presentation of a rare disease［J］. BMJ Case Rep, 2019, 12 (4)：e228403.

［20］ HARDON S F,HAASNOOT P J,MEIJ-DE VRIES A. Burn wounds after electrical injury in a bathtub：a case report［J］. J Med Case Rep,2019,13 (1)：304.

［21］ IMRAN F H,KARIM R,MAAT N H. Managing burn wounds with SM-ARTPORE Technology polyurethane foam：two case reports［J］. J Med Case Rep,2016,10(1)：120.

［22］AVIJGAN M, ALINAGHIAN M, ESFAHANI M H. Aloe vera gel as a traditional and complementary method for chronic skin burn：a case report ［J］. Advances in Infectious Diseases, 2017, 7(01)：19.

［23］ OH S J. Closure of a full-thickness scalp burn that occurred during hair coloring using a simple skin-stretching method：a case report and review of the literature［J］. Arch Plast Surg,2019,46(2)：167-170.

［24］ APANGA P A,AZUMAH J A,YIRANBON J B. A rare manifestation of burns after lightning strike in rural Ghana：a case report[J]. J Med Case Rep,2017,11(1)：200.

[25] ARORA P,KALRA V K,RANE S,et al. Staphylococcal scalded skin syndrome in a preterm newborn presenting within first 24 h of life[J]. BMJ Case Rep,2011,2011：bcr0820114733.

[26] TSUJIMOTO M, MAKIGUCHI T, NAKAMURA H，et al. Staphylococcal scalded skin syndrome caused by burn wound infection in an infant：a case report[J]. Burns Open, 2018, 2(3)：139-143.

[27] ALVAREZ REYES F,LUNA GÓMEZ C,BRITO SUÁREZ M. Effect of the dual endothelin receptor antagonist bosentan on untreatable skin ulcers in a patient with diabetes：a case report[J]. J Med Case Rep,2011,5：151.

[28] PEREZ S T，VENTURA M R，BRIGÍDIO E A，et al. Ischemic diabetic foot ulcer when treated in association with photobiomodulation：Case report[J]. International Journal of Case Reports & Images，2020，11：101098Z101001SP102020.

[29] 刘玉玲,王影影.复方多粘菌素 B 软膏在糖尿病下肢皮肤感染的实践案例分析[J].世界最新医学信息文摘(连续型电子期刊),2019,19(77)：140-141.

[30] 伊琳娜，庄稼英. 自身皮肤移植治疗糖尿病足部溃疡案例分享[J]. 糖尿病天地，2012，1：35.

[31] AGRAWAL S,SINGHANIA B. Pyoderma gangrenosum[J]. BMJ Case Rep,2010,2010：bcr0420102942.

[32] HALL P S J,HOUGHTON J,HOEY S,et al. Pyoderma gangrenosum of the abdominal wall[J]. BMJ Case Rep,2013,2013：bcr2013201438.

[33] ANDERSON M L,MACKENZIE G. When an ulcer is not 'just an ulcer'：pyoderma gangrenosum[J]. BMJ Case Rep,2014,2014：bcr2013203445.

[34] DIOUSSÉ P, GUEYE N, BAMMO M，et al. Childhood pyoderma gangrenosum：a case report[J]. International Journal of Case Reports & Images，2016，7(3)：170-174.

[35] FEIGHERY C,CONLON N,ABUZAKOUK M. Skin ulcer presentation of Wegener's granulomatosis[J]. BMJ Case Rep,2010,2010：bcr0420102908.

[36] COWART D W,MORADI B N,ARORA N S. A 50-year-old man with blistering skin lesions on both feet[J]. BMJ Case Rep，2013，2013：bcr2013200850.

[37] GENÇER S,OZER S,EGE GÜL A,et al. Ecthyma gangrenosum without bacteremia in a previously healthy man：a case report[J]. J Med Case Rep,

2008,2:14.

[38] ENOMOTO M,YAGISHITA K,OKUMA K,et al. Hyperbaric oxygen therapy for a refractory skin ulcer after radical mastectomy and radiation therapy:a case report[J]. J Med Case Rep,2017,11(1):5.

[39] HAJMOHAMMADI K, ZABIHI R E, AKBARZADEH K, et al. Using a combination therapy to combat scalp necrosis: a case report[J]. Journal of Medical Case Reports, 2020, 14(1): 1-5.

[40] LEI Y,LIU L,DU S H,et al. The use of a skin-stretching device combined with vacuum sealing drainage for closure of a large skin defect:a case report[J]. J Med Case Rep,2018,12(1):264.

[41] PALUMBO V D, RIZZUTO S, DAMIANO G, et al. Use of platelet concentrate gel in second-intention wound healing:a case report[J]. J Med Case Rep,2021,15(1):85.

[42] MAHESH S, KOZYMENKO T, KOLOMIIETS N, et al. Antimonium crudum in pediatric skin conditions:a classical homeopathic case series[J]. Clin Case Rep,2021,9(2):818-824.

[43]GUPTA M, VARSHNEY D, BRAJESH V, et al. The cadaveric human skin allograft as a paradigm shift for the management of a large wound of necrotizing soft tissue infection: an interesting case report [J]. International Surgery Journal, 2020, 7(7): 2446-2449.

名词索引